普通高等教育"十三五"规划教材

建筑工程计量与计价

姜晨光　主编

电子工业出版社

Publishing House of Electronics Industry

北京·BEIJING

内 容 简 介

本书较系统、全面地介绍了目前国内通行的建筑工程计量与计价的技术体系和方式方法，包括建筑工程计量与计价的作用与特点、工程造价计价的基本依据、建筑安装工程概（预）算的基本依据、工程量清单计价方法的特点和基本原理、施工图预算的编制方法及编制原理、建筑工程设计概算的编制方法及编制原理、工程竣工结算和竣工决算的特点与基本要求、我国现行的工程量清单计价体系、我国现行的房屋建筑与装饰工程计量体系、清单工程量计算软件的特点及应用方法、建筑工程计量与计价实例、我国现行房地产估价体系的特点等基本教学内容。在基础理论阐述上贯彻"简明扼要、深浅适中"的写作原则，以实用化为目的，强化了对实践环节的详细介绍。鉴于目前国内建筑工程计量与计价已步入智能化算量新时代的现实，增加了详尽的清单工程量计算软件应用方法的介绍。全书完全采用国家现行的各种规范、标准，将"学以致用"原则贯穿教材始终，努力借助通俗的、大众化的语言提高教材的可读性并尽最大可能满足读者的自学需求。本书提供配套电子课件。

本书适用于大土木工程行业的各个相关专业（比如本科和高职高专的土木工程、工程管理、交通运输工程、铁道工程、水利工程、水利水电工程、矿业工程、建筑学、城市规划等专业）。本书除具有教材功能外还兼具工具书的特点，是工程造价业内人士案头必备的简明、工具型手册，也是工程造价培训工作不可多得的基本参考书。

未经许可，不得以任何方式复制或抄袭本书之部分或全部内容。

版权所有，侵权必究。

图书在版编目 (CIP) 数据

建筑工程计量与计价 / 姜晨光主编. —北京：电子工业出版社，2017.4

ISBN 978-7-121-31144-4

I. ①建… II. ①姜… III. ①建筑工程－计量－高等学校－教材 ②建筑造价－高等学校－教材

IV. ①TU723.3

中国版本图书馆 CIP 数据核字（2017）第 057520 号

策划编辑：王晓庆

责任编辑：郝黎明 特约编辑：张燕虹

印　　刷：三河市良远印务有限公司

装　　订：三河市良远印务有限公司

出版发行：电子工业出版社

　　　　　北京市海淀区万寿路 173 信箱　　邮编：100036

开　　本：787×1092　1/16　印张：23.75　字数：670 千字

版　　次：2017 年 4 月第 1 版

印　　次：2017 年 4 月第 1 次印刷

印　　数：3000 册　定价：49.80 元

凡所购买电子工业出版社图书有缺损问题，请向购买书店调换。若书店售缺，请与本社发行部联系，联系及邮购电话：(010) 88254888，88258888。

质量投诉请发邮件至 zlts@phei.com.cn，盗版侵权举报请发邮件至 dbqq@phei.com.cn。

本书咨询联系方式：(010) 88254113，wangxq@phei.com.cn。

《建筑工程计量与计价》编写委员会

主　编：姜晨光

副主编：（排名不分先后）

宋　艳　丁越秀　刘　颖　孙晓玲　陈伟清　刘兴权

主要参编人员：（排名不分先后）

夏　蓉　张坤杰　方　华　孙　伟　王晓菲　崔清洋

关秋月　吴　军　曹宝飞　林　辉　李　萍　王雪燕

杨洪元　王　伟　姜　勇　王风芹

前　言

建筑工程计量与计价简称"工程造价"，其前身是"建筑工程概预算"和"建筑产品价格"。自中华人民共和国成立到改革开放前，"工程造价"在我国一直被称为"建筑工程概预算"。笼统而言，建设工程造价是指进行某项工程建设自开始到竣工，到形成固定资产为止的全部费用。工程造价有两种含义：第一种含义是指工程投资费用，即建设项目工程造价就是建设项目固定资产投资。工程造价的第二种含义是以社会主义商品经济和市场经济为前提的，它以工程这种特定的商品形式作为交易对象，是通过招投标、承发包或其他交易方式在进行多次性预估的基础上最终由市场形成的价格。工程造价的特点决定了工程造价的计价特征，即计价的单件性、计价的多次性、造价的组合性、方法的多样性、依据的复杂性。目前，我国的工程计价模式为清单计价模式。

建筑工程计量与计价是建筑经济学的核心。如何讲授建筑工程计量与计价方法，如何使学生切实掌握建筑工程计量与计价技术，如何满足智能化算量对建筑工程计量与计价教学的要求，是作者在几十年教学生涯中一直苦苦思索的问题。在长年的教学实践中，根据大学生的认知特点，作者逐步摸索出了建筑工程计量与计价的教学规律，萌生了编写一部适合大学生学习特点的、能够真正让学生学会的《建筑工程计量与计价》教材的想法，于是，忙里偷闲地编写了这本教材。本书的撰写以理论与实践紧密结合为基本原则和出发点，吸纳了许多前人及当代人的宝贵经验和认识。相信读者通过本书的学习一定能以最短的时间切实掌握建筑工程计量与计价技术。希望本书的出版有助于我国现行建筑工程计量与计价技术的推广与应用，对我国的土木工程专业教育有所帮助、有所贡献。

说明：针对本书第 10 章中的建筑软件截图（因彩色线条进行纸张印刷后呈黑白色），以及部分清晰度不十分高的建筑截图，特将第 10 章中所有图片的电子文件整理后，放在华信教育资源网（http://www.hxedu.com.cn）上，供读者下载后，通过计算机放大阅览。正文保留对线条颜色的文字描述，读者可对照阅读。另外，本书配套的电子课件，也请登录华信教育资源网注册下载。

本书由江南大学姜晨光担任主编，青岛黄海学院夏蓉、张坤杰、方华、孙伟、宋艳，无锡太湖学院崔清洋、关秋月、刘颖，平度市职教中心王晓菲，江阴职业技术学院吴军、曹宝飞、孙晓玲，中南大学刘兴权，广西大学陈伟清，无锡市墙材革新和散装水泥办公室林辉、李萍、王雪燕，江南大学丁越秀、杨洪元、姜勇、王伟、王风芹等同志（排名不分先后）参与了相关章节的撰写工作。初稿完成后，我国土木工程界泰斗级专家、《建筑技术》杂志创始人彭圣浩老先生不顾耄耋之躯审阅全书且提出了不少改进意见，为本书的最终定稿做出了重大奉献，谨此致谢！

限于水平、学识和时间关系，书中内容难免粗陋，谬误与欠妥之处敬请读者多多提出批评及宝贵意见。

姜晨光
2016 年 10 月于江南大学

目　录

第1章 建筑工程计量与计价的作用与特点

1.1 建筑工程计量与计价的特点

建筑工程计量与计价简称"工程造价"，其前身是"建筑工程概预算"和"建筑产品价格"。自中华人民共和国成立到改革开放前，"工程造价"在我国一直被称为"建筑工程概预算"，这归因于前苏联以概预算为核心的工程造价管理体制对我国的长期影响。20世纪80年代初期，在国内建筑经济学界使用建筑产品价格这一概念的同时，政府文件中开始出现"工程造价"一词，随后"工程造价"一词逐渐在各级行政部门中沿用，并很快被有关学术组织、大专院校和基层单位广泛接受，形成了"工程造价"和"建筑产品价格"在同一时期共存的现象。

1996年，中国建设工程造价管理协会确认工程造价是个多义词，具有一词两义性质。工程造价的第一种含义是指建设一项工程预期开支或实际开支的全部固定资产投资费用，也就是一项工程通过建设形成相应的固定资产、无形资产所需用的一次性费用总和。显然，这一含义是从投资者（业主）的角度来定义的。投资者选定一个投资项目，为了获得预期的效益，就要通过项目评估进行决策，然后进行设计招标、工程招标，直至竣工验收等一系列投资管理活动。在投资活动中所支付的全部费用形成了固定资产和无形资产。所有这些开支就构成了工程造价。从这个意义上说，工程造价就是工程投资费用，建设项目工程造价就是建设项目固定资产投资。工程造价的第二种含义是指工程价格，即为建成一项工程预计或实际在土地市场、设备市场、技术劳务市场以及承包市场等交易活动中所形成的建筑安装工程的价格和建设工程总价格。显然，工程造价的第二种含义是以社会主义商品经济和市场经济为前提的。它是以工程这种特定的商品形式作为交易对象，通过招投标、承发包或其他交易方式，在进行多次性预估的基础上最终由市场形成的价格。

由于受长期计划经济的影响，我国多年以来只认同工程造价的第一种含义，把工程建设简单地理解为一种计划行为，而不是一种商品的生产和交换行为，因而造成了长期以来我国建设市场的价格扭曲现象，即价格不能反映其价值。区分工程造价两种含义的理论意义是，为投资者和以承包商为代表的供应商在工程建设领域的市场行为提供理论依据。当政府提出降低工程造价时，是站在投资者的角度充当着市场需求主体的角色；当承包商提出要提高工程造价、提高利润率并获得更多的实际利润时，是要实现一个市场供给主体的管理目标。区别两种含义的现实意义在于为实现不同的管理目标不断充实工程造价的管理内容、完善管理方法、更好地为实现各自的目标服务，从而有利于全面推动经济的增长。

1.1.1 工程造价的基本问题

工程造价涉及建设项目、静态投资与动态投资、建设项目总投资、固定资产投资、建筑安装工程造价等诸多因素。

（1）建设项目。项目是现代管理科学的重要概念。人类的大量活动是以项目的形式完成的。现代项目管理已经形成了完整的理论体系和方法体系。建设项目是指按一个总体设计进行建设的各个单项工程所构成的总体。建设项目又可进一步划分为单项工程、单位工程、分部工程和分项工程四个层次。建设项目可按不同的标准进行分类，建设项目按建设性质的不同可分为基本建设项目和更新改造项目；按投资作用的不同可分为生产性建设项目和非生产性建设项目；按投资来源的不同可分为国家预算拨款项目、国家拨改贷项目、银行贷款项目、企业联合投资项目、企业自筹资金项目、利用外资项目、外资项目等；按建设规模的不同可分为大、中、小三种类型。按国家有关规定，从国家投资计划管理和统计出发，基本建设项目划分为大、中、小三种类型，对不同规模的建设项目在审批权限、报建程序等方面有不同的规定。建设项目管理是指在建设项目的整个生命周期内，应用现代项目管理理论、方法和技术对建设项目的全过程进行计划、组织、控制和管理的一系列活动。项目管理工作包括项目决策、立项、可行性研究、评估决策。项目的组织管理包括招标投标管理，合同管理，项目的投资控制、质量控制、进度控制，项目的生产准备、试生产、竣工验收，以及后评价等。工程造价管理是建设项目管理的重要内容。

（2）静态投资与动态投资。静态投资是以某一基准年、月的建设要素的价格为依据所计算出的建设项目投资的瞬时值，因其包含工程量误差，故常会引起工程造价的增减。静态投资包括建筑安装工程费，设备和工、器具购置费，工程建设其他费用，基本预备费等。静态投资和动态投资的内容虽然有所区别，但二者联系密切。动态投资包含静态投资。静态投资是动态投资最主要的组成部分，也是动态投资的计算基础。这两个概念的产生都和工程造价的计算直接相关。

（3）建设项目总投资。建设项目总投资是投资主体为获取预期收益在选定的建设项目上投入所需全部资金的经济行为。建设项目按用途可分为生产性建设项目和非生产性建设项目。生产性建设项目总投资包括固定资产投资和包含铺底流动资金在内的流动资产投资两部分。而非生产性建设项目总投资只有固定资产投资，不含上述流动资产投资。建设项目总造价是项目总投资中的固定资产投资总额。

（4）固定资产投资。固定资产投资是投资主体为特定目的达到预期收益（效益）的资金垫付行为。在我国，固定资产投资包括基本建设投资、更新改造投资、房地产开发投资和其他固定资产投资4个部分。其中，基本建设投资是用于新建、改建、扩建和重建项目的资金投入行为，是形成固定资产的主要手段。更新改造投资是在保证固定资产简单再生产的基础上，通过以先进科学技术改造原有技术，以实现内涵扩大再生产为主的资金投入行为，是固定资产再生产的主要方式之一。房地产开发投资是房地产企业开发厂房、宾馆、写字楼、仓库和住宅等房屋设施和开发土地的资金投入行为。其他固定资产投资，是按规定不纳入投资计划和用专项资金进行基本建设和更新改造的资金投入行为。基本建设投资是形成新增固定资产、扩大生产能力和工程效益的主要手段。建设项目的固定资产投资也就是建设项目的工程造价，二者在量上是等同的。其中，建筑安装工程投资也就是建筑安装工程造价，二者在量上也是等同的。因此可看出工程造价两种含义的同一性。

（5）建筑安装工程造价。建筑安装工程造价也称建筑安装产品价格，是建筑安装产品价值的货币表现。建筑安装工程造价是比较典型的生产领域价格。

1.1.2　工程造价的特点与计价特征

工程造价特点由工程建设特点所决定，可概括为以下五个方面：工程造价的大额性；工程造价的个别性、差异性；工程造价的动态性；工程造价的层次性；工程造价的兼容性。工程造价有建设项目总造价、单项工程造价和单位工程造价3个层次。专业分工更细时，工程造价又会进一步分为分部工程造价和分项工程造价层次而成为5个层次。工程造价的职能既是价格职能的反映，也是价格职能在这一领域的特殊表现。工程造价的职能除具有一般商品价格职能以外，还有自己特殊的职能，即预测职能、控制职能、评价职能、调节职能。工程造价的作用体现在5个方面，即建设工程造价是项目决策的依据；建设工程造价是制订投资计划和控制投资的依据；建设工程造价是筹集建设资金的依据；建设工程造价是评价投资效果的重要指标；建设工程造价是合理利益分配和调节产业结构的手段。

工程造价的特点决定了工程造价的计价特征，即计价的单件性、计价的多次性、造价的组合性、方法的多样性、依据的复杂性。计价的单件性是指产品的个体差别性决定每项工程都必须单独计算造价。计价的多次性表现在以下几个方面：合同价属于市场价格的性质，合同价是由承发包双方或商品和劳务买卖双方根据市场行情共同议定和认可的成交价格，合同价并不等同于最终决算的实际工程造价，实际造价是指竣工决算阶段通过为建设项目编制竣工决算而最终确定的实际工程造价。造价的组合性表现在以下几个方面：工程造价的计算是分部组合而成的，其计算过程和计算顺序是【分部分项工程单价】→【单位工程造价】→【单项工程造价】→【建设项目总造价】。方法的多样性表现在以下几个方面：计算概（预）算造价的方法有单价法和实物法等，计算投资估算的方法有设备系数法、生产能力指数估算法等。依据的复杂性表现在影响造价的因素多、计价依据复杂、种类繁多。主要依据有 7 类，即计算设备和工程量的依据，包括项目建议书、可行性研究报告、设计文件等；计算人工、材料、机械等实物消耗量的依据，包括投资估算指标、概算定额、预算定额等；计算工程单价的价格依据，包括人工单价、材料价格、材料运杂费、机械台班费等；计算设备单价的依据，包括设备原价、设备运杂费、进口设备关税等；计算其他直接费、现场经费、间接费和工程建设其他费用的依据，主要是相关的费用定额和指标；政府规定的税、费；物价指数和工程造价指数。

1.2　工程计价模式

工程计价模式主要有工程定额计价和工程量清单计价两种。目前，多采用工程量清单计价模式。

1.2.1　工程定额计价模式

中华人民共和国成立后，我国建筑产品价格市场化经历了"国家定价→国家指导价→国家调控价"三个阶段。定额计价是以概预算定额、各种费用定额为基础依据，按照规定的计算程序确定工程造价的一种特殊计价方法。因此，利用工程建设定额计算工程造价就价格形成而言是介于国家指导价和国家调控价之间的。国家定价阶段的主要特征是"价格"分设计概算、施工图预算、工程费用签证和竣工结算等过程，这种"价格"属于国家定价的价格形式，国家是这一价格形式的决策主体。国家指导价阶段的价格形成的特征是计划控制性、国家指导性、竞争性。计划控制性是指作为评标基础的标底价格要按国家工程造价管理部门规定的定额和有关取费标准制定，标底价格的最高数额受国家批准的工程概算控制；国家指导性是指国家工程招标管理部门对标底的价格进行审查，管理部门组成的监督小组直接监督、指导大中型工程招标、投标、评标和决标过程；竞争性是指投标单位可根据本企业的条件和经营状况确定投标报价并以价格作为竞争承包工程手段，招标单位可在标底价格的基础上择优确定中标单位和工程中标价格。国家调控价的阶段招标投标价格形成特征是自发形成、自发波动、自发调节，自发形成是指由工程承发包双方根据工程自身的物质劳动消耗、供求状况等协商议定而不受国家计划调控；自发波动是指随工程市场供求关系的不断变化，工程价格经常处于上升或者下降的波动之中；自发调节是指通过价格的波动自发调节建筑产品的品种和数量，以保持工程投资与工程生产能力的平衡。

工程定额计价模式是计划经济体制下的定额计价制度。该模式下，国内工程造价管理表现出以下三方面特点：政府（特别是中央政府）是工程项目的唯一投资主体；建筑业不是生产部门，而是消费部门；工程造价管理被简单地理解为投资的节约。

对市场经济体制下的定额计价制度必须进行改革。工程定额计价制度第一阶段改革的核心思想是"量价分离"，即由国务院建设行政主管部门制定符合国家有关标准、规范并反映一定时期施工水平的人工、材料、机械等消耗量标准，实现国家对消耗量标准的宏观管理；人工、材料、机械的单价等由工程造价管理机构依据市场价格的变化发布工程造价相关信息和指数，将过去完全由政府计划统一管理的定额计价改变为"控制量、指导价、竞争费"。工程定额计价制度改革第二阶段的核心问题是工程造价计价方式的改革，在建设市场交易过程中，传统的定额计价制度与市场主体要求拥有自主定价权之间发生了矛盾和冲突。这种矛盾和冲突主要表现在以下两个方面：一是浪费了大量的人力、物力且招投标双方均存在着大量的重复劳动；二是投标单位的报价按统一定额计算，不能按自己的具体施工条件、施工设备和技术专长来确定报价，不能按自己的采购优势来确定材料预算价格，不能按企业的管理水平来确定工程的费用开支，企业的优势体现不到投标报价中。

定额计价在我国实行了几十年，虽有其不适应的地方但并不影响其计价的准确性。随着我国社会主义市场经济的发展，政府主管部门全面实行了工程量清单计价制度以适应市场定价的改革目标。在这种定价方式下，工程量清单报价由招标者给出工程量清单、投标者填报清单单价，单价完全依据企业技术、管理水平的整体实力而定，充分发挥了工程建设市场主体的主动性和能动性，是一种与市场经济相适应的工程计价方式。

1.2.2　工程量清单计价模式

工程量清单计价的基本过程大致如下：在统一的工程量计算规则的基础上制定工程量清单项目设置规则，根据具体工程的施工图纸计算出各个清单项目的工程量，再根据各种渠道所获得的工程造价信息和经验数据计算得到工程造价。投标报价是在业主提供的工程量计算结果的基础上根据企业自身所掌握的各种信息、资料，结合企业定额编制得出的。投标报价的计算规则有五个，即【分部分项工程费】=∑{【分部分项工程量】×【分部分项工程单价】}，其中分部分项工程单价由人工费、材料费、机械费、管理费、利润等组成并考虑风险费用；【措施项目费】=∑{【措施项目工程量】×【措施项目综合单价】}，其中措施项目包括通用项目、建筑工程措施项目、安装工程措施项目和市政工程措施项目，措施项目综合单价的构成与分部分项工程单价构成类似；【单位工程报价】=【分部分项工程费】+【措施项目费】+【其他项目费】+【规费】+【税金】；【单项工程报价】=∑【单位工程报价】；【建设项目总报价】=∑【单项工程报价】。

就我国目前的实践而言，工程量清单计价作为一种市场价格的形成机制，其主要使用在工程招投标阶段。因此，工程量清单计价的操作过程可从招标、投标、评标三个阶段来阐述。在工程招标阶段，招标单位在工程方案、初步设计或部分施工图设计完成后，即可委托标底编制单位（或招标代理单位）按统一的工程量计算规则、以单位工程为对象计算并列出各分部分项工程的工程量清单并附相关的施工内容说明作为招标文件的组成部分发放给各投标单位，其工程量清单的精细程度、准确度取决于工程的设计深度及编制人员的技术水平和经验。分部分项工程量清单中的项目编号、项目名称、计量单位和工程数量等项由招标单位根据全国统一的工程量清单项目设置规则和计量规则填写，单价与合价由投标人根据自己的施工组织设计以及招标单位对工程的质量要求等因素综合评定后填写。投标单位作标书阶段的工程量清单计价应根据各自是实际情况、按相关规则确定。在评标阶段，评标时可对投标单位的最终总报价以及分项工程的综合单价的合理性进行评分，评标时仍可以采用综合计分的方法或者采用两阶段评标的办法。

与在招投标过程中采用定额计价法相比，采用工程量清单计价方法具有五方面优点，即满足竞争的需要；提供了一个平等的竞争条件；有利于工程款的拨付和工程造价的最终确定；有利于实现风险的合理分担；有利于业主对投资的控制。

工程量清单计价方法的实施对我国工程造价管理体制改革产生了重大的推进作用，用工程量清单招标符合我国当前工程造价体制改革中"逐步建立以市场形成价格为主的价格机制"的目标，采用工程量清单招标有利于将工程的"质"与"量"紧密结合起来，有利于业主获得最合理的工程造价；有利于标底的管理与控制；有利于中标企业精心组织施工、控制成本。目前，我国工程量清单计价存在的主要问题是企业缺乏自主报价的能力；缺乏与工程量清单计价匹配良好的工程造价管理制度；对工程量清单计价模式的认识不够深刻。因此，应进一步推进工程量清单计价工作，加快施工招标机构的自身建设，加快建设市场中介组织的建设，加强法律、制度建设和宣传教育工作。

从严格意义上讲，工程量清单计价作为一种独立的计价模式并不一定要用在招投标阶段，但由于目前我国将工程量清单计价作为一种市场定价模式，所以使其主要在工程项目的招标投标过程中使用，而估算、概算、预算的编制依然存在过去计算方法的影子，因此，工程量清单计价方法又时常被称为工程量清单招标。

在招投标阶段运用工程量清单计价办法确定的合同价格需要在施工过程中得到实施与控制，因此，工程量清单计价方法给合同管理体制带来了新的挑战和变革，这种变革表现在以下两个方面，即工程量清单计价制度要求采用单价合同的合同计价方式；工程量清单计价制度中工程量计算对合同管理具有重要影响。由于工程量清单中所提供的工程量是投标单位投标报价的基本依据，因此对其计算的要求相对较高，即在工程量的计算工程中要做到不重不漏且不能发生计算错误，否则会带来以下四方面问题：工程量的错误一旦被承包商发现和利用就会给业主带来损失；工程量的错误会引发其他施工索赔；工程量的错误会增加变更工程的处理难度；工程量的错误会造成投资控制和预算控制的困难。

投标报价中的工程量清单计价包括编制招标标底、投标报价、合同价款的确定与调整和办理工程结算等。招标工程设标底时，其标底应根据招标文件中的工程量清单和有关要求、施工现场实际情况、合理的施工方法以及按照建设行政主管部门制定的有关工程造价计价办法进行编制。投标报价应以招标文件中的工程量清单和有关要求、施工现场实际情况及拟定的施工方案或施工组织设计为依据，应根据企业定额和市场价格信息并参照建设行政主管部门发布的现行消耗量定额进行编制。工程量清单计价应包括按招标文件规定完成工程量清单所需的全部费用，通常由分部分项工程费、措施项目费、其他项目费和规费、税金组成。分部分项工程费是指为完成分部分项工程量所需的实体项目费用。措施项目费是指分部分项工程费以外的为完成该工程项目施工发生在该工程施工前和施工过程中技术、生活、安全等方面的非工程实体项目所需的费用。其他项目费是指分部分项工程费和措施项目费以外，该工程项目施工中可能发生的其他费用。

投标报价中的工程量变更及其计价应遵守相关规定。合同中综合单价因工程量变更除合同另有约定外应按照下列办法确定，即工程量清单漏项或由于设计变更引起新的工程量清单项目的相应综合单价由承包方提出经发包人确认后作为结算的依据；由于设计变更引起工程量增减部分属合同约定幅度以内的应执行原有的综合单价，增减的工程量属合同约定幅度以外的其综合单价由承包人提出经发包人确认后作为结算的依据。

1.2.3 两种计价模式的差异

两种计价模式的主要异同点见表1-2-1。

表 1-2-1　两种计价模式的主要异同点

内容	定额计价	清单计价
项目设置	《综合定额》的项目一般按施工工序、工艺进行设置，定额项目包括的项目一般是单一的	工程量清单的项目设置是以一个"综合实体"考虑的，"综合项目"一般包括多个子目工程内容
定价原则	按工程造价管理机构发布的有关规定及定额中的基价计价	按清单的要求，企业自主报价，市场决定价格
计价价款构成	定额计价价款包括：直接工程费、措施项目费、间接费、利润和税金。而直接费中的子目基价是指完成《综合定额》分部分项工程项目所需的人工、材料、机械费。子目单价是定额基价，它并没反映企业的真正水平，没有考虑风险的因素	工程量清单计价价款是指完成招标文件规定的工程量清单项目所需的全部费用，即包括分部分项工程费、措施项目费、其他项目费、规费和税金；包含完成分项工程所含全部工程内容的费用；包含工程量清单中没有体现的，施工中又必须发生的工程内容所需的费用；考虑了风险因素而增加的费用
单价构成	定额计价采用定额子目基价，定额子目基价只包括定额编制时期的人工、材料、机械费，并不包括利润和风险等各种因素带来的影响	工程量清单采用综合单价。综合单价包括人工、材料、机械费、管理费和利润，且各项费用均由投标人根据企业自身状况并考虑各种因素自行编制
价差调整	按工程承发包双方约定的价格与定额价格对比，调整价差	按工程承发包双方约定的价格直接计算，除招标文件规定以外，不存在价差调整的问题
计价过程	招标方只负责编写招标文件，不设置工程项目内容，也不计算工程量。工程计价的子目和相应的工程量由投标方根据设计文件确定。项目设置、工程量计算、工程计价等工作在一个阶段内完成	招标方必须设置清单项目并计算清单工程量，同时在清单中对清单项目的特征和包括的工程内容必须清晰、完整地告诉投标人，以便投标人报价，故清单计价模式由两个阶段组成：一是招标方编制工程量清单；二是投标方拿到清单后根据清单报价
人工、材料、机械消耗量	定额计价的人工、材料、机械消耗量按《综合定额》标准计算，《综合定额》标准是按社会平均水平编制的	工程量清单计价的人工、材料、机械消耗量由投标人根据企业的自身情况或《企业定额》自定。它真正反映企业的自身水平
工程量计算规则	按定额工程量计算规则	按清单工程量计算规则
计价方法	根据施工工序计价，即将相同施工工序的工程量相加汇总，选套定额，计算出一个子项的定额分部分项工程费，每一个项目独立计价	按一个综合实体计价，即子项目随主体项目计价，由于主体项目与组合项目是不同的施工工序，所以要计算多个子项才能完成一个清单项目的分部分项综合单价，每一个项目组合计价
价格表现形式	只表示工程造价，分部分项工程费不具有单独存在的意义	主要为分部分项综合单价，是投标、评标、结算的依据，单价一般不调整
适用范围	编审标底，设计概算、工程造价鉴定	全部使用以国有资金投资或国有资金投资为主的大中型建设项目和需招标的小型工程
工程风险	工程量由投标人结算和确定，价差一般可调整，故投标人一般只承担工程量计算风险，不承担材料价格风险	招标人编制工程量清单，计算工程量，数量不准会被投标人发现并利用，招标人要承担差量的风险。投标人报价要考虑多种因素，由于单价通常不调整，故投标人要承担组成价格的全部因素风险

1.3　工程造价管理的意义

工程造价有两种含义，工程造价管理也有两种，即建设工程投资费用管理和工程价格管理。建设工程的投资费用管理属于投资管理范畴，更明确地说，是属于工程建设投资管理范畴。工程建设投资管理是指为达到预期的效果（效益）而对建设工程的投资行为进行的计划、预测、组织、指挥和监控等系统性活动。建设工程投资费用管理是指为实现投资的预期目标，在拟定的规划、设计方案的条件下，预测、计算、确定和监控工程造价及其变动的系统性活动，这一含义既涵盖了微观层次的项目投资费用管理，也涵盖了宏观层次的投资费用管理。工程价格管理是对工程造价第二种含义的管理，其属于价格管理范畴，社会主义市场经济条件下的价格管理分宏观和微观两个层次。微观层次上的工程价格管理是生产企业在掌握市场价格信息的基础上，为实现管理目标而进行的成本控制、计价、定价和竞价的系统性活动。宏观层次上的工程价格管理是政府根据社会经济发展的要求，利用法律手段、经济手段和行政手段对价格进行管理和调控以及通过市场管理规范市场主体价格行为的系统性活动。

1.3.1　我国现行的工程造价管理体制

自党的十一届三中全会以来，随着经济体制改革的深入和对外开放政策的实施，我国基本建设概预算定额管理的模式已逐步转变为工程造价管理模式。这种转变主要表现在七个方面，即重视和加强项目决策阶段的投资估算工作，努力提高可行性研究报告投资估算的准确度，切实发挥其控制建设项目总造价的作用；明确概预算工作不仅要反映设计、计算工程造价，更要能动地影响设计、优化设计，并发挥控制工程造价、促进合理使用建设资金的作用；从建筑产品也是商品的认识出发，以价值为基础确定建设工程的造价和建筑安装工程的造价，使工程造价的构成合理化，逐渐与国际惯例接轨；把竞争机制引入工程造价管理体制；用"动态"方法研究和管理工程造价；对工程造价的估算、概算、预算、承包合同价、结算价、竣工决算实行"一体化"管理，建立一体化的管理制度以改变过去分段管理的状况；工程造价咨询机制形成并逐渐发展。

我国加入世界贸易组织（WTO）后，工程造价管理改革日渐加速，《中华人民共和国招标投标法》的颁布使建设工程承发包主要通过招投标方式进行得以实现。为适应我国建筑市场发展的要求和国际市场竞争的需要，我国推行并实施了工程量清单计价模式。工程量清单计价模式与我国传统的定额加费率造价管理模式不同，其主要采用综合单价计价，工程项目综合单价包括工程直接费、间接费、利润和相应上缴的税金。实施工程量清单计价的意义表现在五个方面，即有利于贯彻"公正、公平、公开"的原则；工程量清单报价可在设计过程中进行，其不同于以往以施工图预算为基础报价，工程量清单报价可在设计阶段中期就进行，从而缩短了建设周期、为业主带来明显经济效益，同时可使设计周期适当延长以有利于提高设计质量；工程量清单要求承包商根据市场行情、项目状况和自身实力报价，有利于引导承包商编制企业定额、进行项目成本核算、提高其管理水平和竞争能力；工程量清单条目简单明了，有利于监理工程师进行工程计量、造价工程师进行工程结算并加快结算进度；工程量清单报价对业主和承包商之间承担的工程风险进行了明确划分，业主承担了工程量变动的风险，承包商承担了工程价格波动的风险，对双方的利益都有一定程度的保证。我国工程造价管理体制改革的最终目标是建立市场形成价格的机制，实现工程造价管理市场化，培育社会化的工程造价咨询服务业与国际惯例接轨。

1.3.2　我国现行工程造价管理的基本内容

工程造价管理的目标是按照经济规律要求，根据社会主义市场经济的发展形势，利用科学管理方法和先进管理手段合理地确定造价和有效地控制造价，以提高投资效益和建筑安装企业经营收益。工程造价管理的任务是加强工程造价的全过程动态管理，强化工程造价的约束机制，维护有关各方的经济利益，规范价格行为，促进微观效益和宏观效益的统一。

工程造价管理的基本内容就是合理确定和有效地控制工程造价。所谓工程造价的合理确定是指在建设程序的各个阶段合理确定投资估算、概算造价、预算造价、承包合同价、结算价、竣工决算价。所谓工程造价的有效控制是指在优化建设方案、设计方案的基础上，在建设程序的各个阶段采用一定的方法和措施把工程造价的发生控制在合理的范围和核定的造价限额以内，具体地讲就是用投资估算价控制设计方案的选择和初步设计概算造价、用概算造价控制技术设计和修正概算造价、用概算造价或修正概算造价控制施工图设计和预算造价，以求合理使用人力、物力和财力，取得较好的投资效益。控制造价在这里强调的是控制项目投资。有效控制工程造价的特征可归结为三点，即以设计阶段为重点进行建设全过程的造价控制；通过主动控制以取得令人满意的结果；技术与经济相结合是控制工程造价的最有效手段。

工程造价管理的组织是工程造价动态的组织活动过程和相对静态的造价管理部门的统一，主要反映的是国家、地方、部门和企业之间管理权限和职责范围的划分。我国工程造价管理组织有政府行政管理系统、企（事）业机构管理系统、行业协会管理系统这三个系统。政府行政管理系统是指建设行政主管部门的造价管理机构，它在全国范围内行使管理职能，它在工程造价管理工作方面承担的主要职责有六个，即组织制定工程造价管理有关法规、制度并组织贯彻实施；组织确定全国统一经济定额和部管行业经济定额的制订、修订计划；组织制定全国统一经济定额和部管行业经济定额；监督指导全国统一经济定额和部管行业经济定额的实施；制定工程造价咨询单位的资质标准并监督执行，提出工程造价专业技术人员执业资格标准；管理全国工程造价咨询单位资质工作，负责全国甲级工程造价咨询单位的资质审定。企、事业机构管理系统是指企、事业机构对工程造价的管理，属微观管理的范畴。行业协会管理系统是指成立于 1990 年 7 月的中国建设工程造价管理协会，其前身是在 1985 年成立的"中国工程建设概预算委员会"。中国建设工程造价管理协会属非营利性社会组织，其业务范围包括以下八个方面，即研究工程造价管理体制的改革，行业发展、行业政策、市场准入制度及行为规范等理论与实践问题；探讨提高政府和业主项目投资效益问题，科学预测和控制工程造价，促进现代化管理技术在工程造价咨询行业的运用，向国家行政部门提供建议；接受国家行政主管部门委托承担工程造价咨询行业和造价工程师执业资格及职业教育等具体工作，研究提出与工程造价有关的规章制度及工程造价咨询行业的资质标准、合同范本、职业道德规范等行业标准，并推动实施；对外代表我国造价工程师组织和工程造价咨询行业与国际组织及各国同行组织建立联系与交往，签订有关协议，为会员开展国际交流与合作等对外业务服务；建立工程造价信息服务系统，编辑、出版有关工程造价方面的刊物和参考资料，组织交流和推广先进工程造价咨询经验，举办有关职业培训和国际工程造价咨询业务研讨活动；在国内外工程造价咨询活动中维护和增进会员的合法权益，协调解决会员和行业间的有关问题，受理关于工程造价咨询执业违规的投诉，配合行政主管部门进行处理，并向政府部门和有关方面反映会员单位和工程造价咨询人员的建议和意见；指导各专业委员会和地方造价协会的业务工作；组织完成政府有关部门和社会各界委托的其他业务。

1.3.3 我国现行的造价工程师执业资格制度

我国对造价工程师的素质有特殊要求，造价工程师的素质包括思想品德方面的素质、专业方面的素质、身体方面的素质等几个方面。专业方面的素质集中表现在以专业知识和技能为基础的工程造价管理方面的实际工作能力上，造价工程师应掌握和了解的专业知识主要包括以下 14 类，即相关的经济理论；项目投资管理和融资；建筑经济与企业管理；财政税收与金融实务；市场与价格；招投标与合同管理；工程造价管理；工作方法与动作研究；综合工业技术与建筑技术；建筑制图与识图；施工技术与施工组织；相关法律、法规和政策；计算机应用和信息管理；现行各类计价依据（定额）。

造价工程师是建设领域工程造价的管理者，其执业范围和担负的重要任务要求造价工程师必须具备现代管理人员的技能。按行为科学的观点，管理人员应具有技术技能、人文技能和观念技能这三种技能。技术技能是指能使用经验、教育及训练上的知识、方法、技能及设备来完成特定任务的能力。人文技能是指与人共事的能力和判断力。观念技能是指了解整个组织及自己在组织中地位的能力，使自己不仅能按本身所属的群体目标行事，而且能按整个组织的目标行事。造价工程师的教育培养方式主要有职前教育和职后教育两类，职前教育是指普通高校和高等职业技术学校的系统教育，职后教育是指专业继续教育。我国规定，造价工程师只能在一个单位注册和执业。造价工程师的执业范围包括建设项目投资估算的编制、审核及项目经济评价；工程概算、工程预算、工程结算、竣工决算、工程招标标底价、投标报价的编制、审核；工程变更和合同价款的调整和索赔费用的计算；建设项目各阶段的工程造价控制；工程经济纠纷的鉴定；工程造价计价依据的编制、审核；与工程造价有关的其他事项。

在我国，经造价工程师签字的工程造价成果文件应当作为办理审批、报建、拨付工程款和工程结算的依据。造价工程师享有称谓权、执业权、签章权、立业权、举报权，称谓权是指使用造价工程师名称；执业权是指依法独立执业；签章权是指签署工程造价文件、加盖执业专用章；立业权是指申请设立工程造价咨询单位；举报权是指对违反国家法律、法规的不正当计价行为有权向有关部门举报。造价工程师应履行以下五方面义务，即遵守法律、法规，恪守职业道德；接受继续教育，提高业务技术水平；在执业中保守技术和经济秘密；不得允许他人以本人名义执业；按照有关规定提供工程造价资料。造价工程师应遵守执业道德准则。

我国造价工程师执业资格制度的建立经历了一个渐进性的过程。1996 年 8 月，国家人事部、建设部联合发布了《造价工程师执业资格制度暂行规定》，明确国家在工程造价领域实施造价工程师执业资格制度。1997 年 3 月，建设部和人事部联合发布了《造价工程师执业资格认定办法》。为加强对造价工程师的注册管理、规范造价工程师的执业行为，2000 年 3 月，建设部颁布了第 75 号部长令《造价工程师注册管理办法》；2002 年 7 月，建设部制定了《〈造价工程师注册管理办法〉的实施意见》；2002 年 6 月，中国工程造价管理协会制定了《造价工程师继续教育实施办法》和《造价工程师职业道德行为准则》，造价工程师执业资格制度逐步完善起来。

我国造价工程师执业资格考试采用全国统一大纲、统一命题、统一组织的办法进行，原则上每年举行一次。通过造价工程师执业资格考试合格者，由省、自治区、直辖市人事（职改）部门颁发造价工程师执业资格证书，该证书在全国范围内有效，并作为造价工程师注册的凭证。国务院建设行政主管部门负责全国造价工程师注册管理工作，造价工程师的具体工作委托中国建设工程造价管理协会办理。省、自治区、直辖市人民政府建设行政主管部门（以下简称省级注册机构）负责本行政区域内的造价工程师注册管理工作。特殊行业的主管部门（以下简称部门注册机构）经国务院建设行政主管部门认可，负责本行业内造价工程师注册管理工作。经全国造价工程师执业资格统一考试合格的人员应当在取得造价工程师执业资格考试合格证书后的 3 个月内持有关材料到省级注册机构或者部门注册机构申请初始注册，超过规定期限申请初始注册的还应提交国务院建设行政主管部门认可的造价工程师继续教育证明，有下列 4 种情形之一的不予初始注册，即丧失民事行为能力的；受过刑事处罚且自刑事处罚执行完毕之日起至申请注册之日不满 5 年的；在工程造价业务中有重大过失、受过行政处罚或者撤职以上行政处分且处罚、处分决定之日至申请注册之日不满 2 年的；在申请注册过程中有弄虚作假行为的。造价工程师初始注册的有效期限为 2 年，自核准注册之日起计算。造价工程师注册有效期满要求继续执业的应当在注册有效期满前 2 个月向省级注册机构或者部门注册机构申请续期注册，有下列 7 种情形之一的不予续期注册，即在注册期内参加造价工程师执业资格年检不合格的；无业绩证明和工作总结的；同时在两个以上单位执业的；未按规定参加造价工程师继续教育或者继续教育未达到标准的；允许他人以本人名义执业的；在工程造价活动中有弄虚作假行为的；在工程造价活动中有过失、造成重大损失的。续期注册的有效期限为 2 年，自准予续期注册之日起计算。造价工程师变更工作单位应当在变更工作单位后 2 个月内到省级注册机构或者部门注册机构办理变更注册。

我国造价工程师执业资格年检工作由建设行政主管部门负责。造价工程师执业资格年检应报送上年度的业绩和继续教育的证明材料，凡有下列5种情形之一的造价工程师不予通过年检，即无工作业绩证明的；调离工程造价业务岗位的；同时在2个以上单位执业的；未按规定参加继续教育或继续教育不合格的；在工程造价业务活动中有过失、造成重大损失并受到行政处罚的。造价工程师每年接受继续教育时间累计不得少于40学时。

1.3.4　发达国家或地区工程造价管理的特点

发达国家或地区工程造价管理的特点主要体现在以下五个方面，即政府间接调控；计价依据有章可循；工程造价信息渠道多；造价工程师采用动态估价；重视实施过程中的造价控制。

在世界的发达国家和地区，市场经济体制比较健全和成熟，工程价格通常由市场双方自行确定，在这种情况下，为保障工程造价的科学性，发达国家及地区都有自己的工程造价信息发布和使用方面的管理要求。

美国政府对工程造价的管理分对政府工程的造价管理、对私营工程的造价管理。美国工程造价编制涉及工程造价计价标准和要求；工程造价的具体编制等问题。美国工程造价的动态控制包括项目实施过程的造价控制；工程造价的反馈控制。美国对工程造价实行职能化管理并拥有坚实的社会基础，拥有较为完善的工程造价职能化手段。在美国，政府部门发布建设成本指南、最低工资标准等综合造价信息；民间组织负责发布工料价格、建设造价指数、房屋造价指数等方面的造价信息，比如S-T、ENR等许多咨询公司；专业咨询公司收集、处理、存储大量已完工项目的造价统计信息以供造价工程师在确定工程造价和审计工程造价时借鉴和使用。

日本建设工程造价管理的特点是行业化、系统化、规范化。在日本，建设省每半年报表调查一次工程造价变动情况，每3年修订一次现场经费和综合管理费，每5年修订一次工程概预算定额。隶属于日本官方机构的"经济调查会"和"建设物价调查会"专门负责调查各种相关经济数据和指标，与工程造价有关的"建设物价"杂志、"积算资料"（月刊）、"土木施工单价"（季刊）、"建筑施工单价"（季刊）、"物价版"（周刊）及"积算资料袖珍版"等定期刊登资料，另外还在因特网（Internet）上公布了一套"物价版"（周刊）资料。

我国香港工程造价管理的特点是政府间接调控，建立完善的法律体系以此制约建筑市场主体的价格行为；制定与发布各种工程造价信息对私营建筑业施加间接影响；政府与测量师学会及各测量师保持密切联系以间接影响测量师的估价；动态估价、市场定价；拥有健全的咨询服务业；拥有多渠道的工程造价信息发布体系。在我国香港地区，其工程造价信息的发布往往采取指数的形式。按照指数内涵，香港地区发布的主要工程造价指数可分为两类，即成本指数和价格指数，分别是依据建造成本和建造价格的变化趋势而编制的。建造成本主要包括工料等费用支出，它们占总成本的80%以上，其余的支出包括经常性开支（Overheads）以及使用资本财产（Capital Goods）等费用；建造价格中除包括建造成本之外厂还有承包商赚取的利润，一般以投标价格指数来反映其发展趋势。在香港，最有影响的成本指数要属由建筑署发布的劳工指数、建材价格指数和建筑工料综合成本指数，这些指数均以1970年为基期编制。劳工指数和大部分政府指数一样是根据一系列不同工种的建筑劳工（如木工、水泥工、架子工等）的平均日薪、以不同的权重结合而成的。建筑署制定的建材价格指数同样为固定比重加权指数，其指数成分多达60种以上。建筑工料综合成本指数实际上是劳工指数和建筑材料指数的加权平均数，比重分别定为45%和55%。投标价格指数的编制依据主要是中标的承包商在报价时所列出的主要项目单价。目前，香港最权威的投标价格指数有三种，分别由建筑署及两家最具规模的工料测量行即利比测量师事务所和威宁谢有限公司编制，它们分别反映了公营部门和私营部门的投标价格变化。两所测量行的投标指数均以一份自行编制的"概念报价单"为基础，同属固定比重加权指数。而建筑署投标价格指数则是抽取编制期内中标合约中分量较重的项目，各项目权重以合约内的实际比重为准，因此属于活比重形式。两种民间部门的投标指数在过去 20 年间的变化趋势一直不谋而合，而由于两种指数是各自独立编制的，所以大大加强了指数的可靠性。而政府部门投标指数的增长速度相对较低，这是由于政府工程和私人工程不同的合约性质所致。

综上所述，美国、日本及中国香港都是通过政府和民间两种渠道发布工程造价信息的，其中政府主要发布总体性、全局性的各种造价指数信息，民间组织主要发布相关资源的市场行情信息。因此，开创和拓宽民间工程造价信息的发布渠道应该是我国今后工程造价管理体制改革的重要内容之一。

1.3.5　我国工程造价改革的历史沿革

建设工程造价是指进行某项工程建设自开始直至竣工，到形成固定资产为止的全部费用。我国建筑工程定额工作从无到有，从不健全到逐步健全，经历了一个"分散→集中→分散→集中"统一领导与分级管理相结合的发展过程，发展过程大体上可分为如下五个阶段，即 1949—1952 年的国民经济恢复时期；1953—1957 年的第一个五年计划时期；1958—1965 年的"大跃进"到"文化大革命"前的时期；1966—1976 年的"文化大革命"时期；党的十一届三中全会以后。

定额是在合理的劳动组织和合理地使用材料和机械的条件下，完成单位合格产品所消耗的资源数量标准。建筑工程定额是指在正常的施工条件下，完成单位合格产品所必须消耗的劳动力、材料、机械设备及其资金的数量标准。这种量的规定反映出完成建筑工程中的某项合格产品与各种生产消耗之间特定的数量关系。定额水平就是规定完成单位合格产品所需消耗的资源数量的多少。定额水平是一定时期社会生产力水平的反映，它与操作人员的技术水平、机械化程度、新材料、新工艺、新技术的发展和应用有关，与企业的组织管理水平和全体技术人员的劳动积极性有关。定额的产生和发展与管理科学的产生与发展有着密切的关系。定额的特性是科学性、法令性、群众性、稳定性和时效性。定额是编制计划的基础，具有科学性；定额是确定工程项目造价的依据，是比较设计方案经济合理性的尺度；定额是企业加强管理、搞好经济核算的依据；定额既是投资决策的依据，又是价格决策的依据。建筑工程定额可分别按生产因素、编制程序和用途、编制单位和执行范围、费用性质、专业不同进行分类。按生产因素不同，定额可分为劳动消耗定额（人工定额）、材料消耗定额、机械台班使用定额，劳动消耗定额（人工定额）包括时间定额、产量定额，机械台班使用定额包括时间定额、产量定额。按编制程序和用途不同，定额可分为施工定额、预算定额、概算定额、概算指标，前三项可细分为劳动定额、材料消耗定额、机械台班使用定额。按编制单位和执行范围不同，定额可分为全国统一定额、行业统一定额、地方定额、企业定额、补充定额。按费用性质不同，定额可分为其他直接费定额、间接费定额等。按专业不同，定额可分为建筑工程定额和设备安装工程定额，建筑工程具体包括一般土建工程、电气照明工程、卫生技术（水、暖、通风）工程、工业管道工程、特殊构筑物工程等，设备安装工程是指机械设备安装工程和电气设备安装工程。

工程量清单是表现拟建工程的分部分项工程项目、措施项目、其他项目名称和相应数量的明细清单，包括分部分项工程量清单和措施项目清单。工程量清单计价是指投标人完成由招标人提供的工程量清单所需的全部费用，包括分部分项工程费、措施项目费、其他项目费和规费、税金。工程量清单计价方法是在建设工程招投标中，招标人或委托具有资质的中介机构编制反映工程实体消耗和措施性消耗的工程量清单，并作为招标文件的一部分提供给投标人，由投标人依据工程量清单自主报价的计价方式。

实行工程量清单计价是工程造价深化改革的产物；实行工程量清单计价是规范建设市场秩序，适应社会主义市场经济发展的需要；实行工程量清单计价是促进建设市场有序竞争和企业健康发展的需要；实行工程量清单计价有利于我国工程造价管理政府职能的转变；实行工程量清单计价是适应我国加入世界贸易组织、融入世界大市场的需要。

实行工程量清单计价时，工程量清单计价文件必须做到统一项目编码、统一项目名称、统一工程量计算单位、统一工程量计算规则这四个统一，达到工程量清单项目统一的目的。工程量清单计价是指投标人完成由招标人提供的工程量清单所需的全部费用，包括分部分项工程费、措施项目费、其他项目费和规费、税金。《建设工程工程量清单计价规范》中工程量清单综合单价是指完成规定计量单位项目所需的人工费、材料费、机械使用费、管理费、利润，并考虑风险因素。

工程量计价的特点主要表现为规定性、实用性、竞争性、通用性。规定性是指通过制定统一的建设工程工程量清单计价方法达到规范计价行为的目的，这些规则和办法是强制性的，工程建设各方面都应该遵守。实用性主要反映在《建设工程工程量清单计价规范》的附录中，工程量清单项目及计算规则的项目名称表现的是工程实体项目，项目名称明确清晰，工程量计算规则简洁明了，还特别列有项目特征和工程内容，易于在编制工程量清单时确定具体项目名称和投标报价。竞争性是指《建设工程工程量清单计价规范》中的措施项目，在工程量清单中只列"措施项目"一栏，具体采用什么措施，如模板、脚手架、临时设施、施工排水等详细内容由投标人根据企业的施工组织设计，视具体情况报价，因为这些项目在各个企业间各有不同，是企业竞争项目，是留给企业的竞争空间。竞争性也指《建设工程工程量清单计价规范》中人工、材料和施工机械没有具体的消耗量，投标企业可以依据企业的定额和市场价格信息，也可以参照建设行政主管理部门发布的社会平均消耗量定额进行报价，《建设工程工程量清单计价规范》将定价权交给了企业。通用性是指采用工程量清单计价将与国际惯例接轨，符合工程量计算方法标准化、工程量计算规则统一化、工程造价确定市场化的要求。

工程量清单计价的特点具体体现在统一计价规则、有效控制消耗量、彻底放开价格、企业自主报价、市场有序竞争形成价格等方面。统一计价规则的特点是，通过制定统一的建设工程工程量清单计价方法、统一的工程量清单项目设置规则达到规范计价行为的目的，这些规则和办法是强制性的，建设各方面都应该遵守，这是工程造价管理部门首次在文件中明确政府应管什么、不应管什么。有效控制消耗量是指通过由政府发布统一的社会平均消耗指导标准为企业提供一个社会平均尺度，避免企业盲目或随意大幅度减少或扩大消耗量，从而达到保证工程质量的目的。彻底放开价格是指将工程消耗量定额中的人工、材料、机械价格和利润、管理费全面放开，由市场的供求关系自行确定价格。企业自主报价是指投标企业根据自身的技术专长、材料采购渠道和管理水平等，制定企业自己的报价定额、自主报价，企业尚无报价定额的可参考使用造价管理部门颁布的《建设工程消耗量定额》。市场有序竞争形成价格是指通过建立与国际惯例接轨的工程量清单计价模式，引入充分竞争形成价格的机制，制定衡量投标报价合理性的基础标准，在投标过程中，有效引入竞争机制，淡化标底的作用，在保证质量和工期的前提下，按《中华人民共和国招标投标法》有关条款规定，最终以"不低于成本"的合理低价者中标。

工程单价的计价方法大致可分为3种形式，即完全费用单价法、综合单价法、工料单价法。工程成本要素最核心的内容包含在工料单价法之中。《建设工程工程量清单计价规范》中采用的综合单价法为不完全费用单价法，完全费用单价是在《建设工程工程量清单计价规范》综合单价的基础上增加了规费、税金等工程造价内容的扩展。具体内容组成为【完全费用单价】＝【工料单价】＋【利润】＋【规费】＋【税金】、【综合单价】＝【工料单价】＋【管理费用】＋【利润】。

工程量清单计价的影响因素包括对用工批量的有效管理、材料费用的管理、机械费用的管理、施工过程中水电费的管理、对设计变更和工程签证的管理、对其他成本要素的管理。人工费支出约占建筑产品成本的 17%且随市场价格波动而不断变化，对人工单价在整个施工期间做出切合实际的预测是控制人工费用支出的前提条件。材料费用开支约占建筑产品成本的 63%，是成本要素控制的重点，材料费用因工程量清单报价形式不同、材料供应方式不同而有所不同，比如业主限价的材料价格及如何管理等问题，其主要问题可从施工企业采购过程降低材料单价来把握。机械费用开支约占建筑产品成本的 7%，其控制指标主要是根据工程量清单计算出使用的机械控制台班数。水电费的管理在以往工程施工中一直被忽视，水作为人类赖以生存的宝贵资源、越来越短缺，正在给人类敲响警钟，这对加强施工过程中水电费管理的重要性不言而喻。为便于施工过程支出的控制管理，应把控制用量计算到施工子项以便于控制水电费用。在施工过程中时常会遇到一些原设计未预料的实际情况或业主单位提出要求改变某些施工做法、材料代用等情况，引发设计变更；同样，对施工图以外的内容及停水、停电，或因材料供应不及时造成停工、窝工等都需要办理工程签证。成本要素除工料单价法包含的以外，还有管理费用、利润、临设费、税金、保险费等，这部分收入已分散在工程量清单的子项之中，中标后已成既定的数，因而在施工过程中应注意以下四方面问题，即节约管理费用是重点，应制定切实的预算指标，对每笔开支严格依据预算执行审批手续；提高管理人员的综合素质，做到高效精干，提倡一专多能；对办公费用的管理，从节约一张纸、减少每次通话时间等方面着手，精打细算，控制费用支出。利润作为工程量清单子项收入的一部分，在成本不亏损的情况下，就是企业既定利润。临时设施费管理的重点是依据施工的工期及现场情况合理布局临设，尽可能就地取材搭建临设，工程接近竣工时及时减少临设的占用，比如对购买的彩板房每次安、拆要高抬轻放以延长使用次数，及时维护易损部位以延长使用寿命。对税金、保险费的管理重点是一个资金问题，应依据施工进度及时拨付工程款，确保国家规定的税金及时上缴。

定额是计划经济时代的产物，这种量价合一的工程造价静态管理的模式，在特定的历史条件下起到了确定和衡量建安造价标准的作用，规范了建筑市场，使专业人士有所依据、有所凭借。近年来，我国市场化经济已经基本形成，建设工程投资多元化的趋势已经出现，过去那种单一的、僵化的、一成不变的定额计价方式显然已不适应市场化经济发展的需要了。传统工程造价计价方式及管理模式上存在的问题主要有定额的指令性过强、指导性不足；组成工程总造价的定额单价是静态的单价；量、价合一的定额表现形式难以就人工、材料、机械等价格的变化适时调整工程造价；各种取费计算烦琐、取费基础不统一；缺乏全国统一的基础定额和计价办法；适应编制标底和报价要求的基础定额尚待制定；费用定额计划经济的色彩非常浓厚，施工企业的管理费与利润等费率是固定不变的；造价管理及招投标管理模式跟不上市场经济发展的要求；预算定额水平和更新速度跟不上建筑市场的发展。

工程造价管理体制改革的最终目的是逐步建立以市场形成价格为主的价格机制，改革的具体内容和任务有以下五点，即改革现行的工程定额管理方式，实行量价分离，逐步建立起由工程定额作为指导的通过市场竞争形成工程造价的机制；加强工程造价信息的收集、处理和发布工作；对政府投资工程和非政府投资工程实行不同的定价方式；加强对工程造价监督管理，逐步建立工程造价的监督检查制度、规范定价行为、确保工程质量和工程建设的顺利进行；合格的市场主体、完备的制度规范、完善的管理体制、配套的市场体系是工程造价管理改革的社会条件。

1.4　我国工程概预算的特点

我国建设工程中的基本建设概念非常广义，社会发展和人类生存的条件是靠物质资料再生产，而基本建设就是新建、扩建、改建各类工程（建筑物、构筑物）所进行的规划、勘察、设计、施工、竣工验收、移交等过程。我国基本建设的内容主要包括建筑工程、设备安装工程、设备购置、工具或器具及生产家具购置以及其他基本建设工作。建筑工程主要是指各种厂房、仓库、住宅，包括土建、给排水、电气照明、通风空调等。设备安装工程主要是指动力、电信、运输、实验各种设备的装配、安装。设备购置是指一切需要安装与不需要安装设备的购置。工具、器具及生产家具购置是指车间、实验室达到固定资产的各种工具、仪器。其他基本建设工作包括土地征用费、拆迁赔偿、筹建机构、职工培训、建设单位管理费等。我国将基本建设项目划分为建设项目、单项工程、单位工程、分部工程、分项工程。建设项目是指在一个或多个场地按同一总体设计进行施工并在经济上实行独立核算的各个单项工程的总和，比如工业建筑中的一个工厂、一座矿山；民用建筑中的一所学校、一所医院等。单项工程是指具有独立的设计文件，建成后能够独立发挥生产能力或工程效益的工程，比如工业建筑中的生产车间、辅助车间；民用建筑中的办公楼、教学楼等。单位工程是指有独立设计文件也能独立施工，但建成后不能独立形成生产能力或发挥效益的工程。分部工程是指按建筑物或构筑物的结构部位或主要工种工程划分的工程，比如土石方工程、基础工程等。分项工程是建设项目的最基本组成单元，比如砖石工程中的砖砌基础、内墙、外墙等。以当年的江南大学蠡湖校区建设为例，江南大学蠡湖校区是一个建设项目，第一教学楼、第二教学楼、图书馆、食堂、行政楼、体育馆、运动场、学生宿舍等均为单项工程，土建工程、给排水工程、电气照明工程、机械设备及安装工程、电气设备及安装工程等均为单位工程，建筑工程中的土石方工程、桩基础工程、脚手架、砌砖工程、砼及钢筋砼工程、楼地面工程、屋面工程、抹灰工程等均为分部工程，土石方工程中的人工挖土方、机械挖土方、人工机械回填土方以及砌砖工程中的砖基础、砖墙、砖柱等均为分项工程。

工程概预算是基本建设项目计划价格的广义概念，前已叙及，通俗地讲，工程造价就是工程概预算，只是建设项目各个阶段的叫法不一样且其编制深度也不一样。

1.4.1　工程概预算的分类及作用

工程概预算按工程建设发生阶段的不同分为投资估算、设计总概算、修正总概算、施工图预算或工程量清单计价、竣工结算、竣工决算。投资估算通常出现在项目建议书、可行性研究阶段。设计总概算通常出现在初步设计或扩大初步设计阶段，由设计单位以投资估算为目标，根据初步设计图纸、概算定额等资料编制。修正总概算通常出现在采用初步设计、技术设计、施工图设计的三阶段设计时，它在技术设计阶段由设计单位编制。施工图预算或工程量清单计价通常出现在施工图设计工作完成、招投标阶段或在承包合同签订之前，通常是由施工单位根据招标文件要求、施工图、施工组织设计、统一的预算定额及相应取费标准等编制的。施工图预算与工程量清单计价虽是两个不同的概念，但最终反映的都是工程造价的结果。竣工结算通常是在出现一个建设项目或单项工程、单位工程竣工后，由施工企业编制经发包方（业主）审核后双方达成共识的结算价。竣工决算通常出现在工程竣工后，由施工企业内部编制或建设单位自己编制的竣工决算，它对施工企业而言就是工程成本，对建设单位来讲就是工程投资额。

工程概预算按工程对象的不同分为单位工程概预算、工程建设其他费用概预算、单项工程综合概预算、建设项目总概预算。

工程概预算还可按工程合同结算方式的不同进行分类。我国的结算方式主要有三种，即固定总价、可调总价、成本加酬金。固定总价的特点是总价、单价在合同约定的风险范围内不可调整，适用于工期较短、技术较简单、设计很完整的工程。可调总价适用于工期较长、技术较复杂的工程。成本加酬金适用于抢险救灾工程。国际上通用的结算方式可分为固定总价合同概预算、计量定价合同概预算、单价合同概预算、成本加酬金合同概预算、统包合同概预算这五类。单价合同概预算的特点是以一个拟定工程项目或单位工程产品为标准计价单位，比如住宅项目按每平方米产品的综合单价为计价依据。成本加酬金合同概预算适用于抢险救灾工程或被战争破坏后需要马上修复的工程。统包合同概预算是指从项目可行性研究开始到交付使用整个过程的工程总造价。

影响工程概预算费用的因素主要有政策法规性因素、地区性与市场性因素、设计因素、施工因素、编制人员素质因素等。地区性与市场性因素比较复杂，因为建筑产品的价值是由人工、材料、机具、资金或技术力量诸多因素决定的。设计因素是影响建设投资或工程造价的最关键因素，5%的设计费用对造价的影响可达 75%。施工因素主要与生产管理、施工技术、施工工艺、施工现场的布置等有关。编制人员素质因素决定了概预算编制的准确性，工程概预算编制是一项十分复杂而细致的工作，要求工作人员有强烈的责任感、较强的政策观念且知识面要宽。

我国工程量清单计价定额中建筑安装工程费用通常由直接费、间接费、利润、税金等组成。直接费通常包括直接工程费和措施费，直接工程费是指施工过程中耗费的构成工程实体的各项费用，措施费是指为完成工程项目施工而发生于该工程施工前和施工过程中非工程实体的项目费用。间接费包括规费、企业管理费。综合单价是指完成工程清单中一个规定计量单位项目所需的人工费、材料费、机械使用费和综合费，综合费指管理费和利润。企业管理费的税金是指企业按规定缴纳的房产税、土地使用税、印花税，工程费的税金是指营业税、城市维护建设税、教育费附加等。一个建设工程周期长、规模大、造价高，因此，工程计价在不同阶段是逐步深入、逐步细化的，这种深入细化过程贯穿建议书和可行性研究（投资估算）、初步设计（总概算）、技术设计阶段（修正概算）、施工图设计（预算）、招投标（标底、投标价）、竣工阶段（结算价）、投入生产（决算价）等诸多阶段。

1.4.2　工程建设定额编制的特点

工程建设定额的"定"就是规定，"额"就是额度或限度，组合在一起就是"规定的额度或限度"。因此，工程建设定额是指正常生产建设条件下完成合格的单位工程产品所需资源消耗量的数量标准，这里的资源指人工、材料、机械。对定额这个概念的理解应注意以下四个问题，即定额属于生产消费定额；定额与当时生产力发展水平相适应，反映社会的平均水平；三种资源的消耗是指完成合格的限定对象的消耗；资源消耗量是人、材、机的消耗。定额的特性表现为市场性与自主性、法令性与指导性、科学性与群众性、可变性与相对稳定性。市场性与自主性反映了由企业自主报价、市场定价最基本特征。定额的法令性与指导性表现在"四统一"、"编制标底"、"投标控制价"等方面。科学性与群众性是指企业定额的基础是在实际生产中测定的。可变性与相对稳定性是指以五年为一个周期，没有计算机时需要 1 个月、有计算机时只需 10 天。建筑工程定额的分类方法很多，可分别根据生产要素、编制程序和用途、制定单位和执行范围、专业性质等进行分类。

定额制定的基本方法是估计推定，可采用经验估计法、统计分析法、比较类推法、技术测定法。经验估计法是常用方法，但它对常规通用的施工项目不太适应。统计分析法也是常用方法，它适应于施工条件正常、产品稳定、统计制度健全、统计工作真实可信的情况，其缺点是不能剔除不合理的时间消耗。比较类推法适用于同类产品品种多、批量小的情况。技术测定法的特点是根据现场测试获得的有关数据资料制定定额，适应于工料消耗比较大的定额制定。

1.4.3　施工消耗定额的特点

施工消耗定额是最基本的定额，是企业定额。施工消耗定额的作用是满足投标、任务单、按劳分配、目标计划要求。施工消耗定额的编制原则是平均先进、简明适用。施工消耗定额的内容包括文字说明部分、分节定额部分、附录部分。

劳动定额即人工定额，按其表现形式不同分为时间定额和产量定额，它们之间互为倒数关系。时间定额是指一定技术和组织条件下生产单位合格产品或完成工作任务所消耗的劳动时间，它以工日为单位，1 工日折合 8h。定额时间包括准备与结束时间、作业时间、个人生理需要与休息放松时间。产量定额是指在单位时间（一个工日）内生产合格产品或完成工作任务的数量，它以产品的单位计量，比如 m、m^2、m^3 等。时间定额用于核算工资、编制施工进度计划和分项工期。产量定额用于小组分配施工任务、考核工人、签发施工任务单。

材料消耗定额按其消耗方式的不同可分为砖、砂、石、砼等实体性材料或非周转性材料，或脚手架、模板等周转性材料。材料消耗定额按实体性材料耗量的不同可分为必须消耗量、损失的消耗量。必须消耗量包括材料净耗量；不可避免的施工废料；运输途中、搬运中的材料损耗量。损失消耗量是指不合理的耗量、定额中一般不予考虑。周转性材料是指施工过程中能多次使用、反复周转的工具性材料，模板摊销量的计算有助于在编制施工组织设计时编制周转性材料表。

机械台班使用定额包括相关的设计，比如准备和结束设计、基本作业设计、辅助作业设计、以 8h 为一个台班的工人必需的休息设计。机械台班使用定额既包括机械本身的工作时间，又包括使用该机械工人的工作时间。

1.4.4　预算定额的特点

预算定额是在施工图设计阶段用于编制工程预算的定额依据。预算定额是一种计价性定额；它反映的是社会平均的生产性消耗标准、属于社会定额；定额分项的划分有两种，传统的方法是以分项工程和工序作业为基础来划分，目前推行的清单是以形成工程实体为基础进行分项的，比如屋面包括找平层、防水层、保温层、刚性层；它采取的是社会平均水平；它包括人、材、机的消耗。

预算定额的编制原则是按社会平均必要劳动量确定定额水平；简明适用、严谨准确；集中领导、分级管理。其编制步骤有三个阶段，即准备阶段；编制定额初稿、测试定额水平阶段；审查定稿阶段，组织建设单位和施工企业座谈讨论、广征意见。

确定分项定额指标应遵守相关规定。定额计量单位应能确切反映分项工程产品的形态特征及实物数量，比如 m、m^2、m^3、t 在何种情况下采用，应规定定额中各种消耗指标的单位及小数位数。应合理确定计量单位与计算精度，工程量计算应合理。

人工消耗定额的确定应遵守相关规定。人工用工包括基本用工和其他用工，其他用工包括辅助用工、超运距用工、人工幅度差等。材料消耗定额的确定应遵守相关规定，用量中的材料净耗量采用理论方法计算，合理损耗量反映材料的破损情况，周转材料摊销量应合理，主要材料、次要材料估算后以"元"表示。机械台班消耗量的确定应遵守相关规定，一般应按全国统一劳动定额乘以机械幅度差进行计算。塔吊、卷扬机、搅拌机应以小组产量计算台班。应合理确定定额基价，包括人、材、机费用。

建筑预算定额手册的内容包括目录；总说明；建筑面积计算规则，可进行技术经济效果分析和比较；分部工程说明，阐述该分部的工程量计算规则；定额项目表；附录。

基础定额通常只含量不含价，人、材、机的消耗应达到的最根本、最起码的标准。

1.4.5　单位估价表的特点

单位估价表以全国统一的"基础定额"或"企业基础定额"中的人、材、机消耗量乘以本地的单价而制定出定额相应的基价，它以货币形式表现，它与预算定额的不同之处在于含管理费、利润等综合费。

建筑工程基础单价的确定应遵守相关规定，我国的人工单价采用的是综合人工单价。材料预算价格（材料单价）是指从交货地点到达工地仓库或施工现场存放点的价格，它不同于材料的原价、出厂价、市场采购价或批发价，其计算公式为｛【原价×（1+供销部门手续费）+包装费+运输费】×（1+采保费）-回收价值｝。

机械台班预算价格的确定应遵守相关规定，外部租用时以该机械租赁单价确定，内部租用应遵守规定。施工机械台班费用包括折旧费、大修理费、经常修理费、安拆费及场外运输费、燃料动力费、人工费、养路费及车船使用税。

1.4.6　施工企业定额的编制特点

施工企业定额是由建安企业自己编制的，是企业投标报价或本企业内部经济核算时用的一种定额，是用于投标报价的重要依据，因现在评标定标最基本的原则是"合理低价中标"。施工企业定额分为两类：一类是投标报价用的综合单价施工预算定额，另一类是包括企业与项目管理费在内的四种消耗定额。材料原价应是每次进货数量及单价的加权平均值，而不是算术平均值。装卸费含装车一次、卸车一次，也就是说若中途换车二次周转则只有一次装卸费。施工企业定额与施工消耗定额有些相似，唯一不同的是，它是一种计价定额，其最终反映的不是人、机、材的消耗量，而是包括人、机、材在内的价格体现。管理费分企业管理费、现场管理费。企业分项预算单价也就是现在使用的清单定额的"综合单价"，即包括人、机、材、管理费、利润五项费用。

1.4.7　概算定额的特点

概算定额是编制工程概算的依据，供快速编制施工图预算、工程标底、投标报价参考之用，可进行设计阶段的方案比选。概算定额是生产扩大的工程结构构件或扩大分项工程所需的人、机、材消耗量及费用的标准，这个扩大是在预算定额的基础上进行综合、放大、合并而形成的。

概算定额的特点是项目划分贯彻简明使用原则，在预算定额的基础上适当地合并与综合，比如墙体不能把砌体、抹灰的基层、面层都综合在一起；全部工程项目基本形成独立、完整的单位产品价格，比如屋盖工程项目应综合结构板上面所有的层数、找平层、保温层、防水层、保护层、刚性防水层等；取消了换算系数、不留活口，项目强度和标号是综合考虑的，比如现浇构件一般按 C30 考虑、预制构件按 C40 考虑。

1.4.8　建筑安装工程量计算的特点

工程量是把设计图纸的内容按定额的分项工程或按结构构件项目来划分，并按计算规则进行计算的，是以物理计量单位或自然计量单位表示的实体数量。

根据不同的设计阶段，施工中所采用的施工工艺、施工组织方法不同，工程量可分为设计工程量、施工过程超挖工程量、施工附加工程量、施工超填工程量、施工损失量、质量检查工程量、试验工程量。设计工程量是指根据施工图算出来的理论工程量。施工过程超挖工程量是指多放坡的工程量、软地基处理的工程量，施工单位的超挖不算，但因地质原因而与设计不符则应算。施工附加工程量包括错车道、避炮洞、深基坑开挖的马道。施工超填工程量与施工过程超挖工程量对应。施工损失量是指运土过程中漏下的量，以及施工期沉陷增加的量。质量检查工程量应考虑砂夹石垫层的密实度、少量回填土。试验工程量包括测得石料场爆破参数、确定密实度的土石碾压参数、砼试块、钢筋试件等。

工程量计算的一般原则是分项工程的项目的口径与采用的定额口径一致,包括相关的工作内容和范围,比如砌体是包括调(运)铺砂浆、安放木砖、砌砖等;计量单位一致;必须按"所采用的定额"的计算规则计算;必须与图纸设计的规定一致;必须准确、不重复、不漏算。

工程量计算的项目划分原则是"先分部工程,后分项工程"。工程量的计算方法很多,可按施工的先后顺序计算,适用于有施工经验且对定额和图纸的内容很熟悉的情况;可按所采用的定额的分部分项顺序计算,适用于初学者且有理论知识的人;可按轴线编号的顺序计算,一般不采用,它适用于一个轴线上的分项工程,比如墙体、抹灰、门窗、梁、柱、板;可按设计施工图的编号顺序计算,先建施、后结施,不漏算,能包括一张图上的所有内容。应根据自己的特点确定具体采用哪种方法,总的原则是"既快、又准、又方便"。

工程量计算的注意事项主要有以下七点,即项目划分与计量单位一致;对图纸中的错漏、尺寸不准、用料及做法不清应与设计单位沟通,尺寸不准包括总的尺寸不等于细部和、不等于轴线和、建施与结施不对,用料及做法不清会导致不能准确套项;应重视计算中的整体性、相关性;应重视分部分项的计算顺序;应注意计算列式的规范性与完整性;应注意计算的切实性,理论联系实际;应重视计算结果的自检和他验,一般用经验指数自检。应重视工程数量的精确性。

1.4.9　我国清单计价由来

品质和造价是工程建设的两大灵魂。我国工程计价主要指承发包计价,其可用三部曲来描述,即 1992 年前是以"量、价、费"固定为主导的定额计价;1992—2003 年是以"控制量、指导价、竞争费"为主导的半静态计价;2004 年后是以工程量清单为主导的动态计价。工程量清单计价是发达国家承发包计价的通常做法。我国自 2000 年起在全面推行招投标后,工程量清单计价应运而生,并于 2003 年前在各地试行。2001 年,建设部编制了《全国建筑装饰装修工程量清单计价暂行办法》并在部分省市进行试点,《建设工程工程量清单计价规范》(GB 50500—2003)(简称为2003 规范)出台后,全国推行规范工程量清单计价。清单计价是建设工程招投标(承发包)中,招标人编制反映工程实体消耗和措施性消耗的工程量清单,作为招标文件的一部分提供给投标人,由投标人依据工程量清单和现场情况自主报价的计价方式。清单计价的核心是自主报价、风险共担、报价与成本控制有机结合,同时简化报价、避免重复算量。清单计价主要适用于承发包领域,尤其是招投标工程。

《建设工程工程量清单计价规范》是一种标准、法式,规是"法则、章程"、范是"模范、样子",我国用规范来约束一种计价方法和模式还是第一次。

我国第一部《建设工程工程量清单计价规范》是《建设工程工程量清单计价规范》(GB 50500—2003),在 2002 年 2 月确定编制方案,2002 年 5 月形成初稿,2002 年 6 月至 9 月征求意见,2002 年 10 月完成报批稿,2003 年 2 月 17 日,建设部第 119 号公告批准颁布,于 2003 年 7 月 1 日实施。随后,根据《中华人民共和国建筑法》、《中华人民共和国合同法》、《中华人民共和国招投标法》等法律、法规,按照工程造价管理改革的要求,2008 年 7 月 9 日,住房和城乡建设部以第 63 号公告批准《建设工程工程量清单计价规范》(GB 50500—2008)(简称为 2008 规范)为新的国家标准并要求于 2008 年 12 月 1 日起实施。2008 规范是 2003 规范的升级版,主要解决 2003 规范自实施以来存在的问题,比如原《规范》侧重于工程招投标中的计价,在工程合同签订、工程计量与价款支付、工程变更、工程价款调整、索赔与工程结算等方面缺乏相应的内容;同时,一些项目的计量单位不合理。2003 规范使用不久后,各地纷纷提出意见,于是在 2005 年年底,建设部将其纳入工作计划;于 2006 年上半年开始修编;2006 年 8 月完成初稿;2006 年 9 月至 11 月征求意见；2006 年年底组织专家进行了讨论、完成了送审稿；2007 年上半年，标定司组织了审查；2007 年 5 月，组织部分市专家在四川再次进行了论证；2007 年下半年向全国征求意见；2007 年 12 月在广州召开审查会；2008 年 3 月完成报批稿，2008 年 7 月 9 日批准实施。

支撑 2008 规范修改的基础是自 2003 年起全国范围内的清欠工程款；2004 年 10 月 25 日，最高法颁布的《关于审理建设工程施工合同纠纷案件适用法律问题的解释》（法释〔2004〕14 号）；财政部、建设部于 2004 年 10 月 20 日印发的《建设工程价款结算暂行办法》（财建〔2004〕369 号）；2003 年 10 月 15 日，建设部、财政部印发的《建筑安装工程费用项目组成》（建标〔2003〕206 号）；2007 年 11 月 1 日，国家发改委、财政部、建设部等九部委联合颁发的第 56 号令《标准施工招标文件》；几年来的工程量清单计价实践；2005 年建设部安全文明措施费文件等。

随后，我国又出台了《建设工程工程量清单计价规范》的第三版《建设工程工程量清单计价规范》（GB 50500—2013）。

清单计价与定额作为经济标准的定额不论何时都有生命力，这种生命力表现为以下三点：以在一定时期内完成某一单位合格产品所必须消耗的人工、材料、机械等消耗量标准为定额，其属性决定了它的长期存在性；我国工程预算定额是经过几十年实践的总结、不断地完善形成的，不论什么时候，采用何种计价方法都不能离开定额，"计价规范"是以"全国统一工程预算定额"为基础编制的，特别是附录清单项目与计算规则；清单计价是由定额计价发展而来的，两种计价方式的计价机理是相同的。

1.4.10　营业税改征增值税对我国清单计价体系的影响

《建设工程工程量清单计价规范》（GB 50500—2003）自 2003 年 7 月 1 日实施以来，当时考虑少数省、自治区对养老保险实行社会统筹，国家社会保障体制正在建立，因而未将规费包括在"综合单价"中；由于营业税按税前造价计算征收，也未包括在"综合单价"中，这一做法与国际上通行的全费用单价不一致，在投标报价以及评标定价中也经常引起争议。随着工程造价计价改革的发展，推行全费用综合单价已势在必行。

2010 年 10 月，《中华人民共和国社会保险法》颁布实施，标志着全国范围内社会保险制度的统一，各地区社会保险机制建成并逐渐完善，经过近年的实施，改变规费的计价方式已经成熟。建筑业实现"营业税"改征"增值税"后，原来的计税方法发生根本变化，再采用按税前造价计算增值税已不可行，因此，采用包含税金的全费用单价才适应"营改增"后的计价需要。国际上通行全费用单价，我国建筑企业参与国际竞争应适应国际规则，同时，随着我国实行"一带一路"战略，"中国投资"走出国门已成常态，实行与国际通行做法一致的全费用单价也是大势所趋。为进一步推进和完善工程造价市场竞争形成机制，借鉴一些专业工程早已实行全费用单价的经验，必须修改"GB 50500—2013 计价规范"中"综合单价"的定义以及相关规费、税金计取的条文以适应建筑市场投标竞价的需要。

我国于 2016 年 5 月 1 日开始实施的营业税改征增值税试点对我国现行的清单计价体系产生了一定程度的影响。因此，根据住房城乡建设部《关于进一步推进工程造价管理改革的指导意见》中"推行工程量清单全费用综合单价"的要求，对《建设工程工程量清单计价规范》GB 50500—2013 中的个别条文进行了相应的修改。在 1.0.3 中删除"规费和税金"；在 2.0.1 中删除"以及规费、税金项目"；在 2.0.8 中增加"规费、税金"。删除"3.1.6 规费和税金必须按国家或省级、行业建设主管部门的规定计算，不得作为竞争性费用。"删除"4.5 规费"和"4.6 税金"。删除"5.2.6 规费和税金应按本规范第 3.1.6 条的规定计算"。删除"6.2.6 规费和税金应按本规范第 3.1.6 条的规定确定"。在 11.2.5 中删除"规费和税金应按本规范第 3.1.6 条的规定计算。规费中的"，保留"工程排污费应按工程所在的环境保护部门规定的标准缴纳后按实列入"。在"附录E.3 单位工程招标控制价/投标报价汇总表"的表-04 中删除"规费、税金"栏。在"E.6 单位工程竣工结算汇总表"的表-07 中删除"规费、税金"栏。在"附录F.2 综合单价分析表"的表-09 中增加"规费、税金"栏。在"附录H 规费、税金项目计价表"中删除表-13。

思考题与习题

1. 工程造价的基本问题是什么？
2. 简述工程造价的特点与计价特征。
3. 工程定额计价模式的特点是什么？
4. 工程量清单计价模式的特点是什么？
5. 简述定额计价模式与清单计价模式的差异。
6. 简述我国现行的工程造价管理体制。
7. 我国现行工程造价管理的基本内容有哪些？
8. 简述我国现行的造价工程师执业资格制度的特点。
9. 简述发达国家或地区工程造价管理的特点。
10. 简述我国工程造价改革的历史进程。
11. 简述工程概预算的分类及作用。
12. 简述工程建设定额编制的特点。
13. 简述施工消耗定额的特点。
14. 简述预算定额的特点。
15. 简述单位估价表的特点。
16. 简述施工企业定额的编制特点。
17. 简述概算定额的特点。
18. 简述建筑安装工程量计算的特点。
19. 简述我国清单计价的历史。
20. 简述营业税改征增值税试点对我国现行清单计价体系的影响。

第2章　工程造价计价的基本依据

2.1　施工定额的特点

　　施工定额是指在正常的施工条件下以施工过程为标定对象而规定的单位合格产品所需消耗的劳动力、材料和机械台班的数量标准。施工定额的编制原则有3个，即平均先进性原则、简明适用性原则、以专家为主编制定额的原则。

　　根据工程性质的不同，施工定额分为一般土建工程施工定额、电器照明工程施工定额、给水—排水—采暖工程施工定额、通风工程施工定额、路桥工程施工定额、机械设备安装工程施工定额、电气设备安装工程施工定额，等等。根据物质内容划分的不同，施工定额分为劳动定额、材料消耗定额、机械台班定额等。

2.1.1　工作时间的确定方法及原则

　　施工定额编制应重视工作时间的研究分析。工作时间研究原称动作与时间研究，也有称之为工时学的。所谓工作时间就是工作班的延续时间。工人工作时间的分类见图2-1-1。工人在工作班内消耗的工作时间，按其消耗的性质的不同基本可以分为必须消耗的时间（定额时间）和损失时间（非定额时间）两大类。必须消耗的时间是工人在正常施工条件下为完成定产品（一工作任务）所消耗的时间，是制定定额的主要根据。损失时间是与产品生产无关而与施工组织和技术上的缺点有关的时间消耗，是与工人在施工过程的个人过失或某些偶然因素有关的时间消耗。定额时间包括有效工作时间、休息时间、不可避免的中断时间。有效工作时间是从生产效果来看与产品生产直接有关的时间消耗，其中包括基本工作时间、辅助工作时间、准备与结束工作时间的消耗。基本工作时间是指直接与施工过程的技术作业发生关系的时间消耗。辅助工作时间是为保证基本工作能顺利完成所做的辅助性工作消耗的时间，与施工过程的技术作业没有直接关系。准备与结束时间是执行任务前或完成任务后所消耗的工作时间。休息时间是工人在工作过程中为恢复体力所必须短时间休息以及因生理需要所必须消耗的时间。不可避免的中断时间是指由于施工过程中技术或组织的原因以及独有的特性而引起的不可避免的或难以避免的中断时间。非定额时间包括多余或偶然工作时间、停工时间、违犯劳动纪律的时间。多余或偶然工作时间是指在正常施工条件下不应发生的时间消耗，或由于意外情况所引起的工作所消耗的时间。停工时间按其性质的不同可分为施工本身造成的停工时间和非施工本身造成的停工时间。施工本身造成的停工是指由于施工组织不善、材料供应不及时、施工准备工作做得不好等而引起的停工。非施工本身造成的停工是指由于气候条件，或施工图不能及时到达，或水电中断所造成的停工损失时间，这些都是由于外部原因而产生的停工，是因非施工单位的责任而引起的停工。违犯劳动纪律的时间是指工人不遵守劳动纪律而造成的时间损失，比如迟到、早退、擅自离开工作岗位、工作时间聊天、个别工人违背劳动纪律而影响其他工人无法工作的时间损失。

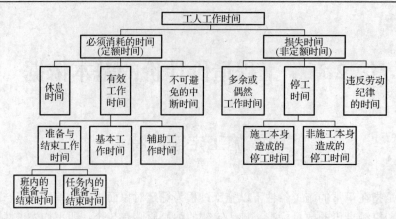

图 2-1-1　工人工作时间的分类

机械工作时间的分类见图 2-1-2。定额时间包括有效工作时间、不可避免的中断时间、不可避免的无负荷工作时间。有效工作时间包括以下两种：（1）正常负荷下的工作时间是指机械在与机械说明书规定的负荷相等的情况下进行工作的时间；（2）低负荷下的工作时间是指由于工人或技术人员的过错以及机械陈旧或发生故障等原因使机械在低负荷下进行工作的时间。不可避免的无负荷工作时间是指由于施工过程的特点和机械结构的特点造成的机械无负荷工作时间。不可避免的中断时间是指由于施工过程的技术和组织的特性造成的机械工作中断时间，包括与操作有关的中断时间、与机械有关的中断时间、工人休息时间。与操作有关的中断时间通常有循环的和定时的两种：循环的不可避免的中断时间是指在机械工作的每一个循环中重复一次；定时的不可避免的中断时间是指经过一定时间重复一次。与机械有关的中断时间是指由于工人进行准备与结束工作或辅助工作时使机械暂停的中断时间，是与机械的使用与保养有关的不可避免中断时间。工人休息时间是指工人必需的休息时间。非定额时间包括多余或偶然的工作时间、停工时间、违反劳动纪律的时间。多余或偶然的工作时间是指机械进行任务内和工艺过程内未包的工作而延续的时间。停工时间包括施工本身造成的停工时间、非施工本身造成的停工时间。施工本身造成的停工时间是指由于施工组织得不好而引起的机械停工时间，比如未及时供给机械水、电、燃料而引起的停工。非施工本身造成的停工时间是指由于外部的影响而引起的机械停工时间。违反劳动纪律的时间是指由于操作工人迟到早退或擅离岗位等原因引起的机械停工时间。

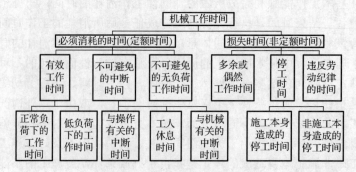

图 2-1-2　机械工作时间的分类

测定时间消耗的基本方法是计时观察法。计时观察法种类很多，其中最主要的是测时法、写实记录法、工作日写实法三种。

2.1.2　劳动定额的确定方法及原则

劳动定额也称人工定额，是指在正常施工技术组织条件下完成单位合格产品所必需的劳动消耗标准。劳动定额根据表达方式分为时间定额和产量定额两种。时间定额是指某工种、某种技术等级的工人班组或个人在合理的劳动组织、合理的使用材料以及施工机械同时配合的条件下完成单位合格产品所必须消耗的工作时间。时间定额一般采用工日作为计量单位。产量定额是指某工种、某种技术等级的工人班组或个人在合理的劳动组织、合理的使用材料以及施工机械同时配合的条件下在单位时间（工日）内所完成的合格产品数量。产量定额的计量单位通常是以一个工日完成的合格产品数量来表示。时间定额和产量定额两者之间互为倒数关系，即【时间定额】=1/【产量定额】。

如表 2-1-1 所示，定额表采用复式表达法，横线上面数字表示单位产品时间定额，横线下方数字表示单位时间产量定额。

表 2-1-1　每立方米砌体的劳动定额

项目		双面清水				序号
		0.5 砖	1 砖	1.5 砖	2 砖及 2 砖以上	
综合	塔吊	$\frac{1.49}{0.671}$	$\frac{1.2}{0.833}$	$\frac{1.14}{0.377}$	$\frac{1.06}{0.943}$	一
	机吊	$\frac{1.69}{0.592}$	$\frac{1.41}{0.709}$	$\frac{1.34}{0.746}$	$\frac{1.26}{0.794}$	二
砌砖		$\frac{0.996}{1}$	$\frac{0.69}{1.45}$	$\frac{0.62}{1.62}$	$\frac{0.54}{1.85}$	三
运输	塔吊	$\frac{0.412}{2.43}$	$\frac{0.418}{2.39}$	$\frac{0.418}{2.39}$	$\frac{0.418}{2.39}$	四
	机吊	$\frac{0.61}{1.641}$	$\frac{0.619}{1.62}$	$\frac{0.619}{1.62}$	$\frac{0.619}{1.62}$	五
调制砂浆		$\frac{0.081}{12.3}$	$\frac{0.096}{10.4}$	$\frac{0.101}{9.9}$	$\frac{0.102}{9.8}$	六
编号		4	5	6	7	

劳动定额的确定办法应遵守相关规定。时间定额是在拟定基本工作时间、辅助工作时间、不可避免的中断时间、准备与结束工作时间、休息时间的基础上制定的。确定的基本工作时间、辅助工作时间、准备与结束工作时间、不可避免的中断时间和休息时间之和就是劳动定额的时间定额。劳动定额是计划管理的基础，是贯彻按劳分配和推行经济责任制的依据，是衡量劳动生产率的标准，是确定定员标准和合理组织生产的依据，是企业经济核算的依据。制定劳动定额的主要依据是党和国家的经济政策和劳动制度以及技术资料，技术资料是指规范类和技术测定及统计资料类材料。

2.1.3　材料消耗定额的确定方法及原则

材料消耗定额是指在合理使用和节约材料的条件下生产单位质量合格的建筑产品所必须消耗一定品种、规格的建筑材料、构配件、半成品、燃料及不可避免的损耗量等的数量标准。材料消耗定额的确定应遵守相关规定，单位合格产品所必须消耗的材料数量由材料消耗净用量、材料的损耗量两部分组成。材料消耗净用量是指直接构成工程实体所消耗材料的数量。材料的损耗量是指在施工过程中出现的不可避免的废料和损耗，它不能直接构成工程实体的材料消耗量，它包括场内运输的合理损耗、加工制作的合理损耗和施工操作的合理损耗等。材料消耗定额是企业确定材料需要量和储备量的依据，是企业签发限额领料单以及考核、分析材料利用情况的依据，是编制预算定额的依据，是实行经济核算、推行经济责任制、保证合理使用和节约材料的有力措施。

材料消耗定额的编制方法应遵守相关规定，根据材料使用次数的不同，建筑材料分为非周转性材料和周转性材料两类。非周转性材料也称直接性材料，是指建筑工程施工中为直接构成工程实体而一次性消耗的材料，这种材料的消耗量由两部分组成（一部分是构成工程实体的消耗量，另一部分是不可避免的废料和损耗消耗量）。确定材料净用量和材料损耗量的计算数据是借助现场技术测定、实验室模拟试验、现场统计和理论计算等方法获得的。观察法是指在合理与节约使用材料的条件下对施工中实际完成的建筑产品数量与所消耗的各种材料数量进行现场观察测定的方法，主要适用于制定材料损耗定额。试验法是指在实验室通过试验深入、详细地研究各种因素对材料消耗的影响，以便为编制材料消耗定额提供出有技术根据的、比较精确的计算数据。统计法是以现场积累的分部分项工程拨付材料数量、完工后剩余的材料量以及总共完成产品的数量的统计分析为基础计算出材料消耗定额的方法。这种方法简单易行、不需组织专人测定或试验，但有时会因统计资料缺少真实性和系统性而使定额的精确度偏低。计算法根据施工图纸和有关的技术资料运用一定的数学公式计算材料消耗定额。这种方法主要适用于计算板块、卷筒状产品的材料净用量，其损耗量通常以国家有关部门通过观测和统计确定出材料的损耗率为准。每立方米砖砌体材料消耗量的计算公式为【砖净用量（块）】=【墙厚砖数】×2/{【墙厚】×（【砖长】+【灰缝】）×（【砖厚】+【灰缝】）}。计算 1/4 标准砖外墙每立方米砌体砖和砂浆的消耗量时砖与砂浆损耗率均为 1%，即【砖净用量】=（2×1/4）/[0.053×（0.24+0.01）×（0.053+0.01）]=599（块）、【砖消耗量】=599×（1+0.01）=605（块）、【砂浆消耗量】=（1−599×0.24×0.115×0.053）×（1+0.01）=0.125（m³）。标准砖墙体厚度见表 2-1-2。块料面层一般指瓷砖、锦砖、预制水磨石、大理石、地板砖等，计算 100m² 块料面层材料消耗量时，【面层用量】=100×（1+【损耗率】）/[（【块料长】+【灰缝】）×（【块料宽】+【灰缝】）]，每 100m³ 卷材防潮、防水层卷材净用量的计算公式为【卷材净用量】=100/[（【卷材宽】−【顺向搭接宽】）×（【每卷卷材长】−【横向搭接宽】）×【每卷卷材面积】×【层数】]。

表 2-1-2　标准砖墙体厚度

墙厚	1/4 砖	1/2 砖	3/4 砖	1 砖	$1\frac{1}{2}$ 砖	2 砖	$2\frac{1}{2}$ 砖	3 砖
计算厚度（mm）	53	115	180	240	365	490	615	740

周转性材料消耗量的制定应遵守相关规范规定。周转性材料是指在施工过程中能多次使用、逐渐消耗的材料，比如脚手架、挡土板、临时支撑、混凝土工程的模板等。这类材料在施工中不是一次消耗完而是每次使用有些消耗，属于经过修补、反复周转使用的工具性材料。

2.1.4　机械台班使用定额的确定方法及原则

机械台班使用定额也称为机械台班消耗定额，是指在合理劳动组织和合理使用机械条件下完成单位合格产品所必须消耗时间的数量标准。一台机械工作一个工作班（8h）称为一个台班，两台机械共同工作一个工作班或者一台机械工作两个工作班则称为两个台班。机械台班使用定额按其表现形式的不同分为机械时间定额和机械产量定额。机械时间定额是指在正常施工条件和劳动组织条件下使用某种规定的机械完成单位合格产品所必须消耗的台班数量，机械台班产量定额是指在正常施工条件和劳动组织条件下某种机械在一个台班时间内必须完成的单位合格产品的数量。每一台班的劳动定额见表 2-1-3。

表 2-1-3　每一台班的劳动定额（单位：根）

项目		施工方法	楼板梁（t 以内）			连系梁、悬臂梁、过梁（t 以内）			序号
			2	4	6	1	2	3	
安装高度（层以内）	三	履带式	$\frac{0.22}{59}$|13	$\frac{0.271}{48}$|13	$\frac{0.317}{41}$|13	$\frac{0.217}{60}$|13	$\frac{0.245}{53}$|13	$\frac{0.277}{47}$|13	一
		轮胎式	$\frac{0.26}{50}$|13	$\frac{0.371}{41}$|13	$\frac{0.371}{35}$|13	$\frac{0.255}{51}$|13	$\frac{0.289}{45}$|13	$\frac{0.325}{40}$|13	二
		塔式	$\frac{0.191}{68}$|13	$\frac{0.236}{55}$|13	$\frac{0.277}{47}$|13	$\frac{0.188}{69}$|13	$\frac{0.213}{61}$|13	$\frac{0.241}{54}$|13	三
	六	塔式	$\frac{0.21}{62}$|13	$\frac{0.25}{52}$|13	$\frac{0.302}{43}$|13	$\frac{0.232}{56}$|13	$\frac{0.26}{50}$|13	$\frac{0.31}{42}$|13	四
	七		$\frac{0.232}{56}$|13	$\frac{0.283}{46}$|13	$\frac{0.342}{38}$|13				五
编号			676	677	678	679	680	681	

混凝土楼板梁、连系梁、悬臂梁、过梁安装
工作内容：包括 15m 以内构件移位、绑扎起吊、对正中心线、安装在设计位置上、校正、垫好垫铁

机械台班使用定额的编制方法有以下 4 步：确定正常的施工条件；确定机械纯工作 1h 正常生产率；确定施工机械的正常利用系数；计算施工机械定额。应合理确定正常的施工条件，拟定机械工作正常条件主要是拟定工作地点的合理组织和合理的工人编制。工作地点的合理组织就是对施工地点机械和材料的放置位置、工人从事操作的场所做出科学合理的平面布置和空间安排。拟定合理的工人编制就是根据施工机械的性能和设计能力、工人的专业分工和劳动工效合理确定操作机械的工人和直接参加机械化施工过程的工人的编制人数。应合理确定机械纯工作 1h 正常生产率，确定机构正常生产率时必须首先确定出机械纯工作 1h 正常生产率，机械纯工作时间是指机械的必须消耗时间，对循环动作机械应确定机构纯工作 1h 正常生产率，【机械一次循环的正常延续时间】=∑【循环各组成部分正常延续时间】−【交叠时间】、【机械纯工作 1h 循环次数】=60×60s/【一次循环的正常延续时间】、【机械纯工作 1h 正常生产率】=【机械纯工作 1h 正常循环次数】×【一次循环生产的产品数量】，连续动作机械确定机械纯工作 1h 正常生产率的方法是【连续动作机械纯工作 1h 正常生产率】=【工作时间内生产的产品数量】/【工作时间（小时）】。应合理确定施工机械的正常利用系数，施工机械的正常利用系数是指机械在工作班内对工作时间的利用率，机械的利用系数和机械在工作班内的工作状况关系密切，要确定机械的正常利用系数首先要拟定机械工作班的正常工作状况，拟定机械工作班正常状况的关键是如何保证合理利用工时问题。应合理计算施工机械定额，【施工机械台班产量定额】=【机械纯工作 1h 正常生产率】×【工作班纯工作时间】、【施工机械台班产量定额】=【机械纯工作 1h 正常生产率】×【工作班延续时间】×【机械正常利用系数】、【施工机械时间定额】=1/【机械台班产量定额】。比如，某沟槽采用斗容量为 0.5m³ 的反铲挖掘机挖土，假设挖掘机的铲斗充盈系数为 1.0，每循环一次时间为 2min，机械时间利用系数为 0.85，要求确定所选挖掘机的产量定额和时间定额的计算方法是【每小时循环次数】=60/2=30（次）、【每小时生产率】=30×0.5×1=15（m³/h）、【台班产量定额】=15×8×0.85=102（m³/台班）、【时间定额】=1/102=0.0098[台班/（m³）]。

2.2　预算定额的特点

建筑安装工程预算定额是确定一定计量单位的分项工程或结构构件的人工、材料和机械台班消耗量的数量标准，包括建筑工程预算定额和设备安装工程预算定额两大类。预算定额是一种计

价性的定额。应重视幅度差问题，所谓幅度差是指在正常施工条件下定额未包括而在施工过程中又可能发生而增加的附加额，幅度差是预算定额与施工定额的重要区别。

预算定额是编制施工图预算的基本依据，是对设计方案进行技术经济分析和比较的依据，是施工企业加强经济核算和考核工程成本的依据，是建筑工程拨付工程价款和竣工决算的依据，是编制概算定额、概算指标以及编制标底、投标报价的基础。

预算定额的编制应遵守相关规定，应遵守"按社会平均确定预算定额水平"的原则，应体现"简明适用、严谨准确"的原则，应贯彻"技术先进、经济合理"的原则。

预算定额的编制主要有四个阶段，即准备工作阶段、编制初稿阶段、定额审定阶段、定稿报批与整理资料阶段。预算定额的编制方法包括确定定额项目名称及其工作内容、确定施工方法、确定预算定额的计量单位、计算工程量、确定定额消耗量指标。预算定额通常由总说明、分章（分部工程）说明、分项工程表头说明、定额项目表、分章附录和总附录等部分组成。建筑工程预算定额手册的作用有三个方面，即预算定额的直接套用、预算定额的换算、预算定额的补充。

预算定额手册的典型格式见表 2-2-1 和表 2-2-2。

表 2-2-1　砌砖内墙（单位：100m²）

定额编号			3-2	3-3	3-4	3-5	3-6
项目			砖内墙				
			$\frac{1}{2}$ 砖	$\frac{3}{4}$ 砖	1 砖	$1\frac{1}{2}$ 砖	2 砖
基价（元）			1647.21	2556.67	3195.77	489.85	6551.55
其中	人工费（元）		470.38	717.96	793.76	1158.48	1538.69
	材料费（元）		1119.59	1746.82	2287.39	3544.98	4751.56
	机械费（元）		57.24	91.89	124.62	193.39	261.30
名称	单位	单价	数　　量				
人工工日	工日	20.31	23.16	25.35	38.59	57.04	75.76
M5 混合砂浆	m³	—	(2.243)	(3.834)	(5.40)	(8.76)	(12.005)
机制红砖	千块	142.00	6.487	9.918	12.754	19.528	26.014
硅酸盐水泥 425#	kg	0.26	449.00	767.00	1080.00	1752.00	2401.00
净砂	m³	25.00	2.29	3.91	5.51	8.94	12.25
石灰膏	kg	0.09	224.00	383.00	540.00	876.00	1200.00
水	m³	1.24	3.46	5.50	7.40	11.41	15.37

表 2-2-2　砌筑混合砂浆单价表

项目	单位	单价	混合砂浆							
			砂浆标号							
			M2.5		M5		M7.5		M10	M15
基价	元		82.22	86.82	83.9	86.82	96.98	87.58	105.1	99.68	114.16
325#水泥	kg	0.24	200		206		266		325		
425#水泥	kg	0.26		200		200		203		249	340
浆砂	m³	35.00	1.02	1.02	1.02	1.02	1.01	1.03	0.98	1.02	0.98
石灰膏	kg	0.09	1.00	100	96	100	84	97	25	101	10
水	m³	1.24	0.26	0.26	0.26	0.26	0.27	0.26	0.28	0.28	0.29

2.2.1　消耗量指标的确定方法与原则

消耗量指标包括人工消耗量指标、材料消耗量指标、机械台班消耗量指标。

预算定额中人工消耗量指标应包括完成该分项工程必需的各种用工量。人工消耗量指标的内容包括基本工消耗量、其他工消耗量，基本工消耗量是指完成一定计量单位分项工程或结构构件所必需的主要用工量，其他工消耗量是指劳动定额内没有包括而在预算定额内又必须考虑的工时消耗，包括超运距用工、辅助用工和人工幅度差等。超运距用工是指预算定额中取定的材料、半成品等运输距离超过劳动定额所规定的运输距离而需增加的工日数，其通常的计算方法是【超运距用工量】=Σ（【超运距材料数量】×【时间定额】）。辅助用工是指技术工种劳动定额内不包括而在预算定额内又必须考虑的工时，比如砌砖工程需筛砂、淋石灰膏等增加的用工数量，辅助用工的通常计算方法是【辅助用工量】=Σ（【加工材料数量】×【时间定额】）。人工幅度差是指在劳动定额作业时间之外，在预算定额应考虑的在正常施工条件下所发生的各种工时损失，比如各工种间的工序搭接及交叉作业互相配合所发生的停歇用工；施工机械在单位工程之间转移及临时水电线路移动所造成的停工；质量检查和隐蔽工程验收工作的影响；工序交接时对前一工序不可避免的修整用工；细小的难以测定的不可避免的工序和零星用工所需的时间等。人工幅度差的通常计算方法是【人工幅度差】=（【基本用工】+【超运距用工】+【辅助用工】）×【人工幅度差系数】。现行的国家统一建筑安装工程劳动定额对人工幅度差系数有统一的规定，一般取值范围为 10%～15%。

材料消耗量指标的确定应遵守相关规定。材料消耗量是指在正常施工条件下完成单位合格产品所必须消耗的各种材料、成品、半成品的数量标准。材料消耗定额中有主要材料、次要材料和周转性材料。材料消耗量计算方法主要有观察法、试验法、统计法和计算法四种。

机械台班消耗指标的确定应遵守相关规定。机械台班消耗定额是指合理使用机械和合理施工组织条件下完成单位合格产品所必须消耗的机械台班数量的标准，预算定额中的机械台班消耗量定额是以台班为单位计算的，一台机械工作 8h 为一个"台班"。编制依据应合理，定额的机械化水平应以多数施工企业采用和已推广的先进方法为标准，确定预算定额中施工机械台班消耗指标应根据现行全国统一劳动定额中各种机械施工项目所规定的台班产量进行计算。机械幅度差是指在劳动定额规定范围内没有包括而机械在合理的施工组织条件下所必需的停歇时间，包括施工中机械转移及配套机械互相影响损失的时间；机械临时性维修和小修引起的停歇时间；机械的偶然性停歇（比如临时停水、停电所引起的工作间歇）；施工结尾工作量不饱满所损失的时间；工程质量检查影响机械工作损失的时间；配合机械施工的工人在人工幅度差范围以内的工作间歇影响的机械操作时间；等等。预算定额中机械台班消耗指标的计算应遵守相关规定，大型机械施工的土石方、打桩、构件吊装及运输等项目的大型机械台班消耗量是按劳动定额或施工定额中机械台班产量加机械幅度差计算的，即【预算定额机械耗用台班】=【劳动定额机械耗用台班】×（1+【机械幅度差率】）。按操作小组配用机械台班消耗指标时应遵守相关规定，混凝土搅拌机、卷扬机等中小型机械由于是按小组配用的，故应以综合取定的小组产量计算台班消耗量而不考虑机械幅度差。

2.2.2　定额日工资标准的确定方法与原则

定额日工资标准是指一个建筑安装工人一个工作日在预算中应计入的全部人工费用，它基本上反映了建筑安装工人的工资水平和一个工人在一个工作日中可以得到的报酬。人工单价的组成见表 2-2-3。

影响人工费的因素主要有四个方面，即社会平均工资水平、生产费指数、人工费的组成内容、劳动力市场供需变化。另外，政府推行的社会保障和福利政策也会影响人工费的变动。

2.2.3　材料预算价格的确定方法与原则

表 2-2-3　人工单价的组成

工资	岗位工资
	技能工资
	年工工资
工资性津贴	交通补贴
	流动施工津贴
	房补
	工资附加
	地区津贴
	物价补贴
辅助工资	
劳保福利费	劳动保护
	书报费
	洗理费
	取暖费

　　材料预算价格是指材料由来源地或提货地点到达工地仓库或施工现场存放地点后的出库价格。材料预算价格由材料原价、供销部门手续费、运输费、运输损耗、包装费、采购及保管费等组成，其计算公式为【材料预算价格】=（【材料原价】+【供销部门手续费】+【包装费】+【运输费】+【运输损耗费】）×（1+【采购保管费率】）−【包装品回收价值】。材料原价是指生产或供应单位的材料销售价格，同一种材料在来源地、供应单位或生产厂不同时应根据供应数量比例采用加权平均方法计算原价。比如，某地区某种材料有两个来源地，甲地供应量为 60%、原价 1400 元/t，乙地供应量为 40%、原价 1500 元/t，则该种材料的原价为 1400×60%+1500×40%=1440（元/t）。应合理确定材料供销部门手续费。基本建设所需要的建筑材料大致有两种供应渠道：一种是从生产厂家直接采购、另一种是通过物资供销部门供应。材料供销部门手续费是指材料由于不能直接向生产单位采购订货而需经当地供销部门供应而支付的附加手续费，供销部门手续费标准按物价部门批准的综合管理费标准计算，其计算公式为【供销部门手续费】=【材料原价】×【供销部门手续费率】×【由供应部门供应比重】，不经物资供应部门而直接从生产单位采购的材料不计算供销部门手续费。材料包装费是指为便于材料的运输或保护材料而进行包装所需要的一切费用。包装费应按包装材料的出厂价格确定，应按包括费用和正常的折旧摊销计算。凡由生产厂包装的材料（比如油漆、玻璃、铁钉和袋装水泥等），其包装费已计入材料原价内而不再另行计算（但应计算包装材料的回收价值并在材料预算价格中扣除）且其计算公式为【包装品回收价值】=【包装品原值】×【回收率】×【回收价值率】/【包装器材（品）标准容量】。材料运输费是指材料由来源地或交货地运到施工工地仓库时的材料全部运输过程中发生的一切费用，包括车（船）运输费、调车费、驳船费、装卸费、入库费以及附加工作费等费用。材料运输费通常由外埠运费和市内运费两段分别计算，外埠运费包括材料由来源地或交货地运至本市材料仓库或提货站的全部费用（包括调车费、驳船费、车船运输费、装卸费以及入库费等），市内运费是指材料从本市仓库或提货站运至施工工地仓库的全部费用（包括出库费、装卸费和运输费，不包括从工地仓库或堆放场地运到施工地点的运输费和二次搬运费）。运输损耗费也称"材料运输途中损耗费"，是指材料到达施工现场仓库或堆放地点之前的全部运输过程中所发生的合理损耗。材料采购及保管费是指施工企业的材料供应部门在组织材料采购、供应和保管过程中所发生的各项必要费用，包括采购及保管部门的人员工资、管理费、工地材料仓库的保管费、货物过秤及材料在运输及储存中的损耗费用等。

　　影响材料预算价格变动的因素主要表现在四个方面，即市场供需变化；材料生产成本的变动直接涉及材料预算价格的波动；流通环节的多少和材料供应体制对材料预算价格的影响；国际市场行情对进口材料价格产生的影响。

2.2.4　施工机械台班使用费的确定方法与原则

　　施工机械使用费以"台班"为计量单位，一台机械工作 8h 称为一个台班。机械台班使用费是指施工机械在一个台班中为使机械正常运转所支出和分摊的各种费用之和。施工机械的费用按因素性质的不同可分为第一类费用和第二类费用两大类。

（1）第一类费用的组成及计算方法

机械台班折旧费是指机械在规定的使用期限内陆续收回其原始价值的费用，其相关计算式为【台班折旧费】={【机械预算价格】×（1-【机械残值率】）×【贷款利息系数】}/【使用总台班】。大修理费是指当机械使用达到规定的大修间隔台班为恢复机械使用功能必须进行大修理时所需支出的修理费用，其相关计算式为【台班大修理费】=【一次大修理费】×【大修理次数】/【使用总台班】。经常修理费包括机械大修以外的临时修理和各级保养费用（包括一、二、三级保养）以及临时故障排除和机械停置期间的维护等所需各项费用；为保障机械正常运转所需替换设备而随机使用的工具、附具摊销和维护的费用；机械日常保养所需润滑擦拭材料费；等等。经常修理费即机械寿命期内上述各项费用之和，其相关计算式为【台班经常修理费】=【台班大修费】×K，K=【机械台班经常修理费】/【机械台班大修理费】。安拆费是指机械在施工现场进行安装、拆卸所需的人工、材料、机械和试运转费用，以及安装所需的辅助设施及其搭设、拆除的费用。场外运输费是指机械整体或分件自停放场地运至施工现场，或由一个工地运至另一个工地，运距在 25km 以内的机械进出场运输及转移费用，其中包括机械的装、卸、运输、辅助材料及架线费等。

（2）第二类费用的组成及计算方法

第二类费用也称可变费用，这类费用常因施工地点和条件的不同而有较大的变化，它在施工机械台班定额中是以每台班实物消耗量指标来表示的，包括机上人工费、燃料动力费、养路费及车船使用税。机上人工费是指机上操作人员及随机人员的工资，是指按施工定额规定基于不同类型机械使用性能而配备的一定技术等级的机上人员的工资。燃料动力费是指机械在运转或施工作业中所耗用的固体燃料（煤炭、木材）、液体燃料（汽油、柴油）、电力、水和风力等费用，其相关计算式为【台班燃料动力费】=【台班燃料动力消耗量】×【相应单价】。养路费及车船使用税是指机械按照国家有关规定应缴纳的养路费和车船使用税，按各省、自治区、直辖市规定标准计算后列入定额。

（3）影响机械台班单价变动的因素

影响机械台班单价变动的因素主要包括施工机械的价格；机械使用年限；机械的使用效率和管理水平；政府征收税费的规定等。

2.2.5　单位估价表的编制

单位估价表的编制依据是全国统一建筑安装工程预算定额；各省、市、自治区现行的预算定额等有关定额资料；地区现行的日工资标准；地区现行的材料预算价格；地区现行的施工机械台班预算价格。

单位估价表编制中的人工费计算式为【人工费】=【人工消耗指标】×【人工日工资标准】；材料费计算式为【材料费】=Σ（【材料消耗指标】×【材料预算价格】）；机械费计算式为【机械费】=Σ（【机械台班消耗指标】×【机械台班预算价格】）；基价计算式为【基价】=【人工费】+【材料费】+【机械费】。

预算定额与单位估价表既有区别也有联系。预算定额是由国家或被授权单位确定的为完成一定计量单位分项工程所需的人工、材料和施工机械台班消耗量的标准，是一种数量标准。单位估价表是确定定额单位建筑产品直接费用的文件，它是一种货币指标。典型的建筑工程单位估价汇总表见表 2-2-4。

表 2-2-4　典型的建筑工程单位估价汇总表

序号	定额编号	项目	单位	单价（元）	其中		
					人工费（元）	材料费（元）	机械费（费）
……	……	……		……	……	……	……
××	79	M2.5 混合砂浆一砖半以上外墙	10m³	924.30	110.36	762.46	51.48
××	80	M5.0 混合砂浆一砖半以上外墙	10m³	924.04	109.66	780.90	51.48
××	81	M7.5 混合砂浆一砖半以上外墙	10m³	957.50	109.09	796.93	51.48
××	81	M10 混合砂浆一砖半以上外墙	10m³	972.49	108.52	812.30	51.48
……	……	……		……	……	……	……

2.3　概算定额与概算指标

2.3.1　概算定额的作用及特点

建筑工程概算定额也称扩大结构定额，它是在预算定额的基础上根据通用图和标准图等资料，以主要工序为主综合相关工序适当扩大编制而成的扩大定额，是按主要分项工程规定的计量单位及综合相关工序的人工、材料和机械台班确定的消耗标准。

概算定额是在初步设计阶段编制建设项目概算的依据，也是在技术设计阶段编制修正概算的依据，还是设计方案比较的依据。设计方案比较的目的是选择出技术先进可靠、经济合理的方案，在满足使用功能的条件下达到降低造价和降低资源消耗的目的。概算定额是编制建设项目主要材料需要量的计算基础，也是编制概算指标的依据，还是对实行工程总承包时作为已完工程价款结算的依据。

编制概算定额应贯彻"社会平均水平和简明适用"的原则。概算定额的编制依据主要有五类材料，即现行的设计标准和规范；现行的建筑和安装工程预算定额；国务院各有关部门和各省、自治区、直辖市批准颁发的标准设计图集和有代表性的设计图纸等；现行的概算定额及其编制资料；编制期人工工资标准、标准预算价格、机械台班费用等。

编制概算定额的步骤大概有五步，即确定编制机构、人员组成和概算定额的编制方案；根据已确定的编制方案、细则、定额项目和工程量计算规则对收集到的设计图纸、资料进行细致的测算和分析，初步确定人工、材料和机械台班的消耗量指标，编出概算定额初稿；将概算定额的分项定额总水平与预算水平控制在允许的幅度之内以保证二者在控制水平上的一致性；合理确定概算定额的扩大分项项目及其所包含的内容和每一扩大分项工程单位工程所需的各项指标；在征求各方意见修改之后形成报批稿，经批准之后交付印刷、执行。

概算定额的内容和形式应符合要求。应按专业特点和地区特点编制的概算定额册，其内容通常由文字说明、定额项目表格和附录 3 个部分组成。概算定额的文字说明中通常有总说明、分章说明，有的还有分册说明。

2.3.2　概算指标的作用及特点

概算指标比概算定额综合性更强，它以整个建筑物和构筑物为对象，以建筑面积、体积或成套设备装置的台或组为计量单位而规定人工、材料和机械台班的消耗量标准和造价指标。

概算指标可作为编制建设项目投资估算的参考；概算指标中的主要材料指标可作为匡算主要材料用量的依据；概算指标是设计单位进行设计方案比较的依据，也是建设单位选址的一种依据；

概算指标是编制固定资产投资计划、确定投资额的主要依据。

编制概算指标应遵守"按平均水平确定概算指标"的原则，概算指标的内容和表现形式要贯彻"简明适用"原则，概算指标的编制依据必须具有代表性。

概算指标的组成内容通常包括文字说明和列表形式两部分以及必要的附录。

概算指标的编制依据主要是四方面资料，即标准设计图纸、各类工程典型设计及其工程造价资料；国家颁发的建筑标准、设计规范、施工规范等；现行的概算定额和预算定额及补充定额资料；人工工资标准、材料预算价格、机械台班预算价格及其他价格资料。

概算指标的编制步骤主要有四步，即首先成立编制小组，拟订工作方案，明确编制原则和方法，确定指标的内容及表现形式，确定基价所依据的人工工资单价、材料预算价格、机械台班单价；收集整理编制指标所必需的标准设计，典型设计以及有代表性的工程设计图纸、设计预算等资料，充分利用使用价值的已经积累的工程造价资料；按已确定的内容及表现形式的要求进行具体的计算分析，工程量尽可能利用经过审定的工程竣工结算的工程量以及可以利用的可靠的工程量数据；最后应经过核对审核、平衡分析、水平测算、审查定稿等审查环节。

概算指标的编制方法应合理。应首先编制资料审查意见表，主要填写设计资料名称、设计单位、设计日期、建筑面积及结构情况，提出审查和修改意见。其次，应在计算工程量的基础上编写单位工程预算书，据以确定每 $100m^2$ 建筑面积及结构构造情况，以及工人、材料、机械消耗指标和单位造价。

思考题与习题

1. 简述施工定额的作用及特点。
2. 工作时间的确定方法及原则是什么？
3. 劳动定额的确定方法及原则是什么？
4. 材料消耗定额的确定方法及原则是什么？
5. 简述机械台班使用定额的确定方法及原则。
6. 简述预算定额的作用及特点。
7. 消耗量指标的确定方法与原则是什么？
8. 定额日工资标准的确定方法与原则是什么？
9. 简述材料预算价格的确定方法与原则。
10. 施工机械台班使用费的确定方法与原则是什么？
11. 简述单位估价表的编制方法与基本要求。
12. 简述概算定额的作用及特点。
13. 简述概算指标的作用及特点。

第3章 建筑安装工程概（预）算的基本依据

3.1 建筑安装工程概（预）算的特点

建筑安装工程概（预）算是指根据已批准的设计图纸和已定的施工方案，按国家或地区对工程概（预）算的有关规定以及现行定额计算各分部分项工程的工程量，并计算出建筑安装工程部分所需要的全部投资额的文件。

建筑安装工程概（预）算按建设阶段划分的不同分为设计概算、施工图预算、竣工决算、施工预算等类型。设计概算是指在初步设计阶段由设计单位根据初步设计或扩大初步设计图纸、概算定额或概算指标、各项费用定额或取费标准以及建设项目所在地区的自然、技术经济条件等资料预先计算出的拟建工程建设费用的文件。设计概算有单位工程概算、综合概算和建设项目总概算几种形式。施工图预算是指在施工图设计阶段工程设计完成后、工程开工前根据施工图纸、工程预算定额和国家及地方的有关各项费用定额或取费标准等资料预先计算和确定出的建筑安装工程费用的文件。竣工决算是由建设单位编制的反映建设项目实际造价和投资效果的文件，是竣工验收报告的重要组成部分。竣工决算应包括从筹建到竣工投产全过程的全部实际费用，即建筑工程费用、安装工程费用、设备工器具购置费用、工程建设其他费用，以及预备费和投资方向调节税支出费用等。施工预算是指施工阶段施工企业内部编制的一种预算，是在施工图预算控制下根据施工图计算的工程量、施工定额、单位工程施工组织设计等资料通过工料分析预先计算和确定的完成一个单位工程或其中的分部工程所需的人工、材料、机械台班消耗量及其相应费用的文件。

建筑安装工程概（预）算按工程对象划分的不同分为单位工程概预算、建设工程其他费用概预算、单项工程综合概预算、建设项目总概算等类型。

3.2 建筑安装工程费用的基本构成

建筑安装工程费用通常由直接费、间接费、利润、税金四部分构成。

1. 直接费

直接费通常由直接工程费和措施费组成。直接工程费是指在工程施工过程中直接消耗的构成工程实体的或有助于其形成的各种费用，包括人工费、材料费和施工机械使用费等，其相关计算式为【直接工程费】=【人工费】+【材料费】+【施工机械使用费】。

人工费是指为直接从事建筑安装工程施工的生产工人开支的各项费用，其相关计算式为【人工费】=∑（【工日消耗量】×【日工资单价】）。人工费的基本内容包括基本工资、工资性补贴、生产工人辅助工资、职工福利费、生产工人劳动保护费等。基本工资是指发放给生产工人的基本工资。工资性补贴是指按规定标准发放的物价补贴、煤与燃气补贴、交通补贴、住房补贴、流动施工津贴等。生产工人辅助工资是指生产工人年有效施工天数以外非作业天数的工资，包括职工学习、培训期间的工资；调动工作、探亲、休假期间的工资；受气候影响的停工工资；女工哺乳时间的工资；病假在六个月以内的工资；以及产、婚、丧假期间的工资。职工福利费是指按规定标准计提的职工福利费。生产工人劳动保护费是指按规定标准发放的劳动保护用品的购置费及修理费、徒工服装补贴、防暑降温补贴、在有碍身体健康环境中施工的保健费用等。

材料费是指施工过程中耗费的构成工程实体的原材料、辅助材料、构配件、零件、半成品的费用，包括材料原价（或供应价格）、材料运杂费、运输损耗费、采购及保管费、检验试验费等。材料运杂费是指材料自来源地运至工地仓库或指定远放地点所发生的全部费用。运输损耗费是指材料在运输装卸过程中不可避免的损耗费用。采购及保管费是指为组织采购、供应和保管材料过程中所需要的各项费用，包括采购费、仓储费、工地保管费、仓储损耗费等。检验试验费是指对建筑材料、构件和建筑安装物进行一般鉴定（检查）所发生的费用，它包括自设试验室进行试验所耗用的材料和化学药品等费用，但不包括新结构、新材料的试验费和建设单位对具有出厂合格证明的材料进行检验、对构件做破坏性试验及其他特殊要求检验试验的费用。

施工机械使用费是指施工机械作业所发生的机械使用费以及机械安拆费和场外运费等，主要包括折旧费、大修理费、经常修理费、安拆费及场外运费、人工费、燃料动力费、养路费、车船使用费等。折旧费是指施工机械在规定的使用年限内陆续收回其原值及购置资金的时间价值。大修理费是指施工机械按规定的大修理间隔台班进行必要的大修理以恢复其正常功能所需的费用。经常修理费是指施工机械除大修埋以外的各级保养和临时故障排除所需的费用，包括为保障机械正常运转所需替换设备与随机配备工具附具的摊销和维护费用、机械运转中日常保养所需润滑与擦拭的材料费用及机械停滞期间的维护和保养费用等。安拆费是指施工机械在现场进行安装与拆卸所需的人工、材料、机械和试运转费用以及机械辅助设施的折旧、搭设、拆除等费用。场外运费是指施工机械整体或分体自停放地点运至施工现场或由一施工地点运至另一施工地点的运输、装卸、辅助材料及架线等费用。人工费是指机上司机（司炉）和其他操作人员的工作日人工费及上述人员在施工机械规定的年工作台班以外的人工费。燃料动力费是指施工机械在运转作业中所消耗的固体燃料（煤、木柴）、液体燃料（汽油、柴油）及水电等的费用。养路费及车船使用费是指施工机械按照国家规定和有关部门规定应缴纳的养路费、车船使用税、保险费及年检费等。

措施费是指为完成工程项目施工发生于该工程施工前和施工过程中非工程实体项目的费用，比如环境保护费、文明施工费、安全施工费、临时设施费、夜间施工费、二次搬运费、大型机械设备进出场及安拆费、混凝土或钢筋混凝土模板及支架费、脚手架费、已完工程及设备保护费、施工排水与降水费。环境保护费是指施工现场为达到环保部门要求所需要的各项费用。文明施工费是指施工现场文明施工所需要的各项费用。安全施工费是指施工现场安全施工所需要的各项费用。临时设施费是指施工企业为进行建筑工程施工所必须搭设的生活和生产用的临时建筑物、构筑物和其他临时设施费用等。临时设施包括临时宿舍、文化福利及公用事业房屋与构筑物、仓库、办公室、加工厂以及规定范围内道路、水、电、管线等临时设施和小型临时设施。临时设施费用包括临时设施的搭设、维修、拆除费或摊销费。夜间施工费是指因夜间施工所发生的夜班补助费、夜间施工降效费、夜间施工照明设备摊销费及照明用电费等费用。二次搬运费是指因施工场地狭小等特殊情况而发生的二次搬运费用。大型机械设备进出场及安拆费是指机械整体或分体自停放场地运至施工现场或由一个施工地点运至另一个施工地点所发生的机械进出场运输及转移费用，以及机械在施工现场进行安装、拆卸所需的人工费、材料费、机械费、试运转费和安装所需的辅助设施的费用。混凝土或钢筋混凝土模板及支架费是指混凝土施工过程中需要的各种钢模板、木模板、支架等的交、拆、运输费用，以及模板、支架的摊销（或租赁）费用。脚手架费是指施工需要的各种脚手架搭、拆、运输费用及脚手架的摊销（或租赁）费用。已完工程及设备保护费是指竣工验收前对已完工程及设备进行保护所需的费用。施工排水与降水费是指为确保工程在正常条件下的施工而采取各种排水、降水措施所发生的各种费用。

2. 间接费

间接费主要是指企业管理费。企业管理费是指建筑安装企业组织施工生产和经营管理所需的费用，通常包括管理人员工资、办公费、差旅交通费、固定资产使用费、工具用具使用费、劳动保险费、工会经费、职工教育经费、财产保险费、财务费、税金、其他费用等。管理人员工资是指管理人员的基本工资、工资性补贴、职工福利费、劳动保护费等。办公费是指企业管理办公用的文具、纸张、账表、印刷、邮电、书报、会议、水电、烧水和集体取暖（包括现场临时宿舍取暖）用煤等的费用。差旅交通费是指职工因公出差、调动工作的差旅费、住勤补助费、市内交通费和误餐补助费、职工探亲路费、劳动力招募费、职工离退休费、退职一次性路费、工伤人员就医路费、工地转移费以及管理部门使用交通工具的油料、燃料、养路费及牌照费。固定资产使用费是指管理和试验部门及附属生产单位使用的属于固定资产的房屋、设备仪器等的折旧、大修、维修或租赁费。工具用具使用费是指管理使用的不属于固定资产的生产工具、器具、家具、交通工具和检验、试验、测绘、消防、用具等的购置、维修和摊销费。劳动保险费是指由企业支付离退休职工的易地安家补助费、职工退职金、六个月以上的病假人员工资、职工死亡丧葬补助费、按规定支付给离退休干部的各项经费。工会经费是指企业按职工工资总额计提的工会计提。职工教育经费是指企业为职工学习先进技术和提高文化水平、按职工工资总额计提的费用。财产保险费是指施工管理用财产、车辆保险费。财务费是指企业为筹集资金而发生的各种费用。税金是指企业按规定缴纳的房产税、车船使用税、土地使用税、印花税等。其他费包括技术转让费、技术开发费、业务招待费、绿化费、广告费、公证费、法律顾问费、审计费、咨询费等。

3. 利润

利润是指施工企业完成所承包工程获得的盈利。

4. 税金

税金是指国家税法规定的应计入建筑安装工程造价内营业税、城市维护建设税及教育费附加等。

3.3　建筑安装工程费用的基本计算方法

1. 直接费

直接工程费的相关计算式为【直接工程费】＝【人工费】＋【材料费】＋【施工机械使用费】。

人工费的相关计算式为【人工费】＝∑（【人工工日消耗量】×【日工资单价】）；【日工资单价（G）】＝∑G_i；【基本工资（G_1）】＝【生产工人平均月工资】/【年平均每月法定工作日】；【工作性补贴（G_2）】＝∑【年发放标准】/（【全年日历日】－【法定假日】）＋【月发放标准】/【年平均每月法定工作日】＋【每工作日发放标准】；【生产工人辅助工资（G_3）】＝【全年无效工作日】×（G_1＋G_2）/（【全年日历日】－【法定假日】）；【职工福利费（G_4）】＝（G_1＋G_2＋G_3）×【福利费计提比例（%）】；【生产工人劳动保护费（G_5）】＝【生产工人年均支出劳动保护费】/（【全年日历日】－【法定假日】）。材料费的相关计算式为【材料费】＝∑（【材料消耗量】×【材料基价】）＋【检验试验费】；【材料基价】＝[（【供应价格】×【运杂费】）×（1＋【运输损耗量%】）]×（1＋【采购管理率%】）；【检验试验费】＝∑（【单位材料量检验实验】×【材料消耗量】）。

施工机械使用费的相关计算式为【施工机械使用费】＝∑（【施工机械台班消耗量】×【机械台班单价】）；【机械台班单价】＝【台班折旧费】＋【台班大修费】＋【台班经常修理费】＋【台班安拆费及场外运费】＋【台班人工费】＋【台班燃料动力费】＋【台班养路费及车船使用税】。

2．措施费

环境保护费的相关计算式为【环境保护费】=【直接工程费】×【环境保护费费率（%）】；【环境保护费费率（%）】=【本项费用年度平均支出】/（【全年建安产值】×【直接工程费占总造价比例】）；【文明施工费】=【直接工程费】×【文明施工费费率（%）】；【文明施工费费率（%）】=【本项费用年度平均支出】/（【全年建安产值】×【直接工程费占总造价比例】）；【安全施工费】=【直接工程费】×【安全施工费费率（%）】；【安全施工费费率（%）】=【本项费用年度平均支出】/（【全年建安产值】×【直接工程费占总造价比例】）。临时设施费由周转使用临建（比如活动房屋）费、一次性使用临建（比如简易建筑）费、其他临时设施（比如临时管线）费三部分组成，相关计算式为【临时设施费】=（【周转使用临建费】+【一次性使用临建费】）×[1+【其他临时设施费所占比例（%）】]。【夜间施工增加费】=[1−（【合同工期】/【定额工期】）]×（【直接工程费中的人工费合计】/【平均日工资单价】）×【每工日夜间施工费开支】。【二次搬运费】=【直接工程费】×【二次搬运费费率（%）】，【二次搬运费费率（%）】=【年平均二次搬运费开支额】/（【全年建安产值】×【直接工程费占总造价比例（%）】）。【大型机械进出场及安拆费】=【一次性进出场及安拆费】×【年平均安拆次数】/【年工作台班】。混凝土、钢筋混凝土模板及支架费用的相关计算式为【模板及支架费】=【模板摊销量】×【模板价格】+【支、拆、运输费】，【摊销量】=【一次性用量】×（1+【施工损耗】）×[1+（【周转次数】−1）×【补损率】/【周转次数】−（1−【补损率】）50%/【周转次数】]，【租赁费】=【模板使用量】×【使用日期】×【租赁价格】+【支、拆、运输费】。脚手架搭拆费的相关计算式为【脚手架搭拆费】=【脚手架摊销量】×【脚手架价格】+【搭、拆运输费单位一次性使用量】×（1−【残值率】），【脚手架摊销量】=【脚手架每日租金】×【搭设周期】+【搭、拆运输费】。已完工程及保护费的相关计算式为【已完工程及设备保护费】=【成品保护所需机械费】+【材料费】+【人工费】。施工排水、降水费的相关计算式为【排水降水费】=∑【排水降水机械台班费】×【排水降水周期】+【排水降水使用材料费、人工费】。

3．间接费

间接费的计算按取费基数的不同有以下三种方法：以直接费为计算基础时的相关计算式为【间接费】=【直接费合计】×【间接费费率（%）】；以人工费和机械费合计为计算基础时的相关计算式为【间接费】=【人工费和机械费合计】×【间接费费率（%）】，【间接费费率（%）】=【规费费率（%）】+【企业管理费费率（%）】；以人工费为计算基础时的相关计算式为【间接费】=【人工费合计】×【间接费费率（%）】。

规费费率计算应遵守相关规范规定。根据本地区典型工程发承包价的分析资料综合取定，规费计算中所需数据应包括每万元发承包价中人工费含量和机械费含量；人工费占直接费的比例；每万元发承包价中所含规费缴纳标准的各项基数。规费费率的计算有以下三种方法：以直接费为计算基础时的相关计算式为【规费费率（%）】=∑【规费缴纳标准】×【每万元发承包价计算基数】/【每万元发承包价中的人工费含量】×【人工费占直接费的比例（%）】；以人工费和机械费合计为计算基础时的相关计算式为【规费费率（%）】=∑【规费缴纳标准】×【每万元发承包价计算基数】/【每万元发承包价中人工费含量和机械费含量】×100%；以人工费为计算基础时的相关计算式为【规费费率（%）】=∑【规费缴纳标准】×【每万元发承包价计算基数】/【每万元发承包价中的人工费含量】×100%。

企业管理费的费率计算应遵守相关规范规定。企业管理费费率计算有以下三种方法：以直接费为计算基础时的相关计算式为【企业管理费费率（%）】=【生产工人年平均管理费】/【年有效施工天数】×【人工单价人工费占直接费比例（%）】；以人工费和机械费合计为计算基础时的相关计算式为【企业管理费费率（%）】=【生产工人年平均管理费】/【年有效施工天数】×（【人工单价】+【每日机械使用费】）×100%；以人工费为计算基础时的相关计算式为【企业管理费费率（%）】=【生产工人年平均管理费】/【年有效施工天数】×【人工单价】×100%。

4. 税金

税金的相关计算式为【税金】=（【税前造价】+【利润】）×【税率(%)】。纳税地点在市区的企业其【税率(%)】=1/[1−3%−(3%×7%)−(3%×3%)]−1；纳税地点在县城、镇的企业其【税率(%)】=1/[1−3%−(3%×5%)−(3%×3%)]−1；纳税地点不在市区、县城、镇的企业，其【税率(%)】=1/[1−3%−(3%×1%)−(3%×3%)]−1。

3.4 建筑安装工程计价程序

我国住房和城乡建设部《建筑工程施工发包与承包计价管理办法》规定，发包与承包价的计算方法分为工料单价法和综合单价法两类。

1. 工料单价法计价程序

工料单价法是以分部分项工程量乘以单价后的合计为直接工程费，直接工程费以人工、材料、机械的消耗量及其相应价格确定。直接工程费汇总后另加间接费、利润、税金生成工程发承包价，其计算程序有三种：以直接费为计算基础的计算过程见表 3-4-1；以人工费和机械费为计算基础的计算过程见表 3-4-2；以人工费为计算基础的计算过程见表 3-4-3。

表 3-4-1 以直接费为计算基础的计算过程

序号	费用项目	计算方法	备注
（1）	直接工程费	按预算表	
（2）	措施费	按规定标准计算	
（3）	小计	（1）+（2）	
（4）	间接费	（3）×相应费率	
（5）	利润	[（3）+（4）]×相应利润率	
（6）	合计	（3）+（4）+（5）	
（7）	含税造价	（6）×（1+相应税率）	

表 3-4-2 以人工费和机械费为计算基础的计算过程

序号	费用项目	结算方法	备注
（1）	直接工程费	按预算表	
（2）	其中人工费和机械费	按预算表	
（3）	措施费	按规定标准计算	
（4）	其中人工费和机械费	按规定标准计算	
（5）	小计	（1）+（3）	
（6）	人工费和机械费小计	（2）+（4）	
（7）	间接费	（6）×相应费率	
（8）	利润	（6）×相应利润率	
（9）	合计	（5）+（7）+（8）	

2．综合单价法计价程序

综合单价法是以分部分项工程单价为全费用单价，全费用单价经综合计算后生成，其内容包括直接工程费、间接费、利润和税金（措施费也可按此方法生成全费用价格）。各分项工程量乘以综合单价的合价汇总后生成工程发承包价。由于各分部分项工程中的人工、材料、机械含量的比例不同，各分项工程可根据其材料费占人工费、材料费、机械费合计的比例（以字母"C"代表该项比值）在以下三种计算程序中选择一种计算其综合单价。

表 3-4-3　以人工费为计算基础的计算过程

序号	费用项目	结算方法	备注
（1）	直接工程费	按预算表	
（2）	直接工程费中人工费	按预算表	
（3）	措施费	按规定标准计算	
（4）	措施费中人工费	按规定标准计算	
（5）	小计	（1）＋（3）	
（6）	人工费小计	（2）＋（4）	
（7）	间接费	（6）×相应费率	
（8）	利润	（6）×相应利润率	
（9）	合计	（5）＋（7）＋（8）	
（10）	含税造价	（5）×（1+相应税率）	

$C > C_0$ 时可采用以人工资、材料费、机械费合计为基数计算该分项的间接费和利润，C_0 为本地区原费用定额测算所选典型工程材料费占人工费、材料费和机械费合计的比例。以直接费为计算基础的计算过程见表 3-4-4。

表 3-4-4　以直接费为计算基础的计算过程

序号	费用项目	结算方法	备注
（1）	分项直接工程费	人工费+材料费+机械费	
（2）	间接费	（1）×相应费率	
（3）	利润	[（1）＋（2）]×相应利润率	
（4）	合计	（1）＋（2）＋（3）	
（5）	含税造价	（4）×（1+相应税率）	

当 $C < C_0$ 值的下限时，可采用以人工费和机械费合计为基础计算该分项的间接费和利润。以人工费和机械费为计算基础的计算过程见表 3-4-5。

表 3-4-5　以人工费和机械费为计算基础的计算过程

序号	费用项目	结算方法	备注
（1）	分项直接工程费	人工费+材料费+机械费	
（2）	其中人工费和机械费	人工费+材料费	
（3）	间接费	（2）×相应费率	
（4）	利润	（2）×相应利润率	
（5）	合计	（1）＋（3）＋（4）	

当该分项的直接费仅为人工费而无材料费和机械费时，可采用以人工费为基数计算该分项的间接费和利润。以人工费为计算基础的计算过程见表 3-4-6。

表 3-4-6　以人工费为计算基础的计算过程

序号	费用项目	结算方法	备注
（1）	分项直接工程费	人工费+材料费+机械费	
（2）	直接工程费中人工费	人工费	
（3）	间接费	（2）×相应费率	
（4）	利润	（2）×相应利润率	
（5）	合计	（1）+（3）+（4）	
（6）	含税造价	（5）×（1+相应税率）	

思考题与习题

1. 简述建筑安装工程概（预）算的类型及特点。
2. 简述建筑安装工程费用的基本构成及特点。
3. 简述建筑安装工程费用的基本计算方法。
4. 简述建筑安装工程各种计价程序的特点。

第4章 工程量清单计价方法的特点和基本原理

4.1 工程量清单的特点

工程量清单是将拟建工程中的实体项目和非实体项目按《建设工程工程量清单计价规范》（简称为规范）的要求给出名称和相应数量的明细清单。它通常由分部分项工程项目清单、措施项目清单和其他项目清单3种清单组成，反映拟建工程的全部工程内容和为实现这些工程内容而进行的一切工作。

实行工程量清单计价是规范建设市场秩序、适应社会主义市场经济发展的需要，是促使建设市场有序竞争和健康发展的需要，有利于我国工程造价政府管理职能的转变，适应我国建设行业融入国际市场的要求。

《建设工程工程量清单计价规范》的特点可概括为五点，即统一性、强制性、实用性、竞争性、通用性。统一性主要表现在统一了清单的项目和组成，统一了各分部分项工程的项目名称、计量单位、项目编码和工程量计算规则（即"四统一"规则）。它把非实体项目统一在措施项目和其他项目中，规定了分部分项工程的项目清单和措施项目清单一律以"综合单价"报价，为建立全国统一的计价方式和计价行为提供了依据。强制性主要表现在要求"全部使用国有资金投资或以国有资金投资为主的大中型建设工程"执行现行规范，而且明确了工程量清单是招标文件的组成部分，并规定了招投标人在编制清单和投标人编制报价时必须遵守《建设工程工程量清单计价规范》的规定。实用性主要表现在各附录中工程量清单项目和计算规则的项目都是工程的实体项目，各项目的名称清晰、计量单位明确、计算规则简洁，投标人还可根据所描述的工程内容和项目特征结合自身的实际情况确定报价、简明适用、易于计算。竞争性主要表现在《建设工程工程量清单计价规范》中，实体项目没有规定工、料、机的消耗量，由企业根据自己的实际情况确定，工、料、机的单价企业可根据市场行情确定；相关的措施项目投标企业也可根据工程的实际情况和施工组织设计自行确定，视具体情况以企业的个别成本报价，最后由市场形成价格；这种方式为企业的报价提供了适用于自身生产效率的自主空间，可体现出企业的实力，促使施工企业为不断提高自身的竞争能力总结经验，努力提高自己的管理水平和技术能力，同时引导企业积累资料、编制自己的消耗量定额以适应市场发展的需要。通用性主要表现在采用工程量清单计价能与国际惯例接轨，符合工程量计算方法标准化、工程量计算规则统一化、工程造价确定市场化的要求。

我国第一部《建设工程工程量清单计价规范》是在2003年2月17日由"中华人民共和国建设部和中华人民共和国国家质量监督检验总局"联合发布，代号为"GB 50500—2003"，从2003年7月1日施行的。现行的规范是《建设工程工程量清单计价规范（GB 50500—2013）》。《建设工程工程量清单计价规范》全文分为正文和附录两个部分，两者具有同等效力。

第一部分正文中的《总则》规定了《建设工程工程量清单计价规范》制定的目的、依据、适用范围、工程量清单计价活动应遵循的基本原则和各附录的作用等。制定目的是规范了建设工程工程量清单计价行为，统一了清单的编制和计价方法，要求参与招标、投标活动的各方必须一致遵守以保证工程量清单计价方式的顺利实施。《建设工程工程量清单计价规范》的编制依据是《中华人民共和国建筑法》、《中华人民共和国合同法》、《中华人民共和国价格法》、《中华人民共和国招标投标法》和建设部令 107 号《建筑工程施工发包与承包计价管理办法》等直接涉及工程造价的工程质量、安全及环境保护等方面的工程建设强制性标准规范。《建设工程工程量清单计价规范》计价范围主要适用于建设工程的招标投标工程量清单计价活动，包括建筑、装饰装修、安装、市政、园林绿化工程。《建设工程工程量清单计价规范》强制性的要求是全部使用国有资金投资或国有投资为主的大中型建设工程执行现行规范。《建设工程工程量清单计价规范》遵循的原则是"客观、公正、公平"原则，要求工程量清单计价活动有高度透明度，工程量清单的编制要实事求是、不弄虚作假、对所有投标人机会均等，投标人应从本企业的实际情况出发、不能低于成本价报价、不能串通报价，双方应以诚实、信用的态度进行工程竣工结算。编制清单和计价的依据是《建设工程工程量清单计价规范》、国家有关法律（法规、标准、规范）、五个附录等。

　　《建设工程工程量清单计价规范》中对采用的术语给予了相应的定义，包括工程量清单、项目编码、综合单价、措施项目、预留金、总承包服务费、零星工作项目费、消耗量定额、企业定额等。

　　工程量清单的编制规定了工程量清单的编制人、组成部分以及分部分项工程量清单、措施项目清单、其他项目清单的编制原则。工程量清单编制人应为具有编制招标文件能力的招标人或受其委托具有相应资质的中介机构。工程量清单应由分部分项工程量清单（实体工程项目）、措施项目清单（非实体工程项目）和其他项目清单组成。分部分项工程量清单内容包括项目编码、项目名称、计量单位、工程数量四部分并要求按附录统一规定编制。措施项目清单是指为完成工程项目施工发生于该工程施工前和施工中的技术、生产、生活、安全等方面的非实体项目，除了工程本身因素外还涉及水文、地质、气象、环境、安全等因素，应根据拟建工程具体情况确定（包括通用项目、专业项目）。其他项目清单是指除分部分项工程量清单、措施项目清单外的由于招标人的特殊要求而设置的项目清单，其中招标人部分有预留金、材料购置费；承包人部分有总承包服务费、零星工作项目费等，除零星工作项目费以外，其余项目均是非实体项目。

　　《建设工程工程量清单计价规范》规定了工程量清单计价的工作范围、价款的构成，综合单价、标底、投标报价的编制，工程量的调整及相应综合单价的确定原则。工作范围是指实行工程量清单计价招标、投标的建设工程，其招标的标底、投标报价的编制、合同价款的确定、工程量的调整和竣工结算均属于工程量清单计价范围。计价价款的构成包括分部分项工程费、措施项目费、其他项目费、规费、税金。工程量清单（包括 3 种清单）采用综合单价计价，包括工程量清单中规定计量单位项目所需的人工费、材料费、机械使用费、企业管理费和利润，并考虑风险因素以便于与国际接轨。

　　《建设工程工程量清单计价规范》规定了工程量清单及计价格式，规定了所有"工程量清单"和"工程量计价清单"的统一格式、组成内容及填写要求。

　　《建设工程工程量清单计价规范》附录通常包括建筑工程工程量清单项目及计算规则、装饰装修工程工程量清单项目及计算规则、安装工程工程量清单项目及计算规则、市政工程工程量清单项目及计算规则、园林绿化工程工程量清单项目及计算规则等内容。

4.2　工程量清单的内容

4.2.1　分部分项工程量清单

　　分部分项工程量清单项目的设置是以形成工程实体为主的，即指形成生产和工艺作用的主要实体部分，对次要或附属部分不设项目，它是计量的前提。需要计算出各实体的工程量，由招标人按照《建设工程工程量清单计价规范》中要求的"四统一"执行，不得因情况不同而改动。

　　项目编码按《建设工程工程量清单计价规范》规定采用 5 级编码、由 12 位阿拉伯数字组成，其中 1～9 位按附录规定统一设置，不得擅自改动；10～12 位根据拟建工程的工程量清单项目名称由清单编制人自行设置且应从 00 开始。1～2 位表示附录编号，比如 01 号为建筑工程。3～4 位表示附录中的各章，比如 0101 为建筑工程中第一章——土（石）方工程。5～6 位表示附录中的各节，比如 010101 为建筑工程第一章中第一节——土方工程。7～9 位表示各节中的不同项目，比如 010101001 为建筑工程第一章中第一节土方工程的平整场地。10～12 位编制人可以根据部位、土质、材料的规格、品种等分若干个子目自行编码，从 001 开始，比如平整场地分为 010101001001 和 010101001002 两块。

　　项目名称应按各附录中规定的名称列项，不得随意更改，并应结合拟建工程的实际情况详细描述项目特征和工程内容以便于投标人准确报价。若出现附录中未包括的项目，编制人可做相应补充并应报省级工程造价管理机构备案。补充项目应列在分部分项工程项目清单项目最后，并在序号栏中注明"补"字。

　　计量单位应按各附录中规定的计量单位采用，《建设工程工程量清单计价规范》中的计量单位均为基本计量单位，不得使用扩大单位（比如 10m、$100m^2$）。

　　工程数量应按附录规定的计算规则计算。工程数量的有效位数应遵守下列规定，即以"吨"为单位应保留小数点后 3 位数字，第 4 位四舍五入；以"立方米"、"平方米"、"米"为单位应保留小数点后两位数字，第 3 位四舍五入；以"个"、"项"等为单位应取整数。

4.2.2　措施项目清单

　　措施项目清单是非实体项目，以"项"为计量单位，其相应数量为"1"，包括通用项目和专业项目。通用项目和专业项目中没有列出的，编制人可以补充，补充项目应列在清单项目最后，并在序号栏中注明"补"字。

4.2.3　其他项目清单

　　根据工程的组成内容、建设标准的高低、工程的复杂程度、工期长短等因素，《建设工程工程量清单计价规范》列出了预留金、材料购置费、总承包服务费、零星工作项目费等细目。招标人部分应由招标人填写项目和金额；投标人部分应由招标提出费用项目名称（比如总承包服务费）、数量（比如零星工作项目表中的工、料、机数量），由投标人报价。若还有特殊情况，则编制人可以补充，补充项目应列在清单项目最后，并在序号栏中注明"补"字。

　　预留金是指考虑可能发生的工程量变更而预先留出的费用，主要指工程量清单的漏项、错误引起工程量的增加，还有施工中的设计变更引起标准的变化和工程量的增加，其数量由招标人提供。材料购置费是指招标人为拟建工程采购供应的材料费用，其数量由招标人提供。总承包服务费是指为配合、协调招标人进行的工程分包和材料采购投标人发生的费用，由投标人根据列出的费用项目、自行报价。零星工作项目费是指为完成招标人提出的、工程量暂估的零星工作所需的费用，由招标人详细列出工、料、机的名称、数量、计量单位等，投标人自行报价，工程结算时工程量按承包人实际完成的计算、单价仍按投标人中标的报价执行。

4.3　建筑工程工程量清单项目及计算规则

　　《建设工程工程量清单计价规范》将建筑工程项目分为若干章、若干节、若干个子目，通常包括土（石）方工程；桩与地基基础工程；砌筑工程；混凝土及钢筋混凝土工程；厂库房大门、特种门、木结构工程；金属结构工程；屋面及防水工程；防腐隔热保温工程，并对每一个子目的工程量计算做了具体规定，适用于采用工程量清单计价的工业与民用建筑物和构筑物的建筑工程。

4.3.1 章、节、项目的划分

建筑工程工程量清单项目与《全国统一建筑工程基础定额》的章、节、项目划分进行适当对应衔接，目的是使从事造价专业的工作者从熟悉的计价办法尽快地适应新的计价规范。《全国统一建筑工程基础定额》的楼地面工程、装饰工程分部（章）纳入"装饰装修工程工程量清单项目与计算规则"；脚手架工程、垂直运输工程等列入工程量清单"措施项目"费，使建筑工程工程量清单项目及计算规则得以减少。建筑工程工程量清单项目"节"的设置，除个别节列入工程量清单"措施项目"费外，比如土石方工程施工降水、混凝土及钢筋混凝土模板、土方支护结构、脚手架等，还有个别节纳入"装饰装修工程工程量清单项目与计算规则"，比如普通木门窗的制作、安装等，其他内容基本不变。建筑工程工程量清单项目"子目"的设置力求齐全，补充了新材料、新技术、新工艺、新施工方法的有关项目以适应建筑技术发展的需要，设置的新项目包括地下连续墙、旋喷桩、喷粉桩、锚杆支护、土钉支护、薄壳板、后浇带、膜结构、保温外墙等。

4.3.2 有关共性问题的说明

根据"建筑工程工程量清单项目及计算规则"所计算的工程量是指建筑物和构筑物的实体净用量，施工中所发生的材料、成品、半成品的各种制作、运输、安装等的一切损耗应包括在报价中。围绕"工程实体净用量"所做的附加工作的费用应按施工组织设计或实际情况包括在报价中，比如挖基础土方时的放坡和增加工作面的土方量。工程中所发生的钢材（包括钢筋、型钢、钢管等）均按理论重量计算，其理论重量与实际重量的差别应包括在报价中。在每一个子目中都应详细描述项目特征和工程内容以便为报价提供依据。高层建筑所发生的人工降效、机械降效、施工用水加压等应包括在报价中。卫生用临时管道应考虑在临时设施费用内。设计规定或施工组织设计规定的已完工产品保护发生的费用列入工程量清单"措施项目"费中。

4.4 工程量清单的编制

4.4.1 工程量清单编制的准备工作

工程量清单编制的准备工作包括资料准备、图纸准备、定额准备。开始工程量计算的工作之前必须将相关资料准备齐全。资料包括常用的符号、数据、计算公式、一般通用及常用材料技术参数和基础参考资料等，比如基本计算手册、常用建筑材料的性质及数值，应熟悉工程量计算的相关章节的计算规则。图纸准备包括全套的建筑施工图、全套结构图、装饰装修工程在具体部位的建筑装饰设计效果图、国家现行的标准图集、设计规范、施工验收规范、质量评定标准、安全操作规程。全套的建筑施工图包括建筑总说明、材料做法表、门窗表及门窗详图、各层建筑平面图、建筑立面图、建筑剖面图（楼梯间剖面、外墙剖面）、屋顶平面图、节点详图等。全套结构图包括结构总说明、各层结构平面图、模板平面图、钢筋配置图、柱梁板详图、结构的节点详图、混凝土工程各部位留洞图等。定额应包括基础定额、预算定额、企业定额。

4.4.2 工程量清单编制的原则、依据和步骤

工程量清单编制的原则可归纳为四点，即必须遵循市场经济活动的基本原则（即客观、公正、

公平的原则）；符合国家《建设工程工程量清单计价规范》的原则，项目分项类别、分项名称、清单分项编码、计量单位分项项目特征、工作内容等都必须符合《建设工程工程量清单计价规范》的规定和要求；符合工程量实物分项与描述准确的原则；工作认真、审慎的原则是，应当认真学习《建设工程工程量清单计价规范》、相关政策法规、工程量计算规则、施工图纸、工程地质与水文资料和相关的技术资料等。

　　建设部 107 号令《建筑工程施工发包与承包计价管理办法》规定"工程量清单应当依据招标文件、施工设计图纸、施工现场条件和国家制定的统一工程量计算规则、分部分项工程项目划分、计量单位等进行编制"。工程量清单的编制依据有六点，即我国现行的《建设工程工程量清单计价规范》；招标文件；设计文件；有关的工程施工规范与工程验收规范；拟采用的施工组织设计和施工技术方案；相关的法律、法规及本地区相关的计价条例等。

　　工程量清单的编制步骤应符合要求。工程量清单编制的内容应包括分部分项工程量清单、措施项目清单、其他项目清单，且必须严格按照《建设工程工程量清单计价规范》规定的计价规则和标准格式进行。在编制工程量清单时应根据规范和设计图纸及其他有关要求对清单项目进行准确详细的描述，以保证投标企业正确理解各清单项目的内容、合理报价。工程量清单的编制程序与步骤为【收集、熟悉有关资料文件】→【分析图纸确定清单分项】→【按分项及计算规则计算清单工程量】→【编制分部分项工程量清单】→【编制措施项目清单和其他项目清单】→【按规范格式整理工程量清单】。

4.4.3　工程量清单项目划分和列项规则

　　建设工程工程量清单设立附录 A、附录 B、附录 C、附录 D、附录 E 等部分作为编制工程量清单的依据。限于篇幅，本节主要讲述附录 A 建筑工程、附录 B 装饰装修工程的工程量项目划分和列项规则。

1. 建筑工程关系表

　　附录 A 建筑工程工程量清单项目包括以下各章内容：土（石）方工程，桩与地基基础工程，砌筑工程，混凝土及钢筋混凝土工程，厂库房大门、特种门、木结构工程，金属结构工程，屋面及防水工程，防腐隔热保温工程。

　　建筑工程项目划分主要包括土（石）方工程，桩与地基基础工程，砌筑工程，混凝土及钢筋混凝土工程，厂库房大门、特种门、木结构工程，金属结构工程，屋面及防水工程，防腐隔热保温工程 8 项。

　　关于土（石）方工程项目的划分，《建设工程工程量清单计价规范》附录 A 相关条文中"A.1"包括土石（方）工程分为土方工程、石方工程、土（石）方运输与回填，共 3 节；"A.1.1"土方工程包括平整场地、挖土方、挖基础土方、冻土开挖、挖淤泥或流砂、挖管沟土方 6 个子目，其中平整场地按首层建筑面积计算，管沟土方按米计算，其余均按体积计算；"A.1.2"石方工程分为预裂爆破、石方开挖、管沟石方 3 个子目，除石方开挖按体积计算外，其余按米计算；"A.1.3"土（石）方运输与回填只有土（石）方回填一个子目，按体积计算。

　　关于桩与地基基础工程项目划分，《建设工程工程量清单计价规范》附录 A 相关条文中"A.2"桩与地基基础工程分为混凝土桩、其他桩、地基与边坡处理，共 3 节；"A.2.1"混凝土桩包括预制钢筋混凝土桩、接桩、混凝土灌注桩 3 个子目，其中预制钢筋混凝土桩和混凝土灌注桩按米或根计算，接桩按个或米计算；"A.2.2"其他桩包括沙石灌注桩、灰土挤密桩、旋喷桩、喷粉桩 4 个子目，均按米计算；"A.2.3"地基与边坡处理包括地下连续墙、振冲灌注碎石、地基强夯、锚杆支护、土钉支护 5 个子目，其中地下连续墙、振冲灌注碎石按立方米计算，地基强夯、锚杆支护、土钉支护按平方米计算。

关于砌筑工程项目划分，《建设工程工程量清单计价规范》附录 A 相关条文中"A.3"砌筑工程分为砖基础，砖砌体，砖构筑物，砌块砌体，石砌体，砖散水、地坪、地沟，共 6 节；"A.3.1"砖基础只有砖基础一个子目，按立方米计算；"A.3.2"砖砌体包括实心砖墙、空斗墙、空花墙、填充墙、实心砖柱、零星砌砖 6 个子目，除零星砌砖可以按立方米或平方米或米或个计算外，其余均按立方米计算；"A.3.3"砖构筑物包括砖烟囱或水塔、砖烟道、砖窨井或检查井、砖水池或化粪池 4 个子目，其中砖烟囱或水塔、砖烟道按立方米计算，砖窨井或检查井、砖水池或化粪池按座计算；"A.3.4"砌块砌体包括空心砖墙或砌块墙、空心砖柱或砌块柱 2 个子目，均按立方米计算；"A.3.5"石砌体包括石基础、石勒脚、石墙、石挡土墙、石柱、石栏杆、石护坡、石台阶、石坡道、石地沟或石明沟 10 个子目，其中石栏杆、石地沟或石明沟按米计算，石坡道按平方米计算，其余按立方米计算；"A.3.6"砖散水、地坪、地沟包括砖散水或地坪、砖地沟或明沟 2 个子目，其中砖散水或地坪按平方米计算，砖地沟或明沟按米计算。

关于混凝土及钢筋混凝土工程项目划分，《建设工程工程量清单计价规范》附录 A 相关条文中"A.4"混凝土工程分为现浇混凝土、预制混凝土、钢筋、螺栓等 17 节；"A.4.1"现浇混凝土基础包括带形基础、独立基础、满堂基础、设备基础、桩承台基础 5 个子目，均按立方米计算；"A.4.2"现浇混凝土柱包括矩形柱、异形柱 2 个子目，按立方米计算；"A.4.3"现浇混凝土梁包括基础梁、矩形梁、异形梁、圈梁、过梁、弧形或拱形梁 6 个子目，均按立方米计算；"A.4.4"现浇混凝土墙包括直形墙、弧形墙 2 个子目，按立方米计算；"A.4.5"现浇混凝土板包括有梁板、无梁板、平板、拱板、薄壳板、栏板、天沟或挑檐板、雨篷或阳台板、其他板 9 个子目，均按立方米计算；"A.4.6"现浇混凝土楼梯包括直形楼梯、弧形楼梯 2 个子目，均按平方米计算；"A.4.7"现浇混凝土其他构件包括其他构件、散水或坡道、电缆沟或地沟 3 个子目，其中电缆沟或地沟按米计算，散水或坡道按平方米计算，其他构件按立方米或平方米或米计算；"A.4.8"后浇带只有后浇带一个子目，按立方米计算；"A.4.9"预制混凝土柱包括矩形柱、异形柱 2 个子目，按立方米或根计算；"A.4.10"预制混凝土梁包括矩形梁、异形梁、过梁、拱形梁、鱼腹式吊车梁、风道梁 6 个子目，均按立方米或根计算；"A.4.11"预制混凝土屋架包括折线型屋架、组合屋架、薄腹屋架、门式刚架屋架、天窗架屋架 5 个子目，均按立方米或榀计算；"A.4.12"预制混凝土板包括平板、空心板、槽形板、网架板、折线板、带肋板、大型板、沟盖板（或井盖板或井圈）8 个子目，其中沟盖板（或井盖板或井圈）按立方米（或块或套）计算，其余均按立方米或块计算；"A.4.13"预制混凝土楼梯只有楼梯一个子目，按立方米计算；"A.4.14"其他预制构件包括烟道或垃圾道或通风道、其他构件、水磨石构件 3 个子目，均按立方米计算；"A.4.15"混凝土构筑物包括贮水（油）池、贮仓、水塔、烟囱 4 个子目，均按立方米计算；"A.4.16"钢筋工程包括现浇混凝土钢筋、预制构件钢筋、钢筋网片、钢筋笼、先张法预应力钢筋、后张法预应力钢筋、预应力钢丝、预应力钢绞线 8 个子目，均按吨计算；"A.4.17"螺栓、铁件包括螺栓和预埋铁件 2 个子目，均按吨计算。

2. 装饰装修工程关系表

附录 B 装饰装修工程工程量清单项目包括以下各章内容：楼地面工程，墙、柱面工程，天棚工程，门窗工程，油漆、涂料、裱糊工程，其他工程。

装饰装修工程项目划分主要包括楼地面工程，墙、柱面工程，天棚工程，门窗工程，油漆、涂料、裱糊工程，其他工程 6 项。

　　关于楼地面工程项目划分，《建设工程工程量清单计价规范》附录 B 相关条文中"B.1"楼地面工程分为整体面层，块料面层，橡塑面层，其他材料面层，踢脚线，楼梯装饰，扶手、栏杆、栏板装饰，台阶装饰，零星装饰项目，共 9 节；"B.1.1"整体面层包括水泥砂浆楼地面、现浇水磨石楼地面、细石混凝土楼地面、菱苦土地面 4 个子目，均按平方米计算；"B.1.2"块料面层包括石材楼地面和块料楼地面 2 个子目，均按平方米计算；"B.1.3"橡塑面层包括橡胶板楼地面、橡胶卷材楼地面、塑料板楼地面、塑料卷材楼地面 4 个子目，均按平方米计算；"B.1.4"其他材料面层包括楼地面地毯、竹木地板、防静电活动地板、金属复合地板 4 个子目，均按平方米计算；"B.1.5"踢脚线包括水泥砂浆踢脚线、石材踢脚线、块料踢脚线、现浇水磨石踢脚线、塑料板踢脚线、木质踢脚线、金属踢脚线、防静电踢脚线 8 个子目，均按平方米计算；"B.1.6"楼梯装饰包括石材楼梯面层、块料楼梯面层、水泥砂浆楼梯面、现浇水磨石楼梯面、地毯楼梯面、木板楼梯面 6 个子目，均按平方米计算；"B.1.7"扶手、栏杆、栏板装饰包括金属扶手带栏杆、栏板，硬木扶手带栏杆、栏板，塑料扶手带栏杆、栏板，金属靠墙扶手，硬木靠墙扶手，塑料靠墙扶手 6 个子目，均按米计算；"B.1.8"台阶装饰包括石材台阶面、块料台阶面、水泥砂浆台阶面、现浇水磨石台阶面、剁假石台阶面 5 个子目，均按平方米计算；"B.1.9"零星装饰项目包括石材零星项目、碎拼石材零星项目、块料零星项目、水泥砂浆零星项目 4 个子目，均按平方米计算。

　　关于墙、柱面工程项目划分，《建设工程工程量清单计价规范》附录 B 相关条文中"B.2"墙、柱面工程分为墙面抹灰、柱面抹灰、零星抹灰、墙面镶贴块料、柱面镶贴块料、零星镶贴块料、墙饰面、柱（梁）饰面、隔断、幕墙，共 10 节；"B.2.1"墙面抹灰包括墙面一般抹灰、墙面装饰抹灰、墙面勾缝 3 个子目，均按平方米计算；"B.2.2"柱面抹灰包括柱面一般抹灰、柱面装饰抹灰、柱面勾缝 3 个子目，均按平方米计算；"B.2.3"零星抹灰包括零星项目一般抹灰和零星项目装饰抹灰 2 个子目，均按平方米计算；"B.2.4"墙面镶贴块料包括石材墙面、碎拼石材墙面、块料墙面、干挂石材钢骨架 4 个子目，其中干挂石材钢骨架按吨计算，其余均按平方米计算；"B.2.5"柱面镶贴块料包括石材柱面、碎拼石材柱面、块料柱面、石材梁面、块料梁面 5 个子目，均按平方米计算；"B.2.6"零星镶贴块料包括石材零星项目、碎拼石材零星项目、块料零星项目 3 个子目，均按平方米计算；"B.2.7"墙饰面只有装饰板墙面一个子目，按平方米计算；"B.2.8"柱（梁）饰面只有柱（梁）面装饰一个子目，按平方米计算；"B.2.9"隔断只有隔断一个子目，按平方米计算；"B.2.10"幕墙包括带骨架幕墙和全玻幕墙 2 个子目，按平方米计算。

　　关于天棚工程项目划分，《建设工程工程量清单计价规范》附录 B 相关条文中"B.3"天棚工程分为天棚抹灰、天棚吊顶和天棚其他装饰，共 3 节；"B.3.1"天棚抹灰只有天棚抹灰一个子目，按平方米计算；"B.3.2"天棚吊顶包括天棚吊顶、格栅吊顶、吊筒吊顶、藤条造型悬挂吊顶、织物软雕吊顶、网架（装饰）吊顶 6 个子目，均按平方米计算；"B.3.3"天棚其他装饰包括灯带和送风口、回风口 2 个子目，其中送风口、回风口按个计算，灯带按平方米计算。

4.4.4　工程量清单的编制

　　根据《建设工程工程量清单计价规范》的规定，工程量清单由分部分项工程量清单、措施项目清单、其他项目清单组成。分部分项工程量清单为不可调整的闭口清单，投标人对招标文件提供的分部分项工程量清单必须逐一计价，对清单所列内容不允许做任何更改变动。投标人如果认为清单内容有不妥或遗漏之处，只能通过质疑的方式由清单编制人做统一的修改更正，并将修正后的工程量清单发往所有投标人。措施项目清单为可调整的清单，投标人对招标文件中所列项目，可根据企业自身特点做适当的变更增减。投标人要对拟建工程可能发生的措施项目和措施费用做通盘考虑，清单计价一经报出，即被认为是包括了所有应该发生的措施项目的全部费用。如果报出的清单中没有列项目施工中又必须发生的项目，业主有权认为，其报价已经综合在分部分项工程量清单的综合单价中。将来措施项目发生时，投标人不得以任何借口提出索赔与调整。其他项目清单由招标人部分、投标人部分两部分组成。招标人填写的内容随招标文件发至投标人或标底编制人，其项目、数量、金额等投标人或标底编制人不得随意改动。由投标人填写到部分的零星工作项目表中，对于招标人填写的项目与数量，投标人不得随意更改，且必须进行报价。如果不报价，招标人有权认为投标人就未报价内容要无偿为自己服务。当投标人认为招标人列项不全时，投标人可自行增加列项并确定本项目的工程数量及计价。

1. 分部分项工程量清单的编制

《建设工程工程量清单计价规范》对分部分项工程量清单的编制有以下强制性规定："分部分项工程量清单应根据附录规定的统一项目编码、项目名称、计量单位和工程量计算规则进行编制"；"分部分项工程量清单的项目编码，1～9位应按附录的规定设置；10～12位应根据拟建工程的工程量清单项目名称由其编制人设置并应自001起顺序编制"；"项目名称应按附录的项目名称与项目特征并结合拟建工程的实际确定"；"分部分项工程量清单的计量单位应按附录中规定的计量单位确定"；"工程数量应按附录中规定的工程量计算规则计算"。

分部分项工程量清单编制依据主要是我国现行《建设工程工程量清单计价规范》、招标文件、设计文件、有关的工程施工规范与工程验收规范、拟采用的施工组织设计和施工技术方案。

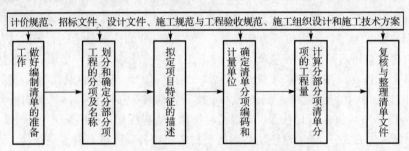

图 4-4-1　分部分项工程量清单编制程序

分部分项工程量清单编制程序如图 4-4-1 所示，依次为做好编制清单的准备工作；划分和确定分部分项工程的分项及名称；拟定项目特征的描述；确定清单分项编码和计量单位；计算分部分项清单分项的工程量；复核与整理清单文件。

1）分部分项工程量清单设置示例——建筑工程

"A.1.1"土方工程。从设计文件和招标文件可以得知与分部分项工程相对应的计价规范条目，按照对应条目中开列的项目特征，查阅地质资料、招标文件、设计文件，可对项目名称进行详细的描述，比如土壤类别、运土距离、开挖深度等，如图 4-4-2 所示。首先阅图，本土方工程为挖基础土方，垫层宽度为（300+80+120）×2=1000（mm），挖土深度为500+100+600+200+400=1800（mm），基础梁总长度为51×2+39×2=180（m）。查阅施工组织设计可知弃土距离为 4km。查阅地质资料可知土壤类别为三类土。分部分项工程量清单设置如下：项目名称"挖基础土方"，项目编码"010101003001"，项目特征描述"三类土、带形基础、垫层宽度 1m、挖土深度 1.8m、弃土距离 4km"，计量单位"m^3"，工程数量"1×1.8×180=324（m^3）"。填制表格（见表 4-4-1）。

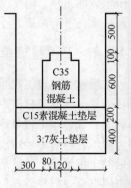

图 4-4-2　挖基础土方

"A.4.1"现浇混凝土基础。阅图 4-4-2,本钢筋混凝土工程为 C35 现浇钢筋混凝土带形基础,基垫层为 3:7 灰土厚 400mm,垫层为 C15 素混凝土厚 200mm。分部分项工程量清单设置如下:项目名称"C35 带形基础",项目编码"010401001001",计量单位"m³",工程数量"(0.4×0.6+0.24×0.1)×180=47.52(m³)"。综合工程内容,3:7 灰土垫层"1×0.4×180=72(m³)",C15 素混凝土垫层"1×0.2×180=36(m³)",填制表格(见表 4-4-2)。

表 4-4-1　分部分项工程量清单

工程名称:×××××			第×页	共××页
序号	项目编码	项目名称	计量单位	工程数量
1	010101003001	挖基础土方	m³	324
		三类土		
		带形基础		
		垫层宽度 1m		
		挖土深度 1.8m		
		弃土距离 4km		

表 4-4-2　分部分项工程量清单

工程名称:×××××			第×页	共××页
序号	项目编码	项目名称	计量单位	工程数量
1	010401001001	带形基础	m³	47.52
		混凝土强度 C35		
		3:7 灰土垫层 72m³		
		C15 素混凝土垫层 36m³		

2)分部分项工程量清单设置示例——装饰装修工程

"B.1.8"台阶装饰。一台阶水平投影面积(不包括最后一步踏步 300mm)为 29.34m²,台阶长度为 32.6m、宽度为 300mm、高度为 150mm,80mm 厚混凝土 C15 基层、体积为 6.06m³,100mm 厚 3:7 灰土垫层、体积为 3.59m³,面层为芝麻白花岗岩,厚 25mm,黏结层为 1:3 水泥砂浆。分部分项工程量清单设置如下,项目名称"石材台阶面",项目编码"020108001001",计量单位"m²",工程数量"29.34"。综合工程内容,基层 80mm 厚混凝土 C15,垫层 100mm 厚灰土 3:7,填制表格(见表 4-4-3)。

表 4-4-3　分部分项工程量清单

工程名称:×××××			第×页	共××页
序号	项目编码	项目名称	计量单位	工程数量
1	020108001001	石材台阶面	m²	29.34
		芝麻白花岗岩,厚 25mm		
		黏结层水泥砂浆 1:3		
		基层 80mm 厚混凝土 C15		
		垫层 100mm 厚灰土 3:7		

2. 措施项目清单的编制

《建设工程工程量清单计价规范》对措施项目清单的编制有以下规定:"措施项目清单应根据拟建工程的具体情况,参照相关表列项";"编制措施项目清单出现相关表未列项目,编制人可做补充"。措施项目一览见表 4-4-4。

编制措施项目工程量清单项目应注意以下四方面问题：编制者应对规范有深刻的理解，有比较丰富的知识和经验，要真正弄懂工程量清单计价方法的内涵，熟悉和掌握规范对措施项目的划分规定和要求，掌握其本质和规律，注重系统思维；编制措施项目工程量清单项目应与编制分部分项工程量清单综合考虑，编制与分部分项工程紧密相关的措施项目时可同步进行；编制措施项目应与拟定或编制重点难点分部分项施工方案结合，以保证所拟措施项目划分和描述的可行性；计价规范规定对相关表中未能包含的措施项目还应给予补充，对补充项目更要注意描述清楚、准确。措施项目的列项格式见表 4-4-5。

表 4-4-4　措施项目一览表

序号	项目名称	序号	项目名称
1	通用项目	4.3	压力容器和高压管道的检验
1.1	环境保护	4.4	焦炉施工大棚
1.2	文明施工	4.5	焦炉烘炉、热态工程
1.3	安全施工	4.6	管道安装后的充气保护措施
1.4	临时设施	4.7	隧道内施工的通风、供水、供气、供电、照明及通信设施
1.5	夜间施工	4.8	现场施工围栏
1.6	二次搬运	4.9	长输管道临时水工保护措施
1.7	大型机械设备进出场及安拆	4.10	长输管道施工便道
1.8	混凝土、钢筋混凝土模板及支架	4.11	长输管道跨越或穿越施工措施
1.9	脚手架	4.12	长输管道地下穿越地上建筑物的保护措施
1.10	已完工程及设备保护	4.13	长输管道工程施工队伍调遣
1.11	施工排水、降水	4.14	格架式抱杆
2	建筑工程	5	市政工程
2.1	垂直运输机械	5.1	围堰
3	装饰装修工程	5.2	筑岛
3.1	垂直运输机械	5.3	现场施工围栏
3.2	室内空气污染测试	5.4	便道
4	安装工程	5.5	便桥
4.1	组装平台	5.6	洞内施工的通风、供水、供气、供电、照明及通信设施
4.2	设备、管道施工的安全、防冻和焊接保护措施	5.7	驳岸块石清理

表 4-4-5　措施项目清单

工程名称：×××××　　　　　　　　　　　　　　　　　第×页　　　　　共××页		
序号	项目	名称
1		
2		
⋮		
n		

3．其他项目清单的编制

《建设工程工程量清单计价规范》对其他项目清单的编制的规定是，"其他项目清单应根据拟建工程的具体情况，参照下列内容列项：预留金、材料购置费、总承包服务费、零星工作项目费等"；"零星工作项目表应根据拟建工程的具体情况，详细列出人工、材料、机械的名称、计量单位和相应数量，并随工程量清单发至投标人"；"编制其他项目清单，出现相关条未列的项目，编制人可做补充"。其他项目清单的格式见表 4-4-6。

表 4-4-6　其他项目清单

工程名称：×××××		第×页　　　共××页
序号	项目名称	金额（元）
1	招标人部分	
1.1	预留金	
1.2	材料购置费	
1.3	其他	
2	投标人部分	
2.1	总承包服务费	
2.2	零星工作项目费	
2.3	其他	

1）招标人部分

预留金是指招标人为可能发生的工程量变更而预留的金额。材料购置费是指在招标文件中规定的、由招标人采购的拟建工程材料费。材料购置费计算式为【材料购置费】=Σ（【业主供应的材料量】×【到场价】）+【采购保管费】。

2）投标人部分

总承包服务费是指投标人为配合协调招标人进行的工程分包和材料采购所需的费用。零星工作项目费是指承包人为完成招标人提出的、工程量暂估的零星工作所需的费用。

4．工程量清单格式

《建设工程工程量清单计价规范》对工程量清单格式的规定是，"工程量清单应采用统一格式"；"工程量清单格式应由下列内容组成：（1）封面；（2）填表须知；（3）总说明；（4）分部分项工程量清单；（5）措施项目清单；（6）其他项目清单；（7）零星工作项目表"；"工程量清单格式的填写应符合下列规定：工程量清单应由招标人填写；填表须知除现行规范内容外，招标人可根据具体情况进行补充；总说明应按下列内容填写：① 工程概况（应包括建设规模、工程特征、计划工期、施工现场实际情况、交通运输情况、自然地理条件、环境保护要求等）；② 工程招标和分包范围；③ 工程量清单编制依据；④ 工程质量、材料、施工等的特殊要求；⑤ 招标人自行采购材料的名称、规格型号、数量等；⑥ 预留金、自行采购材料的金额数量；⑦ 其他需说明的问题"。

4.5　工程量清单计价方法的基本原理

4.5.1　工程量清单的费用构成

1．综合单价和清单计价的特点

综合单价是指完成规定计量单位项目、合格产品所需的除规费、税金以外的全部费用，包括人工费、材料费、机械使用费、管理费、利润，并考虑风险因素。工程量清单计价包括按招标文件规定完成工程量清单所需的全部费用，包括分部分项工程费、措施项目费、其他项目费和规费、税金。分部分项工程费是指为完成分部分项工程量所需的实体项目费用。措施项目费是指分部分项工程费以外为完成该工程项目施工发生于该工程施工前和施工过程中技术、生活、安全等方面的非工程实体项目所需的费用。其他项目费是指分部分项工程费和措施项目费以外该工程项目施工中可能发生的其他费用。

2．综合单价和清单计价的内涵

综合单价和清单计价宣告了我国建设工程传统计价办法的截止并开始同国际接轨。计价规则的统一性使得通过制定统一的建设工程工程量清单计价方法、统一的工程量计量规则、统一的工程量清单项目设置规则，达到了规范计价行为的目的。通过由政府发布统一的社会平均消耗量指导标准为企业提供一个社会平均尺度，避免了企业盲目或随意大幅度减少或扩大消耗量，从而达到保证工程质量、有效控制消耗量的目的。由于企业自主报价，使企业定额成了企业报价的主要依据。定义综合单价时，规范强调了"考虑风险因素"。

3．综合单价的编制原则

《建设工程工程量清单计价规范》对编制综合单价给出了详细的规定，对分部分项工程量清单综合单价的应用和编制提出了相应的要求，强调了采用工程量清单计价就必须采用综合单价，它不仅局限于分部分项工程量清单项目，还适用于工程项目清单能采用综合单价计价的其他项目。《建设工程工程量清单计价规范》强调了附录中的"工程内容"是编制综合单价的基本依据，应按规定执行。《建设工程工程量清单计价规范》规定了综合单价的全部费用应包括人工费、材料费、机械使用费、管理费和利润，并特别强调编制时应充分考虑风险因素对工程造价的影响等。

4．综合单价的规范格式

综合单价的规范格式见表 4-5-1。

表 4-5-1　分部分项工程量清单综合单价分析表

工程名称×××××				第×页		共××页		
项目编码			项目名称		计量单位		综合单价	
序号	工程内容	单位	数量	综合单价（元）				
				人工费	材料费	机械使用费	管理费	利润	小计
	合计							

5．综合单价的编制程序与步骤

综合单价的编制程序与步骤依次为【编制准备确定项目工作内容】→【计算人工消耗与费用】→【计算材料消耗与费用】→【计算机械消耗与费用】→【计算工程分项管理费】→【计算工程分项利润】→【自审分项数据和汇总】→【整理单价格式送审反馈】。每个工作过程都有一个反馈过程。

6．工程量清单的单价组成

根据《建设工程工程量清单计价规范》规定，工程量清单计价有以下需要说明的情况，即工程量清单应采用综合单价计价；分部分项工程量清单的综合单价应根据《建设工程工程量清单计价规范》规定的综合单价构成内容组成，按设计文件或参照《建设工程工程量清单计价规范》附录中工程内容确定；措施项目清单的金额应根据拟建工程的施工方案，参照《建设工程工程量清单计价规范》规定的综合单价组成确定；其他项目清单的金额应按下列规定确定：招标人部分的金额可按估算金额确定，投标人的总承包服务费应根据招标人提出的要求确定，零星工作项目费应根据"零星工作项目计价表"确定，零星工作项目的综合单价应参照《建设工程工程量清单计价规范》规定的综合单价组成填写；招标工程设标底时，其标底应根据招标文件中的工程量清单和有关要求、施工现场实际情况、合理的施工方法以及按照省级建设行政主管部门制定的有关工程造价计价办法进行编制；投标报价应根据招标文件中的工程量清单和有关要求、施工现场实际情况及拟定的施工方案或施工组织设计，依据企业定额和市场价格信息，或参照建设行政主管部门发布的社会平均消耗量定额编制；工程量清单计价格式中列明的所有需要填报的单价和合价投标人均应填报，未填报的单价和合价视为此项费用已包含在工程量清单的其他单价或合价中。

7．清单报价构成

（1）分部分项工程量清单费用组成。综合单价是指完成工程量清单中一个规定计量单位所需的人工费、材料费、机械使用费、管理费和利润，并考虑风险因素，是除规费和税金以外的全部费用。

（2）措施项目清单单价组成。措施项目的内容包括通用项目和专用项目。通用项目包括环境保护、文明施工、安全施工、临时设施、夜间施工、二次搬运、大型机械设备进出场及安拆、混凝土或钢筋混凝土模板及支架、脚手架、已完工程及设备保护、施工排水与降水。专用项目中的建筑工程包括垂直运输机械等，装饰装修工程包括垂直运输机械和室内空气污染测试。

（3）其他应注意的问题。清单表中的序号、项目名称必须按措施项目清单中的相应内容填写。投标人可根据施工组织设计采取的措施增加项目。措施项目除考虑工程本身的因素外，还涉及水文、气象、环境、安全等和施工企业实际情况。影响措施项目清单编制的因素很多，对于清单项目表中没有的项目而施工中又必须发生的可以单独列项补充。

（4）其他项目清单计价组成。其他项目清单应根据拟建工程的具体情况，参照下列内容列项：预留金、材料购置费、总承包服务费、零星工作项目费等。零星工作项目表应根据拟建工程的具体情况详细列出人工、材料、机械的名称、计量单位和相应数量并随工程量清单发至投标人。规费是指政府和有关部门规定必须缴纳的费用总和，包括工程排污费、工程定额测定费、劳动保险统筹基金、职工待业保险费、职工医疗保险费和其他规费。税金是指国家税法规定的应计入建筑安装工程造价内的营业税、城市维护建设税及教育费附加费用总和。

8．清单报价中应注意的问题

单价一经报出，在结算时一般不做调整，但在合同条件发生变化时可重新议定单价并进行合理调整，比如在施工条件发生变化、工程变更、额外工程、加速施工、价格法规变动等情况下。当清单项目中工程量与单价的乘积结果与合价数字不一致时应以单价为准。工程量清单所有项目均应报出单价，未报单价视为已包括在其他单价之内。应注意把招标人在工程量表中未列的工程内容及单价考虑进去，不可漏算。

4.5.2　工程量清单的计价依据

工程量清单计价的基本原理是以招标人提供的工程量清单为平台，投标人根据自身的技术、财务、管理能力进行投标报价，招标人根据具体的评标细则进行优选，这种计价方式是市场定价体系的具体表现形式。

1．工程量清单的计价编制原则

工程量清单的计价编制原则主要有五个，即质量效益原则、竞争原则和不低于成本原则、优势原则、风险与对策的原则。

2．工程量清单的计价编制依据

（1）工程量清单计价的依据：规定的计价规则及相关政策、法规、标准、规范以及操作规程等；全国及省、市、地区建筑工程综合单价定额，或相关消耗与费用定额，或地区综合估价表（或基价表）；承包商投标营销方案与投标策略意向、企业自主报价时参照的施工企业消耗与费用定额、企业技术与质量标准、企业"工法"资料、新技术新工艺标准以及过去存档的同类与类似工程资料等；招标文件和施工图纸、地质与水文资料、施工组织设计、施工作业方案和技术，以及技术专利、质量、环保、安全措施方案及施工现场资料等；由市场的供求关系影响的市场劳力、材料、设备等价格信息和造价主管部门公布的价格信息及其相应价差调整的文件规定等信息与资料。

（2）计价规范的主要内容。计价规范包括正文和附录两个部分。正文一般包括总则、术语、工程量清单编制、工程量清单计价、工程量清单及其计价格式。附录包括建筑工程工程量清单项目及计算规则；装饰工程工程量清单项目及计算规则；安装工程工程量清单项目及计算规则；市政工程工程量清单项目及计算规则；园林绿化工程工程量清单项目及计算规则等。

3．工程项目总价的编制程序和步骤

工程量清单计价的基本过程可以描述为：在统一的工程量计算规则的基础上，制定工程量清单项目设置规则，根据具体工程的施工图纸计算出各个清单项目的工程量，再根据各种渠道所获得的工程造价信息和经验数据计算得到工程造价。其基本步骤为【核实清单与做好计价准备】→【编制分项综合单价】→【计算清单各分项费用（各分部分项清单分项费用、各措施项目分项费用、各其他措施项目费用）】→【汇总单位工程规费及税金】→【汇总与审核各单位工程费】→【汇总工程项目总价表】→【审核总价与编制说明】。应做好编制前的准备工作，包括收集资料；审核工程量清单是否完整、准确；与决策层的沟通。应仔细审查、优化施工方案。应以工程量清单规定的分部分项工程量、陈述的工程特征和工程内容为依据，结合施工方案，编制分部分项综合单价。应按工程量清单编码排序，依次填写综合单价并计算总价，完成分部分项工程量清单计价表的编制。应编制分部分项工程量清单综合单价分析表。应确定措施项目工程量清单分项、其他措施项目工程量清单的单价和费用。应按规定的程序和方法计算规费、税金。应由上述五项费用汇总成单位工程总价。应由招标人或投标人分别综合决策，形成单位工程的招标标底或投标报价，相关计算式为【分部分项工程费】=Σ【分部分项工程量】×【分部分项工程综合单价】、【措施项目费】=Σ【措施项目工程量】×【措施项目综合单价】、【单位工程报价】=【分部分项工程费】+【措施项目费】+【其他项目费】+【规费】+【税金】、【单项工程报价】=Σ【单位工程报价】、【建设项目总报价】=Σ【单项工程报价】。

清单工程量计价的操作过程在不同的阶段有不同的特点，这些阶段是工程招标阶段、投标单位做标书阶段、评标阶段。

4．工程量清单费用的确定

1）工程量清单计价的一般规定

《建设工程工程量清单计价规范》对工程量清单计价、运用范围和执行中的调整等都做了相应的规定。建设工程招标投标实行工程量清单计价，其招标标底、投标报价的编制、合同价款确定与调整、工程结算应按现行规范执行。工程量清单计价应包括按招标文件规定完成工程量清单所需的全部费用，包括分部分项工程费、措施项目费、其他项目费和规费、税金。工程量清单应采

用综合单价计价。分部分项工程量清单的综合单价应根据现行规范规定的综合单价组成，按设计文件或参照附录中的"工程内容"确定。措施项目清单的金额应根据拟建工程的施工方案或施工组织设计，参照现行规范规定的综合单价组成确定。其他措施项目清单的金额应按下列规定确定，招标人部分的金额可按估算金额确定；投标人部分的总承包服务费应根据招标人提出要求所发生的费用确定，零星工作项目费应根据"零星工作项目计价表"确定；零星工作项目的综合单价应参照现行规范规定的综合单价组成编写。招标工程设标底时，标底应根据招标文件中的工程量清单和有关要求、施工现场实际情况、合理的施工方法以及按照建设行政主管部门制定的有关工程造价计价办法进行编制。投标报价应根据招标文件中的工程量清单和有关要求、施工现场实际情况及拟定的施工方案或施工组织设计，应依据企业定额和市场价格信息，并参照建设行政主管部门发布的现行消耗量定额进行编制。

2）工程量清单的计价格式

《建设工程工程量清单计价规范》规定工程量清单计价应采用统一格式，工程量清单计价格式应随招标文件发至投标人且由投标人填写，工程量清单计价统一格式应由下列内容组成：（1）封面；（2）投标总价；（3）工程项目总表；（4）单项工程费汇总表；（5）单位工程费汇总表；（6）分部分项工程量清单计价表；（7）措施项目清单计价表；（8）其他项目清单计价表；（9）零星工作项目计价表；（10）分部分项工程量清单综合单价分析表；（11）措施项目费分析表；（12）主要材料价格表。封面应按规定内容填写、签字、盖章，封面格式见图 4-5-1。投标总价应按工程项目总价表合计金额填写，投标总价格式见图 4-5-2。工程项目总价表中单项工程名称应按单项工程费汇总表的工程名称填写，其金额应按单项工程费汇总表的合计金额填写，见表 4-5-2。单项工程费汇总表中单位工程名称应按单位工程费汇总表的工程名称填写，其金额应按单位工程费汇总表的合计金额填写，见表 4-5-3。单位工程费汇总表中的金额应分别按照分部分项工程量清单计价表、措施项目清单计价表和其他项目清单计价表的合计金额和按有关规定计算的规费、税金填写，见表 4-5-4。分部分项工程量清单计价表中的序号、项目编码、项目名称、计量单位、工程数量必须按分部分项工程量清单中的相应内容填写，见表 4-5-5。措施项目清单计价表中的序号、项目名称必须按措施项目清单中的相应内容填写，投标人可根据施工组织设计采取的措施增加项目，见表 4-5-6。其他项目清单计价表中的序号及项目名称必须按其他项目清单中的相应内容填写，招标人部分的金额必须按其他项目清单中招标人提出的数额填写，见表 4-5-7。零星工作项目计价表中的人工、材料、机械名称、计量单位和相应数量应按零星工作项目表中相应的内容填写，工程竣工后零星工作费应按实际完成的工程量所需费用（其综合单价为零星工作项目所报综合单价）结算，见表 4-5-8。分部分项工程量清单综合单价分析表应由招标人根据需要提出要求后填写，见表 4-5-9。措施项目费分析表应由招标人根据需要提出要求后填写，见表 4-5-10。主要材料价格表见表 4-5-11，招标人提供的主要材料价格表应包括详细的材料编码、材料名称、规格型号和计量单位等，投标人所填写的单价必须与工程量清单计价中采用的相应材料的单价一致。

```
××××××××××工程
工程量清单报价表
投标人：×××（单位签字盖章）
法定代表人：×××（签字盖章）
造价工程师及注册证号：×××，××××××××（签字盖执业专用章）
编制时间：××××年××月××日
```

图 4-5-1　封面格式

```
投标总价：×××××××××.××
建设单位：×××××××××
工程名称：××××××
投标总价（小写）：××××××××××.××
（大写）：×××××××××.××
投标人：×××（单位签字盖章）
法定代表人：×××（签字盖章）
编制时间：××××年××月××日
```

图 4-5-2　投标总价格式

表 4-5-2　工程项目总价表

工程名称：××××××××		第×页　　　共××页
序号	单项工程名称	金额（元）
	合计	

表 4-5-3　单项工程费汇总表

工程名称：××××××××		第×页　　　共××页
序号	单位工程名称	金额（元）
	合计	

表 4-5-4　单位工程费汇总表

工程名称：××××××××		第×页　　　共××页
序号	项目名称	金额（元）
1	分部分项工程量清单计价合计	
2	措施项目清单计价合计	
3	其他项目清单计价合计	
4	规费	
5	税金	
	合计	

表 4-5-5　分部分项工程量清单计价表

工程名称：××××××××					第×页　　　共××页	
序号	项目编码	项目名称	计量单位	工程数量	金额（元）	
					综合单价	合价
		本页小计				
		合计				

表 4-5-6　措施项目清单计价表

工程名称：××××××××	第×页　　　共××页	
序号	项目名称	金额（元）
	合计	

表 4-5-7　其他项目清单计价表

工程名称：××××××××		第×页　　　　　　共××页
序号	项目名称	金额（元）
1	招标人部分	
	合计	
2	投标人部分	
	小计	
	合计	

表 4-5-8　零星工作项目计价表

工程名称：××××××××				第×页　　　　　　共××页	
序号	名称	计量单位	数量	金额（元）	
				综合单价	合价
1	人工				
	小计				
2	材料				
	小计				
3	机械				
	小计				
	合计				

表 4-5-9　分部分项工程量清单综合单价分析表

工程名称：××××××××						第×页　　　　　　共××页			
序号	项目编码	项目名称	工程内容	综合单价组成					综合单价
				人工费	材料费	机械使用费	管理费	利润	

表 4-5-10　措施项目费分析表

工程名称：××××××××				金额（元）					
序号	措施项目名称	单位	数量	人工费	材料费	机械使用费	管理费	利润	小计
	合计								

表 4-5-11　主要材料价格表

工程名称：××××××××			第×页　　　　　　共××页		
序号	材料编码	材料名称	规格型号等特殊要求	单位	单价（元）

3）工程量清单项目费用与计算

分部分项工程量清单费用的确定计算式为【某分部分项清单分项计价费用】=【某项清单分项综合单价】×【某项清单分项工程数量】、【分部分项工程量清单合计费用】=Σ【分部分项工程量清单各分项计价费用】。规范对措施项目与其他项目清单费用的确定做了规定，这些项目是指为完成工程项目施工而发生于该工程施工前和施工过程中技术、生活、安全等方面的非工程实体项目。规范中规定"措施项目清单的金额应根据拟建工程的施工方案或施工组织设计，参照现行规范规定的综合单价组成确定"，具体的项目费用可参照规范中相应的表列项进行费用计算。规范中规定"其他项目清单应根据拟建工程的具体情况参照下列内容列项，即招标人部分包括预留金、材料购置费等；投标人部分包括总承包服务费、零星工作费等"，"编制其他项目清单，对出现前述未列的项目，编制人可做补充"。规范规定必须收取规费，但对具体项目和费率没有明文规定，规费是指根据政府有关文件规定为实施和完成某工程建设而必须上缴的费用。税金是指国家税法规定计入建筑安装工程造价的营业税、城乡维护建设税、教育费附加。各地区主管部门一般将这三种税金经过计算转换为三种税金的综合税率，以便于计价中反映出税前与税后两种工程造价。

4）工程项目总价编制

单位工程造价的形成应符合要求，应按表 4-5-12 完成计价格式中的单位工程汇总表，即计算得到不含税单位工程造价和含税单位工程造价。典型的工程项目总价编制格式见表 4-5-13～表 4-5-28。

表 4-5-12　工程量清单计价的工程总造价表

序号	名称	计算方法
1	工程量清单项目费	Σ（【清单工程量】×【综合单价】）
2	技术措施项目费	Σ（【技术措施工程量】×【综合单价】）
3	其他措施项目费	Σ（【其他措施项目费用】）
4	规费	（1+2+3）×【规费费率】
5	不含税单位项目费用	1+2+3+4
6	税金	5×【税金费率】
7	含税的单位工程费用	5+6
8	含税的单项工程费用	Σ7+【工程项目所含其他工程费用】
9	含税的工程项目总造价 （或建设项目造价）	Σ8+【工程项目所含其他工程费用】+【不可预见费】+【贷款利息】

表 4-5-13　工程量清单封面

山东省烟台市蚬河公寓 1#宿舍楼
建筑工程
工程量清单
招标人：×××（签字盖章）
法定代表人：×××（签字盖章）
造价工程师及注册号：×××，×××××××（签字盖执业专用章）
编制时间：2016 年 9 月 2 日

表 4-5-14　总说明

工程名称：1#宿舍楼建筑工程	第×页　　　共××页
1. 工程概况：	
2. 招标范围：	
3. 清单编制依据：	
4. 工程质、量要求：	
5. （其他）	

表 4-5-15　分部分项工程量清单

工程名称：1#宿舍楼建筑工程　　　　　　　　　　　　　　　　　　　　　第×页　　　共××页

序号	项目编码	项目名称	计量单位	工程数量
		土石方工程		
1	010101003001	挖带型基槽，二类土，槽宽 0.60m，深 0.80m，弃土运距 150.00m	m³	300.00
2		（略）		
		砌筑工程		
4	010301003001	垫层，3：7灰土，厚 15cm	m³	80.00
5		（略）		

表 4-5-16　措施项目清单

工程名称：1#宿舍楼建筑工程　　　　　　　　　　　　　　　　　　　　　第×页　　　共××页

序号	项目名称
1	临时设施
2	大型机械设备进出场及安拆
3	垂直运输机械
4	环境保护
5	施工排水
6	（其他）

表 4-5-17　其他项目清单

工程名称：1#宿舍楼建筑工程　　　　　　　　　　　　　　　　　　　　　第×页　　　共××页

序号	项目名称
1	预留金 100000 元
2	零星工作项目费用

表 4-5-18　零星工作项目表

工程名称：1#宿舍楼建筑工程　　　　　　　　　　　　　　　　　　　　　第×页　　　共××页

序号	名称	计量单位	数量
1	人工	工日	20
	（1）木工	工日	20
	（2）搬运工		
	（3）（略）		
	小计		
2	材料		
	（1）茶色玻璃 5mm	m²	100
	（2）镀锌铁皮 20#	m²	100
	（3）（略）		
	小计		
	合计		

表 4-5-19　主要材料价格表

工程名称：1#宿舍楼建筑工程			第×页　　共××页		
序号	材料编码	材料名称	规格、型号等特殊要求	单位	单价（元）
1	（按统一编码填写）	低碳盘条	$\phi 8$	t	
2		圆钢	$\phi 20$	t	
3		矿渣水泥	325#	t	
4			（略）		
5					

表 4-5-20　工程量清单报价表封面

山东省烟台市蚬河公寓1#宿舍楼

建筑工程

工程量清单报价表

投标人：×××（签字盖章）

法定代表人：×××（签字盖章）

造价工程师及注册号：×××，×××××××（签字盖执业专用章）

编制时间：2016 年 9 月 2 日

表 4-5-21　单位工程费汇总表

工程名称：1#宿舍楼建筑工程		第×页　　共××页
序号	项目名称	金额（元）
1	分部分项工程量清单计价合计	
2	措施项目清单计价合计	
3	其他项目计价合计	
4	规费	
5	税金	

表 4-5-22　分部分项工程量清单计价表

工程名称：1#宿舍楼建筑工程		第×页　　共××页			金额（元）	
序号	项目编码	项目名称	计量单位	工程数量	综合单价	合价
		土石方工程				
1	010101003001	挖带型基槽，二类土，槽宽 0.60m，深 080m，弃土运距 15000m	m³	300.00	30.00	9000.00
2		（略）				
		砌筑工程				
4	010301003001	垫层，3：7灰土，厚 15cm	m³	80.00	73.00	5840.00
5		（略）				

表 4-5-23　措施项目清单计价表

工程名称：1#宿舍楼建筑工程	第×页　　共××页
序号	项目名称	金额（元）
1	临时设施	36000.00
2	大型机械设备进出场及安拆	3800.00
3	垂直运输机械	100000.00
4	环境保护	6000.00
5	施工排水	4000.00
6	（其他）	

表 4-5-24　其他项目清单计价表

工程名称：1#宿舍楼建筑工程	第×页　　共××页
序号	项目名称	金额（元）
1	招标人部分	
	预留金	100000.00
	小计	100000.00
2	投标人部分	
	零星工作项目费用	8250.00
	小计	8250.00
	合计	

表 4-5-25　零星工作项目表计价表

序号	名称	计量单位	数量	综合单价	合价
1	人工				
	（1）木工	工日	20	200.00	4000.00
	（2）搬运工	工日	20	200.00	4000.00
	（3）（略）				
	小计				8000.00
2	材料				
	（1）茶色玻璃 5mm	m²	100	50.00	5000.00
	（2）镀锌铁皮 20#	m²	100	60.00	6000.00
	（3）（略）				
	小计				11000.00
	合计				19000.00

工程名称：1#宿舍楼建筑工程　　　　　　　　第×页　　共××页

表 4-5-26 分部分项工程量清单综合单价分析表

工程名称：1#宿舍楼建筑工程									第×页	共××页
序号	项目编码	项目名称	工程内容	综合单价组成						综合单价
				人工费	材料费	机械使用费	管理费	利润		
1	010101003001	挖带型基槽，二类土，槽宽 0.6m，深 0.8m，弃土运距 150.00m	挖土	123.00	0.06	0.03	5.30	1.61		130.00 元/m³
				116.00		0.03	4.00	1.21		
			基底钎探	1.00	0.06		0.03	0.10		
			运土	6.00			1.00	0.30		
2	010101003002	挖带型基槽，二类土，槽宽 1.0m，深 2.1m，弃土运距 150.00m	挖土	138.70	15.04	0.01	12.75	3.95		170.45 元/m³
				21.00		0.01	5.30	1.60		
			基底钎探	6.00			1.00	0.30		
			运土	1.50	0.04		0.45	0.15		
			挡土板	10.20	15.00		6.00	1.90		
		（略）								

表 4-5-27 措施项目费分析表

工程名称：1#宿舍楼建筑工程								第×页	共××页
序号	措施项目名称	单位	数量	金额（元）					
				人工费	材料费	机械使用费	管理费	利润	小计
1	临时设施	项	1	300.00	28000.00	500.00	5500.00	1700.00	36000.00
2	大型机械设备进出场及安拆	项	1	700.00	300.00	2000.00	600.00	200.00	3800.00
3	垂直运输机械	项	1		4400.00	80000.00	16000.00	4000.00	100000.00
4	环境保护	项	1	500.00			800.00	300.00	6000.00
5	施工排水	项	1	300.00	400.00	2500.00	600.00	200.00	4000.00
	（其他）								

表 4-5-28 主要材料价格表

工程名称：1#宿舍楼建筑工程				第×页	共××页
序号	材料编码	材料名称	规格、型号等特殊要求	单位	单价（元）
1	（按统一编码填写）	低碳盘条	φ8	t	3400.00
2		圆钢	φ20	t	3300.00
3		矿渣水泥	325#	t	293.00
		（略）			

思考题与习题

1. 简述工程量清单的特点。

2. 工程量清单的内容有哪些？

3. 简述分部分项工程量清单的特点。

4. 简述措施项目清单的特点。

5. 简述其他项目清单的特点。

6. 简述建筑工程工程量清单项目章、节、项目的划分情况。

7. 建筑工程工程量清单项目有哪些共性问题的说明？

8. 如何做好工程量清单编制的准备工作？

9. 简述工程量清单编制的原则、依据和步骤。

10. 简述工程量清单项目划分和列项规则。

11. 建筑工程关系表有何特点？

12. 装饰装修工程关系表有何特点？

13. 工程量清单的编制应注意哪些问题？

14. 简述工程量清单的费用构成。

15. 工程量清单的计价依据有哪些？

第5章 施工图预算的编制方法及编制原理

5.1 施工图预算的特点及编制要求

5.1.1 施工图预算的作用

施工图预算是施工图设计预算的简称，又称设计预算。施工图预算是由设计单位在施工图设计完成后根据施工图设计图纸、现行预算定额、费用定额以及所在地区的设备、材料、人工、施工机械台班等预算价格编制和确定的建筑安装工程造价的文件。建筑安装工程预算包括建筑工程预算和设备及安装工程预算。

施工图预算是设计阶段控制建筑安装工程造价的重要环节。施工图预算具有重要的应用价值，是加强施工管理实行经济核算的依据，是建筑安装工程招标投标中编制标底的依据，是承包企业投标报价的基础，是银行拨款或贷款的依据，是甲、乙双方办理工程结算的依据，是编制施工计划的依据，是施工企业进行"两算"对比的依据。

5.1.2 施工图预算的编制依据

施工图预算的编制依据主要有6个，即施工图纸及说明书和标准图集；现行预算定额及单位估价表；施工组织设计或施工方案；材料、人工、机械台班预算价格及调价规定；建筑安装工程费用定额；预算工作手册有关工具书。

5.1.3 施工图预算的组成

施工图预算通常由封面、编制说明、施工图预算表、工程量计算表等部分组成。封面内容应包括以下几方面信息，即工程名称及工程编号、建设单位、施工单位、主管部门、工程总造价、建筑面积、综合经济指标（单位工程造价）；预算的编制单位、编制人、证号；预算的审核部门、审核人、证号、编制日期。编制说明主要包括以下四方面内容，即预算编制依据（施工图纸、预算定额手册、取费标准等）；承包方式；工程特点；编制过程中有关问题的处理方法（比如预算文件是否考虑设计变更、主要材料价差、量差、补充定额的编号等）。施工图预算表、工程量计算表应遵守相关规定，见表 5-1-1 和表 5-1-2。

表 5-1-1 施工图预算表

工程名称：××××××××××					第×页	共××页	
序号	定额编号	分项工程名称	单位	数量	单价（元）	合价（元）	备注

表 5-1-2　工程量计算表

工程名称：××××××××××		第×页　　共××页	
分部分项名称	计算式	计量单位	工程数量

5.1.4　施工图预算编制的常用方法及特点

施工图预算的编制方法主要有单价法和实物法两种。

单价法是用事先编制好的分项工程的单位估价表来编制施工图预算的方法。按施工图计算的各分项工程的工程量，并乘以相应单价，汇总相加，得到单位工程的人工费、材料费、机械使用费之和；再加上按规定程序计算出来的其他直接费、现场经费、间接费、计划利润和税金，便可得出单位工程的施工图预算造价。单价法编制施工图预算的步骤见图 5-1-1。

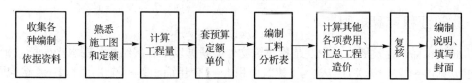

图 5-1-1　单价法编制施工图预算的步骤

实物法的特点是首先根据施工图纸分别计算出分项工程量，然后套用相应预算人工、材料、机械台班的定额用量，再分别乘以工程所在地当时的人工、材料、机械台班的实际单价，从而求出单位工程的人工费、材料费和施工机械使用费并汇总求和，进而求得直接工程费，最后按规定计取其他各项费用，最后汇总就可得出单位工程施工图预算造价。实物法编制施工图预算的步骤见图 5-1-2。

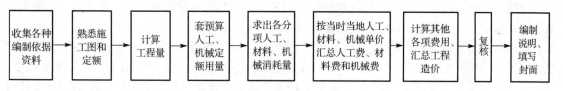

图 5-1-2　实物法编制施工图预算的步骤

5.2　工程量计算的基本方法与原则

5.2.1　工程量计算顺序

（1）按顺时针方向计算工程量。其特点是从图纸左上角开始按顺时针方向逐步计算，环绕一周后又回到原开始点为止。

（2）按横竖顺序计算工程量。其特点是按照"先横后竖、从上到下、从左到右、先外后内"的原则进行计算。这种计算顺序适用于内墙基础、内墙挖基槽、内墙砖石墙、内墙装饰等工程。

（3）按轴线编号顺序计算工程量。其特点是根据平面上定位轴线编号从左到右、从上到下地进行计算。这种计算顺序适用于结构复杂的工程，计算墙体、柱子、内外装饰等。

（4）按结构构件编号顺序计算工程量。其特点是按图纸注明的不同类别、型号的构件编号进行计算。这种计算顺序适用于桩基础工程、钢筋混凝土构件、金属结构构件、门窗等项目。

5.2.2 运用统筹法计算工程量

用统筹法计算工程量的基本特点是统筹程序、合理安排、利用基数、连续计算；一次计算、多次应用、结合实际、灵活机动。基数主要是指"三线一面"，"三线"是指外墙中心线 L_Z、外墙外边线 L_W、内墙净长线 L_N，"一面"是指建筑施工图上所示的底层建筑面积。

人们根据工程中常遇到的几种情况给出了建议采用的方法。当某工程基础断面尺寸、埋深不同时，可按不同的设计剖面分段计算工程量，即采用分段计算法。如遇多层建筑物，各楼层的建筑面积不同，可用分层计算法。加补计算法的特点是把主要的比较方便的部分一次算出，然后再加上多出的部分，如带有墙柱的外墙则可先算出外墙体积然后再加上砖柱体积。如每层楼地面面积相同，地面构造除一层门厅为大理石地面外其余均为水磨石地面，则可先按每层都是水磨石地面计算各楼层工程量然后减去门厅的大理石地面工程量，即采用补减计算法。

5.2.3 建筑面积计算规则

建筑面积也称为建筑展开面积，是指建筑物外墙勒脚以上各层结构外围水平面积之和。建筑面积的组成见图 5-1-3，相关计算式为【建筑面积】=【使用面积】+【辅助面积】+【结构面积】、【有效面积】=【使用面积】+【辅助面积】。

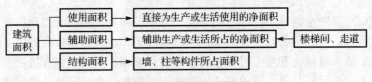

图 5-1-3　建筑面积的组成

建筑面积是一项反映建筑平面建设规模的数量指标，是衡量建筑物技术、经济指标的重要参数。建筑面积是衡量基本建设规模的重要指标之一，基本建设计划、统计工作中的开工面积、竣工面积通常均指建筑面积，比如中国近年城乡建筑竣工面积，2014 年为 40.6 亿 m²，2015 年为 39.7亿 m²，2016 年达 38.6 亿 m²。建筑面积是对设计方案的经济性、合理性进行评价分析的重要数据，相关计算式为【土地利用系数】=【建筑面积】/【建筑物占地面积】、【建筑平面系数】=【使用面积】/【建筑面积】，当这些指标未达到要求的标准时应重新修改设计。编制估算造价时，建筑面积是估算指标的依据；编制概预算时，建筑面积就是某些分项工程的工程量，还可以借助其计算技术经济指标。估算指标是以独立的建设项目、单项工程或单位工程为评定对象的，是完成单位合格产品（100m²）所必须消耗的工、料、机数量或费用的标准，比如，烟台市民用住宅每 100m²建筑面积人工及主要消耗指标为人工（工日）402.90、钢筋（t）1.93。计算技术经济指标的相关计算式为【建筑物单方造价】=【总造价】/【建筑面积】、【建筑物单方用工】=【总用工量】/【建筑面积】、【建筑物各种材料单方用量】=【某材料用量】/【建筑面积】。在建筑施工企业管理中，用完成建筑面积的数量来反映企业的业绩大小，也是企业配备施工力量、物资供应、成本核算等的依据之一。建筑面积也能衡量一个国家、地区的工农业发展状况，反映人民生活居住水平和文化生活福利设施建设的程度，比如人均住房面积指标等，例如 2015 年无锡市家庭户人口人均住房建筑面积为 37.6m²，与 2014 年相比增加了 3.92m²。

建筑面积按我国现行《建筑工程建筑面积计算规范（GB/T 50353）》中的规定计算。《建筑工程建筑面积计算规范》包括总则、术语、计算建筑面积的规定三个部分。单层建筑物的建筑面积应按其外墙勒脚以上结构外围水平面积计算并应符合以下 2 条规定，即单层建筑物高度在 2.2m 及以上者应计算全面积，高度不足 2.2 者应计算 1/2 面积，图 5-1-4 所示某单层建筑物层高为 5.4m、建筑面积为 $S=（40.00+0.24）×（15+0.24）=613.26（m^2）$；利用坡屋顶内空间时净高超过 2.1m 的部位应计算全面积，净高在 1.2～2.1m 的部位应计算 1/2 面积，净高不足 1.2m 的部位不应计算面积。单层建筑物内设有局部楼层者，局部楼层的二层及以上楼层有围护结构的应按其围护结构外围水平面积计算，无围护结构的应按其结构底板水平面积计算；层高在 2.2m 及以上者应计算全面积，层高不足 2.2m 者应计算 1/2 面积；图 5-1-5 所示设有局部楼层的单层建筑物的二层层高 $h_2=2.7m$、其建筑面积为 $S=L×B+l×b$。多层建筑物，首层应按其外墙勒脚以上结构的外围水平面积计算；二层及以上楼层应按其外墙结构的外围水平面积计算；层高在 2.2m 及以上者应计算全面积；层高不足 2.2m 者应计算 1/2 面积。多层建筑坡屋顶内和场馆看台下，当设计加以利用时其净高超过 2.1m 的部位应计算全面积、净高在 1.2～2.1m 的部位应计算 1/2 面积；当设计不利用或室内净高不足 1.2m 时不应计算面积。见图 5-1-6，地下室、半地下室（车间、仓库、商店、车站等）包括相应的有永久性顶盖的出入口应按其外墙上口（不包括采光井、外墙防潮层及其保护墙）外边线所围水平面积计算，层高在 2.2m 及以上者应计算全面积；层高不足 2.2m 者应计算 1/2 面积。见图 5-1-7，坡地的建筑物吊脚架空层、深基础架空层，设计加以利用并有围护结构的，层高在 2.2m 及以上的部位应计算全面积，层高不足 2.2m 的部位应计算 1/2 面积；设计加以利用、无围护结构的建筑吊脚架空层应按其利用部位水平面积的 1/2 计算；设计不利用的深基础架空层、坡地吊脚架空层、多层建筑坡屋顶内、场馆看台下的空间不应计算面积。建筑物的门厅、大厅不论其高度如何均按一层计算建筑面积，门厅、大厅内设有回廊时应按其结构底板水平面积计算，层高在 2.2m 及以上者应计算全面积；层高不足 2.2m 者应计算 1/2 面积。建筑间有围护结构的架空走廊应按其围护结构的外围水平面积计算，层高在 2.2m 及以上者应计算全面积，层高不足 2.2m 者应计算 1/2 面积；有永久性顶盖无围护结构的应按其结构底板水平面积的 1/2 计算。立体书库、立体仓库、立体车库，无结构层的按一层计算，有结构层的应按其结构层分别计算，层高在 2.2m 及以上者应计算全面积，层高不足 2.2m 者应计算 1/2 面积。有围护结构的舞台灯光控制室应按其围护结构外围水平面积计算，层高在 2.2m 及以上者应计算全面积，层高不足 2.2m 者应计算 1/2 面积。见图 5-1-8、图 5-1-9，建筑物外有围护结构的落地橱窗、门斗、挑廊、走廊、檐廊应按其围护结构外围水平面积计算，层高在 2.2m 及以上者应计算全面积，层高不足 2.2m 者应计算 1/2 面积；有永久性顶盖无围护结构的应按其结构底板水平面积的 1/2 计算。有永久性顶盖无围护结构的场馆看台应按其顶盖水平投影面积的 1/2 计算。建筑物顶部有围护结构的楼梯间、水箱间、电梯机房等，层高在 2.2m 及以上者应计算全面积，层高不足 2.2m 者应计算 1/2 面积，图 5-1-10 所示的有围护结构的楼梯间、层高为 2.1m、其建筑面积为 $S=（a×b）/2$。设有围护结构不垂直于水平面而超出底板外沿的建筑物应按其底板面的外围水平面积计算，层高在 2.2m 及以上者应计算全面积，层高不足 2.2m 者应计算 1/2 面积。见图 5-1-11，建筑物内的室内楼梯间、电梯井、观光电梯井、提物井、垃圾道、管道井、通风排气竖井、附墙烟囱应按建筑物的自然层计算。雨篷结构的外边线至外墙结构的外边线的宽度超过 2.1m 者应按雨篷结构板的水平投影面积的 1/2 计算。有永久性顶盖的室外楼梯应按建筑物自然层的水平投影面积的 1/2 计算。建筑物的阳台应按其水平投影面积的 1/2 计算。见图 5-1-12，有永久性顶盖无围护结构的车棚、货棚、站台、加油站、收费站等应按其顶盖水平投影面积的 1/2 计算。高低联跨的建筑物应以其高跨结构外边线为界分别计算建筑面积（即高跨算足的原则），其高低跨内部连通时，其变形缝应计算在低跨面积内，图 5-1-13 所示高低连跨单层建筑物的建筑面积为高跨面积 $S=B_1×L$、低跨面积 $S=B_2×L$（高跨为边跨时）或 $S=（B_2+B_3）×L$（高跨为中跨时）、L 为建筑物的长度。以幕墙作为围护结构的建筑物应按幕墙外边线计算建筑面积。建筑物外墙外侧有保温隔热层的应按保温隔热层外边线计算建筑面积。建筑物内变形缝应按其自然层合并在建筑物面积内计算。见图 5-1-14，以下 9 类项目不应计算建筑面积，即建筑物通道（骑楼、过街楼的底层）；建筑物内的设备管道夹层；建筑物内分隔的单层房间、舞台及后台悬挂幕布、布景的天桥、挑台等；屋顶水箱、花架、凉棚、露台、露天游泳池；建筑物内操作平台、上料平台、安装箱和罐体平台；附墙柱、垛、勒脚、台阶、墙面抹灰、镶贴块料面层、装饰面、装饰性幕墙、空调室外机搁板（箱）、飘窗、构件、配件、宽度在 2.1m 及以内的雨篷以及与建筑物内不相连通的装饰性阳台、挑廊；无永久性顶盖的架空走廊、室外楼梯和用于检修、消防等的室外钢楼梯、爬梯。自动扶梯、自动人行道；独立烟囱、烟道、地沟、油（水）罐、气柜、水塔、贮油（水）池、贮仓、栈桥、地下人防通道、地铁隧道。

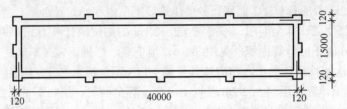

图 5-1-4 单层建筑面积示意图

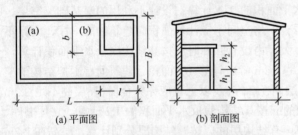

(a) 平面图　　(b) 剖面图

图 5-1-5 设有局部楼层的单层建筑物图

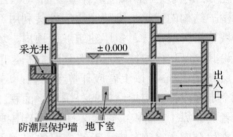

图 5-1-6 地下室、半地下室

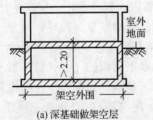

(a) 深基础做架空层　　(b) 利用吊脚设置架空层

图 5-1-7 坡地的建筑物吊脚架空层、深基础架空层

图 5-1-8 有围护结构的门斗、眺望间

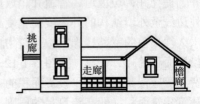

图 5-1-9 有顶盖的走廊、檐廊

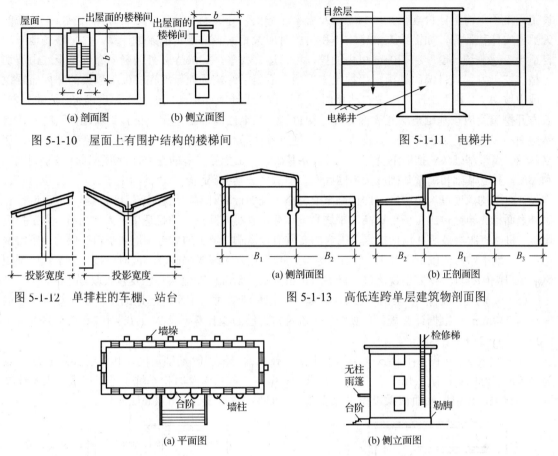

图 5-1-10　屋面上有围护结构的楼梯间　　　　图 5-1-11　电梯井

图 5-1-12　单排柱的车棚、站台　　　　图 5-1-13　高低连跨单层建筑物剖面图

图 5-1-14　不计建筑面积的构件、配件

5.2.4　土石方工程

这一部分包括土方工程、石方工程、土（石）方回填这 3 节、共 10 个子目，适用于建筑物和构筑物土石方的开挖及回填工程。

（1）土方工程（编码 010101）。平整场地（010101001）按设计图示尺寸以建筑物的首层面积计算（m²）。挖土方（010101002）按设计图示尺寸以体积计算（m³）。挖基础土方（010101003）按设计图示尺寸以基础垫层底面积乘以挖土深度以体积计算（m³）。冻土开挖（010101004）按设计图示尺寸开挖面积乘以厚度以体积计算（m³）。挖淤泥、流砂（010101005）按设计图示位置、界限以体积计算（m³）。管沟土方（010101006）按设计图示以管道中心线长度计算（m）。

（2）石方工程（编码 010102）。预裂爆破（010102001）按设计图示以钻孔总长度计算（m）。石方开挖（010102002）按设计图示尺寸以体积计算（m³）。管沟石方（010102003）按设计图示以管道中心线长度计算（m）。

（3）土（石）方回填（编码 010103）。土（石）方回填（010103001）按设计图示尺寸以体积计算（m³），其中场地回填的回填面积乘以平均回填厚度，室内回填时取主墙间净面积乘以回填厚度，基础回填时取挖方体积减去设计室外地坪以下埋设的基础体积（包括基础垫层和其他构筑物），"主墙"是指结构厚度在 120mm 以上（不含 120mm）的各类墙体。

（4）特殊问题的说明。"土石方"各项目均涉及土壤及岩石的类别，其分类应按我国现行《建设工程工程量清单计价规范》中《土壤及岩石（普氏）分类表》确定。土石方体积应按挖掘前的天然密实体积计算，如需按天然密实体积折算时应按相关表格规定的系数计算。"平整场地"项目适用于建筑场地厚度在±30cm以内的挖、填、运、找平，±30cm以外的竖向布置挖土或山坡切土按"挖土方"项目编码列项。"挖土方"项目适用于建筑场地厚度在±30cm以外的竖向布置挖土或山坡切土，其平均厚度应按自然地面测量标高至设计地坪标高间的平均厚度确定，基础土方、石方开挖深度应按基础垫层底表面标高至交付施工场地标高确定，无交付施工场地标高时应按自然地面标高确定。桩间挖土方工程量不扣除桩所占体积。"挖基础土方"项目包括带形基础、独立基础、满堂基础（包括地下室基础）及设备基础、人工挖孔桩等的挖方，带形基础应按不同底宽和深度，独立基础和满堂基础应按不同底面积和深度分别编码列项。"管沟土（石）方"项目有管沟设计时平均深度以沟垫层底表面标高至交付施工场地标高计算，无管沟设计时直埋管深度应按管底外表面标高至交付施工场地标高的平均高度计算。"石方开挖"项目适用于人工凿石、人工打眼爆破、机械打眼爆破等并包括指定范围内的石方清除运输。湿土的划分按地质资料提供的地下常水位为界，地下常水位以下为湿土。设计要求采用减震孔方式减弱爆破震动波时应按石方工程中预裂爆破项目编码列项。挖方出现流砂、淤泥时可根据实际情况由发包人与承发包人双方认证。

（5）实例1。见图5-1-15，要求计算编制工程量清单时人工平整场地的工程量（首层外墙墙厚均为240mm）。根据计算规则的要求，按建筑物首层面积计算，即 $S = (30.8+0.24)×(32.4+0.24)-(10.8-0.24)×21.6=785.05m^2$。

（6）实例2。见图5-1-16，某工程人工挖一独立钢筋混凝土基础基坑，其垫层长为1.8m，宽为1.5m，挖土深度为2.4m，三类土，要求计算编制工程量清单时挖基坑土方工程量。根据计算规则的要求，以垫层底面积乘以挖土深度计算，即 $V=1.8×1.5×2.4=6.48m^3$。

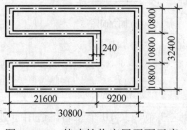

图5-1-15 某建筑物底层平面示意

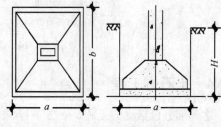

图5-1-16 基坑示意

（7）实例3。某钢筋混凝土带形基础工程，基础采用C25混凝土、体积为329m³，垫层采用C15混凝土、底部宽度为1.6m、厚度为0.1m，基础总长为320m，挖土深度为2m，要求计算编制工程量清单时挖基坑土方、土方回填的工程量。根据计算规则的要求，挖土方为 $V=1.6×2×320=1024m^3$、垫层体积为 $V=1.6×0.1×320=51.2m^3$、回填土方为 $V=1024-329-51.2=643.8m^3$。

5.2.5 桩与地基基础工程

这一部分包括混凝土桩、其他桩、地基与边坡处理3节，共12个子目，适用于地基与边坡的处理、加固。桩与地基基础工程工程量清单项目设置及工程量计算规则如下。

（1）混凝土桩（编码010201）。预制钢筋混凝土桩（010201001）按设计图示尺寸以桩长（包括桩尖）或根数计算（m/根）。接桩（010201002）按设计图示规定以接头数量（板桩按接头长度）计算（个/m）。混凝土灌注桩（010201003）按设计图示尺寸以桩长（包括桩尖）或根数计算（m/根）。

（2）其他桩（编码010202）包括砂石灌注桩（010202001）、灰土挤密桩（010202002）、旋喷桩（010202003）、喷粉桩（010202004）4 项内容，均按设计图示尺寸以桩长（包括桩尖）计算（m）。

（3）地基与边坡处理（编码 010203）。地下连续墙（010203001）按设计图示墙中心线长乘以厚度乘以槽深以体积计算（m³）。振冲灌注碎石（010203002）按设计图示孔深乘以孔截面积以体积计算（m³）。地基强夯（010203003）按设计图示尺寸以面积计算（m²）。锚杆支护（010203004）按设计图示尺寸以支护面积计算（m²）。土钉支护（010203005）按设计图示尺寸以支护面积计算（m²）。

（4）特殊问题的说明。"预制钢筋混凝土桩"项目包括预制钢筋混凝土方桩、管桩和板桩等，试桩应按"预制钢筋混凝土桩"项目编码单独列项。"接桩"项目包括预制钢筋混凝土方桩、管桩和板桩的接桩，方桩、管桩接桩按接头个数计算，板桩按接头长度计算。"混凝土灌注桩"项目包括人工挖孔灌注桩、钻孔灌注桩、爆破灌注桩、打管灌注桩、振动管灌注桩等。"砂石灌注桩"项目包括各种成孔方式（振动沉管、锤击沉管等）的砂石灌注桩。"挤密桩"项目包括各种成孔方式的灰土、石灰、水泥粉、煤灰等挤密桩。"旋喷桩"项目仅适用于水泥浆旋喷桩。"喷粉桩"项目包括水泥、生石灰粉等喷粉桩。"地下连续墙"项目包括各种导墙施工的复合型地下连续墙工程。"锚杆支护"项目包括岩石高削坡混凝土支护挡墙和风化岩石混凝土、砂浆护坡，锚杆应按混凝土及钢筋混凝土相关项目编码列项。"土钉支护"适用于土层的锚固。混凝土灌注桩、地下连续墙的钢筋网制作、安装应按混凝土及钢筋混凝土工程相关项目编码列项。

5.2.6　砌筑工程

这一部分包括砖基础、砖砌体、砖构筑物、砌块砌体、石砌体、砖散水/地坪/地沟 6 节，共 25 个子目，适用于建筑物、构筑物的砌筑工程。砌筑工程工程量清单项目设置及工程量计算规则如下。

（1）砖基础（编码 010301）。砖基础（010301001）按设计图示尺寸以体积计算（m³），它包括附墙垛基础宽出部分体积应扣除地梁（圈梁）构造柱所占体积，不扣除基础大放脚 T 形接头处的重叠部分及嵌入基础内的钢筋、铁件、管道、基础砂浆防潮层和单个面积 0.3m² 以内的孔洞所占体积，靠墙暖气沟的挑檐不增加体积，砖基础的长度对外墙按中心线、内墙按净长线计算。

（2）砖砌体（编码 010302）。实心砖墙（010302001）按设计图示尺寸以体积计算（m³），它应扣除门窗洞口、过人洞、空圈、嵌入墙内的钢筋混凝土柱、梁、圈梁、挑梁、过梁及凹进墙内的壁龛、管槽、暖气槽、消火栓箱所占体积，不扣除梁头、板头、檩头、垫木、木楞头、沿椽木、木砖、门窗走头、砖墙内加固钢筋、木筋、铁件、钢管及单个面积 0.3m² 以内的孔洞所占体积，凸出墙面的腰线、挑檐、压顶、窗台线、虎头砖、门窗套的体积不增加（凸出墙面的砖垛并入墙体体积内计算），墙长度对外墙按中心线、内墙按净长线计算。墙高度计算应遵守相关规定，对外墙，斜（坡）屋面无檐口天棚者算至屋面板底，有屋架且室内外均有天棚者算至屋架下弦底另加 200mm，无天棚者算至屋架下弦底另加 300mm，出檐宽度超过 600mm 时按实砌高度计算，平屋面算至钢筋混凝土板底；对内墙，位于屋架下弦者算至屋架下弦底，无屋架者算至天棚底另加 100mm，有钢筋混凝土楼板隔层者算至楼板顶，有框架梁时算至梁底；对女儿墙，从屋面板上表面算至女儿墙顶面，如有混凝土压顶时算至压顶下表面；对内、外山墙，按其平均高度计算。围墙高度算至压顶上表面，如有混凝土压顶时算至压顶下表面，围墙柱并入围墙体积内计算。空斗墙（010302002）按设计图示尺寸以空斗墙外形体积计算，其中墙角、内外墙交接处、门窗洞口立边、窗台砖、屋檐处的实砌部分体积并入空斗墙体积内（m³）。空花墙（010302003）按设计图示尺寸以空花部分外形体积计算，其中不扣除空洞部分体积（m³）。填充墙（010302004）按设计图示尺寸以填充墙外形体积计算（m³）。实心砖柱（010302005）按设计图示尺寸以体积计算，其中扣除混凝土及钢筋混凝土梁垫、梁头、板头所占的体积（m³）。零星砌体（010302006）按设计图示尺寸以体积计算，其中扣除混凝土及钢筋混凝土梁垫、梁头、板头所占的体积（m³、m²、m、个）。

（3）砖构筑物（编码 010303）。砖烟囱、水塔（010303001）按设计图示筒壁平均中心线周长乘以厚度乘以高度以体积计算，其中扣除各种孔洞、钢筋混凝土圈梁、过梁等的体积（m³）。砖烟道（010303002）按设计图示尺寸以体积计算（m³）。砖窨井、检查井（010303003）按设计图示数量计算（座）。砖水池、化粪池（010303004）按设计图示数量计算（座）。

（4）砌块砌体（编码 010304）。空心砖墙、砌块墙（010304001）按设计图示尺寸以体积计算（m³），其中扣除门窗洞口、过人洞、空圈、嵌入墙内的钢筋混凝土柱、梁、圈梁、挑梁、过梁及凹进墙内的壁龛、管槽、暖气槽、消火栓箱所占体积，不扣除梁头、板头、檩头、垫木、木楞头、沿椽木、木砖、门窗走头、砖墙内加固钢筋、木筋、铁件、钢管及单个面积 0.3m² 以内的孔洞所占体积，凸出墙面的腰线、挑檐、压顶、窗台线、虎头砖、门窗套的体积也不增加（凸出墙面的砖垛并入墙体体积内计算），墙长度对外墙按中心线、内墙按净长线计算。墙高度，对外墙，斜（坡）屋面无檐口天棚者算至屋面板底，有屋架且室内外均有天棚者算至屋架下弦底另加 200mm，无天棚者算至屋架下弦底另加 300mm，出檐宽度超过 600mm 时按实砌高度计算，平屋面算至钢筋混凝土板底；对内墙，位于屋架下弦者、算至屋架下弦底，无屋架者算至天棚底另加 100mm，有钢筋混凝土楼板隔层者算至楼板顶，有框架梁时算至梁底；对女儿墙，从屋面板上表面算至女儿墙顶面，如有压顶时算至压顶下表面；对内、外山墙，按其平均高度计算。围墙高度算至压顶上表面，如有混凝土压顶时算至压顶下表面，围墙柱并入围墙体积内。空心砖柱、砌块柱（010304002）按设计图示尺寸以体积计算，其中扣除混凝土及钢筋混凝土梁垫、梁头、板头所占的体积（m³）。

（5）石砌体（编号 010305）。石基础（010305001）按设计图示尺寸以体积计算（m³），其中包括附墙垛基础宽出部分体积，不扣除基础砂浆防潮层和单个面积 0.3m² 以内的孔洞所占体积，靠墙暖气沟的挑檐不增加体积，砖基础的长度对外墙按中心线、内墙按净长线计算。石勒脚（010305002）按设计图示尺寸以体积计算（m³），其中扣除单个面积 0.3m² 以外的孔洞所占体积。石墙（010305003）按设计图示尺寸以体积计算（m³），其中扣除门窗洞口、过人洞、空圈、嵌入墙内的钢筋混凝土柱、梁、圈梁、挑梁、过梁及凹进墙内的壁龛、管槽、暖气槽、消火栓箱所占体积，不扣除梁头、板头、檩头、垫木、木楞头、沿椽木、木砖、门窗走头、砖墙内加固钢筋、木筋、铁件、钢管及单个面积 0.3m² 以内的孔洞所占体积，凸出墙面的腰线、挑檐、压顶、窗台线、虎头砖、门窗套的体积也不增加（凸出墙面的砖垛并入墙体体积内计算），墙长度对外墙按中心线、内墙按净长线计算。墙高度，对外墙，斜（坡）屋面无檐口天棚者算至屋面板底，有屋架且室内外均有天棚者算至屋架下弦底另加 200mm，无天棚者算至屋架下弦底另加 300mm，出檐宽度超过 600mm 时按实砌高度计算，平屋面算至钢筋混凝土板底；对内墙，位于屋架下弦者算至屋架下弦底，无屋架者算至天棚底另加 100mm，有钢筋混凝土楼板隔层者算至楼板顶，有框架梁时算至梁底；对女儿墙，从屋面板上表面算至女儿墙顶面，如有混凝土压顶时算至压顶下表面；对内、外山墙按其平均高度计算。围墙高度算至压顶上表面，如有混凝土压顶时算至压顶下表面，围墙柱、砖压顶并入围墙体积内。石挡土墙（010305004）按设计图示尺寸以体积计算（m³）。石柱（010305005）按设计图示尺寸以体积计算（m³）。石栏杆（010305006）按设计图示尺寸以长度计算（m）。石护坡（010305007）按设计图示尺寸以体积计算（m³）。石台阶（010305008）按设计图示尺寸以体积计算（m³）。石坡道（010305009）按设计图示尺寸以水平投影面积计算（m²）。石地沟、石明沟（010305010）按设计图示以中心线长度计算（m）。

（6）砖散水、地坪、地沟（编码 010306）。砖散水、地坪（010306001）按设计图示尺寸以面积计算（m²）。砖地沟、明沟（010306002）按设计图示以中心线长度计算（m）。

（7）特殊问题的说明。基础垫层项目包括在各类基础项目内，垫层的材料、强度、配合比、尺寸应在清单中描述。标准砖尺寸应为 240mm×115mm×53mm，标准砖墙厚度应按相关表格标准墙计算厚度表计算。"砖基础"项目包括各种类型的砖基础、柱基础、墙基础、烟囱基础、水塔基础、管道基础等。基础与墙身的划分应以设计室内地坪为界，有地下室的按地下室室内设计地坪为界，界限以下为基础、以上为墙（柱）身；当基础与墙身使用不同材料，位于设计室内地坪±300mm 以内时以不同材料为界，超过±300mm 应以设计室内地坪为界；砖围墙应以设计室外地坪为界，界限以下为基础、以上为墙身。"实心砖墙"项目包括不同墙厚、不同的砖强度等级、不同类型的砂浆及等级的外墙、内墙、围墙、双面混水墙、双面清水墙、单面清水墙、直形墙、弧形墙等，清水墙中包括加浆沟缝和原浆沟缝，女儿墙的砖压顶、围墙的砖压顶凸出墙面部分不计算体积（压顶顶面凹进墙面部分也不扣除），不论三皮砖以上或以下的腰线、挑檐凸出墙面部分均不计算体积。空斗墙的窗间墙、窗台下、楼板下、梁头下等的实砌部分按零星砌砖项目编码列项。框架外表面的镶贴砖部分应单独按零星项目编码列项。"零星砌砖"项目包括台阶、台阶挡墙、梯带、锅台、炉灶、蹲台、池槽、池槽腿、花台、花池、楼梯栏板、阳台栏板、地垄墙、屋面隔热板下的砖墩、0.3m² 孔洞填塞等，小型池槽、砖砌锅台、炉灶可按外形尺寸以个计算并以长×宽×高顺序标明外形尺寸，砖砌台阶可按水平投影面积计算（不包括梯带或台阶挡墙），小便槽、地垄墙可按长度计算，其他工程量可按体积计算。附墙烟囱、通风道、垃圾道应按设计图示尺寸以体积（扣除孔洞所占体积）计算并入所依附的墙体体积内，当设计规定孔洞内需抹灰时应按"装饰装修工程工程量清单计算规则"相关项目编码列项。砖烟囱应按设计室外地坪为界，界限以下为基础、以上为筒身，砖烟囱体积可按式 $V=\Sigma H \times C \times D$ 分段计算，其中，V 表示筒身体积、H 表示每段筒身垂直高度、C 表示每段筒壁厚度、D 表示每段筒壁平均直径。砖烟道与炉体的划分应以第一道闸门为界。水塔基础与塔身的划分应以砖砌体的扩大部分顶面为界，界限以上为塔身、以下为基础。"砖窨井、检查井、砖水池、化粪池"项目同样适用于各类砖砌的沼气池、公厕生化池，工程量"座"包括了池内各种构件，井、池内爬梯按钢构件相关项目编码列项，构件内的钢筋按混凝土及钢筋混凝土相关项目编码列项。"空心砖墙、砌块墙"项目不扣除嵌在其中的实心砖体积部分。"石基础、石勒脚、石墙、石挡土墙"项目包括各种不同规格、不同材质的基础、勒脚、墙体、挡土墙；不同类型的（柱基、墙基、直形、弧形等）基础；不同类型的（直形、弧形等）勒脚、墙体；不同类型的（直形、弧形、台阶形等）挡土墙。

（8）实例 1。要求根据图 5-1-17 所示基础施工图的尺寸计算编制工程量清单时砖基础的工程量（基础墙厚为 240mm，其做法为三层等高大放脚，增加的断面面积为 $\Delta S=0.0945m^2$ 折加高度为 $\Delta h=0.394m$）。基础与墙身由于采用同一种材料，以室内地坪为界时，基础高度为 1.8m。根据计算规则的要求，外墙砖基础长 $L=[（4.5+2.4+5.7）+（3.9+6.9+6.3）]×2=59.4m$；内墙砖基础长 $L=$（5.7−0.24）+（8.1−0.24）+（4.5+2.4−0.24）+（6+4.8−0.24）+（6.3−0.12+0.12）=36.84m；砖基础的工程量为 $V=（0.24×1.8+0.0945）×（59.4+36.84）=50.6m^3$ 或 $V=0.24×（1.8+0.394）×（59.4+36.84）=50.6m^3$。

（9）实例 2。图 5-1-18 为某砖墙结构建筑，有屋架，下弦标高为 3.1m，无天棚，门窗均用钢筋混凝土过梁，外墙中过梁体积为 0.8m³，内墙中过梁体积为 0.12m³，墙厚均为 240mm，门窗洞口尺寸中 M1 为 1000mm×2100mm、M2 为 900mm×2100mm、C1 为 1000mm×1500mm、C2 为 1500mm×1500mm、C3 为 1800mm×1500mm，要求计算编制工程量清单时该建筑砖墙的工程量。门窗洞口面积 $M1=1×2.1×2=4.2m^2$、$M2=0.9×2.1×2=3.78m^2$、$C1=1×1.5×2=3m^2$、$C2=1.5×1.5×6=13.5m^2$、$C3=1.8×1.5×2=5.4m^2$，根据计算规则的要求，外墙长 $L=（15.6+6）×2=43.2m$、内墙长

L=(6–0.24)×3=17.28m、外墙高 H=3.1+0.3=3.4m（无天棚算至屋架下弦底另加300）、内墙高 H=3.1m（算至屋架下弦），外墙工程量 V=[(43.2×3.4)–(4.2+3+13.5+5.4)]×0.24–0.8=28.18m³、内墙工程量 V=[(17.28×3.1)–3.78]×0.24–0.12=11.83m³。

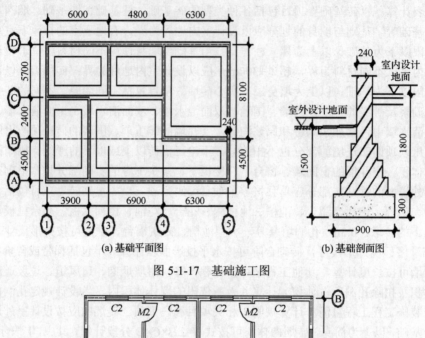

(a) 基础平面图　　　　　　　　　　　　(b) 基础剖面图

图 5-1-17　基础施工图

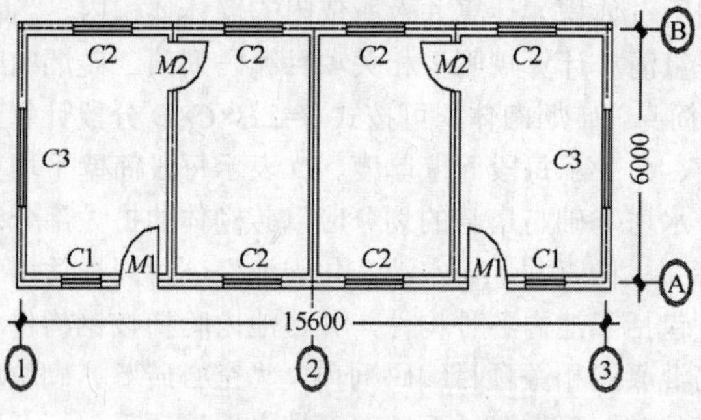

图 5-1-18　某砖墙结构建筑

5.2.7　混凝土及钢筋混凝土工程

这一部分包括现浇混凝土基础、现浇混凝土柱、现浇混凝土梁、现浇混凝土墙、现浇混凝土板、现浇混凝土楼梯、现浇混凝土其他构件、后浇带、预制混凝土柱、预制混凝土梁、预制混凝土屋架、预制混凝土板、预制混凝土楼梯、其他预制构件、混凝土构筑物、钢筋工程、螺栓/铁件17 节，共 69 个项目，适用于建筑物、构筑物的混凝土工程。混凝土及钢筋混凝土工程工程量清单项目设置及工程量计算规则如下。

（1）现浇混凝土基础（编码 010401）。包括带形基础（010401001）、独立基础（010401002）、满堂基础（010401003）、设备基础（010401004）、桩承台基础（010401005）。以上 5 项内容均按设计图示尺寸以体积计算（m³），其中不扣除构件内钢筋、预埋铁件和伸入承台基础的桩头所占体积。

（2）现浇混凝土柱（编码 010402）。包括矩形柱（010402001）、异形柱（010402002）。以上两项内容均按设计图示尺寸以体积计算（m³），不扣除构件内钢筋、预埋铁件所占体积。其中柱高计算应遵守相关规定，有梁板的柱高应自柱基上表面（或楼板上表面）至上一层楼板上表面之间的高度计算；无梁板的柱高应自柱基上表面（或楼板上表面）至柱帽下表面之间的高度计算；框架柱的柱高应自柱基上表面至柱顶高度计算；构造柱按全高计算，嵌接墙体部分并入柱身体积计算；依附柱上的牛腿和升板的柱帽并入柱身体积计算。

（3）现浇混凝土梁（编码 010403）。包括基础梁（010403001）、矩形梁（010403002）、异形梁（010403003）、圈梁（010403004）、过梁（010403005）、弧形/拱形梁（010403006）。以上 6 项内容均按设计图示尺寸以体积计算（m^3），不扣除构件内钢筋、预埋铁件所占体积，伸入墙内的梁头、梁垫并入梁体积内计算。其中，梁长计算应遵守相关规定，梁与柱连接时，梁长算至柱侧面；主梁与次梁连接时，次梁长算至主梁侧面。

（4）现浇混凝土墙（编码 010404）。包括直形墙（010404001）、弧形墙（010404002）。以上两项内容均按设计图示尺寸以体积计算（m^3），其中不扣除构件内钢筋、预埋铁件所占的体积，扣除门窗洞口及单个面积 $0.3m^2$ 以外的孔洞所占体积，墙垛及凸出墙面部分并入墙体体积计算。

（5）现浇混凝土板（编码 010405）。包括有梁板（010405001）、无梁板（010405002）、平板（010405003）、拱板（010405004）、薄壳板（010405005）、栏板（010405006）。以上 6 项内容均按设计图示尺寸以体积计算（m^3），其中不扣除构件内钢筋、预埋铁件及单个面积 $0.3m^2$ 以内的孔洞所占体积，有梁板（包括主、次梁与板）按梁板体积之和计算，无梁板按板和柱帽体积之和计算，各类板伸入墙内的板头并入板体积内计算，薄壳板的肋、基梁并入薄壳体积内计算。天沟、挑檐板（010405007）按设计图示尺寸以体积计算（m^3）。雨篷、阳台板（010405008）按设计图示尺寸以墙外部分体积计算（m^3），包括伸出墙外的牛腿和雨篷反挑檐的体积。其他板（010405009）按设计图示尺寸以体积计算（m^3）。

（6）现浇混凝土楼梯（编码 010406）。包括直形楼梯（010406001）、弧形楼梯（010406002）。以上两项内容均按设计图示尺寸以水平投影面积计算（m^2），不扣除宽度小于 500mm 的楼梯井，伸入墙内部分不计算。

（7）现浇混凝土其他构件（编码 010407）。其他构件（010407002）按设计图示尺寸以体积 m^3（面积 m^2、长度 m）计算，不扣除构件内钢筋、预埋铁件所占的体积。散水、坡道（010407003）按设计图示尺寸以面积计算（m^2），不扣除单个面积 $0.3m^2$ 以内的孔洞所占面积。电缆沟、地沟（010407001）按设计图示以中心线长度计算（m）。

（8）后浇带（编码 010408）。后浇带（010408001）按设计图示尺寸以体积计算（m^3）。

（9）预制混凝土柱（编码 010409）。包括矩形柱（010409001）、异形柱（010409002）。以上两项内容均按设计图示尺寸以体积计算（m^3），不扣除构件内钢筋、预埋铁件所占的体积，按设计图示尺寸以"数量"计算（根）。

（10）预制混凝土梁（编码 010410）。包括矩形梁（010410001）、异形梁（010410002）、过梁（010410003）、拱形梁（010410004）、鱼腹式吊车梁（010410005）、风道梁（010410006）。以上 6 项内容均按设计图示尺寸以体积计算（m^3、根），不扣除构件内钢筋、预埋铁件所占的体积。

（11）预制混凝土屋架（编码 010411）。包括折线形屋架（010411001）、组合屋架（010411002）、薄腹屋架（010411003）、门式刚架屋架（010411004）、天窗架屋架（010411005）。以上 5 项内容均按设计图示尺寸以体积计算（m^3、榀），不扣除构件内钢筋、预埋铁件所占的体积。

（12）预制混凝土板（编码 010412）。包括平板（010412001）、空心板（010412002）、槽形板（010412003）、网架板（010412004）、线折板（010412005）、带肋板（010412006）、大型板（010412007）。以上 7 项内容均按设计图示尺寸以体积计算（m^3、块），不扣除构件内钢筋、预埋铁件及单个尺寸 300mm×300mm 以内的孔洞所占体积，扣除空心板空洞体积。沟盖板、井盖板、井圈（010412006）按设计图示尺寸以体积计算（m³、块、套），不扣除构件内钢筋、预埋铁件所占体积。

（13）预制混凝土楼梯（编码 010413）。预制混凝土楼梯（010413001）按设计图示尺寸以体积计算（m³），不扣除构件内钢筋预埋铁件所占体积，扣除空心踏步板空洞体积。

（14）其他预制构件（编码 010414）。包括烟道/垃圾道/通风道（010414001）、其他构件（010414002）、水磨石构件（010414003）。以上 3 项内容均按设计图示尺寸以体积计算（m³），不扣除构件内钢筋、预埋铁件及单个尺寸 300mm×300mm 以内的孔洞所占体积，扣除烟道、垃圾道、通风道的孔洞所占体积。

（15）混凝土构筑物（编码 010415）。包括贮水（油）池（010415001）、贮仓（010415002）、水塔（010415003）、烟囱（010415004）。以上 4 项内容均按设计图示尺寸以体积计算（m³），不扣除构件内钢筋、预埋铁件及单个面积 0.3m² 以内的孔洞所占体积。

（16）钢筋工程（编码 010416）。包括现浇混凝土钢筋（010416001）、预制构件钢筋（010416002）、钢筋网片（010416003）、钢筋笼（010416004）。以上 4 项内容均按设计图示钢筋（网）长度（面积）乘以单位理论质量计算（t）。先张法预应力钢筋（010416005）按设计图示钢筋长度乘以单位理论质量计算（t）。后张法预应力钢筋（010416006）、预应力钢丝（010416007）、预应力钢绞线（010416008）均按设计图示钢筋（丝束、绞线）长度乘以单位理论质量计算（t），其中低合金钢筋两端均采用螺杆锚具时其钢筋长度按孔道长度减 0.35m 计算（螺杆另行计算）；低合金钢筋一端采用镦头插片、另一端采用螺杆锚具时其钢筋长度按孔道长度计算（螺杆另行计算）；低合金钢筋一端采用镦头插片、另一端采用帮条锚具时其钢筋增加 0.15m 计算，两端均采用帮条锚具时其钢筋长度按孔道长度增加 0.3m 计算；低合金钢筋采用后张混凝土自锚时其钢筋长度按孔道长度增加 0.35m 计算；低合金钢筋（钢绞线）采用 JM、XM、QM 型锚具、孔道长度在 20m 以内时其钢筋长度增加 1m 计算，孔道长度在 20m 以外时钢筋（钢绞线）长度按孔道长度增加 1.8m 计算；碳素钢丝采用锥形锚具、孔道长度在 20m 以内时其钢丝束长度按孔道长度增加 1m 计算，孔道长度在 20m 以上时其钢丝束长度按孔道长度增加 1.8m 计算；碳素钢丝束采用镦头锚具时其钢丝束长度按孔道长度增加 0.35m 计算。

（17）螺栓、铁件（编码 010417）。螺栓（010417001）按设计图示尺寸以质量计算（t）。铁件（010417002）按设计图示尺寸以质量计算（t）。

（18）特殊问题的说明。混凝土垫层包括在基础项目内。"带形基础"包括各种带形基础，墙下的板式基础包括浇筑在一字排桩上面的带形基础，有肋带形基础、无肋带形基础应分别编码（第五级编码）列项并注明肋高。"独立基础"项目包括块体柱基础、杯基础、柱下的板式基础、无筋倒圆台基础、壳基础、电梯井基础等。"满堂基础"项目包括地下室的箱式、筏式基础等，箱式满堂基础可按现浇混凝土基础、现浇混凝土柱、现浇混凝土梁、现浇混凝土墙、现浇混凝土板的中满堂基础、柱、梁、墙、板分别编码列项（也可以利用现浇混凝土基础的第五级编码分别列项）。"设备基础"项目包括设备的块体基础、框架基础等，框架式设备基础可按现浇混凝土基础、现浇混凝土柱、现浇混凝土梁、现浇混凝土墙、现浇混凝土板中的设备基础、柱、梁、墙、板分别编码列项（也可以利用现浇混凝土基础的第五级编码分别列项）。构造柱应按矩形柱项目编码列项。"直形墙"、"弧形墙"项目也适用于电梯井，应注意的是与墙相连的薄壁柱应按墙项目编码列项。现浇挑檐、天沟板、阳台、雨篷与板（包括屋面板、楼板）连接时以外墙外边线为分界线，与圈梁（包括其他梁）连接时以梁外边线为分界线，外边线以外为挑檐、天沟板、阳台和雨篷。见图 5-1-19，整体楼梯（包括直形楼梯、弧形楼梯）水平投影面积，包括休息平台、平台梁、斜梁和楼梯的连接梁，当整体楼梯与现浇楼板无梯梁连接时应以楼梯的最后一个踏步边缘加

300mm 为界。现浇混凝土小型池槽压顶、扶手、垫块、台阶、门框等应按"现浇混凝土其他构件"项目编码列项，其中扶手、压顶（包括伸入墙内的长度）应按延长米计算，台阶应按水平投影面积计算。三角形屋架应按预制混凝土屋架中"折线形屋架"项目编码列项，相同类型、相同跨度的预制混凝土屋架的工程量可按"榀"数计算。相同截面、相同长度的预制混凝土柱、梁的工程量可按"根"数计算。相同类型、相同构件尺寸的预制混凝土板的工程量可按"块"数计算。相同类型、相同构件尺寸的预制混凝土沟盖板的工程量可按"块"数计算，混凝土井圈、井盖板可按"套数"计算。不带肋的预制遮阳板、雨篷板、挑檐板、栏板等应按预制混凝土板中"平板"项目编码列项。预制 F 形板、双 T 形板、单肋板和带反挑檐的遮阳板、雨篷板、挑檐板等应按预制混凝土板中"带肋板"项目编码列项。预制大型墙板、大型楼板、大型屋面板等应按预制混凝土板中"大型板"项目编码列项。预制混凝土楼梯可按斜梁、踏步分别编码（第五级编码）列项。预制混凝土小型池槽、压顶、扶手、垫块、隔热板、花格等应按"其他预制构件"项目编码列项。贮水（油）池的池底、池壁、池盖可分别编码（第五级编码）列项，有壁基梁的应以壁基梁底为界（以上为池壁、以下为池底）；无壁基梁的其锥形坡底应算至其上口，池壁下部的八字靴脚应并入池底体积内；无梁池盖的柱高应从池底上表面算至池盖的下表面，柱帽和柱座应并入柱体积内；肋形池盖应包括主、次梁体积；球形池盖应以池壁顶面为界，边侧梁应并入球形池盖体积内。贮仓立壁和贮仓漏斗可分别编码（第五级编码）列项，应以相互交点水平线为界，壁上圈梁应并入漏斗体积内。滑模筒仓应按混凝土构筑物中"贮仓"项目编码列项。水塔基础、塔身、水箱可分别编码（第五级编码）列项，筒式塔身应以筒座上表面或基础底板上表面为界；柱式（框架式）塔身应以柱脚与基础底板或梁顶为界，与基础板连接的梁应并入基础体积内；塔身与水箱应以箱底相连接的圈梁下表面为界，界限以上为水箱、以下为塔身；依附于塔身的过梁、雨篷、挑檐等应并入塔身体积内；柱式塔身应不分柱、梁合并计算；依附于水箱壁的柱、梁应并入水箱壁体积内。现浇构件中固定位置的支撑钢筋、双层钢筋用的"铁马"、伸出构件的锚固钢筋、预制构件的吊钩等应并入钢筋工程量内。

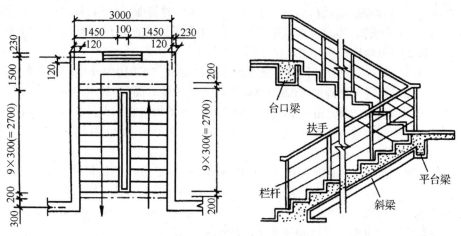

图 5-1-19　楼梯大样图

（19）实例。某单层工业厂房的预制钢筋混凝土工字形柱，单根体积为 1.709m³，共 14 根，矩形抗风柱截面为 600mm×400mm，柱高 10.8m，共 4 根，采用 C30 混凝土，要求计算编制工程量清单时该厂房预制柱的工程量。根据计算规则的要求，工字形柱 V=1.709×14=23.93m³、矩形柱 V=0.6×0.4×10.8×4=10.36m³。

5.2.8 装饰装修工程工程量清单项目及计算规则

我国现行《建设工程工程量清单计价规范（GB 50500）》将装饰装修工程项目分为 6 章、47 节、214 个子目，包括楼地面工程、墙柱面工程、天棚工程、门窗工程、油漆/涂料/裱糊工程、其他工程，对每一个子目的工程量计算做了具体规定，适用于采用工程量清单计价的装饰装修工程。

（1）章、节、项目的划分。建筑工程工程量清单项目与《全国统一建筑装饰装修工程消耗量定额》（以下简称《消耗量定额》）的章、节、项目划分进行适当对应衔接，目的是使从事造价专业的工作者尽快从熟悉的计价办法适应新的计价规范。《消耗量定额》的装饰装修、脚手架及成品保护费、垂直运输费列入工程量清单"措施项目"费中，使装饰装修工程工程量清单项目及计算规则减至 6 章。建筑工程工程量清单项目"节"的设置基本保持消耗量定额顺序，但没有将同类工程一一列项，比如《消耗量定额》将楼地面工程的块料面层分为天然石材、人造大理石板、水磨石、陶瓷地砖等，而在清单项目中只列一项"块料面层"，各种不同的材质、规格、型号等均在项目特征中具体描述。建筑工程工程量清单项目"子目"的设置，在《消耗量定额》基础上增加了楼地面水泥砂浆、菱苦土整体面层、墙柱面一般抹灰、特殊五金安装、存包柜、鞋柜、镜箱等项目。

（2）有关共性问题的说明。根据"建筑工程工程量清单项目及计算规则"所计算的工程量是指建筑物和构筑物的实体净用量，施工中所发生的材料、成品、半成品的各种制作、运输、安装等的一切损耗应包括在报价中。围绕"工程实体净用量"所做的附加工作的费用应按施工组织设计或实际情况包括在报价中。高层建筑所发生的人工降效、机械降效、施工用水加压等应包括在报价中。在一每个子目中都应详细描述项目特征和工程内容，为报价提供依据。设计规定或施工组织设计规定的已完工产品保护发生的费用列入工程量清单"措施项目"费中。

5.2.9 楼地面工程

这一部分包括整体面层、块料面层、橡塑面层、其他材料面层、踢脚线、楼梯装饰、扶手/栏杆/栏板装饰、台阶装饰、零星装饰项目 9 节，共 42 个子目，适用于楼地面、台阶等装饰工程。楼地面工程工程量清单项目设置及工程量计算规则如下。

（1）整体面层（编码 020101）。包括水泥砂浆楼地面（020101001）、现浇水磨石楼地面（020101002）、细石混凝土楼地面（020101003）、菱苦土楼地面（020101004）。以上 4 项内容均按设计图示尺寸以面积计算（m²），其中扣除凸出地面的构筑物、设备基础、室内铁道、地沟等所占面积，不扣除间壁墙和面积在 0.3m² 以内的柱、垛、附墙烟囱及孔洞所占面积，门洞、空圈、暖气包槽、壁龛的开口部分不增加面积。

（2）块料面层（编码 020102）。包括石材楼地面（020102001）、块料楼地面（020102002）。以上两项内容均按设计图示尺寸以面积计算（m²），其中扣除凸出地面的构筑物、设备基础、室内铁道、地沟等所占面积，不扣除间壁墙和面积在 0.3m² 以内的柱、垛、附墙烟囱及孔洞所占面积，门洞、空圈、暖气包槽、壁龛的开口部分不增加面积。

（3）橡塑面层（编码 020103）。包括橡胶板楼地面（020103001）、橡胶卷材楼地面（020103002）、塑料板楼地面（020103003）、塑料卷材楼地面（020103004）。以上 4 项内容均按设计图示尺寸以面积计算（m²），其中门洞、空圈、暖气包槽、壁龛的开口部分并入相应的工程量内。

（4）其他材料面层（编码 020104）。包括楼地面地毯（020104001）、竹木地板（020104002）、防静电活动地板（020104003）、金属复合地板（020104004）。以上 4 项内容均按设计图示尺寸以面积计算（m²），其中门洞、空圈、暖气包槽、壁龛的开口部分并入相应的工程量内。

（5）踢脚线（编码 020105）。包括水泥砂浆踢脚线（020105001）、石材踢脚线（020105002）、块料踢脚线（020105003）、现浇水磨石踢脚线（020105004）、塑料板踢脚线（020105005）、木质踢脚线（020105006）、金属踢脚线（020105007）、防静电踢脚线（020105008）。以上 8 项内容均按设计图示长度乘以高度以面积计算（m²）。

（6）楼梯装饰（编码 020106）。包括石材楼梯面层（020106001）、块料楼梯面层（020106002）、水泥砂浆楼梯面层（020106003）、现浇水磨石楼梯面层（020106004）、地毯楼梯面层（020106005）、木板楼梯面层（020106006）。以上 6 项内容均按设计图示尺寸以楼梯（包括踏步、休息平台及500mm 以内的楼梯井）水平投影面积计算（m²），其中楼梯与楼地面相连时算至梯口梁内侧边沿，无梯口梁者算至最上一层踏步边沿加 300mm。

（7）扶手、栏杆、栏板装饰（编码 020107）。包括金属扶手带栏杆/栏板（020107001）、硬木扶手带栏杆/栏板（020107002）、塑料扶手带栏杆/栏板（020107003）、金属靠墙扶手（020107004）、硬木靠墙扶手（020107005）、塑料靠墙扶手（020107006）。以上 6 项内容均按设计图示尺寸以扶手中心线长度（包括弯头长度）计算（m）。

（8）台阶装饰（编码 020108）。包括石材台阶面（020108001）、块料台阶面（020108002）、水泥砂浆台阶面（020108003）、现浇水磨石台阶面（020108004）、剁假石台阶面（020108005）。以上 5 项内容均按设计图示尺寸以台阶（包括最上层踏步边沿加 300mm）水平投影面积计算（m²）。

（9）零星装饰项目（编码 020109）。包括石材零星项目（020109001）、碎拼石材零星项目（020109002）、块料零星项目（020109003）、水泥砂浆零星项目（020109004）。以上 4 项内容均按设计图示尺寸以面积计算（m²）。

（10）特殊问题的说明。"零星装饰"项目包括小面积（0.5m² 以内）少量分散的楼地面装饰，其工程部位及名称在清单项目中描述。楼梯、台阶侧面装饰可按"零星装饰"项目编码列项。楼梯、阳台、回廊、走廊及其他的装饰性扶手、栏杆、栏板，可按"扶手、栏杆、栏板"项目编码列项。包括垫层的地面和不包括垫层的楼面应分别计算工程量、分别编码列项。楼地面的构成通常有以下六大部分：基层包括楼板、夯实土基等；垫层包括混凝土垫层、人工级砂石配垫层、天然级配砂石垫层、灰/土垫层、碎石/碎砖垫层、三合土垫层、炉渣垫层等；填充层包括轻质的松散（炉渣、膨胀蛭石、膨胀珍珠岩等）或块体材料（加气混凝土、泡沫混凝土、泡沫塑料、矿棉、膨胀蛭石和膨胀珍珠岩块、板材等）以及整体材料（沥青膨胀蛭石、沥青膨胀珍珠岩、水泥膨胀珍珠岩、水泥膨胀蛭石等）的填充层；隔离层包括卷材、防水砂浆、沥青砂浆或防水涂料等材料的隔离层；找平层包括水泥砂浆、细石混凝土、沥青砂浆、沥青混凝土等材料的找平层；面层包括整体面层（水泥砂浆、细石混凝土、现浇水磨石、菱苦土等）、块料面层（石材、瓷砖、木材、塑料、橡胶等）。

（11）实例。图 5-1-18 为砖混结构建筑，其地面做法为 1∶2 水泥砂浆找平层 30mm 厚、1∶2水泥砂浆面层 25mm 厚、踢脚线高 200mm，要求计算该建筑编制工程量清单时该建筑地面的工程量。根据计算规则的要求，【地面面积（S）】=【建筑面积】−【结构面积】=（15.6+0.24）×（6+0.24）−[（15.6×2）+6×2+（6−0.24）×3]×0.24=98.84−14.52=84.32m²，【踢脚线面积（S）】=（【内墙面净长】−【门洞口】+【洞口边】）×【高度】=[（6−0.24）×8+（15.6−0.24×2）+（15.6−0.24−0.24×3）−（1×2+0.9×2×2）+0.24×8]×0.2=[46.08+15.12+14.64−5.6+1.92]×0.2=72.16×0.2=14.43m²。

5.2.10　墙、柱面工程

这一部分包括墙面抹灰、柱面抹灰、零星抹灰、墙面镶贴块料、柱面镶贴块料、零星镶贴块料、墙饰面、柱（梁）饰面、隔断、幕墙项目 10 节，共 25 个子目，适用于一般抹灰、装饰抹灰工程。墙柱面工程工程量清单项目设置及工程量计算规则如下。

（1）墙面抹灰（编码 020201）。包括墙面一般抹灰（020201001）、墙面装饰抹灰（020201002）、墙面勾缝（020201003）。以上 3 项内容均按设计图示尺寸以面积计算（m²），其中扣除墙裙、门窗洞口及单个面积在 0.3m² 以内的孔洞面积，不扣除踢脚线、挂镜线和墙与构件相交接处的面积，门窗洞口和孔洞的侧壁及顶面不增加面积（附墙柱、梁、垛、烟囱侧壁并入相应的墙面面积内），外墙抹灰面积按外墙垂直投影面积计算，外墙裙抹灰面积按其长度乘以高度计算，内墙抹灰面积按主墙间的净长乘以高度计算（无墙裙的高度按室内楼地面至天棚底面计算，有墙裙的高度按墙裙顶面至天棚底面计算），内墙裙抹灰面积按内墙净长乘以高度计算。

（2）柱面抹灰（编码 020202）。包括柱面一般抹灰（020202001）、柱面装饰抹灰（020202002）、柱面勾缝（020202003）。以上 3 项内容均按设计图示柱断面周长乘以高度以面积计算（m²）。

（3）零星抹灰（编码 020203）。包括零星项目一般抹灰（020203001）、零星项目装饰抹灰（020203002）。以上两项内容均按设计图示尺寸以面积计算（m²）。

（4）墙面镶贴块料（编码 020204）。包括石材墙面（020204001）、碎拼石材墙面（020204002）、块料墙面（020204003）。以上 3 项内容均按设计图示尺寸以面积计算（m²）。干挂石材钢骨架（020204004）按设计图示尺寸以质量计算（t）。

（5）柱面镶贴块料（编码 020205）。包括石材柱面（020205001）、碎拼石材柱面（020205002）、块料柱面（020205003）、石材梁面（020205004）、块料梁面（020205005）。以上 5 项内容均按设计图示尺寸以面积计算（m²）。

（6）零星镶贴块料（编码 020206）。包括石材零星项目（020206001）、碎拼石材零星项目（020206002）、块料零星项目（020206003）。以上 3 项内容均按设计图示尺寸以面积计算（m²）。

（7）墙饰面（编码 020207）。装饰板墙面（020207001）按设计图示墙净长乘以净高以面积计算（m²），其中扣除门窗洞口及单个面积在 0.3m² 以上的孔洞所占面积。

（8）柱（梁）饰面（编码 020208）。柱（梁）面装饰（020208001）按设计图示饰面外围尺寸以面积计算（m²），柱帽、柱墩并入相应柱饰面工程量内。

（9）隔断（编码 020209）。隔断（020209001）按设计图示框外围尺寸以面积计算（m²），其中扣除单个面积在 0.3m² 以上的孔洞所占面积，浴厕门的材质与隔断相同时，门的面积并入隔断面积内。

（10）幕墙（编码 020210）。带骨架幕墙（020210001）按设计图示框外围尺寸以面积计算（m²），其中不扣除与幕墙同种材质的窗所占面积。全玻幕墙（020210002）按设计图示尺寸以面积计算（m²），带肋全玻幕墙按展开面积计算。

（11）特殊问题的说明。"一般抹灰"项目包括石灰砂浆、水泥砂浆、水泥混合砂浆、聚合物水泥砂浆、膨胀珍珠岩水泥砂浆、麻刀石灰、纸筋石灰、石膏灰。"装饰抹灰"项目包括水刷石、水磨石、斩假石（剁斧石）、干粘石、假面砖、拉条灰、拉毛灰、甩毛灰、扒拉石、喷毛灰、喷涂、喷砂、弹涂等。"柱面抹灰"项目、"柱面镶贴块料"项目"中石材柱面、块料柱面包括用于矩形柱、异形柱。小面积（0.5m² 以内）少量分散的抹灰应按"零星抹灰"和"零星镶贴块料"项目编码列项。设置在隔断、幕墙上的门窗可单独编码列项（也可包括在报价中）。墙面抹灰不扣除与构件交接处的面积是指墙与梁的交接面积，不包括墙与楼板的交接。带肋全玻璃幕墙是指玻璃幕墙带玻璃肋，玻璃肋的工程量并入玻璃幕墙工程量内计算。

（12）实例。图 5-1-18 为砖混结构建筑，几个典型结构的构造见图 5-1-20，其外墙面做法为水泥砂浆打底、贴瓷砖，外墙顶面标高为 2.9m，室外地坪标高为−0.3m，要求计算该建筑编制工程量清单时外墙面的工程量。根据计算规则的要求，外墙长 $L=（15.6+0.24+6+0.24）×2=44.16m$，外墙高 $H=2.9+0.3=3.2m$，外墙门面积 $S=1×2.1×2=4.2m²$，外墙窗面积：$S=1×1.5×2+1.5×1.5×6+1.8×1.5×2=21.9m²$，外墙贴瓷砖面积 $S=44.16×3.2−4.2−21.9=115.21m²$。

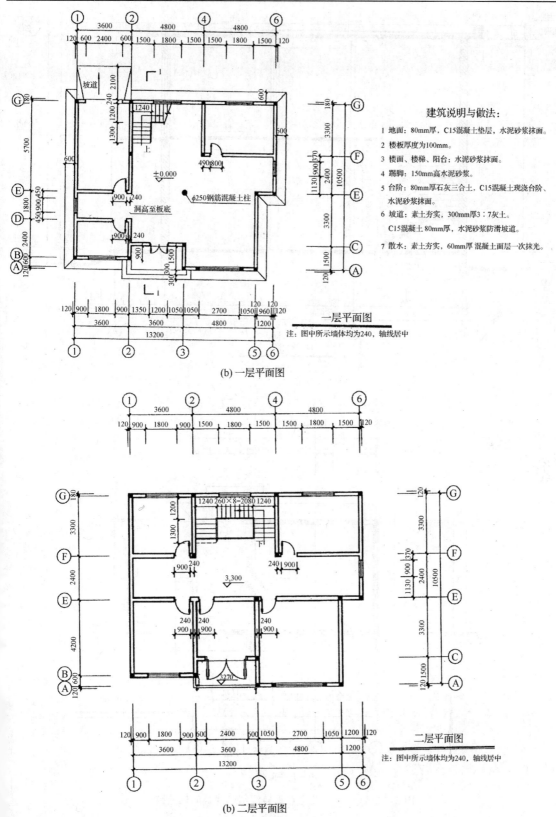

建筑说明与做法：

1　地面：80mm厚，C15混凝土垫层，水泥砂浆抹面。

2　楼板厚度为100mm。

3　楼面、楼梯、阳台：水泥砂浆抹面。

4　踢脚：150mm高水泥砂浆。

5　台阶：80mm厚石灰三合土，C15混凝土现浇台阶、水泥砂浆抹面。

6　坡道：素土夯实，300mm厚3：7灰土。C15混凝土 80mm厚，水泥砂浆防滑坡道。

7　散水：素土夯实，60mm厚 混凝土面层一次抹光。

一层平面图

注：图中所示墙体均为240，轴线居中

(b) 一层平面图

二层平面图

注：图中所示墙体均为240，轴线居中

(b) 二层平面图

图 5-1-20　几个典型砖混结构建筑的构造图

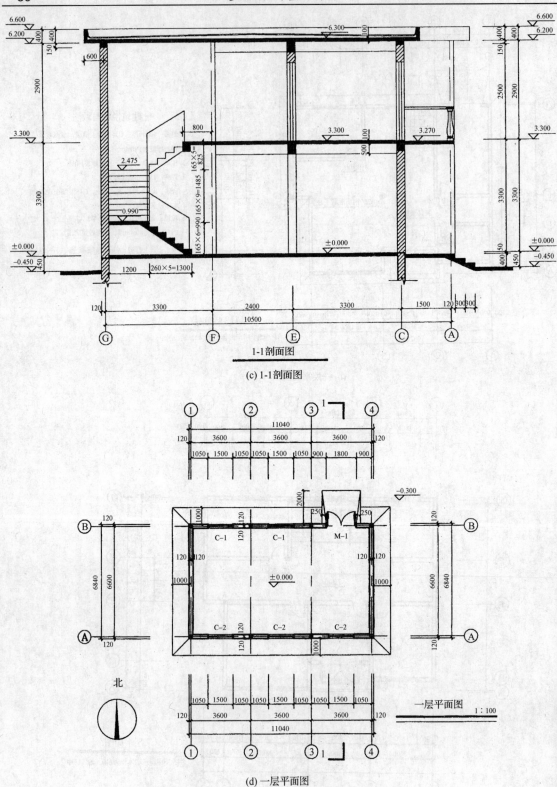

(c) 1-1剖面图

(d) 一层平面图

图 5-1-20（续）　几个典型砖混结构建筑的构造图

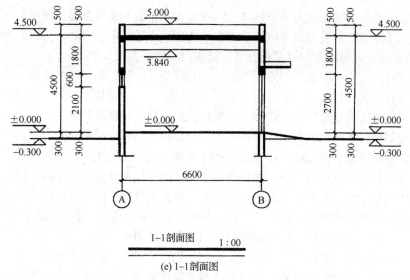

1-1剖面图　　1:00

(e) 1-1剖面图

图 5-1-20（续）　几个典型砖混结构建筑的构造图

5.3　单位工程工料分析的作用与特点

工料分析是按各个分项工程，根据定额中的用工量及材料耗用量分别乘以各分项工程的工程量，就可求出各分项工程的用工量和材料耗用量。典型的工料分析表见表 5-3-1。

表 5-3-1　典型的工料分析表

顺序号	定额号	分项工程名称	单位	工程量	人工数		材料名称							...
					分量	合量	分量	合量	分量	合量	分量	合量	...

工料分析是编制单位工程劳动力、材料、构（配）件和施工机械等需要量计划的依据，是编制施工进度计划、安排生产、统计完成工作量的依据，是签发施工任务单、考核工料消耗和进行各项经济活动分析的依据，是施工图预算同施工预算进行"两算"对比的依据。

5.4　施工图预算审查的作用与特点

审查施工图预算有利于控制工程造价、克服和防止预算超概算，有利于加经固定资产投资管理、节约建设资金，有利于施工承包合同价的合理确定和控制（施工图预算对于招标工程是编制标底的依据，对于不宜招标工程是合同价款结算的基础），有利于积累和分析各项技术经济指标、不断提高设计水平。

审查施工图预算的重点应该放在工程量计算和预算单价套用是否正确，各项费用标准是否符合现行规定等方面。

审查施工图预算方法较多，主要有全面审查法、标准预算审查法、分组计算审查法、筛选审查法、重点抽查法、对比审查法、利用手册审查法和分解对比审查法 8 种。

施工图预算审查的步骤依次为【做好审查前的准备工作】→【熟悉施工图纸】→【了解预算包括的范围】→【弄清预算采用的单位估价表】→【选择合适的审查方法，按相应内容审查】→【综合整理审查资料，并与编制单位交换意见，定案后编制调整预算】。

（1）全面审查法。全面审查又叫逐项审查法，其特点是按预算定额顺序或施工的先后顺序逐一地进行全部审查。其具体计算方法和审查过程与编制施工图预算基本相同。该方法的优点是全面、细致、经审查的工程预算差错比较少，质量比较高；其缺点是工作量大。对于一些工程量比较小、工艺比较简单的工程，编制工程预算技术力量比较薄弱时可采用全面审查法。

（2）标准预算审查法。该方法的特点是对利用标准图纸或通用图纸施工的工程先集中力量编制标准预算，再以此为标准审查预算。按标准图纸设计或通用图纸施工的工程一般上部结构和做法相同，可集中力量细审一份预算或编制一份预算，作为这种标准图纸的标准预算，或用这种标准图纸的工程量为标准对照审查，而对局部不同部分做单独审查即可。这种方法的优点是时间短、效果好、好定案；缺点是只适用按标准图纸设计的工程、适用范围小。

（3）分组计算审查法。分组计算审查法是一种加快审查工程量速度的方法。该方法把预算中的项目划分为若干组，并把相邻且有一定内在联系的项目编为一组，审查或计算同一组中某个分项工程量，利用工程量间具有相同或相似计算基础的关系，判断同组中其他几个分项工程量计算的准确程度。

（4）对比审查法。该方法是用已建成工程的预算或虽未建成但已审查修正的工程预算对比审查拟建的类似工程预算的一种方法。

（5）筛选审查法。筛选法是统筹法中的一种，也是一种对比方法。建筑工程虽然有建筑面积和高度的不同，但是它们的各个分部分项工程的工程量、造价、用工量在每个单位面积上的数值变化不大，因此，可以把这些数据加以汇集，优选，归纳为工程量、造价（价值）、用工三个单方基本值表并注明其适用的建筑标准。

（6）重点抽查法。该方法是抓住工程预算中的重点进行审查的方法。审查的重点一般是工程量大或造价较高、工程结构复杂的工程，包括补充单位估价表、计取的各项费用（计费基础、取费标准等）。重点抽查法的优点是重点突出、审查时间短、效果好。

（7）利用手册审查法。该方法的特点是把工程中常用的构件、配件事先整理成预算手册并按手册对照审查。比如工程常用的预制构配件（洗池、大便台、检查井、化粪池、碗柜等）几乎每个工程都有，把这些按标准图集计算出工程量、套上单价、编制成预算手册使用可大大简化预决算的编审工作。

（8）分解对比审查法。该方法的特点是把一个单位工程按直接费与间接费进行分解，然后再把直接费按工种和分部工程进行分解，分别与审定的标准预算进行对比分析。

思考题与习题

1. 施工图预算的作用是什么？
2. 施工图预算的编制依据有哪些？
3. 简述施工图预算的组成。
4. 简述施工图预算编制的常用方法及特点。
5. 简述工程量计算的基本顺序。
6. 运用统筹法计算工程量的特点是什么？
7. 简述建筑面积的计算规则。

8．简述土石方工程计算工程量的基本要求。

9．简述桩与地基基础工程计算工程量的基本要求。

10．简述砌筑工程计算工程量的基本要求。

11．简述混凝土及钢筋混凝土工程计算工程量的基本要求。

12．简述装饰装修工程工程量清单项目及计算规则。

13．简述楼地面工程计算工程量的基本要求。

14．简述墙、柱面工程计算工程量的基本要求。

15．简述单位工程工料分析的作用与特点。

16．简述施工图预算审查的作用与特点。

第6章 建筑工程设计概算的编制方法及编制原理

6.1 设计概算的基本特点及作用

建筑工程设计一般分初步设计、技术设计（也称扩大初步设计）和施工图设计三个阶段（或初步设计和施工图设计两个阶段）。国家相关部门规定，采用两阶段设计时，初步设计阶段必须编制工程设计概算；采用三个阶段设计时，初步设计阶段应编制设计概算，技术设计阶段应编制工程设计修正概算。

设计概算（或修正概算）是指在初步设计（或技术设计）阶段，设计部门以该阶段的设计图纸为基础，以概算定额（或概算指标）、费用定额及其他资料为依据，编制和确定建设项目从筹建至竣工交付使用所需全部费用的文件。国家发改委、财政部颁发的有关文件明确规定"设计单位必须在报批设计文件的同时报批概算，各主管部门必须在审批设计的同时认真审批概算，设计单位必须严格按照批准的初步设计和总概算进行施工图设计"。

设计概算的编制应包括编制期价格、费率、利率、汇率等确定静态投资和编制期到竣工验收前的工程和价格变化等多种因素的动态投资两部分。静态投资作为考核工程设计和施工图预算的依据；动态投资作为筹措、供应和控制资金使用的限额。

设计概算是编制建设项目投资计划、确定和控制建设项目投资的依据，是衡量设计方案技术经济合理性和选择最佳设计方案的依据，是签订建设工程合同和贷款合同的依据，是控制施工图设计和施工图预算的依据，是工程造价管理及编制招标标底和投资报价的依据，是考核建设项目投资效果的依据。

编制设计概算的准备工作主要有以下三个方面，即根据设计说明、总平面图和全部工程项目一览表等资料对工程项目的内容、性质、建设单位的要求等做一般性的了解；拟定出设计概算的编制大纲，明确编制工作的主要内容、重点、编制步骤及审查方法；根据编制大纲广泛收集基础资料（比如概算定额、概算指标、当地建筑市场情况等），合理选择编制依据。

编制设计概算的依据主要有以下八个，即批准的建设项目的可行性研究报告和主管部门的有关规定；初步设计项目一览表；能满足编制设计概算的各专业经过校审的设计图纸（或内部作业草图）、文字说明和主要设备及材料表；当地和主管部门的现行建筑工程和专业安装工程概（预）算定额、单位估价表、地区材料及构配件预算价格（或市场价格）、间接费用定额和有关费用规定等文件；现行的有关设备原价（出厂价或市场价）及运杂费等；现行的有关其他费用定额、指标和价格；建设场地的自然条件和施工条件；类似工程的概、预算及技术经济指标。

设计概算的编制原则主要有以下三个，即严格执行国家的建设方针和经济政策；完整、准确地反映设计内容；坚持结合拟建工程的实际反映工程所在地当时的价格水平。

工程概算按编制程序的不同分为单位工程概算、单项工程综合概算和建设项目总概算三级。建设项目总概算包括单项工程综合概算、工程建设其他费用概算、预备费及投资方向调节税等概算，其中，单项工程综合概算通常由各单位建筑工程概算、各单位设备及安装工程概算构成。

单位工程概算是确定各单位工程建设费用的文件，是编制单项工程综合概算的依据，也是单项工程综合概算的组成部分。单位工程概算按其性质分为建筑工程概算和设备及安装工程概算两大类。建筑工程概算包括土建工程概算，给排水、采暖工程概算，通风、空调工程概算，电气照明工程概算，弱电工程概算，特殊构筑物工程概算等。设备及安装工程概算包括机械设备及安装工程概算，电气设备及安装工程概算等，以及工具、器具及生产家具购置费概算等。

单项工程概算是确定一个单项工程所需建设费用的文件，它是由单项工程中的各单位工程概算汇总编制而成的，是建设项目总概算的组成部分。单项工程综合概算通常由单位建筑工程概算、设备及安装单位工程概算、工程建设其他费用概算（不编总概算时列入）等构成。单位建筑工程概算包括一般土建工程概算，给排水、采暖工程概算，通风、空调工程概算，电气、照明工程概算，弱电工程概算，特殊构筑物工程概算等内容。设备及安装单位工程概算包括机械设备及安装工程概算，电气设备及安装工程概算，工具、器具及生产家具购置费用概算等内容。

建设项目总概算是确定整个建设项目从筹建到竣工验收、交付使用时所需全部费用的文件。它是由各个单项工程综合概算、工程建设其他费用概算、预备费和投资方向调节税概算等汇总编制而成的。建设项目总概算通常包括工程费用概算、工程建设其他费用概算、预备费概算、专项费用概算等内容。工程费用概算通常包括主要生产工程项目综合概算、辅助生产工程项目综合概算、公用系统工程项目综合概算、行政福利设施综合概算、住宅与生产设施综合概算、场外工程项目综合概算。工程建设其他费用概算通常包括土场使用费、建设单位管理费、勘察设计和研究试验费、联合试运转费和生产准备费、办公和生产家具购置费、供电贴费、引进技术和进口设备项目的其他费用、施工机构迁移费、临时设施费、工程监理费、工程保险费。专项费用概算通常包括固定资产投资方向调节税、财务费用（含建设期贷款利息）、经营性项目铺底流动资金。

6.2　单位工程概算的编制方法及基本原则

一般土建工程概算的编制方法主要有三个，即概算定额法、概算指标法、类似工程预算法。设备及安装工程概算的编制方法主要有两个，即设备购置费概算、设备安装工程概算造价。

6.2.1　一般土建工程概算的编制方法

1．概算定额法

概算定额又叫扩大单价法或扩大结构定额法。采用概算定额法编制单位工程概算比较准确，只有当初步设计达到一定深度、建筑结构比较明确时才可采用这种方法编制单位工程概算。它是依据概算定额编制单位工程概算的方法，类似用预算定额编制单位工程预算。

概算定额法编制步骤依次为熟悉定额的内容及其使用方法；熟悉设计图纸，了解设计意图、施工条件和施工方法；计算单位工程扩大分项工程的工程量；计算单位工程概算定额直接工程费；计算概算直接费；计算间接费、利润、税金；计算单位工程概算造价；计算单位工程的单方造价；编写概算编制说明。

2．概算指标法

概算指标法是用拟建的厂房、住宅的建筑面积或体积乘以技术条件相同或基本相同的概算指标编制概算的方法。当初步设计深度不够、图纸和工程数据等资料不齐全时就不能准确地计算工程量，但在工程采用的技术比较成熟而又有类似概算指标可以利用时则可用概算指标法编制单位工程概算。

概算指标法编制步骤依次为根据初步设计图纸及设计资料按设计要求和建筑结构特征选择相

应的概算指标；根据初步设计图纸计算单位工程建筑面积；将建筑面积乘以概算指标内的每平方米建筑面积直接费指标求出单位工程概算直接工程费；求出概算直接工程费后即可按照利用概算定额法编制概算的步骤计算直接费、间接费、利润、税金等；汇总出概算造价和计算单方造价并作工料分析；编写概算编制说明。

由于拟建工程（设计对象）往往与类似工程概算指标的技术条件不尽相同，且概算指标编制年份的设备、材料、人工等价格与拟建工程当时当地的价格也常不一样，因此，必须对其进行调整。当设计对象的结构特征与概算指标有局部不同时，其调整方法有两种。第一种调整方法的公式为【结构变化修正概算指标（元/m²）】=$J+Q_1 P_1-Q_2 P_2$，其中，J 为原概算指标；Q_1 为换入新结构的含量；Q_2 为换出旧结构的含量；P_1 为换入新结构的单价；P_2 为换出旧结构的单价。第二种调整方法的公式为【调整值】=【结构变化修正概算指标的工、料、机、数量】−【原概算指标的工、料、机、数量】+【换入结构件工程量】×【相应定额工料、机、消耗量】−【换出结构件工程量】×【相应定额工料、机、消耗量】。设备、人工、材料、机械台班费用的调整公式为【调整值】=【设备、工料、机修正概算费用】−【原概算指标的设备、工料、机费用】+Σ（【换入设备工料、机数量】×【拟建地区相应单价】）−Σ（【换出设备工料、机数量】×【原概算指标设备、工料、机单价】）。

3. 类似工程预算法

当工程设计对象目前无完整的初步设计图纸，或虽有初步设计图纸但无合适的概算定额和概算指标时，若设计对象与已建成或在建工程相似且结构特征也相同则可以采用类似工程预算法来编制单位工程概算（但必须对建筑结构差异和价差进行调整）。建筑结构差异的调整方法与概算指标法相同。

6.2.2 设备及安装工程概算的编制方法

1. 设备购置费概算

设备购置费由设备原价和运杂费两项组成。国家标准设备原价可根据设备型号，规格性能、材质、数量及附带的配件向制造厂家询价或向设备、材料信息部门查询或按主管部门规定的现行价格逐项计算，非主要标准设备和工器具、生产家具的原价可按主要标准设备原价的百分比计算（百分比指标按主管部门或地区有关规定执行）。类似工程造价的价差调整通常有两种方法。当类似工程造价资料有具体的人工、材料、机械台班的用量时，可按类似工程造价资料中的主要材料用量、工日数量、机械台班用量乘以拟建工程所在地的主要材料预算价格、人工单价、机械台班单价计算出直接费，再乘以当地的综合费率即可得出所需的造价指标，以上即为第一种调整方法。当类似工程造价资料只有人工、材料、机械台班费用和其他直接费、现场经费、间接费时则可采用第二种调整方法，其调整公式为 $D=AK$、$K=a\% K_1+b\% K_2+c\% K_3+d\% K_4+e\% K_5+f\% K_6$，其中，$D$ 为拟建工程单方概算造价；A 为类似工程单方预算造价；K 为综合调整系数；$a\%$、$b\%$、$c\%$、$d\%$、$e\%$、$f\%$ 分别为类似工程预算的人工费、材料费、机械台班费、其他直接费、现场经费、间接费占预算造价的比重，其中，$a\%$={【类似工程人工费（或工资标准）】/【类似工程预算造价】}×100%，$b\%$、$c\%$、$d\%$、$e\%$、$f\%$ 类同；K_1、K_2、K_3、K_4、K_5、K_6 分别为拟建工程地区与类似工程预算造价在人工费、材料费、机械台班费、其他直接费、现场经费和间接费之间的差异系数，其中 K_1=【类似工程预算的人工费（或工资标准）】/【拟建工程概算人工费（或地区工资标准）】，K_2、K_3、K_4、K_5、K_6 类同。

2. 设备及安装工程概算的编制方法

设备及安装工程概算的主要内容有设备购置费概算和设备安装工程概算两大部分。

（1）设备购置费概算。设备购置费由设备原价和运杂费两项组成。国家标准设备原价可根据设备型号，规格性能、材质、数量及附带的配件向制造厂家询价或向设备、材料信息部门查询或按主管部门规定的现行价格逐项计算，非主要标准设备和工器具、生产家具的原价可按主要标准设备原价的百分比计算（百分比指标按主管部门或地区有关规定执行）。

国产非标准设备原价在初步设计阶段进行设计概算时可按非标设备台（件）估价指标法或非标设备吨重估价指标法确定。非标设备台（件）估价指标法的特点是根据非标设备的类别、重量、性能、材质、精密程度等情况以每台设备规定的估价指标计算，即【非标准设备原价】=【设备台数】×【每台设备估价指标（元/台）】。非标设备吨重估价指标法的特点是根据非标设备的类别、性质、质量、材质等按设备单位重量（t）规定的估价指标计算，即【非标准设备原价】=【设备吨重】×【每吨重设备估价指标（元/台）】；设备运杂费按国务院各部委、各省级政府规定的运杂费率乘以设备原价计算，即【设备运杂费】=【设备原价】×【运杂费率（%）】、【设备购置概算价值】=【设备原价】+【设备运杂费】。

（2）设备安装工程概算造价的编制方法。设备安装工程概算造价的编制方法主要有预算单价法、扩大单价法、概算指标法等。预算单价法的特点是当拟建工程的初步设计较深、有详细的设备清单时可直接按安装工程预算定额单价编制设备安装工程概算，其根据计算的设备安装工程量乘以安装工程预算综合单价经汇总求得，其程序基本与安装工程施工图预算相同，采用预算单价法编制概算计算比较具体、精确性较高。扩大单价法的特点是当拟建工程的初步设计深度不够、设备清单不完备而只有主体设备或仅有成套设备的重量时可采用主体设备、成套设备或工艺线的综合扩大安装单价编制概算。概算指标法的特点是当初步设计的设备清单不完备（或安装预算单价及扩大综合单价不全）而无法采用预算单价法和扩大单价法时可采用概算指标编制概算，该方法概算指标形式较多，主要可按以下 4 种指标进行计算。按占设备价值的百分比（安装费率）的概算指标计算时【设备安装费】=【设备原价】×【设备安装费率（%）】，其中，设备安装费率（百分比值）是由主管部门制定或由设计单位根据已完类似工程确定，该指标常用于设备价格波动不大的定型产品和通用设备产品。按每吨设备安装费的概算指标计算时【设备安装费】=【设备吨重】×【每吨设备安装费指标（元/t）】，其中，每吨设备安装费指标也是由主管部门或设计单位根据已完类似工程资料确定的，该指标常用于设备价格波较大的非标准设备和引进设备的安装工程概算。按座、台、套、组、根或功率等为计量单位的概算指标计算应遵守相关规定，工业炉可按每台安装费指标计算，冷水箱可按每组安装费指标计算。按设备安装工程每平方米建筑面积的概算指标计算应遵守相关规定，有些设备安装工程可以按不同的专业内容（比如通风、动力、照明、管道等）采用每平方米建筑面积的安装费用概算指标计算安装费。

（3）设备及安装工程概算书的编制。设备及安装工程概算书主要包括编制说明和设备及安装工程概算表两部分。编制说明主要内容的特点是采用简明的文字对工程概况、编制依据、编制方法和其他有关问题加以概括的说明。设备及安装工程概算表应按相关规定编制。

6.3　单项工程综合概算的编制要求

单项工程综合概算的内容主要包括编制说明和综合概算表。编制说明中应阐述编制依据、编制方法、主要设备及工程材料的数量以及其他需要说明的有关问题。编制依据中应主要说明设计文件、定额、材料及费用计算的依据。编制方法中应主要说明编制概算时是利用概算定额还是利用概算指标等。主要设备及工程材料的数量中应主要说明主要机械设备、电气设备及建筑安装工程主要材料（钢材、木材、水泥等）的数量。综合概算表的编制应遵守相关规范规定。

综合概算编制步骤主要有以下五步，依次为在编制各单位工程概算的基础上采用综合概算表的格式将各单位工程概算价值按项目填入综合概算表内；当各单位工程未计算间接费、计划利润和税金等项费用时可将各单位工程定额直接费合并后再根据间接费定额、计划利润及税金取费标准计算其间接费、计划利润及税金等；计算工程建设其他费用列入综合概算表相应栏内（只有不编总概算只编制综合概算时才列此项费用）；将各单位工程概算造价和建设工程其他费用相加求出单项工程综合概算造价；计算单项工程综合概算的技术经济指标。

6.4　工程建设其他费用概算的基本要求

工程建设其他费用是指从工程项目筹建到该工程竣工验收交付使用的整个建设期间，除建筑安装工程费用和设备、工器具购置费以外的，为保证工程建设顺利完成和交付使用后能够正常发挥效用而发生的各项费用的总和。包括土地转让费、与工程建设有关的其他费用、与未来企业生产和经营有关的其他费用、预备费、专项费用等。

1. 土地转让费

由于工程项目固定于一定地点与地面相连接，故必须占用一定量的土地，因此，必然会发生为获得建设用地而支付费用的问题，这就是土地使用费。土地使用费是指通过划拨方式取得土地使用权而支付的土地征用及迁移补偿费用，或者通过土地使用权出让方式取得土地使用权而支付的土地使用出让金。

（1）土地征用及迁移补偿费。土地征用及迁移补偿费是指建设项目通过划拨方式取得无限期的土地使用权，依照《中华人民共和国土地管理法》等规定所支付的费用。其总和一般不得超过被征土地年产值的 20 倍，土地年产值按该地被征用前 3 年的平均产量和国家规定的价格计算。土地征用及迁移补偿费通常包括土地补偿费、青苗补偿费和被征用土地上附着物补偿费、安置补助费、征地动迁费、水利水电工程水库淹没处理补偿费、缴纳的耕地占用税或城镇土地使用税、土地登记费及征地管理费等。土地补偿费的确定应遵守相关规定，征用耕地（包括菜地）的补偿标准为该耕地年产值的 3～6 倍（各类耕地的具体补偿标准由省级人民政府在此范围内制定），征用园地、鱼塘、藕塘、苇塘、宅基地、林地、牧场、草原等的补偿标准由省级人民政府制定，征用无收益的土地不予补偿。青苗补偿费是指对被征用土地上种植的作物补偿的费用标准，一般按当年计划产量的价值和生长阶段结合计算，征用城市郊区的菜地时还应按有关规定向国家缴纳新菜地开发建设基金。被征用土地上附着物补偿费是指被征用土地上的房屋、树木、水井等附着物的赔偿费用，其标准由省级人民政府制定。安置补助费应遵守相关规定，征用耕地、菜地的每个农业人口的安置补助费为该地每亩年产值的 2～3 倍，每亩耕地的安置补助费最高不得超过其年产值的 10 倍。征地动迁费的内容包括征用土地上的房屋及附属构筑物、城市公共设施等拆除、迁建补偿费、搬迁运输费，企业单位因搬迁造成的减产、停工损失补贴费、拆迁管理费等。水利水电工程水库淹没处理补偿费的内容包括农村移民安置迁建费；城市迁建补偿费；库区工矿企业、交通、电力、通信、广播、管网、水利等的恢复、迁建补偿费；库底清理费；防护工程费；环境影响补偿费用等。

（2）土地使用权出让金。土地使用权出让金是指建设项目通过土地使用权出让方式取得有限期的土地使用权，依照《中华人民共和国城镇国有土地使用权出让和转让暂行条例》规定支付的土地使用权出让金。

2. 与工程建设有关的其他费用

与工程建设有关的其他费用包括建设单位管理费、勘察设计费、研究试验费、建设单位临时设施费、工程监理费、工程保险费、供电贴费、施工机构迁移费、引进技术和进口设备其他费用、工程承包费等。

（1）建设单位管理费。建设单位管理费是指建设项目从立项、筹建、建设、联合试运转到竣工验收交付使用及后评估等全过程管理所需费用。建设单位管理费主要包括建设单位开办费、建设单位经费等。建设单位开办费是指新建项目为保证筹建和建设工作正常进行所需办公设备、生活家具、用具、交通工具等购置费用。

（2）勘察设计费。勘察设计费是指为本建设项目提供项目建议书、可行性研究报告及设计文件等所需费用。勘察设计费主要包括以下 3 类费用，即编制项目建议书、可行性研究报告及投资估算、工程咨询、评价以及为编制上述文件所进行勘察、设计、研究试验等所需费用；委托勘察、设计单位进行初步设计、施工图设计及概预算编制等所需费用；在规定范围内由建设单位自行完成的勘察、设计工作所需费用。

（3）研究试验费。研究试验费是指为建设项目提供或验证设计参数、数据资料等所进行的必要的试验费用以及设计规定在施工中必须进行试验、验证所需的费用，包括自行或委托其他部门研究试验所需的人工费、材料费、试验设备及仪器设备使用费和支付的科技成果、先进技术的一次性技术转让费。

（4）建设单位临时设施费。建设单位临时设施费是指项目建设期间建设单位所需临时设施的搭设、维修、摊销费用或租赁费用。它包括临时宿舍、文化福利及公用事业房屋及构筑物、仓库、办公室、加工厂以及规定范围内的道路、水、电、管线等临时设施和小型临时设施。

（5）工程监理费。工程监理费是指建设单位委托工程监理单位对工程实施监理工作所需费用。其具体收费标准按住房和城乡建设部有关规定计算。

（6）工程保险费。工程保险费是指建设项目在建设期间根据需要实施工程保险所需的费用。包括以各种建筑工程及其在施工过程中的物料、机器设备为保险标的的建筑工程一切险，以安装工程中的各种机器、机械设备为保险标的的安装工程一切险，以及机器损坏保险费。

（7）供电贴费。供电贴费是指建设项目按照国家规定应交付的供电工程贴费、施工临时用电贴费，是解决电力建设资金不足的临时对策。供电贴费是用户申请用电时，由供电部门统一规划并负责建设的 110kV 以下各级电压、外部供电工程的建设、扩充、改建等费用的总称。供电贴费只能用于为增加或改善用户用电而必须新建、扩建和改善的电网建设以及有关的业务支出，由建设银行监督使用，不得挪作他用。

（8）施工机构迁移费。施工机构迁移费是指施工机构根据建设任务的需要，经有关部门决定成建制地（指公司或公司所属工程处、工区）由原驻地迁移到另一个地区的一次性搬迁费用。费用内容包括职工及随同家属的差旅费、调迁期间的工资和施工机械、设备、工具、用具和周转性材料的搬运费。

（9）引进技术和进口设备其他费用。引进技术和进口设备其他费用包括出国人员费用、国外工程技术人员来华费用、技术引进费、分期或延期付款利息、担保费以及进口设备检验鉴定费。

（10）工程承包费。工程承包费是指具有总承包条件的工程公司对工程建设项目从开始建设至竣工投产全过程的总承包所需的管理费用。包括组织勘察设计、设备材料采购、非标设备设计制造与销售、施工招标、发包、工程预决算、项目管理、施工质量监督、隐蔽工程检查、验收和试车直至竣工投产的各种管理费用。

3. 与未来企业生产经费有关的其他费用

与未来企业生产经费有关的其他费用包括联合试运转费、生产准备费、办公和生产家具购置费等。

（1）联合试运转费。联合试运转费是指新建企业或新增加生产工艺过程的扩建企业在竣工验收前，按照设计规定的工程质量标准，进行整个车间的负荷或无负荷联合试运转发生的费用支出大于试运转收入的亏损部分。费用内容包括试运转所需的原料、燃料、油料和动力的费用；机械使用费用；低值易耗品及其他物品的购置费用和施工单位参加联合试运转人员的工资等。试运转收入包括运转产品销售和其他收入，不包括应由设备安装工程费项下开支的单台设备调试费用及试车费用。联合试运转费一般根据不同性质的项目按需要试运转车间的工艺设备购置费的百分比计算。

（2）生产准备费。生产准备费是指新建企业或新增生产能力的企业为保证竣工交付使用进行必要的生产准备所发生的费用。其费用内容包括生产人员培训费及其他准备费。生产人员培训费包括自行培训、委托其他单位培训的人员的工资、工资性补贴、职工福利费、差旅交通费、学习资料费、学习费、劳动保护费等。其他准备费包括生产单位提前进厂参加施工、设备安装、调试等以及熟悉工艺流程及设备性能等人员的工资、工资性补贴、职工福利费、差旅交通费、劳动保护费等。

（3）办公和生产家具购置费。办公和生产家具购置费是指为保证新建、改建、扩建项目初期正常生产、使用和管理所必须购置的办公和生活家具、用具的费用。改、扩建项目所需的办公和生活用具购置费应低于新建项目，其范围包括办公室、会议室、资料档案室、阅览室、文娱室、食堂、浴室、理发室、单身宿舍和设计规定必须建设的托儿所、卫生所、招待所、中小学校等家具购置费。

4. 预备费

预备费包括基本预备费和涨价预备费。

（1）基本预备费。基本预备费是指在初步设计及概算内难以预料的工程费用。费用内容包括以下四类，即在批准的实际设计范围内，技术设计、施工图设计及施工过程中所增加的工程费用；设计变更、局部地基处理等增加的费用；一般自然灾害造成的损失和预防自然灾害所采取的措施费用（实行工程保险的工程项目费用应适当降低）；竣工验收时为鉴定工程质量对隐蔽工程进行必要的挖掘和修复费用。

（2）涨价预备费。涨价预备费是指建设项目在建设期间内由于价格等变化引起工程造价变化的预测预留费用。费用内容包括人工、设备、材料、施工机械的价差费；建筑安装工程费及工程建设其他费用调整；利率、汇率调整等增加的费用。

5. 专项费用

专项费用包括固定资产投资方向调节税、建设期贷款利息、经营性项目铺底流动资金等。

（1）固定资产投资方向调节税。为贯彻国家产业政策、控制投资规模、引导投资方向、调整投资结构、加强重点建设、促进国民经济持续稳定协调发展，我国对我国境内进行固定资产投资的单位和个人（不含中外合资经营企业、中外合作经营企业和外商独资企业）征收固定资产投资方向调节（简称投资方向调节税）。投资方向调节税根据国家产业政策和项目经济规模实行差别税率，税率分别为 0%、5%、10%、15%、30%五个档次。固定资产投资方向调节税于 2000 年 1 月 1 日被暂停。

（2）建设期贷款利息。建设期贷款利息包括向国内银行和其他非银行金融机构贷款、出口信贷、外国政府贷款、国际商业银行贷款以及在境内外发行的债券等在建设期间内应偿还的借款利息。建设期借款利息实行复利计算。

（3）经营性项目铺底流动资金。经营项目铺底流动资金是指经营性建设项目为保证生产和经营正常进行按规定应列入建设项目总资金的铺底流动资金。根据有关规定，铺底流动资金可按建设项目或投产时流动资金实际需要量的 30%计算列入总概算表，但不构成建设项目总造价（概算价值）。该资金在项目竣工投产后计入生产流动资金。

6.5　建设项目总概算的基本内容

总概算文件一般应包括封面及目录、编制说明、总概算表、工程建设其他费用概算表、单项工程综合概算表、单位工程概算表、工程量计算表、分年度投资汇总表与分年度资金流量汇总表以及主要材料汇总表与工日数量表等。

6.6　设计概算审查的特点与基本要求

审查设计概算具有举足轻重的作用和意义。审查设计概算有利于合理分配投资资金、加强投资计划管理，有利于合理确定和有效控制工程造价。审查设计概算可以促进概算编制单位严格执行国家有关概算的编制规定和费用标准，从而提高概算的编制质量。审查设计概算有助于促进设计的技术先进性与经济合理性，概算中的技术经济指标是概算的综合反映，将其与同类工程对比便可看出它的先进与合理程度。审查设计概算有利于核定建设项目的投资规模，可以使建设项目总投资做到准确、完整，防止任意扩大投资规模或出现漏项，从而减少投资缺口，缩小概算与预算之间的差距，避免故意压低概算投资、搞钓鱼项目，最后导致实际造价大幅度地突破概算。审查设计概算可为建设项目投资的落实提供可靠的依据，打足投资、不留缺口、有利于提高建设项目的投资效益。

设计概算的审查内容主要包括以下七个方面，即审查设计概算的编制依据，审查的重点是编制依据的合法性、编制依据的时效性、编制依据的适用范围；审查概算编制深度，审查内容包括编制说明、概算编制深度、概算的编制范围；审查建设规模、标准，主要审查概算的投资规模、生产能力、设计标准、建设用地、建筑面积、主要设备、配套工程、设计定员等是否符合原批准可行性研究报告或立项批文的标准（若超过则可能增加投资），当概算总投资超过原批准投资估算 10%以上时应进一步审查超估算的原因；审查设备规格、数量和配置；审查工程费，建筑安装工程投资是随工程量增加而增加的，因此要认真审查，要根据初步设计图纸、概算定额及工程量计算规则、专业设备材料表、建构筑物和总图运输一览表进行审查，看其有无多算、重算、漏算问题；审查计价指标；审查其他费用。

审查设计概算的方法主要有查询核实法、对比分析法、主要问题复核法、分类整理法、联合会审法等。

（1）查询核实法。查询核实法是对一些关键设备和设施、重要装置、引进工程图纸不全、难以核算的较大投资进行多方查询核对，逐项落实的方法。主要设备的市场价向设备供应部门或招标公司查询核实；重要生产装置、设施向同类企业（工程）查询了解；引进设备价格及有关费税向进出口公司调查落实；复杂的建筑安装工程向同类工程的建设、承包、施工单位征求意见；深度不够或不清楚的问题直接向原概算编制人员、设计者询问清楚。

（2）对比分析法。通过建设规模、标准与立项批文对比；工程数量与设计图纸对比，综合范围、内容与编制方法、规定对比；各项取费与规定标准对比，材料、人工单价与统一信息对比；引进投资与报价要求对比；技术经济指标与同类工程对比等，容易发现设计概算存在的主要问题和偏差。对比分析法能较快较好地判别设计概算的偏差程度和准确性。

（3）主要问题复核法。复核法可对审查中发现的主要问题、偏差大的工程进行复核，对重要、关键设备和生产装置或投资较大的项目进行复查。复核时应尽量按照编制规定或对照图纸进行详细核算，慎重、公正地纠正概算偏差。

（4）分类整理法。分类整理法的特点是对审查中发现的问题和偏差，对照单项、单位工程的顺序目录，先按设备费、安装费、建筑费和工程建设其他费用分类整理。然后按照静态投资、动态投资和铺底流动资金三大类，汇总核增或核减的项目及其投资额。最后将具体审核数据，按照"原编概算"、"审核结果"、"增减投资"、"增减幅度"四栏列表，并照原总概算表汇总顺序，将增减项目逐一列出，相应调整所属项目投资合计，然后再依汇总审核后的总投资增减投资额。

（5）联合会审法。采用联合会审法时应遵守相关规定。在联合会审前可先采取多种形式审查，包括设计单位自审，主管、建设、承包单位初审，工程造价咨询公司评审，邀请同行专家预审，审批部门复核等，经层层审查把关后，由有关单位和专家进行会审。

思考题与习题

1. 简述设计概算的基本特点及作用。
2. 简述一般土建工程概算的编制方法。
3. 简述设备及安装工程概算的编制方法。
4. 对单项工程综合概算的编制有哪些基本要求？
5. 简述工程建设其他费用概算的基本要求。
6. 建设项目总概算的基本内容有哪些？
7. 简述设计概算审查的特点与基本要求。

第7章 工程竣工结算和竣工决算的特点与基本要求

7.1 工程竣工结算的作用与特点

7.1.1 工程结算的特点

工程结算是指在工程建设的经济活动中，由于劳务供应、建筑材料、设备及工器具的购买、工程价款的支付和资金划拨等经济往来而发生的以货币形式表现的工程经济文件。工程结算按其内容的不同可分为工程价款结算、设备及工器具购置结算、劳务供应结算、其他货币资金结算等。

工程价款结算具有重要意义。工程价款结算数额是反映工程进度的主要指标，工程价款结算活动是加速资金周转的重要环节，工程价款结算文件是考核经济效益的重要依据。

工程价款的主要结算方式有以下五种，即按月结算、竣工后一次结算、分段结算、目标结款方式、结算双方约定的其他结算方式。

（1）按月结算。按月结算是指实行旬末或月中预支、月终结算、竣工后清算的办法。跨年度竣工的工程在年终进行工程盘点、办理年度结算。

（2）竣工后一次结算。建设项目或单项工程全部建筑安装工程建设期在 12 个月以内或者工程承包合同价值在 100 万元以下的可以实行工程价款每月月中预支、竣工后一次结算的方式。

（3）分段结算。分段结算是指当年开工、当年不能竣工的单项或单位工程按照工程形象进度，划分不同阶段进行结算。分段结算可以按月预支工程款。分段的划分标准由国务院各部门或省级政府、计划单列市给出规定。

（4）目标结款方式。目标结款方式是指将合同中的工程内容分解成不同的验收单元，当承包商完成单元工程内容并经业主（或其委托人）验收后，业主支付构成单元工程的工程价款。其实质是运用合同手段、财务手段对工程的完成进行主动控制。

（5）结算双方约定的其他结算方式。采用结算双方约定的其他结算方式时应按约定进行。

工程价款结算的作用主要体现在以下六个方面，即确定施工企业货币收入、补充资金消耗；作为统计施工企业完成生产计划的依据；作为确定工程实际成本的依据；作为建设单位编制工程竣工决算的依据；是甲乙双方所承担的合同义务和经济责任了结的标志；是审计部门对竣工决算进行审计的依据。

工程价款结算的内容主要有以下五类，即按工程承包合同或协议办理预付备料款；按工程承包合同确定的结算方式开列月（或阶段）施工作业计划和工程价款预支单，办理工程预支款；月末（或阶段完成）呈报工程月（或阶段）报表和工程价款结算单，办理已完工程价款结算；单位工程竣工时编制单位工程竣工书、办理单位工程竣工结算；单项工程竣工时办理单项工程结算。

7.1.2 工程竣工结算的特点

工程竣工结算是指施工企业按照合同规定的内容全部完成所承包的工程，经验收质量合格，向发包单位进行的最终工程价款结算。在实际工作中，当年开工、当年竣工的工程只需办理一次性结算，跨年度的工程在年终办理一次年终结算将未完工程转到下一年度（此时竣工结算等于各年度结算的总和）。

　　工程竣工结算的主要作用主要体现在以下五个方面，即工程竣工结算是确定工程最终造价，施工单位与建设单位结清工程价款并完结经济合同责任的依据；工程竣工结算为施工单位确定工程的最终收入，是进行经济核算和考核工程成本的依据；工程竣工结算反映了建筑安装工作量和工程实物量的实际完成情况，是统计竣工率的依据；工程竣工结算是建设单位落实投资完成额的依据，是结算工程价款和施工单位与建设单位从财务方面处理账务往来的依据；工程竣工结算是建设单位编制竣工决算的基础资料。

　　工程竣工结算的编制原则主要体现在以下四个方面，即要对办理竣工结算的项目进行全面的清点（包括工程数量、工程质量等），这些内容都必须符合设计及验收规范要求；施工企业应本着对国家负责的态度和实事求是的精神正确地确定工程最终造价，反对巧立名目、高估乱要的不正之风；严格按照国家或地区的定额、取费标准、调价系数以及工程合同（或协议书）的要求编制结算书；编制竣工结算书应按编制程序和方法进行。

　　工程竣工结算的编制依据主要有以下五类，即工程竣工报告和工程竣工验收单；工程承包合同或施工协议书；施工图预算及修正预算书；设计变更通知书及现场施工变更签证；合同中规定的预算定额、间接费定额、材料预算价格、构件、成品价格以及国家或地区新颁发的有关规定。

　　工程竣工结算的编制方法主要有预算结算方式和包干承包结算方式。

　　（1）预算结算方式

　　预算结算方式的特点是根据在审定的施工图预算基础上，凡承包合同和文件规定允许调整，在施工活动中发生的而原施工图预算未包括的工程项目或费用，依据原始资料的计算，经建设单位审核签认的在原施工图预算上做出调整。编制竣工结算的具体增减调整内容一般有工程量量差、价差、费用调整等。

　　① 工程量量差。工程量量差是指施工图预算所列分项工程量与实际完成的分项工程量不相符而需要增加或减少的工程量。造成这部分量差的原因一般是由于建设单位或施工单位提出的设计变更，施工中遇到需要处理的问题而引起的设计变更，施工图预算分项工程量不准确等。应当按合同的规定根据建设单位与施工单位双方签证的现场记录进行调整。

　　② 价差。价差是指由于材料代用发生的价格差额或材料实际价格与预算价格存在的价差。在工程结算中，价差的调整范围、方法应按当地主管部门颁布的有关规定办理，不允许调整材料差价的不得调整。有些省规定地方材料和市场采购材料由施工单位按预算价格包干；建设单位供应材料按预算价格划拨给施工单位的，在工程结算时不调整材料价差，其价差由建设单位单独核算，在工程竣工决算时摊入工程成本；由施工单位采购国拨、部管材料价差应按承包合同和现行文件规定办理。

　　③ 费用调整。费用调整是指由于工程量的增减而要相应地调整应取的各项费用。除规定价差调整系数可以计取间接费外，一般不调整间接费。

　　（2）包干承包结算方式

　　由于招投标承包制的推行，工程造价一次性包干、概算包干、施工图预算加系数包干、房屋建筑平方米造价包干等结算方式逐步代替了长期按预算结算的方式。包干承包结算方式只需根据承包合同规定的"活口"，允许调整的进行调整，不允许调整的不得调整。这种结算方法，大大地简化了工程竣工结算手续。

7.1.3　按月结算建安工程价款的一般程序

　　按月结算建安工程价款的一般程序是预付备料款（应关注预付备料款的限额、备料款的扣回问题）、中间结算、竣工结算。

1. 预付备料款

施工企业承包工程一般都实行包干包料，这就需要有一定数量的备料周转金。在工程承包合同条款中，一般要明文规定发包单位（甲方）在开工前拨付给承包单位（乙方）一定限额的工程预付备料款。此预付款构成施工企业为该承包工程项目储备主要材料、结构件所需的流动资金。

（1）预付备料款的限额。预付备料款限额由下列主要因素决定，即主要材料（包括外购构件）占工程造价的比重、材料储备期、施工工期。对于施工企业常年应备的备料款限额。其相关计算式为【备料款限额】=【年度承包工程总值】×【主要材料所占比重】×【材料储备天数】/【年度施工日历天数】、【某材料储备天数】=（【经常储备量】+【安全储备量】）/【平均日需要量】。若某房地产开发企业开发的一个住宅楼施工图预算造价为 300 万元、计划工期为 320 天，预算价值中的材料费占 65%，材料储备期为 100 天，则甲方应向乙方付备料款的金额为 300×0.65×100/320=60.94（万元）。在实际工作中，为简化计算，工程预付款限额可用工程总造价乘以预付备料款额度求得，即【工程预付备料款限额】=【工程总造价】×【工程预付款额度】，其中，工程预付款额度是根据各地区工程类别、施工工期以及供应条件确定的。一般建筑工程不应超过当年建筑工作量（包括水、电、暖）的 30%；安装工程按年安装工作量的 10%；材料占比重较多的安装工作按年计划产值的 15% 左右拨付。

（2）备料款的扣回。发包单位拨付给承包单位的备料款属于预支性质。当工程进展到一定阶段，需要储备的材料越来越少，建设单位应将工程预付款逐渐从工程进度款中扣回，并在工程竣工结算前全部收完。扣款的方法是从未施工工程尚需的主要材料及构件的价值相当于备料款数额时起扣，从每次结算工程价款中按材料比重抵扣工程价款、竣工前全部扣清。工程备料款的起扣造价是指工程备料款起扣时的工程造价，即工程进行到什么时候就应该开始起扣工程备料款，应当说当未完工程所需要的材料费正好等于工程备料款时开始起扣，可知预付备料款起扣点的计算式为【未施工工程主要材料及结构件价值】=【预付备料款】。工程备料款的起扣时间是指工程备料款起扣时的工程进度，其相关计算式为【工程备料款的起扣进度】={【工程备料款的起扣造价】/【工程总造价】}×100%。

2. 中间结算

中间结算是指施工企业在工程建设过程中按逐月完成的分部分项工程数量计算事项费用向建设单位办理中间结算手续。按照有关规定，工程项目总造价中应预留出一定比例的尾留款作为质量保修费用（又称保留金），待工程项目保修期结束后最后拨付。尾留款的扣除一般是当工程进度款拨付累计额达到该建安工程造价的一定比例（一般为 95%～97%）时停止支付，预留造价部分作为尾留款，在工程竣工办理竣工结算时最后拨款。

3. 竣工结算

竣工结算是一项建安工程的最终工程价款结算。在结算时，若因某些条件使合同工程价款发生变化，需按规定对合同价款时行调整。在实际工作中，当年开工、当年竣工的工程只需办理一次性结算。跨年度工程在年终办理一次年终结算，将未完工程转结到下一年度，此时竣工结算等于各年结算的总和。

若某建筑工程承包合同总额为 600 万元，计划 2016 年上半年内完工，主要材料及结构件金额占工程造价的 62.5%，预付备料款额度为 25%，2016 年上半年各月实际完成施工产值见表 7-1-1，

表 7-1-1　2016 年上半年各月实际完成施工产值（单位：万元）

二月	三月	四月	五月（竣工）
100	140	180	180

按月结算工程款的确定过程依次为【预付备料款】=600%×25%=150（万元）；确定预付备料款的起扣造价，【开始扣回预付备料款时的工程价值】=600−240=360（万元），当累计结算工程款为360万元后开始扣备料款；二月完成产值100万元，结算100万元；三月完成产值140万元，结算140万元，累计结算工程款240万元；四月完成产值180万元，到四月份累计完成产值420万元，超过了预付备料款的起扣造价，四月份应扣回的预付备料款=（420−360）×62.5%=37.5（万元），四月份结算工程款=180−37.5=142.5（万元），累计结算工程款382.5万元；五月份完成产值180万元，应扣回预付备料款=180×62.5%=112.5（万元），应扣5%的预留款=600×5%=30（万元），五月份结算工程款=180−112.5−30=37.5（万元），累计结算工程款420万元，加上预付备料款150万元，共结算570万元；预留合同总额的5%作为保留金。

7.2 工程竣工决算的作用与特点

工程竣工决算是在建设项目或单项工程完工后由建设单位财务及有关部门以竣工结算等资料为基础编制的反映整个建设项目从筹建到工程竣工验收投产全部实际支出费用的文件，包括建筑工程费用、安装工程费用、设备工器具购置费用、工程建设其他费用以及预备费和投资方向调节税支出费用等。

工程竣工决算举足轻重具有的作用，可全面地反映竣工项目的实际建设情况和财务情况，有利于节约基建投资，有利于经济核算，可考核竣工项目设计概算的执行情况。

竣工决算的内容包括竣工财务决算说明书、竣工财务决算报表、工程竣工图和工程造价对比分析四个部分，前两个部分又称为建设项目竣工财务决算（是竣工决算的核心内容和重要组成部分）。

工程竣工决算的编制依据主要有以下10个方面的资料，即经批准的可行性研究报告及其投资估算书；经批准的初步设计或扩大初步设计及其概算或修正概算书；经批准的施工图设计及其施工图预算书；设计交底或图纸会审会议纪要；招投标的标底、承包合同、工程结算资料；施工记录或施工签证单及其他施工发生的费用记录，比如索赔报告与记录、停（交）工报告等；竣工图及各种竣工验收资料；历年基建资料、历年财务决算及批复文件；设备、材料调价文件和调价记录；有关财务核算制度、办法和其他有关资料、文件等。

工程竣工决算的编制方法应遵守相关规定，应全面收集、整理、分析原始资料；应认真进行工程对照、核实工程变动情况，应重新核实各单位工程、单项工程造价；经审定的待摊投资、其他投资，待核销基建支出和非经营项目的转出投资应按有关规定要求严格划分和核定后分别计入相应的基建支出（占用）栏目内；编制竣工财务决算说明书应力求内容全面、简明扼要、文字流畅、说明问题；应认真填报竣工财务决算报表；应认真做好工程造价对比分析工作；应认真清理、装订好竣工图；应及时按国家规定上报审批、存档。

工程竣工结算与竣工决算的关系在于编制单位不同（竣工结算是由施工单位编制的，竣工决算是由建设单位编制的）、编制范围不同（竣工结算主要是针对单位工程编制的，单位工程竣工后便可以进行编制，而竣工决算则是针对建设项目编制的，必须在整个建设项目全部竣工后才可以进行编制）、编制作用不同。竣工结算是建设单位与施工单位结算工程价款的依据，是核实施工企业生产成果、考核工程成本的依据，是施工企业确定经营活动最终收入的依据，是建设单位编制建设项目竣工决算的依据。而竣工决算是建设单位考核基本建设基本效果的依据，是正确确定固定资产价值和正确计算固定资产折旧费的依据，同时，也是建设项目竣工验收委员会或验收小组对建设项目进行验收交付使用的依据。

思考题与习题

1. 工程结算的特点是什么？
2. 工程竣工结算的特点是什么？
3. 简述按月结算建安工程价款的一般程序。
4. 简述工程竣工决算的作用与特点。

第8章 我国现行的工程量清单计价体系

我国现行的工程量清单计价体系是《建设工程工程量清单计价规范（GB 50500—2013）》，2016年5月1日营业税改征增值税试点后又做了相应的调整。《建设工程工程量清单计价规范（GB 50500—2013）》是根据我国现行《中华人民共和国建筑法》、《中华人民共和国合同法》、《中华人民共和国招标投标法》等法律法规制定的，其作用在于规范建设工程造价计价行为、统一建设工程计价文件的编制原则和计价方法。《建设工程工程量清单计价规范（GB 50500—2013）》适用于建设工程发、承包及实施阶段的计价活动。建设工程发、承包及实施阶段的工程造价应由分部分项工程费、措施项目费、其他项目费、规费和税金组成（2016年5月1日营业税改征增值税试点后就不存在"规费和税金"问题了）。招标工程量清单、招标控制价、投标报价、工程计量、合同价款调整、合同价款结算与支付以及工程造价鉴定等工程造价文件的编制与核对应由具有专业资格的工程造价人员承担。承担工程造价文件编制与核对的工程造价人员及其所在单位应对工程造价文件的质量负责。建设工程发、承包及实施阶段的计价活动应遵循"客观、公正、公平"的原则。建设工程发、承包及实施阶段的计价活动除应符合《建设工程工程量清单计价规范（GB 50500—2013）》规定外还应符合国家现行其他相关标准的规定。

8.1 我国现行工程量清单计价体系中的基本术语

我国现行工程量清单计价体系涉及许多专有名词。工程量清单是指载明建设工程分部分项工程项目、措施项目、其他项目的名称和相应数量以及规费、税金项目等内容的明细清单（2016年5月1日营业税改征增值税试点后就不存在"规费和税金"问题了）。招标工程量清单是指招标人依据国家标准、招标文件、设计文件以及施工现场实际情况编制的随招标文件发布的供投标报价的工程量清单，包括其说明和表格。已标价工程量清单是指构成合同文件组成部分的投标文件中已标明价格经算术性错误修正（如有）且承包人已确认的工程量清单，包括其说明和表格。分部工程是单项或单位工程的组成部分，是按结构部位、路段长度及施工特点或施工任务将单项或单位工程划分为若干分部的工程。分项工程是分部工程的组成部分，是按不同施工方法、材料、工序及路段长度等将分部工程划分为若干个分项或项目的工程。措施项目是指为完成工程项目施工而发生于该工程施工准备和施工过程中的技术、生活、安全、环境保护等方面的项目。项目编码是指分部分项工程和措施项目清单名称的阿拉伯数字标识。项目特征是指构成分部分项工程项目、措施项目自身价值的本质特征。综合单价是指完成一个规定清单项目所需的人工费、材料和工程设备费、施工机具使用费和企业管理费、利润、规费、税金以及一定范围内的风险费用。风险费用是指隐含于已标价工程量清单综合单价中，用于化解发、承包双方在工程合同中约定内容和范围内的市场价格波动风险的费用。

工程成本是指承包人为实施合同工程并达到质量标准，在确保安全施工的前提下，必须消耗或使用的人工、材料、工程设备、施工机械台班及其管理等方面发生的费用和按规定缴纳的规费和税金。单价合同是指发、承包双方约定以工程量清单及其综合单价进行合同价款计算、调整和确认的建设工程施工合同。总价合同是指发、承包双方约定以施工图及其预算和有关条件进行合同价款计算、调整和确认的建设工程施工合同。成本加酬金合同是指承包双方约定以施工工程成本再加合同约定酬金进行合同价款计算、调整计算、调整和确认的建设工程施工合同。

工程造价信息是指工程造价管理机构根据调查和测算发布的建设工程人工、材料、工程设备、施工机械台班的价格信息，以及各类工程的造价指数、指标。工程造价指数是指反映一定时期的工程造价相对于某一固定时期的工程造价变化程度的比值或比率，包括按单位或单项工程划分的造价指数，按工程造价构成要素划分的人工、材料、机械等价格指数。

工程变更是指合同工程实施过程中由发包人提出或由承包人提出经发包人批准的合同工程任何一项工作的增、减、取消或施工工艺、顺序、时间的改变；设计图纸的修改；施工条件的改变；因招标工程量清单的错、漏而引起合同条件的改变或工程量的增减变化。工程量偏差是指承包人按照合同工程的图纸（含经发包人批准由承包人提供的图纸）实施，按照现行国家计量规范规定的工程量计算规则计算得到的完成合同工程项目应予计量的工程量与相应的招标工程量清单项目列出的工程量之间出现的量差。

暂列金额是指招标人在工程量清单中暂定并包括在合同价款中的一笔款项，其主要用于工程合同签订时尚未确定或者不可预见的所需材料、工程设备、服务的采购；施工中可能发生的工程变更、合同约定调整因素出现时的合同价款调整以及发生的索赔、现场签证确认等的费用。暂估价是指招标人在工程量清单中提供的用于支付必然发生但暂时不能确定价格的材料、工程设备的单价以及专业工程的金额。计日工是指在施工过程中承包人完成发包人提出的工程合同范围以外的零星项目或工作，按合同中约定的单价计价的一种方式。总承包服务费是指总承包人为配合协调发包人进行的专业工程发包而对发包人自行采购的材料、工程设备等进行保管以及施工现场管理、竣工资料汇总整理等服务所需的费用。安全文明施工费是指在合同履行过程中承包人按照国家法律、法规、标准等规定为保证安全施工、文明施工，保护现场内外环境和搭拆临时设施等所采用的措施而发生的费用。索赔是指在工程合同履行过程中合同当事人一方因非己方的原因而遭受损失，按合同约定或法律法规规定承担责任，从而向对方提出补偿的要求。现场签证是指发包人现场代表（或其授权的监理人、工程造价咨询人）与承包人现场代表就施工过程中涉及的责任事件所做的签认证明。提前竣工（赶工）费是指承包人应发包人的要求而采取加快工程进度措施、使合同工程工期缩短而由此产生的应由发包人支付的费用。误期赔偿费是指承包人未按合同工程的计划进度施工而导致实际工期超过合同工期（包括经发包人批准的延长工期），承包人应向发包人赔偿损失的费用。不可抗力是指发、承包双方在工程合同签订时不能预见的，对其发生的后果不能避免且不能克服的自然灾害和社会性突发事件。

工程设备是指构成或计划构成永久工程一部分的机电设备、金属结构设备、仪器装置及其他类似的设备和装置。缺陷责任期是指承包人对已交付使用的合同工程承担合同约定的缺陷修复责任的期限。质量保证金是指发、承包双方在工程合同中约定，从应付合同价款中预留，用以保证承包人在缺陷责任期内履行缺陷修复义务的金额。费用是指承包人为履行合同所发生或将要发生的所有合理开支，包括管理费和应分摊的其他费用，但不包括利润。利润是指承包人完成合同工程获得的盈利。企业定额是指施工企业根据本企业的施工技术、机械装备和管理水平而编制的人工、材料和施工机械台班等消耗标准。规费是指根据国家法律、法规规定，由省级政府或省级政府有关权力部门规定施工企业必须缴纳的，应计入建筑安装工程造价的费用。税金是指国家税法规定的应计入建筑安装工程造价内的营业税、城市维护建设税、教育费附加和地方教育附加。

发包人是指具有工程发包主体资格和支付工程价款能力的当事人以及取得该当事人资格的合法继承人，有时又称招标人。承包人是指被发包人接受的具有工程施工承包主体资格的当事人以及取得该当事人资格的合法继承人，有时又称投标人。工程造价咨询人是指取得工程造价咨询资质等级证书，接受委托从事建设工程造价咨询活动的当事人以及取得该当事人资格的合法继承人。

造价工程师是指取得造价工程师注册证书,在一个单位注册、从事建设工程造价活动的专业人员。造价员是指取得全国建设工程造价员资格证书,在一个单位注册、从事建设工程造价活动的专业人员。

单价项目是指工程量清单中以单价计价的项目,即根据合同工程图纸(含设计变更)和相关工程现行国家计量规范规定的工程量计算规则进行计量,且按已标价工程量清单相应综合单价进行价款计算的项目。总价项目是指工程量清单中以总价计价的项目,即此类项目在相关工程现行国家计量规范中无工程量计算规则,以总价(或计算基础乘以费率)计算的项目。工程计量是指发、承包双方根据合同约定对承包人完成合同工程的数量进行的计算和确认。工程结算是指发、承包双方根据合同约定,对合同工程在实施中、终止时、已完工后进行的合同价款计算、调整和确认,包括期中结算、终止结算、竣工结算。

招标控制价是指招标人根据国家或省级政府或行业建设主管部门颁发的有关计价依据和办法,以及拟定的招标文件和招标工程量清单,结合工程具体情况编制的招标工程的最高投标限价。投标价是指投标人投标时响应招标文件要求所报出的对已标价工程量清单汇总后标明的总价。签约合同价(合同价款)是指发、承包双方在工程合同中约定的工程造价,即包括了分部分项工程费、措施项目费、其他项目费、规费和税金的合同总金额。

预付款是指在开工前发包人按照合同约定预先支付给承包人用于购买合同工程施工所需的材料、工程设备,以及组织施工机械和人员进场等的款项。进度款是指在合同工程施工过程中发包人按照合同约定对付款周期内承包人完成的合同价款给予支付的款项,也是合同价款的期中结算支付。合同价款调整是指在合同价款调整因素出现后,发、承包双方根据合同约定,对合同价款进行变动的提出、计算和确认。竣工结算价是指发、承包双方依据国家有关法律、法规和标准规定,按照合同约定确定的,包括在履行合同过程中按合同约定进行的合同价款调整,是承包人按合同约定完成了全部承包工作后发包人应付给承包人的合同总金额。工程造价鉴定是指工程造价咨询人接受人民法院、仲裁机关委托对施工合同纠纷案件中的工程造价争议运用专门知识进行鉴别、判断和评定并提供鉴定意见的活动,也称工程造价司法鉴定。

8.2　我国现行工程量清单计价体系的基本特点与要求

8.2.1　计价方式的特点与基本要求

使用国有资金投资的建设工程发、承包必须采用工程量清单计价。非国有资金投资的建设工程宜采用工程量清单计价。不采用工程量清单计价的建设工程应遵守《建设工程工程量清单计价规范(GB 50500—2013)》除工程量清单等专门性规定以外的其他规定。工程量清单应采用综合单价计价。措施项目中的安全文明施工费必须按国家或省级政府或行业建设主管部门的规定计算,不得作为竞争性费用。规费和税金必须按国家或省级政府或行业建设主管部门的规定计算,不得作为竞争性费用(2016年5月1日营业税改征增值税试点后就不存在"规费和税金"问题了,因此,该项规定也就不存在了)。

8.2.2　发包人提供材料和工程设备时的相关要求

发包人提供的材料和工程设备(以下简称甲供材料)应在招标文件中按《建设工程工程量清单计价规范(GB 50500—2013)》附录的规定填写《发包人提供材料和工程设备一览表》,并应写明甲供材料的名称、规格、数量、单价、交货方式、交货地点等事宜。承包人投标时甲供材料单价应计入相应项目的综合单价中，签约后发包人应按合同约定扣除甲供材料款、不予支付。承包人应根据合同工程进度计划的安排向发包人提交甲供材料交货的日期计划，发包人应按计划提供。发包人提供的甲供材料的规格、数量或质量等不符合合同要求，或由于发包人原因发生交货日期延误、交货地点及交货方式变更等情况的发包人应承担由此增加的费用和（或）工期延误并应向承包人支付合理利润。发、承包双方对甲供材料的数量发生争议不能达成一致的应按相关工程的计价定额同类项目规定的材料消耗量计算。若发包人要求承包人采购已在招标文件中确定为甲供材料的，材料价格应由发、承包双方根据市场调查确定并应另行签订补充协议。

8.2.3　承包人提供材料和工程设备时的相关要求

除合同约定的发包人提供的甲供材料外，合同工程所需的材料和工程设备应由承包人提供，承包人提供的材料和工程设备均应由承包人负责采购、运输和保管。承包人应按合同约定将采购材料和工程设备的供货人及品种、规格、数量和供货时间等提交发包人确认并负责提供材料和工程设备的质量证明文件、满足合同约定的质量标准。对承包人提供的材料和工程设备经检测不符合合同约定的质量标准时，发包人应立即要求承包人更换，由此增加的费用和（或）工期延误应由承包人承担。对发包人要求检测承包人已具有合格证明的材料、工程设备，但经检测证明该项材料、工程设备符合合同约定的质量标准时，发包人应承担由此增加的费用和（或）工期延误并向承包人支付合理利润。

8.2.4　计价风险问题的处理

建设工程发、承包必须在招标文件、合同中明确计价中的风险内容及其范围，不得采用无限风险、所有风险或类似语句规定计价中的风险内容及范围。由于以下 3 方面因素出现而影响合同价款调整的应由发包人承担，即国家法律、法规、规章和政策发生变化；省级政府或行业建设主管部门发布的人工费调整，但承包人对人工费或人工单价的报价高于发布的除外；对由政府定价或政府指导价管理的原材料等价格进行了调整。因承包人原因导致工期延误的，应按《建设工程工程量清单计价规范（GB 50500—2013）》的相关规定执行。由于市场物价波动影响合同价款的应由发、承包双方合理分摊，并应按《建设工程工程量清单计价规范（GB 50500—2013）》附录填写《承包人提供主要材料和工程设备一览表》作为合同附件，当合同中没有约定而发、承包双方发生争议时应按《建设工程工程量清单计价规范（GB 50500—2013）》的相关规定调整合同价款。由于承包人使用机械设备、施工技术以及组织管理水平等自身原因造成施工费用增加的应由承包人全部承担。当因不可抗力发生而影响合同价款时应按《建设工程工程量清单计价规范（GB 50500—2013）》的相关规定进行处理。

8.3　工程量清单编制的基本原则

招标工程量清单应由具有编制能力的招标人或受其委托、具有相应资质的工程造价咨询人编制。招标工程量清单必须作为招标文件的组成部分，其准确性和完整性应由招标人负责。招标工程量清单是工程量清单计价的基础，应作为编制招标控制价、投标报价、计算或调整工量、索赔等的依据之一。招标工程量清单应以单位（项）工程为单位编制，应由分部分项工程项目清单、措施项目清单、其他项目清单、规费和税金项目清单组成。编制招标工程量清单的依据应包括《建设工程工程量清单计价规范（GB 50500—2013）》和相关工程的国家计量规范；国家或省级政府或行业建设主管部门颁发的计价定额和办法；建设工程设计文件及相关资料；与建设工程有关的标准、规范、技术资料；拟定的招标文件；施工现场情况、地勘水文资料、工程特点及常规施工方案；其他相关资料。

（1）分部分项工程项目。分部分项工程项目清单必须载明项目编码、项目名称、项目特征、计量单位和工程量。分部分项工程项目清单必须根据相关工程现行国家计量规范规定的项目编码、项目名称、项目特征、计量单位和工程量计算规则进行编制。

（2）措施项目。措施项目清单必须根据相关工程现行国家计量规范的规定编制。措施项目清单应根据拟建工程的实际情况列项。

（3）其他项目。其他项目清单应按以下 4 方面内容列项，即暂列金额；暂估价，包括材料暂估单价、工程设备暂估单价、专业工程暂估价；计日工；总承包服务费。暂列金额应根据工程特点按有关计价规定估算。暂估价中的材料、工程设备暂估单价应根据工程造价信息或参照市场价格估算并列出明细表，专业工程暂估价应分不同专业按有关计价规定估算并列出明细表。计日工应列出项目名称、计量单位和暂估数量。总承包服务费应列出服务项目及其内容等。出现前述未列的项目时应根据工程实际情况补充。

（4）规费。规费项目清单应按以下 3 方面内容列项，即社会保险费，包括养老保险费、失业保险费、医疗保险费、工伤保险费、生育保险费；住房公积金；工程排污费。出现前述未列的项目时应根据省级政府或省级政府有关部门的规定列项。2016 年 5 月 1 日营业税改征增值税试点后就不再存在"规费"问题了。

（5）税金。税金项目清单应包括以下 4 方面内容，即营业税；城市维护建设税；教育费附加；地方教育附加。出现前述未列的项目时应根据税务部门的规定列项。2016 年 5 月 1 日营业税改征增值税试点后就不再存在"税金"问题了。

8.4 招标控制价编制的基本原则

对于国有资金投资的建设工程招标，招标人必须编制招标控制价。招标控制价应由具有编制能力的招标人或受其委托具有相应资质的工程造价咨询人编制和复核。工程造价咨询人接受招标人委托编制招标控制价时，不得再就同一工程接受投标人委托编制投标报价。招标控制价应按《建设工程工程量清单计价规范（GB 50500—2013）》的相关规定编制，不应上调或下浮。当招标控制价超过批准的概算时，招标人应将其报原概算审批部门审核。招标人应在发布招标文件时公布招标控制价，同时应将招标控制价及有关资料报送工程所在地或有该工程管辖权的行业管理部门工程造价管理机构备查。

1. 招标控制价的编制与复核

招标控制价应根据以下 7 方面依据进行编制与复核，即《建设工程工程量清单计价规范（GB 50500—2013）》；国家或省级政府或行业建设主管部门颁发的计价定额和计价办法；建设工程设计文件及相关资料；拟定的招标文件及招标工程量清单；与建设项目相关的标准、规范、技术资料；施工现场情况、工程特点及常规施工方案；工程造价管理机构发布的工程造价信息，工程造价信息没有发布时应参照市场价；其他相关资料。综合单价中应包括招标文件中划分的应由投标人承担的风险范围及其费用，招标文件中没有明确的而由工程造价咨询人编制时应提请招标人明确（若由招标人编制则应予明确）。分部分项工程和措施项目中的单价项目应根据拟定的招标文件和招标工程量清单项目中的特征描述及有关要求确定综合单价计算方法。措施项目中的总价项目应根据拟定的招标文件和常规施工方案按《建设工程工程量清单计价规范（GB 50500—2013）》相关规定计价。其他项目应按以下 5 条规定计价，即暂列金额应按招标工程量清单中列出的金额填写；暂估价中的材料、工程设备单价应按招标工程量清单中列出的单价计入综合单价；暂估价中的专业工程金额应按招标工程量清单中列出的金额填写；计日工应按招标工程量清单中列出的项目根据工程特点和有关计价依据确定综合单价计算方法；总承包服务费应根据招标工程量清单列出的内容和要求估算。规费和税金应按《建设工程工程量清单计价规范（GB 50500—2013）》的规定计算（2016 年 5 月 1 日营业税改征增值税试点后就不存在"规费和税金"问题了）。

2．投诉与处理

投标人经复核认为招标人公布的招标控制价未按《建设工程工程量清单计价规范（GB 50500—2013）》的规定进行编制的应在招标控制价公布后 5 天内向招投标监督机构和工程造价管理机构投诉。投标人投诉时应当提交由单位盖章和法定代表人或其委托人签名或盖章的书面投诉书，投诉书应包括以下 4 方面内容，即投诉人与被投诉人的名称、地址及有效联系方式；投诉的招标工程名称、具体事项及理由；投诉依据及有关证明材料；相关的请求及主张。投诉人不得进行虚假、恶意投诉，不得阻碍招投标活动的正常进行。工程造价管理机构在接到投诉书后应在 2 个工作日内进行审查，对有下列 4 种情况之一的不予受理，即投诉人不是所投诉招标工程招标文件的收受人；投诉书提交的时间不符合《建设工程工程量清单计价规范（GB 50500—2013）》的规定；投诉书不符合《建设工程工程量清单计价规范（GB 50500—2013）》关于投诉方面的规定；投诉事项已进入行政复议或行政诉讼程序。工程造价管理机构应在不迟于结束审查的次日将是否受理投诉的决定书面通知投诉人、被投诉人以及负责该工程招投标监督的招投标管理机构。工程造价管理机构受理投诉后应立即对招标控制价进行复查并组织投诉人、被投诉人或其委托的招标控制价编制人等单位人员对投诉问题逐一核对，有关当事人应当予以配合且应保证所提供资料的真实性。工程造价管理机构应在受理投诉的 10 天内完成复查（特殊情况下可适当延长）并做出书面结论通知投诉人、被投诉人及负责该工程招投标监督的招投标管理机构。当招标控制价复查结论与原公布的招标控制价误差大于±3%时应责成招标人改正。招标人根据招标控制价复查结论需要重新公布招标控制价的其最终公布的时间至招标文件要求提交投标文件截止时间不足 15 天的应相应延长投标文件的截止时间。

8.5　投标报价编制的基本原则

投标价应由投标人或受其委托具有相应资质的工程造价咨询人编制。投标人应依据《建设工程工程量清单计价规范（GB 50500—2013）》的规定自主确定投标报价。投标报价不得低于工程成本。投标人必须按招标工程量清单填报价格，项目编码、项目名称、项目特征、计量单位、工程量必须与招标工程量清单一致。投标人的投标报价高于招标控制价的应予废标。

投标报价应根据以下 9 方面依据进行编制和复核，即《建设工程工程量清单计价规范（GB 50500—2013）》；国家或省级政府或行业建设主管部门颁发的计价办法；企业定额以及国家或省级政府或行业建设主管部门颁发的计价定额和计价办法；招标文件、招标工程量清单及其补充通知、答疑纪要；建设工程设计文件及相关资料；施工现场情况、工程特点及投标时拟定的施工组织设计或施工方案；与建设项目相关的标准、规范等技术资料；市场价格信息或工程造价管理机构发布的工程造价信息；其他的相关资料。综合单价中应包括招标文件中划分的应由投标人承担的风险范围及其费用，招标文件中没有明确的应提请招标人明确。分部分项工程和措施项目中的单价项目应根据招标文件和招标工程量清单项目中的特征描述确定综合单价计算方法。措施项目中的总价项目金额应根据招标文件及投标时拟定的施工组织设计或施工方案按《建设工程工程量清单计价规范（GB 50500—2013）》的相关规定自主确定，其中安全文明施工费应按《建设工程工程量清单计价规范（GB 50500—2013）》的规定确定。其他项目应按以下 5 条规定报价，即暂列金额应按招标工程量清单中列出的金额填写；材料、工程设备暂估价应按招标工程量清单中列出的单价计入综合单价；专业工程暂估价应按招标工程量清单中列出的金额填写；计日工应按招标工程量清单中列出的项目和数量自主确定综合单价并计算计日工金额；总承包服务费应根据招标工程量清单中列出的内容和提出的要求自主确定。规费和税金应按《建设工程工程量清单计价规范（GB 50500—2013）》的规定确定，2016 年 5 月 1 日营业税改征增值税试点后就不再存在"规费和税金"问题了。招标工程量清单与计价表中列明的所有需要填写单价和合价的项目投标人均应填写且只允许有一个报价，未填写单价和合价的项目可视为此项费用已包含在已标价工程量清单中其他项目的单价和合价之中了，竣工结算时此项目不得重新组价予以调整。投标总价应当与分部分项工程费、措施项目费、其他项目费和规费、税金的合计金额一致。

8.6　合同价款约定的基本原则

实行招标的工程合同价款应在中标通知书发出之日起 30 天内由发、承包双方依据招标文件和中标人的投标文件在书面合同中约定，合同约定不得违背招标、投标文件中关于工期、造价、质量等方面的实质性内容，招标文件与中标人投标文件不一致的地方应以投标文件为准。不实行招标的工程合同价款应在发、承包双方认可的工程价款基础上由发、承包双方在合同中约定。实行工程量清单计价的工程应采用单价合同，建设规模较小、技术难度较低、工期较短且施工图设计已审查批准的建设工程可采用总价合同，紧急抢险、救灾以及施工技术特别复杂的建设工程可采用成本加酬金合同。

发、承包双方应在合同条款中对以下 10 类事项进行约定，即预付工程款的数额、支付时间及抵扣方式；安全文明施工措施的支付计划、使用要求等；工程计量与支付工程进度款的方式、数额及时间；工程价款的调整因素、方法、程序、支付及时间；施工索赔与现场签证的程序、金额确认与支付时间；承担计价风险的内容、范围以及超出约定内容、范围的调整办法；工程竣工价款结算编制与核对、支付及时间；工程质量保证金的数额、预留方式及时间；违约责任以及发生合同价款争议的解决方法及时间；与履行合同、支付价款有关的其他事项等。合同中没有按《建设工程工程量清单计价规范（GB 50500—2013）》要求约定或约定不明的，若发、承包双方在合同履行中发生争议则应由双方协商确定，协商不能达成一致时应按《建设工程工程量清单计价规范（GB 50500—2013）》的规定执行。

8.7　工程计量的基本原则

工程量必须按相关工程现行国家计量规范规定的工程量计算规则计算。工程计量可选择按月或按工程形象进度分段计量，具体计量周期应在合同中约定。因承包人原因造成的超出合同工程范围施工或返工的工程量，发包人不予计量。成本加酬金合同应按《建设工程工程量清单计价规范（GB 50500—2013）》的相关规定计量。

1．单价合同的计量

工程量必须以承包人完成合同工程应予计量的工程量确定。施工中进行工程计量时若发现招标工程量清单中出现缺项、工程量偏差或因工程变更引起工程量增减则应按承包人在履行合同义务中完成的工程量计算。承包人应按照合同约定的计量周期和时间向发包人提交当期已完工程量报告，发包人应在收到报告后 7 天内核实并将核实计量结果通知承包人，发包人未在约定时间内进行核实的承包人提交的计量报告中所列的工程量应视为承包人实际完成的工程量。发包人认为需要进行现场计量核实时应在计量前 24 小时通知承包人，承包人应为计量提供便利条件并派人参加，当双方均同意核实结果时，双方应在上述记录上签字确认，承包人收到通知后不派人参加计量时视为认可发包人的计量核实结果，发包人不按照约定时间通知承包人致使承包人未能派人参加计量时，计量核实结果无效。当承包人认为发包人核实后的计量结果有误时，应在收到计量结果通知后的 7 天内向发包人提出书面意见并应附上其认为正确的计量结果和详细的计算资料，发包人收到书面意见后应在 7 天内对承包人的计量结果进行复核后通知承包人，承包人对复核计量结果仍有异议的应按合同约定的争议解决办法处理。承包人完成已标价工程量清单中每个项目的工程量并经发包人核实无误后，发、承包双方应对每个项目的历次计量报表进行汇总以核实最终结算工程量并应在汇总表上签字确认。

2. 总价合同的计量

采用工程量清单方式招标形成的总价合同其工程量应按《建设工程工程量清单计价规范（GB 50500—2013）》的相关规定计算。采用经审定批准的施工图纸及其预算方式发包形成的总价合同除按照工程变更规定的工程量增减外，其总价合同各项目的工程量应为承包人用于结算的最终工程量。总价合同约定的项目计量应以合同工程经审定批准的施工图纸为依据，发、承包双方应在合同中约定工程计量的形象目标或时间节点进行计量。承包人应在合同约定的每个计量周期内对已完成的工程进行计量并向发包人提交达到工程形象目标完成的工程量和有关计量资料的报告。发包人应在收到报告后 7 天内对承包人提交的上述资料进行复核以确定实际完成的工程量和工程形象目标，对其有异议时应通知承包人进行共同复核。

8.8　合同价款调整的基本原则

以下 15 类事项（但不限于）发生时，发、承包双方应按合同约定调整合同价款，即法律法规变化；工程变更；项目特征不符；工程量清单缺项；工程量偏差；计日工；物价变化；暂估价；不可抗力；提前竣工（赶工补偿）；误期赔偿；索赔；现场签证；暂列金额；发、承包双方约定的其他调整事项。出现合同价款调增事项（不含工程量偏差、计日工、现场签证、索赔）后的 14 天内承包人应向发包人提交合同价款调增报告并附上相关资料，承包人在 14 天内未提交合同价款调增报告的应视为承包人对该事项不存在调整价款请求。在出现合同价款调减事项（不含工程量偏差、索赔）后的 14 天内，发包人应向承包人提交合同价款调减报告并附相关资料，发包人在 14 天内未提交合同价款调减报告的应视为发包人对该事项不存在调整价款请求。发（承）包人应在收到承（发）包人合同价款调增（减）报告及相关资料之日起 14 天内对其核实，予以确认的应书面通知承（发）包人，有疑问时应向承（发）包人提出协商意见，发（承）包人在收到合同价款调增（减）报告之日起 14 天内未确认也未提出协商意见的应视为承（发）包人提交的合同价款调增（减）报告已被发（承）包人认可。发（承）包人提出协商意见的，承（发）包人应在收到协商意见后的 14 天内对其核实，予以确认的应书面通知发（承）包人，承（发）包人在收到发（承）包人的协商意见后 14 天内既不确认也未提出不同意见的应视为发（承）包人提出的意见已被承（发）包人认可。发包人与承包人对合同价款调整的不同意见不能达成一致的，只要对发、承包双方履约不产生实质影响则双方应继续履行合同义务直到其按照合同约定的争议解决方式得到处理。经发、承包双方确认调整的合同价款应作为追加（减）合同价款并与工程进度款或结算款同期支付。

1. 法律法规变化的处理方法

招标工程以投标截止日前 28 天、非招标工程以合同签订前 28 天为基准日，其后因国家的法律、法规、规章和政策发生变化引起工程造价增减变化的，发、承包双方应按照省级政府或行业建设主管部门或其授权的工程造价管理机构据此发布的规定调整合同价款。因承包人原因导致工期延误的按《建设工程工程量清单计价规范（GB 50500—2013）》规定的调整时间，在合同工程原定竣工时间之后合同价款调增的不予调整、合同价款调减的予以调整。

2. 工程变更的处理方法

因工程变更引起已标价工程量清单项目或其工程数量发生变化时应按以下 4 条规定调整，即已标价工程量清单中有适用于变更工程项目的应采用该项目的单价，但当工程变更导致该清单项目的工程数量发生变化且工程量偏差超过 15% 时，该项目单价应按《建设工程工程量清单计价规范（GB 50500—2013）》规定调整；已标价工程量清单中没有适用但有类似于变更工程项目的可在合理范围内参照类似项目的单价；已标价工程量清单中没有适用也没有类似于变更工程项目的应由承包人根据变更工程资料、计量规则和计价办法、工程造价管理机构发布的信息价格和承包人报价浮动率提出变更工程项目的单价并应报发包人确认后调整，承包人报价浮动率可按相关公式计算，招标工程的承包人报价浮动率 $L=（1-中标价/招标控制价）×100\%$，非招标工程的承包人报价浮动率 $L=（1-报价/施工图预算）×100\%$；已标价工程量清单中没有适用也没有类似于变更工程项目且工程造价管理机构发布的信息价格缺价的应由承包人根据变更工程资料、计量规则、计价办法和通过市场调查等取得有合法依据的市场价格提出变更工程项目的单价并应报发包人确认后调整。

工程变更引起施工方案改变并使措施项目发生变化时，承包人提出调整措施项目费的应事先将拟实施的方案提交发包人确认并应详细说明与原方案措施项目相比的变化情况，拟实施的方案经发、承包双方确认后执行并应按以下 3 条规定调整措施项目费，即安全文明施工费应按照实际发生变化的措施项目依据《建设工程工程量清单计价规范（GB 50500—2013）》的规定计算；采用单价计算的措施项目费应按实际发生变化的措施项目和《建设工程工程量清单计价规范（GB 50500—2013）》的规定确定单价；按总价（或系数）计算的措施项目费应按实际发生变化的措施项目调整但应考虑承包人报价浮动因素，即调整金额应按实际调整金额乘以《建设工程工程量清单计价规范（GB 50500—2013）》规定的承包人报价浮动率计算，若承包人未事先将拟实施的方案提交给发包人确认则应视为工程变更不引起措施项目费的调整或承包人放弃调整措施项目费的权利。

当发包人提出的工程变更因非承包人原因删减了合同中的某项原定工作或工程而致使承包人发生的费用或（和）得到的收益不能被包括在其他已支付或应支付的项目中，也未被包含在任何替代的工作或工程中时，承包人有权提出并应得到合理的费用及利润补偿。

3. 项目特征不符的处理方法

发包人在招标工程量清单中对项目特征的描述应被认为是准确的和全面的且与实际施工要求是相符合的，承包人应按发包人提供的招标工程量清单并根据项目特征描述的内容及有关要求实施合同工程直到项目被改变为止。承包人应按照发包人提供的设计图纸实施合同工程，若在合同履行期间出现设计图纸（含设计变更）与招标工程量清单任一项目的特征描述不符且该变化引起该项目工程造价增减变化的应按实际施工的项目特征和《建设工程工程量清单计价规范（GB 50500—2013）》相关条款的规定重新确定相应工程量清单项目的综合单价并调整合同价款。

4．工程量清单缺项的处理方法

合同履行期间由于招标工程量清单中缺项而新增分部分项工程清单项目的应按《建设工程工程量清单计价规范（GB 50500—2013）》的规定确定单价并调整合同价款。新增分部分项工程清单项目后引起措施项目发生变化的应按《建设工程工程量清单计价规范（GB 50500—2013）》规定在承包人提交的实施方案被发包人批准后调整合同价款。由于招标工程量清单中措施项目缺项，承包人应将新增措施项目实施方案提交发包人批准后按《建设工程工程量清单计价规范（GB 50500—2013）》的规定调整合同价款。

5．工程量偏差的处理方法

合同履行期间，当应予计算的实际工程量与招标工程量清单出现偏差且符合《建设工程工程量清单计价规范（GB 50500—2013）》规定时，发、承包双方应调整合同价款。任一招标工程量清单项目当因规定的工程量偏差和规定的工程变更等原因导致工程量偏差超过 15%时可进行调整，工程量增加 15%以上时增加部分的工程量的综合单价应予调低，工程量减少 15%以上时减少后剩余部分的工程量的综合单价应予调高。当工程量出现前述变化且该变化引起相关措施项目相应发生变化时，按系数或单一总价方式计价的其工程量增加的措施项目费应调增，工程量减少的措施项目费应调减。

6．计日工的处理方法

发包人通知承包人以计日工方式实施的零星工作，承包人应予执行。采用计日工计价的任何一项变更工作，在该项变更的实施过程中，承包人应按合同约定提交以下 5 类报表和有关凭证送发包人复核，即工作名称、内容和数量；投入该工作所有人员的姓名、工种、级别和耗用工时；投入该工作的材料名称、类别和数量；投入该工作的施工设备型号、台数和耗用台时；发包人要求提交的其他资料和凭证。

任一计日工项目持续进行时,承包人应在该项工作实施结束后的 24 小时内向发包人提交有计日工记录汇总的现场签证报告一式三份，发包人应在收到承包人提交现场签证报告后的 2 天内予以确认并将其中一份返还给承包人作为计日工计价和支付的依据，发包人逾期未确认也未提出修改意见的应视为承包人提交的现场签证报告已被发包人认可。任一计日工项目实施结束后，承包人应按照确认的计日工现场签证报告核实该类项目的工程数量并应根据核实的工程数量和承包人已标价工程量清单中的计日工单价计算提出应付价款，已标价工程量清单中没有该类计日工单价的应由发、承包双方按《建设工程工程量清单计价规范（GB 50500—2013）》的规定商定计日工单价计算方法。每个支付期末承包人应按《建设工程工程量清单计价规范（GB 50500—2013）》的规定向发包人提交本期工作期间所有计日工记录的签证汇总表并应说明本期工作期间自己认为有权得到的计日工金额、调整合同价款、列入进度款支付。

7．物价变化的处理方法

合同履行期间因人工、材料、工程设备、机械台班价格波动影响合同价款时应根据合同约定按《建设工程工程量清单计价规范（GB 50500—2013）》规定的相关方法之一调整合同价款。承包人采购材料和工程设备的应在合同中约定主要材料、工程设备价格变化的范围或幅度，若没有约定且材料、工程设备单价变化超过 5%则其超过部分的价格应按《建设工程工程量清单计价规范（GB 50500—2013）》规定的方法计算调整材料、工程设备费。发生合同工程工期延误的应按以下 2 条规定确定合同履行期的价格调整，即因非承包人原因导致工期延误的其计划进度日期后续工程的价格应采用计划进度日期与实际进度日期两者的较高者；因承包人原因导致工期延误的其计划进度日期后续工程的价格应采用计划进度日期与实际进度日期两者的较低者。若发包人供应材料和工程设备不适用《建设工程工程量清单计价规范（GB 50500—2013）》的规定则应由发包人按照实际变化调整并列入合同工程的工程造价内。

8．暂估价的处理方法

发包人在招标工程量清单中给定暂估价的材料、工程设备属于依法必须招标的应由发、承包双方以招标的方式选择供应商、确定价格并应以此为依据取代暂估价、调整合同价款。发包人在招标工程量清单中给定暂估价的材料、工程设备不属于依法必须招标的，应由承包人按照合同约定采购，经发包人确认单价后取代暂估价，调整合同价款。发包人在工程量清单中给定暂估价的专业工程不属于依法必须招标的应按《建设工程工程量清单计价规范（GB 50500—2013）》相应条款的规定确定专业工程价款并应以此为依据取代专业工程暂估价、调整合同价款。

发包人在招标工程量清单中给定暂估价的专业工程依法必须招标的应由发、承包双方依法组织招标选择专业分包人并接受有管辖权的建设工程招标投标管理机构的监督，同时，还应遵守以下 3 条规定，即除合同另有约定外，承包人不参加投标的专业工程发包招标而应由承包人作为招标人（但拟定的招标文件、评标工作、评标结果应报送发包人批准），与组织招标工作有关的费用应被认为已经包括在承包人的签约合同价（投标总报价）中了；承包人参加投标的专业工程发包招标应由发包人作为招标人，与组织招标工作有关的费用应由发包人承担，同等条件下应优先选择承包人中标；应以专业工程发包中标价为依据取代专业工程暂估价、调整合同价款。

9．不可抗力的处理方法

因不可抗力事件导致的人员伤亡、财产损失及其费用增加时，发、承包双方应按以下 5 条原则分别承担并调整合同价款和工期，即合同工程本身的损害、因工程损害导致第三方人员伤亡和财产损失以及运至施工场地用于施工的材料和待安装的设备的损害应由发包人承担；发包人、承包人人员伤亡应由其所在单位负责并应承担相应费用；承包人的施工机械设备损坏及停工损失应由承包人承担；停工期间，承包人应发包人要求留在施工场地的必要的管理人员及保卫人员的费用应由发包人承担；工程所需清理、修复费用应由发包人承担。不可抗力解除后复工的若不能按期竣工则应合理延长工期，发包人要求赶工的费用应由发包人承担。因不可抗力解除合同的应按《建设工程工程量清单计价规范（GB 50500—2013）》的相关规定办理。

10．提前竣工（赶工补偿）的处理方法

招标人应依据相关工程的工期定额合理计算工期，压缩的工期天数不得超过定额工期的20%，超过者应在招标文件中明示增加赶工费用。发包人要求合同工程提前竣工的应征得承包人同意后与承包人商定采取加快工程进度的措施并应修订合同工程进度计划，发包人应承担承包人由此增加的提前竣工（赶工补偿）费用。发、承包双方应在合同中约定提前竣工每日历天应补偿的额度，此项费用应作为增加合同价款列入竣工结算文件中并应与结算款一并支付。

11．误期赔偿的处理方法

承包人未按照合同约定施工而导致实际进度迟于计划进度时，承包人应加快进度、实现合同

工期，合同工程发生误期时，承包人应赔偿发包人由此造成的损失并应按合同约定向发包人支付误期赔偿费，即使承包人支付误期赔偿费也不能免除承包人按合同约定应承担的任何责任和应履行的任何义务。发、承包双方应在合同中约定误期赔偿费并应明确每日历天应赔额度，误期赔偿费应列入竣工结算文件中并应在结算款中扣除。在工程竣工之前，合同工程内的某单项（位）工程已通过了竣工验收且该单项（位）工程接收证书中表明的竣工日期并未延误，而是合同工程的其他部分产生了工期延误时，其误期赔偿费应按已颁发工程接收证书的单项（位）工程造价占合同价款的比例幅度予以扣减。

12. 索赔的处理方法

当合同一方向另一方提出索赔时应有正当的索赔理由和有效证据并应符合合同的相关约定。根据合同约定，承包人认为非承包人原因发生的事件造成了承包人的损失时应按以下 4 步程序向发包人提出索赔，即承包人应在知道或应当知道索赔事件发生后 28 天内向发包人提交索赔意向通知书并应说明发生索赔事件的事由，承包人逾期未发出索赔意向通知书的则丧失索赔的权利；承包人应在发出索赔意向通知书后 28 天内向发包人正式提交索赔通知书，索赔通知书应详细说明索赔理由和要求并应附必要的记录和证明材料；索赔事件具有连续影响的承包人应继续提交延续索赔通知并应说明连续影响的实际情况和记录；在索赔事件影响结束后的 28 天内承包人应向发包人提交最终索赔通知书并应说明最终索赔要求还应附必要的记录和证明材料。

承包人索赔应按以下 3 步程序处理，即发包人收到承包人的索赔通知书后应及时查验承包人的记录和证明材料；发包人应在收到索赔通知书或有关索赔的进一步证明材料后的 28 天内将索赔处理结果答复承包人，发包人逾期未做出答复的视为承包人索赔要求已被发包人认可；承包人接受索赔处理结果的索赔款项应作为增加合同价款在当期进度款中进行支付，承包人不接受索赔处理结果的应按合同约定的争议解决方式办理。承包人要求赔偿时可以选择以下 4 项中的一项或几项方式获得赔偿，即延长工期；要求发包人支付实际发生的额外费用；要求发包人支付合理的预期利润；要求发包人按合同的约定支付违约金。当承包人的费用索赔与工期索赔要求相关联时，发包人在做出费用索赔的批准决定时应结合工程延期综合做出费用赔偿和工程延期的决定。发、承包双方在按合同约定办理了竣工结算后应被认为承包人已无权再提出竣工结算前所发生的任何索赔，承包人在提交的最终结清申请中只限于提出竣工结算后的索赔且提出索赔的期限应自发、承包双方最终结清时终止。

根据合同约定，发包人认为由于承包人的原因造成发包人的损失时宜按承包人索赔的程序进行索赔。发包人要求赔偿时可选择下列 3 项中的一项或几项方式获得赔偿，即延长质量缺陷修复期限；要求承包人支付实际发生的额外费用；要求承包人按合同的约定支付违约金。承包人应付给发包人的索赔金额可从拟支付给承包人的合同价款中扣除或由承包人以其他方式支付给发包人。

13. 现场签证的基本原则

承包人应发包人要求完成合同以外的零星项目、非承包人责任事件等工作的，发包人应及时以书面形式向承包人发出指令并应提供所需的相关资料，承包人收到指令后应及时向发包人提出现场签证要求。承包人应在收到发包人指令后的 7 天内向发包人提交现场签证报告，发包人应在收到现场签证报告后的 48 小时内对报告内容进行核实并予以确认或提出修改意见，发包人在收到承包人现场签证报告后的 48 小时内未确认也未提出修改意见的应视为承包人提交的现场签证报告已被发包人认可。现场签证的工作如已有相应的计日工单价则现场签证中应列明完成该类项目所需的人工、材料、工程设备和施工机械台班的数量，若现场签证的工作没有相应的计日工单价则应在现场签证报告中列明完成该签证工作所需的人工、材料设备和施工机械台班的数量及单价。合同工程发生现场签证事项未经发包人签证确认承包人便擅自施工的，除非征得发包人书面同意，否则发生的费用应由承包人承担。在现场签证工作完成后的 7 天内，承包人应按现场签证内容计算价款报送发包人确认后作为增加合同价款与进度款同期支付。施工过程中发现合同工程内容因场地条件、地质水文与发包人要求等不一致时，承包人应提供所需的相关资料并提交发包人签证认可作为合同价款调整的依据。

14．暂列金额的处理方法

已签约合同价中的暂列金额应由发包人掌握使用。发包人按《建设工程工程量清单计价规范（GB 50500—2013)》的规定支付后，其暂列金额余额应归发包人所有。

8.9　合同价款期中支付的基本原则

1．预付款

承包人应将预付款专用于合同工程。包工包料工程的预付款的支付比例不得低于签约合同价（扣除暂列金额）的 10%且不宜高于签约合同价（扣除暂列金额）的 30%。承包人应在签订合同或向发包人提供与预付款等额的预付款保函后向发包人提交预付款支付申请。发包人应在收到支付申请的 7 天内进行核实并向承包人发出预付款支付证书且应在签发支付证书后的 7 天内向承包人支付预付款。发包人没有按合同约定按时支付预付款的，承包人可催告发包人支付。发包人在预付款期满后的 7 天内仍未支付的，承包人可在付款期满后的第 8 天起暂停施工，发包人应承担由此增加的费用和延误的工期并应向承包人支付合理利润。预付款应从每一个支付期应支付给承包人的工程进度款中扣回，直到扣回的金额达到合同约定的预付款金额为止。承包人的预付款保函的担保金额可根据预付款扣回的数额相应递减，但在预付款全部扣回之前一直保持有效，发包人应在预付款扣完后的 14 天内将预付款保函退还给承包人。

2．安全文明施工费

安全文明施工费包括的内容和使用范围应符合国家有关文件和计量规范的规定。发包人应在工程开工后的 28 天内预付不低于当年施工进度计划的安全文明施工费总额的 60%，其余部分应按照提前安排的原则进行分解并应与进度款同期支付。发包人没有按时支付安全文明施工费的，承包人可催告发包人支付，发包人在付款期满后的 7 天内仍未支付的，一旦发生安全事故则发包人应承担相应责任。承包人对安全文明施工费应专款专用且应在财务账目中单独列项备查、不得挪作他用，否则发包人有权要求其限期改正，逾期未改正的，造成的损失和延误的工期应由承包人承担。

3．进度款

发、承包双方应按照合同约定的时间、程序和方法，根据工程计量结果，办理期中价款结算、支付进度款。进度款支付周期应与合同约定的工程计量周期一致。承包人对已标价工程量清单中的单价项目应按工程计量确认的工程量与综合单价计算，综合单价发生调整的，以发、承包双方确认调整的综合单价计算进度款。承包人对已标价工程量清单中的总价项目和按《建设工程工程量清单计价规范（GB 50500—2013)》规定形成的总价合同应按合同中约定的进度款支付分解，分别列入进度款支付申请中的安全文明施工费和本周期应支付的总价项目的金额中。发料金额应按发包人签约提供的单价和数量从进度款支付中扣除,列入本周期应扣减的金额中。承包人现场签证和得到发包人确认的索赔金额应列入本周期应增加的金额中。进度款的支付比例按合同约定执行,按期中结算价款总额计时应不低于 60%、不高于 90%。承包人应在每个计量周期到期后的 7 天内向发包人提交已完工程进度款支付申请一式四份,应详细说明此周期认为有权得到的款额(包括分包人已完工程的价款),支付申请应包括累计已完成的合同价款、累计已实际支付的合同价款、本周期合计完成的合同价款、本周期合计应扣减的金额、本周期实际应支付的合同价款。其中,本周期合计完成的合同价款应包括本周期已完成单价项目的金额、本周期应支付的总价项目的金额、本周期已完成的计日工价款、本周期应支付的安全文明施工费、本周期应增加的金额;本周期合计应扣减的金额应包括本周期应扣回的预付款、本周期应扣减的金额。

发包人应在收到承包人进度款支付申请后的 14 天内根据计量结果和合同约定对申请内容予以核实并应在确认后向承包人出具进度款支付证书,发、承包双方对部分清单项目的计量结果出现争议时,发包人应对无争议部分的工程计量结果向承包人出具进度款支付证书。发包人应在签发进度款支付证书后的 14 天内按照支付证书列明的金额向承包人支付进度款。若发包人逾期未签发进度款支付证书则视为承包人提交的进度款支付申请已被发包人认可,承包人可向发包人发出催告付款的通知,发包人应在收到通知后的 14 天内按照承包人支付申请的金额向承包人支付进度款。发包人未按《建设工程工程量清单计价规范(GB 50500—2013)》规定支付进度款的,承包人可催告发包人支付并有权获得延迟支付的利息。发包人在付款期满后的 7 天内仍未支付的承包人可在付款期满后的第 8 天起暂停施工,发包人应承担由此增加的费用和延误的工期并应向承包人支付合理利润且应承担违约责任。发现已签发的任何支付证书有错、漏或重复的数额时,发包人有权予以修正,承包人也有权提出修正申请,经发、承包双方复核同意修正的应在本次到期的进度款中支付或扣除。

8.10　竣工结算与专付的基本原则

工程完工后,发、承包双方必须在合同约定时间内办理工程竣工结算。工程竣工结算应由承包人或受其委托具有相应资质的工程造价咨询人编制并应由发包人或受其委托具有相应资质的工程造价咨询人核对。当发、承包双方或一方对工程造价咨询人出具的竣工结算文件有异议时,可向工程造价管理机构投诉,申请对其进行执业质量鉴定。工程造价管理机构对投诉的竣工结算文件进行质量鉴定时宜按《建设工程工程量清单计价规范(GB 50500—2013)》的相关规定进行。竣工结算办理完毕,发包人应将竣工结算文件报送工程所在地或有该工程管辖权的行业管理部门的工程造价管理机构备案,竣工结算文件应作为工程竣工验收备案、交付使用的必备文件。

1. 工程竣工结算的编制与复核

工程竣工结算应根据以下 7 方面依据进行编制和复核,即《建设工程工程量清单计价规范(GB 50500—2013)》;工程合同;发、承包双方实施过程中已确认的工程量及其结算的合同价款;发、承包双方实施过程中已确认调整后追加(减)的合同价款;建设工程设计文件及相关资料;投标文件;其他依据。分部分项工程和措施项目中的单价项目应依据发、承包双方确认的工程量与已标价工程量清单的综合单价计算,发生调整的应以发、承包双方确认调整的综合单价计算。措施项目中的总价项目应依据已标价工程量清单的项目和金额计算,发生调整的应以发、承包双方确认调整的金额计算,其中的安全文明施工费应按《建设工程工程量清单计价规范(GB 50500—2013)》的规定计算。其他项目应按以下 6 条规定计价,即计日工应按发包人实际签证确认的事项计算；暂估价应按《建设工程工程量清单计价规范（GB 50500—2013）》的规定计算；总承包服务费应依据已标价工程量清单金额计算，发生调整的应以发、承包双方确认调整的金额计算；索赔费用应依据发、承包双方确认的索赔事项和金额计算；现场签证费用应依据发、承包双方签证资料确认的金额计算；暂列金额应减去合同价款调整（包括索赔、现场签证）金额计算，如有余额应归发包人所有。

规费和税金应按《建设工程工程量清单计价规范（GB 50500—2013）》的规定计算，规费中的工程排污费应按工程所在地环境保护部门规定的标准缴纳后按实列入。2016 年 5 月 1 日营业税改征增值税试点后就不存在"规费和税金"问题了，但工程排污费仍应按工程所在地环境保护部门规定的标准缴纳后按实列入。

发、承包双方在合同工程实施过程中已经确认的工程计量结果和合同价款在竣工结算办理中应直接进入结算。

2. 竣工结算

合同工程完工后，承包人应在经发、承包双方确认的合同工程期中价款结算的基础上汇总编制完成竣工结算文件，应在提交竣工验收申请的同时向发包人提交竣工结算文件。承包人未在合同约定的时间内提交竣工结算文件，经发包人催告后 14 天内仍未提交或没有明确答复的，发包人有权根据已有资料编制竣工结算文件作为办理竣工结算和支付结算款的依据，承包人应予以认可。发包人应在收到承包人提交的竣工结算文件后的 28 天内核对，发包人经核实，若认为承包人应进一步补充资料和修改结算文件，则应在上述时限内向承包人提出核实意见，承包人在收到核实意见后 28 天内应按照发包人提出的合理要求补充资料、修改竣工结算文件并应再次提交给发包人复核后批准。发包人应在收到承包人再次提交的竣工结算文件后的 28 天内予以复核并将复核结果通知承包人，还应遵守以下 2 条规定，即发包人、承包人对复核结果无异议的应在 7 天内在竣工结算文件上签字确认、竣工结算办理完毕；发包人或承包人对复核结果认为有误的，其无异议部分应按规定办理不完全竣工结算，有异议部分由发、承包双方协商解决，协商不成的应按合同约定的争议解决方式处理。

发包人在收到承包人竣工结算文件后的 28 天内不核对竣工结算或未提出核对意见的应视为承包人提交的竣工结算文件已被发包人认可、竣工结算办理完毕。承包人在收到发包人提出的核实意见后的 28 天内不确认也未提出异议的应视为发包人提出的核实意见已被承包人认可、竣工结算办理完毕。

发包人委托工程造价咨询人核对竣工结算的，工程造价咨询人应在 28 天内核对完毕，核对结论与承包人竣工结算文件不一致的应提交给承包人复核。承包人应在 14 天内将同意核对结论或不同意见的说明提交工程造价咨询人，工程造价咨询人收到承包人提出的异议后应再次复核，复核无异议的应按《建设工程工程量清单计价规范（GB 50500—2013）》的规定办理，复核后仍有异议的也应遵守《建设工程工程量清单计价规范（GB 50500—2013）》的规定。承包人逾期未提出书面异议的应视为工程造价咨询人核对的竣工结算文件已经被承包人认可。

对发包人或发包人委托的工程造价咨询人指派的专业人员与承包人指派的专业人员经核对后无异议并签名确认的竣工结算文件，除非发、承包人能提出具体、详细的不同意见，否则发、承包人都应在竣工结算文件上签名确认，如其中一方拒不签认的则应按以下 2 条规定办理，即发包人拒不签认时，承包人可不提供竣工验收备案资料并有权拒绝与发包人或其上级部门委托的工程造价咨询人重新核对竣工结算文件；承包人拒不签认时，若发包人要求办理竣工验收备案则承包人不得拒绝提供竣工验收资料，否则由此造成的损失由承包人承担相应责任。

合同工程竣工结算核对完成，发、承包双方签字确认后，发包人不得要求承包人与另一个或多个工程造价咨询人重复核对竣工结算。

发包人对工程质量有异议而拒绝办理工程竣工结算的，已竣工验收或已竣工未验收但实际投入使用的工程的质量争议应按该工程保修合同执行，竣工结算应按合同约定办理；已竣工未验收且未实际投入使用的工程以及停工、停建工程的质量争议，双方应就有争议的部分委托有资质的检测鉴定机构进行检测，并应根据检测结果确定解决方案或按工程质量监督机构的处理决定执行后办理竣工结算，无争议部分的竣工结算应按合同约定办理。

3．结算款支付

承包人应根据办理的竣工结算文件向发包人提交竣工结算款支付申请，申请内容应包括竣工结算合同价款总额、累计已实际支付的合同价款、应预留的质量保证金、实际应支付的竣工结算款金额。发包人应在收到承包人提交竣工结算款支付申请后7天内予以核实并向承包人签发竣工结算支付证书。发包人在签发竣工结算支付证书后的14天内应按照竣工结算支付证书列明的金额向承包人支付结算款。发包人在收到承包人提交的竣工结算款支付申请后7天内不予核实、不向承包人签发竣工结算支付证书的视为承包人的竣工结算款支付申请已被发包人认可，发包人应在收到承包人提交的竣工结算款支付申请7天后的14天内按照承包人提交的竣工结算款支付申请列明的金额向承包人支付结算款。发包人未按《建设工程工程量清单计价规范（GB 50500—2013）》规定支付竣工结算款的，承包人可催告发包人支付并有权获得延迟支付的利息。发包人在竣工结算支付证书签发后或者在收到承包人提交的竣工结算款支付申请7天后的56天内仍未支付的，除法律另有规定外，承包人可与发包人协商将该工程折价，也可直接向人民法院申请将该工程依法拍卖，承包人应就该工程折价或拍卖的价款优先受偿。

4．质量保证金

发包人应按合同约定的质量保证金比例从结算款中预留质量保证金。承包人未按合同约定履行属于自身责任的工程缺陷修复义务的，发包人有权从质量保证金中扣除用于缺陷修复的各项支出，经查验若工程缺陷属于发包人原因造成的则应由发包人承担查验和缺陷修复的费用。在合同约定的缺陷责任期终止后，发包人应按《建设工程工程量清单计价规范（GB 50500—2013）》的规定将剩余的质量保证金返还给承包人。

5．最终结清

缺陷责任期终止后，承包人应按照合同约定向发包人提交最终结清支付申请，发包人对最终结清支付申请有异议的，有权要求承包人进行修正和提供补充资料，承包人修正后应再次向发包人提交修正后的最终结清支付申请。发包人应在收到最终结清支付申请后的14天内予以核实并应向承包人签发最终结清支付证书。发包人应在签发最终结清支付证书后的14天内按照最终结清支付证书列明的金额向承包人支付最终结清款。发包人未在约定时间内核实又未提出具体意见的应视为承包人提交的最终结清支付申请已被发包人认可。发包人未按期最终结清支付的，承包人可催告发包人支付并有权获得延迟支付的利息。最终结清时，承包人被预留的质量保证金不足以抵减发包人工程缺陷修复费用的，承包人应承担不足部分的补偿责任。承包人对发包人支付的最终结清款有异议的应按合同约定的争议解决方式处理。

8.11　合同解除的价款结算与支付原则

发、承包双方协商一致解除合同的应按达成的协议办理结算和支付合同价款。

由于不可抗力致使合同无法履行解除合同的，发包人应向承包人支付合同解除之日前已完工程但尚未支付的合同价款,此外还应支付以下 5 方面金额,即《建设工程工程量清单计价规范(GB 50500—2013)》规定的由发包人承担的费用;已实施或部分实施的措施项目应付价款;承包人为合同工程合理订购且已交付的材料和工程设备货款;承包人撤离现场所需的合理费用(包括员工遣送费和临时工程拆除、施工设备运离现场的费用);承包人为完成合同工程而预期开支的任何合理费用且该项费用未包括在本款其他各项支付之内。发、承包双方办理结算合同价款时应扣除合同解除之日前发包人应向承包人收回的价款,当发包人应扣除的金额超过了应支付的金额时,承包人应在合同解除后的 56 天内将其差额退还给发包人。

因承包人违约解除合同的,发包人应暂停向承包人支付任何价款。发包人应在合同解除后 28 天内核实合同解除时承包人已完成的全部合同价款以及按施工进度计划已运至现场的材料和工程设备货款,按合同约定核算承包人应支付的违约金以及造成损失的索赔金额并将结果通知承包人。发、承包双方应在 28 天内予以确认或提出意见并应办理结算合同价款。如果发包人应扣除的金额超过了应支付的金额,则承包人应在合同解除后的 56 天内将其差额退还给发包人。发、承包双方不能就解除合同后的结算达成一致的应按照合同约定的争议解决方式处理。

因发包人违约解除合同的,发包人除应按《建设工程工程量清单计价规范(GB 50500—2013)》的规定向承包人支付各项价款外,还应按合同约定核算发包人应支付的违约金以及给承包人造成损失或损害的索赔金额费用。该笔费用应由承包人提出,发包人核实后应与承包人协商确定后的 7 天内向承包人签发支付证书。协商不能达成一致的应按合同约定的争议解决方式处理。

8.12　合同价款争议的解决办法

合同价款争议的解决方法有以下 5 个。

1. 监理或造价工程师暂定

当发包人和承包人之间就工程质量、进度、价款支付与扣除、工期延期、索赔、价款调整等发生任何法律上、经济上或技术上的争议时,首先应根据已签约合同的规定提交合同约定职责范围的总监理工程师或造价工程师解决并应抄送另一方,总监理工程师或造价工程师在收到此提交件后 14 天内应将暂定结果通知发包人和承包人,发、承包双方对暂定结果认可的应以书面形式予以确认、暂定结果成为最终决定。发、承包双方在收到总监理工程师或造价工程师的暂定结果通知之后的 14 天内未对暂定结果予以确认也未提出不同意见的应视为发、承包双方已认可该暂定结果。发、承包双方或一方不同意暂定结果的应以书面形式向总监理工程师或造价工程师提出并应说明自己认为正确的结果且应同时抄送另一方,此时该暂定结果成为争议,在暂定结果对发、承包双方当事人履约不产生实质影响的前提下,发、承包双方应实施该结果直到按照发、承包双方认可的争议解决办法被改变为止。

2. 管理机构的解释或认定

合同价款争议发生后,发、承包双方可就工程计价依据的争议以书面形式提请工程造价管理机构对争议以书面文件进行解释或认定。工程造价管理机构应在收到申请的 10 个工作日内就发、承包双方提请的争议问题进行解释或认定。发、承包双方或一方在收到工程造价管理机构书面解释或认定后仍可按照合同约定的争议解决方式提请仲裁或诉讼。除工程造价管理机构的上级管理部门做出了不同的解释或认定,或在仲裁裁决或法院判决中不予采信的外,工程造价管理机构做出的书面解释或认定应为最终结果并应对发、承包双方均有约束力。

3．协商和解

合同价款争议发生后，发、承包双方在任何时候都可以进行协商，协商达成一致的双方应签订书面和解协议，和解协议对发、承包双方均有约束力。如果协商不能达成一致协议，则发包人或承包人都可以按合同约定的其他方式解决争议。

4．调解

发、承包双方应在合同中约定或在合同签订后共同约定争议调解人，负责双方在合同履行过程中发生争议的调解。在合同履行期间，发、承包双方可协议调换或终止任何调解人，但发包人或承包人都不能单独采取行动。除非双方另有协议，在最终结清支付证书生效后，调解人的任期应立即终止。如果发、承包双方发生了争议，则任何一方均可将该争议以书面形式提交调解人并将副本抄送另一方，委托调解人调解。发、承包双方应按照调解人提出的要求给调解人提供所需要的资料、现场进入权及相应设施，调解人应被视为不是在进行仲裁人的工作。调解人应在收到调解委托后 28 天内或由调解人建议并经发、承包双方认可的其他期限内提出调解书，发、承包双方接受调解书的经双方签字后作为合同的补充文件，文件对发、承包双方均具有约束力且双方都应立即遵照执行。当发、承包双方中任一方对调解人的调解书有异议时应在收到调解书后 28 天内向另一方发出异议通知并应说明争议的事项和理由，除非调解书在协商和解或仲裁裁决、诉讼判决中做出修改或合同已经解除，承包人仍应继续按照合同实施工程。当调解人已就争议事项向发、承包双方提交了调解书，而任一方在收到调解书后 28 天内均未发出表示异议的通知时，调解书对发、承包双方应均具有约束力。

5．仲裁、诉讼

发、承包双方的协商和解或调解均未达成一致意见，其中的一方已就此争议事项根据合同约定的仲裁协议申请仲裁时应同时通知另一方。仲裁可在竣工之前或之后进行，但发包人、承包人、调解人各自的义务不得因在工程实施期间进行仲裁而有所改变。当仲裁是在仲裁机构要求停止施工的情况下进行时，承包人应对合同工程采取保护措施，由此增加的费用应由败诉方承担。在《建设工程工程量清单计价规范（GB 50500—2013）》规定的期限之内，暂定或和解协议或调解书已经有约束力的情况下，发、承包中一方未能遵守暂定或和解协议或调解书时，另一方可在不损害他可能具有的任何其他权利的情况下将未能遵守暂定或不执行和解协议或调解书达成的事项提交仲裁。发包人、承包人在履行合同时发生争议，双方不愿和解、调解或者和解、调解不成，又没有达成仲裁协议的可依法向人民法院提起诉讼。

8.13　工程造价鉴定的基本原则

在工程合同价款纠纷案件处理中需做工程造价司法鉴定的，应委托具有相应资质的工程造价咨询人进行。工程造价咨询人接受委托时提供工程造价司法鉴定服务应按仲裁、诉讼程序和要求进行并应符合国家关于司法鉴定的规定。工程造价咨询人进行工程造价司法鉴定时应指派专业对口、经验丰富的注册造价工程师承担鉴定工作。工程造价咨询人应在收到工程造价司法鉴定资料后 10 天内根据自身专业能力和证据资料判断能否胜任该项委托，如不能则应辞去该项委托，工程造价咨询人不得在鉴定期满后以上述理由不做出鉴定结论而影响案件处理。接受工程造价司法鉴定委托的工程造价咨询人或造价工程师若为鉴定项目一方当事人的近亲属或代理人、咨询人以及其他关系而可能影响鉴定公正的，则应当自行回避，未自行回避时若鉴定项目委托人以该理由要求其回避的则必须回避。工程造价咨询人应当依法出庭接受鉴定项目当事人对工程造价司法鉴定意见书的质询，确因特殊原因无法出庭的经审理该鉴定项目的仲裁机关或人民法院准许可以书面形式答复当事人的质询。

1. 取证

工程造价咨询人进行工程造价鉴定工作时应自行收集以下 2 方面（但不限于）的鉴定资料，即适用于鉴定项目的法律、法规、规章、规范性文件以及规范、标准、定额；鉴定项目同时期同类型工程的技术经济指标及其各类要素价格等。工程造价咨询人收集鉴定项目的鉴定依据时应向鉴定项目委托人提出具体书面要求，其内容应包括与鉴定项目相关的合同、协议及其附件；相应的施工图纸等技术经济文件；施工过程中的施工组织、质量、工期和造价等工程资料；存在争议的事实及各方当事人的理由；其他有关资料。工程造价咨询人在鉴定过程中要求鉴定项目当事人对缺陷资料进行补充的应征得鉴定项目委托人同意或者应有协调鉴定项目各方当事人共同签认。根据鉴定工作要求而需要现场勘验的，工程造价咨询人应提请鉴定项目委托人组织各方当事人对被鉴定项目所涉及的实物标的进行现场勘验。在勘验现场应制作勘验记录、笔录或勘验图表，应记录勘验的时间、地点、勘验人、在场人、勘验经过、结果并应由勘验人、在场人签名或者盖章确认，绘制的现场图应注明绘制的时间、测绘人姓名、身份等内容，必要时应采取拍照或摄像取证留下影像资料。鉴定项目当事人未对现场勘验图表或勘验笔录等签字确认的，工程造价咨询人应提请鉴定项目委托人决定处理意见并在鉴定意见书中做出表述。

2. 鉴定

工程造价咨询人在鉴定项目合同有效的情况下应根据合同约定进行鉴定，不得任意表达合法的含义。工程造价咨询人在鉴定项目合同无效或合同条款约定不明确的情况下应根据法律法规、相关国家标准和《建设工程工程量清单计价规范（GB 50500—2013）》的规定选择相应专业工程的计价依据和方法进行鉴定。工程造价咨询人出具正式鉴定意见书之前可报请鉴定项目委托人向鉴定项目各方当事人发出鉴定意见书征求意见稿并指明应书面答复的期限及其不答复的相应法律责任。工程造价咨询人收到鉴定项目各方当事人对鉴定意见书征求意见稿的书面复函后应对不同意见认真复核、修改完善后再出具正式鉴定意见书。工程造价咨询人出具的工程造价鉴定书应包括鉴定项目委托人名称、委托鉴定的内容；委托鉴定的证据材料；鉴定的依据及使用的专业技术手段；对鉴定过程的说明；明确的鉴定结论；其他需说明的事宜；工程造价咨询人盖章及注册造价工程师签名盖执业专用章。工程造价咨询人应在委托鉴定项目的鉴定期限内完成鉴定工作，如确因特殊原因不能在原定期限内完成鉴定工作时应按照相应法规提前向鉴定项目委托人申请延长鉴定期限并应在此期限内完成鉴定工作，经鉴定项目委托人同意等待鉴定项目当事人提交、补充证据的质证所用的时间不应计入鉴定期限。对于已经出具的正式鉴定意见书中有部分缺陷的鉴定结论，工程造价咨询人应通过补充鉴定做出补充结论。

8.14 工程计价资料与档案管理的基本要求

1. 计价资料

发、承包双方应当在合同中约定各自在合同工程中现场管理人员的职责范围。双方现场管理人员在职责范围内签字确认的书面文件是工程计价的有效凭证，但如有其他有效证据或经实证证明其是虚假的除外。发、承包双方不论在何种场合对与工程计价有关的事项所给予的批准、证明、同意、指令、商定、确定、确认、通知和请求，或表示同意、否定、提出要求和意见等，均应采用书面形式，口头指令不得作为计价凭证。任何书面文件送达时均应由对方签收，通过邮寄应采用挂号、特快专递传送，或以发、承包双方商定的电子传输方式发送，交付、传送或传输至指定的接收人的地址，如接收人通知了另外地址时则随后通信信息应按新地址发送。发、承包双方分别向对方发出的任何书面文件均应将其抄送现场管理人员，如系复印件则应加盖合同工程管理机构印章并应证明与原件相同。双方现场管理人员向对方所发任何书面文件也应将其复印件发送给发、承包双方，复印件也应加盖合同工程管理机构印章并应证明与原件相同。发、承包双方均应当及时签收另一方送达其指定接收地点的来往信函，拒不签收时，送达信函的一方可以采用特快专递或者公证方式送达，所造成的费用增加（包括被迫采用特殊送达方式所发生的费用）和延误的工期由拒绝签收一方承担。书面文件和通知不得扣压，一方能够提供证据证明、另一方拒绝签收或已送达的应视为对方已签收并应承担相应责任。

2. 计价档案

发、承包双方以及工程造价咨询人对具有保存价值的各种载体的计价文件均应收集齐全，整理立卷后归档。发、承包双方和工程造价咨询人应建立完善的工程计价档案管理制度并应符合国家和有关部门发布的档案管理相关规定。工程造价咨询人归档的计价文件保存期不宜少于五年。归档的工程计价成果文件应包括纸质原件和电子文件，其他归档文件及依据可为纸质原件、复印件或电子文件。归档文件应经过分类整理并应组成符合要求的案卷。归档可以分阶段进行，也可在项目竣工结算完成后进行。向接受单位移交档案时应编制移交清单，双方应签字、盖章后方可交接。

8.15　工程计价表格的特点及基本要求

工程计价表宜采用统一格式。各省、自治区、直辖市建设行政主管部门和行业建设主管部门可根据本地区、本行业的实际情况在《建设工程工程量清单计价规范（GB 50500—2013）》附录 B 至附录 L 计价表格的基础上补充完善。工程计价表格的设置应满足工程计价需要并方便使用。

工程量清单的编制应符合要求。工程量清单编制使用表格应包括封-1、扉-1、表-01、表-08、表-11、表-12（不含表-12-6～表-12-8）、表-13、表-20、表-21 或表-22。扉页应按规定的内容填写、签字、盖章，由造价员编制的工程量清单应由负责审核的造价工程师签字、盖章。受委托编制的工程量清单应由造价工程师签字、盖章以及工程造价咨询人盖章。总说明应按以下 5 方面内容填写，即工程概况（应包括建设规模、工程特征、计划工期、施工现场实际情况、自然地理条件、环境保护要求等）；工程招标和专业工程发包范围；工程量清单编制依据；工程质量、材料、施工等的特殊要求；其他需要说明的问题。

招标控制价、投标报价、竣工结算的编制应符合要求。使用表格应规范。招标控制价使用表格包括封-2、扉-2、表-01、表-02、表-03、表-04、表-08、表-09、表-11、表-12（不含表-12-6～表-12-8）、表-13、表-20、表-21 或表-22。投标报价使用的表格包括封-3、扉-3、表-01、表-02、表-03、表-04、表-08、表-09、表-11、表-12（不含表-12-6～表-12-8）、表-13、表-16、招标文件提供的表-20、表-21 或表-22。竣工结算使用的表格包括封-4、扉-4、表-01、表-05、表-06、表-07、表-08、表-09、表-10、表-11、表-12、表-13、表-14、表-15、表-16、表-17、表-18、表-19、表-20、表-21 或表-22。扉页应按规定的内容填写、签字、盖章，除承包人自行编制的投标报价和竣工结算外，受委托编制的招标控制价、投标报价、竣工结算由造价员编制的应由负责审核的造价工程师签字、盖章以及工造价咨询人盖章。总说明应按规定填写，应包括工程概况、编制依据等，工程概况应包括建设规模、工程特征、计划工期、合同工期、实际工期、施工现场及变化情况、施工组织设计的特点、自然地理条件、环境保护要求等。

工程造价鉴定编制应符合要求。工程造价鉴定使用表格应包括封-5、扉-5、表-01、表-05～表-20、表-21 或表-22。扉页应按规定内容填写、签字、盖章，应由承担鉴定和负责审核的注册造价工程师签字、盖执业专用章。说明应按《建设工程工程量清单计价规范（GB 50500—2013）》的规定填写。

投标人应按招标文件的要求附工程量清单综合单价分析表。

物价变化合同价款调整方法应符合要求。可根据价格指数调整价格差额，因人工、材料和工程设备、施工机械台班等价格波动影响合同价格时根据招标人提供的《建设工程工程量清单计价规范（GB 50500—2013）》附录 L.3 的表-22 以及由投标人在投标函附录中的价格指数和权重表-约定的数据按式 $\Delta P = P_0[A + (B_1 F_{t1}/F_{01} + B_2 F_{t2}/F_{02} + B_3 F_{t3}/F_{03} + \cdots + B_n F_{tn}/F_{0n}) - 1]$ 计算差额并调整合同价款，其中，ΔP 为需调整的价格差额；P_0 为约定的付款证书中承包人应得到的已完成工程量的金额（此项金额应不包括价格调整、不计质量保证金的扣留和支付、预付款的支付和扣回。约定的变更及其他金额已按现行价格计价的也不计在内）；A 为定值权重（不调部分的权重）；B_1，B_2，B_3，$\cdots$，B_n 分别为各可调因子的变值权重（指可调部分的权重，为各可调因子在投标函投标总报价中所占的比例）；F_{t1}，F_{t2}，F_{t3}，$\cdots$，F_{tn} 分别为各可调因子的现行价格指数（指约定的付款证书相关周期最后一天的前 42 天的各可调因子的价格指数）；F_{01}，F_{02}，F_{03}，$\cdots$，F_{0n} 分别为各可调因子的基本价格指数（指基准日期的各可调因子的价格指数），以上价格调整公式中的各可调因子、定值和变值权重以及基本价格指数及其来源在投标函附录价格指数和权重表中有约定，价格指数应首先采用工程造价管理机构提供的价格指数（缺乏上述价格指数时可采用工程造价管理机构提供的价格代替）。暂时确定调整差额应遵守相关规定，在计算调整差额时得不到现行价格指数的可暂用上一次价格指数计算并应在以后的付款中再按实际价格指数进行调整。权重的调整应遵守相关规定，约定的变更导致原定合同中的权重不合理时应由承包人和发包人协商后进行调整。承包人工期延误后的价格调整应遵守相关规定，由于承包人原因未在约定的工期内竣工的对原约定竣工日期后继续施工的工程在使用前述价格调整公式时，应采用原约定竣工日期与实际竣工日期的两个价格指数中较低的一个作为现行价格指数。若可调因子包括了人工在内，则不适宜采用《建设工程工程量清单计价规范（GB 50500—2013）》的规定。

还可根据造价信息调整价格差额。施工期内，因人工、材料和工程设备、施工机械台班价格波动影响合同价格时，人工、机械使用费按照国家或省、自治区、直辖市建设行政管理部门、行业建设管理部门或其授权的工程造价管理机发布的人工成本信息、机械台班单价或机械使用费系数进行调整；需要进行价格调整的材料的单价和采购数应由发包人复核，发包人确认需调整的材料单价及数量作为调整合同价款差额的依据。人工单价发生变化且符合《建设工程工程量清单计价规范（GB 50500—2013）》规定的条件时，发、承包双方应按省级政府或行业建设主管部门或其授权的工程造价管理机构发布的人工成本文件调整合同价款。材料、工程设备价格变化按照发包人提供的《建设工程工程量清单计价规范（GB 50500—2013）》附录 L.2 的表-21 由发、承包双方约定的风险范围按以下 4 条规定调整合同价款，即承包人投标报价中材料单价低于基准单价时，施工期间材料单价涨幅以基准单价为基础超过合同约定的风险幅度值或材料单价跌幅以投标报价为基础超过合同约定的风险幅度值时，其超过部分按实调整；承包人投标报价中材料单价高于基准单价时，施工期间材料单价跌幅以基准单价为基础超过合同约定的风险幅度值，或材料单价涨幅以投标报价为基础超过合同约定的风险幅度值时，其超过部分按实调整；承包人投标报价中材料单价等于基准单价时，施工期间材料单价涨、跌幅以基准单价为基础超过合同约定的风险幅度值时，其超过部分按实调整；承包人应在采购材料前将采购数量和新的材料单价报送发包人核对以确认用于本合同工程时发包人应确认采购材料的数量和单价，发包人在收到承包人报送的确认资料后 3 个工作日不予答复的视为已经认可、作为调整合同价款的依据，承包人未报经发包人核对即自行采购材料后再报发包人确认调整合同价款的，若发包人不同意则不做调整。施工机械台班单价或施工机械使用费发生变化超过省级政府或行业建设主管部门或其授权的工程造价管理机构规定的范围时，按其规定调整合同价款。

2016 年 5 月 1 日营业税改征增值税试点后，单位工程招标控制价/投标报价汇总表中的表-04 中的"规费、税金"栏应删除，单位工程竣工结算汇总表中的表-07 中的"规费、税金"栏应删除，综合单价分析表中的表-09 中应增加"规费、税金"栏，规费、税金项目计价表中的表-13 应删除。

典型的表格见表 8-15-1～表 8-15-26。

表 8-15-1　《封-1　工程量清单》

表 8-15-2　《封-2　招标控制价》

表 8-15-3 《封-3 投标总价》

投 标 总 价

招 标 人 _____

工 程 名 称 _____

投 标 总 价（小写）：_____

（大写）：_____

投 标 人：_____

（单位盖章）

法定代表人

或其授权人：_____

（签字或盖章）

编 制 人：_____

（造价人员签字盖专用章）

时 间： 年 月 日

表 8-15-4 《封-4 竣工结算总价》

_____工程

竣工结算总价

中 标 价（小写）：_____ （大写）：_____

结 算 价（小写）：_____ （大写）：_____

工程造价

发包人：_____ 承包人：_____ 咨询人：_____

（单位盖章） （单位盖章） （单位资质专用章）

法定代表人 法定代表人 法定代表人

或其授权人：_____ 或其授权人：_____ 或其授权人：_____

（签字或盖章） （签字或盖章） （签字或盖章）

编 制 人：_____ 核 对 人：_____

（造价人员签字盖专用章） （造价工程师签字盖专用章）

编制时间： 年 月 日 核对时间： 年 月 日

表 8-15-5 《表-01 总说明》

工程名称：	第×页	共×页

表 8-15-6 《表-02 工程项目招标控制价（投标报价）汇总表》

工程名称：				第×页	共×页
序号	单项工程名称	金额（元）	其中：（元）		
			暂估价	安全文明施工费	规费
合计					

注：本表适用于工程项目招标控制价或投标报价的汇总。

表 8-15-7　《表-03　单项工程招标控制价（投标报价）汇总表》

工程名称：			第×页	共×页	
序号	单位工程名称	金额（元）	其中：（元）		
			暂估价	安全文明施工费	规费
合计					

注：本表适用于单项工程招标控制价或投标报价的汇总。暂估价包括分部分项工程中的暂估价和专业工程暂估价。

表 8-15-8　《表-04　单位工程招标控制价（投标报价）汇总表》

工程名称：	标段：	第×页	共×页
序号	汇总内容	金额（元）	其中：暂估价（元）
1	分部分项工程		
1.1			
1.2			
1.3			
...			
2	措施项目		—
2.1	其中：安全文明施工费		—
3	其他项目		—
3.1	其中：暂列金额		—
3.2	其中：专业工程暂估价		—
3.3	其中：计日工		—
3.4	其中：总承包服务费		—
4	规费		—
5	税金		—
招标控制价合计=1+2+3+4+5			

注：本表适用于单项工程招标控制价或投标报价的汇总。

表 8-15-9　《表-05　工程项目竣工结算汇总表》

工程名称：			第×页	共×页	
序号	单项工程名称	金额（元）	其中：（元）		
			安全文明施工费		规费
合计					

表 8-15-10　《表-06　单项工程竣工结算汇总表》

工程名称：			第×页	共×页	
序号	单位工程名称	金额（元）	其中：（元）		
			安全文明施工费		规费
合计					

表 8-15-11 《表-07　单位工程竣工结算汇总表》

工程名称：	标段：	第×页　共×页
序号	汇总内容	金额（元）
1	分部分项工程	
1.1		
1.2		
1.3		
...		
2	措施项目	
2.1	其中：安全文明施工费	
3	其他项目	
3.1	其中：专业工程结算价	
3.2	其中：计日工	
3.3	其中：总承包服务费	
3.4	索赔与现场签证	
4	规费	
5	税金	
竣工结算总价合计=1+2+3+4+5		

表 8-15-12 《表-08　分部分项工程量清单与计价表》

工程名称：		标段：				第×页　共×页		
序号	项目编码	项目名称	项目特征描述	计量单位	工程量	金额（元）		
						综合单价	合价	其中暂估价
本页小计								
合计								

注：根据住房和城乡建设部、财政部发布的《建筑安装工程费用组成》（建标〔2003〕206 号）的规定，为计取规费等的使用，可在表中增设其中："直接费"、"人工费"或"人工费+机械费"。

表 8-15-13 《表-09　工程量清单综合单价分析表》

工程名称：			标段：				第×页　共×页			
项目编码			项目名称				计量单位			
清单综合单价组成明细										
定额编号	定额名称	定额单位	数量	单价				合价			
				人工费	材料费	机械费	管理费和利润	人工费	材料费	机械费	管理费和利润
人工单价		小计									
元/工日		未计价材料费									
清单项目综合单价											
材料费明细	主要材料名称、规格、型号			单位	数量		单价（元）	合价（元）	暂估单价（元）	暂估合价（元）
	其他材料费						—		—	
	材料费小计						—		—	

注：如不使用省级或行业建设主管部门发布的计价依据，则可不填定额项目、编号等。招标文件提供了暂估单价的材料应按暂估的单价填入表内"暂估单价"栏及"暂估合价"栏。

表 8-15-14　《表-10　措施项目清单与计价表（一）》

工程名称：		标段：			第×页　　共×页	
序号	项目编码	项目名称	计算基础	费率（%）	金额（元）
		安全文明施工费			
		夜间施工费			
		二次搬运费			
		冬雨季施工			
		大型机械设备进出场及安拆费			
		施工排水			
		施工降水			
		地上与地下设施、建筑物临时保护设施			
		已完工程及设备保护			
		各专业工程的措施项目			
合计					

注：本表适用于以"项"计价的措施项目。根据住房和城乡建设部、财政部发布的《建筑安装工程费用组成》（建标〔2003〕206 号）的规定，"计算基础"可为"直接费"、"人工费"或"人工费+机械费"。

表 8-15-15　《表-11　措施项目清单与计价表（二）》

工程名称：		标段：				第×页　　共×页	
序号	项目编码	项目名称	项目特征描述	计量单位	工程量	金额（元）	
						综合单价	合价
本页小计							
合计							

注：本表适用于以综合单价形式计价的措施项目。

表 8-15-16　《表-12　其他项目清单与计价汇总表》

工程名称：		标段：		第×页　　共×页	
序号	项目名称	计量单位	金额（元）	备注
1	暂列金额	项		明细详见表-12-1
2	暂估价			
2.1	材料（工程设备）暂估价		—	明细详见-12-2
2.2	专业工程暂估价			明细详见表-12-3
3	计日工			明细详见表-12-4
4	总承包服务费			明细详见表-12-5
5				
合计				—

注：材料暂估单价进入清单项目综合单价，此处不汇总。

表 8-15-17 《表-12-1 暂列金额明细表》

工程名称：		标段：		第×页 共×页	
序号	项目名称	计量单位	暂定金额（元）		备注
1					
2					
3					
...					
合计					—

注：此表由招标人填写，如不能详列，也可只列暂定金额总额，投标人应将上述暂列金额计入投标总价中。

表 8-15-18 《表-12-2 材料（工程设备）暂估单价表》

工程名称：		标段：		第×页 共×页	
序号	材料（工程设备）名称、规格、型号		计量单位	单价（元）	备注

注：此表由招标人填写，并在"备注"栏中说明暂估价的材料拟用在那些清单项目上，投标人应将上述材料暂估单价计入工程量清单综合单价报价中。材料包括原材料、燃料、构配件以及按规定应计入建筑安装工程造价的设备。

表 8-15-19 《表-12-3 专业工程暂估价表》

工程名称：		标段：		第×页 共×页	
序号	工程名称	工程内容	金额（元）		备注
合计					

注：此表由招标人填写，投标人应将上述专业工程暂估价计入投标总价中。

表 8-15-20 《表-12-4 计日工表》

工程名称：	标段：		第×页 共×页		
编号	项目名称	单位	暂定数量	综合单价	合价
一	人工				
1					
2					
3					
...					
人工小计					
二	材料				
1					
2					
3					
...					
材料小计					
三	施工机械				
1					
2					
3					
...					
施工机械小计					
总计					

注：此表项目名称、数量由招标人填写，编制招标控制价时，单价由招标人按有关计价规定确定；投标时，单价由投标人自主报价，计入投标总价中。

表 8-15-21　《表-12-5　总承包服务费计价表》

工程名称：	标段：			第×页	共×页
序号	项目名称	项目价值（元）	服务内容	费率（%）	金额（元）
1	发包人发包专业工程				
2	发包人供应材料				
…					
	合计	—	—	—	

表 8-15-22　《表-12-6　索赔与现场签证计价汇总表》

工程名称：	标段：				第×页　共×页
序号	签证及索赔项目名称	计量单位	数量	单价（元）	合价（元）	索赔及签证依据
—	本页小计	—	—	—		—
—	合计	—	—	—		—

注：签证及索赔依据是指经双方认可的签证单和索赔依据的编号。

表 8-15-23　《表-12-7　费用索赔申请（核准）表》

工程名称：　　　　　　　标段：　　　　　　　编号：
致：××××（发包人全称） 根据施工合同条款××××条的约定，由于××××原因，我方要求索赔金额（大写）××××元（小写×××元），请予核准。 附：1. 费用索赔的详细理由和依据； 2. 索赔金额的计算； 3. 证明材料。 承包人：（章） 承包人代表：××× 日期：××××年××月××日

复核意见： 根据施工合同条款××××条的约定，你方提出的费用索赔申请经复核： □不同意此项索赔，具体意见见附件。 □同意此项索赔，索赔金额的计算由造价工程师复核。 监理工程师：××× 日期：××××年××月××日	复核意见： 根据施工合同条款×××条的约定，你方提出的费用索赔申请经复核，索赔金额为（大写）×××元（小写××元）。 造价工程师：××× 日期：××××年××月××日

审核意见： □不同意此项索赔。 □同意此项索赔，与本期进度款同期支付。 发包人：（章） 发包人代表：××× 日期：××××年××月××日

注：在选择栏中的"□"内做标识"√"。本表一式四份，由承包人填报，发包人、监理人、造价咨询人、承包人各存一份。

表 8-15-24　《表-12-8　现场签证表》

工程名称：		标段：		编号：	
施工部位				日期	
致：××××（发包人全称） 根据×××（指令人姓名）于××××年××月××日的口头指令或你方××××（或监理人）于××××年××月××日的书面通知，我方要求完成此项工作应支付价款金额为（大写）××××元（小写××××元），请予核准。 附：1．签证事由及原因。 2．附图及计算式。 承包人：（章） 承包人代表：×××× 日期：××××年××月××日					
复核意见： 你方提出的此项签证申请经复核： □不同意此项签证，具体意见见附件。 □同意此项签证，签证金额的计算由造价工程师复核。 监理工程师：××× 日期：××××年××月××日			复核意见： □此项签证按承包人中标的计日工单价计算，金额为（大写）××××元（小写××××元）。 □此项签证因无计日工单价，金额为（大写）××××元（小写××××元）。 造价工程师：××× 日期：××××年××月××日		
审核意见： □不同意此项签证。 □同意此项签证，价款与本期进度款同期支付。 发包人：（章） 发包人代表：××× 日期：××××年××月××日					

　　注：在选择栏中的"□"内做标识"√"。本表一式四份，由承包人在收到发包人（监理人）的口头或书面通知后填写，发包人、监理人、造价咨询人、承包人各存一份。

表 8-15-25　《表-13　规费、税金项目清单与计价表》

工程名称：		标段：	第×页　　共×页	
序号	项目名称	计算基础	费率（%）	金额（元）
1	规费			
1.1	工程排污费			
1.2	社会保障费			
（1）	养老保险费			
（2）	失业保险费			
（3）	医疗保险费			
1.3	住房公积金			
1.4	工伤保险			
2	税金	分部分项工程费+措施项目费+其他项目费+规费		

　　注：根据住房和城乡建设部、财政部发布的《建筑安装工程费用组成》（建标〔2003〕206号）的规定，"计算基础"可为"直接费"、"人工费"或"人工费+机械费"。

表 8-15-26 《表-14 工程款支付申请（核准）表》

工程名称：		标段：		编号：	

致：××××（发包人全称）

我方于××××年至××××年期间已完成了××××工作，根据施工合同的约定，现申请支付本期的工程款额为（大写）××××元（小写×××元），请予核准。

序号	名称	金额（元）	备注
1	累计已完成的工程价款		
2	累计已实际支付的工程价款		
3	本周期已完成的工程价款		
4	本周期完成的计日工金额		
5	本周期应增加和扣减的变更金额		
6	本周期应增加和扣减的索赔金额		
7	本周期应抵扣的预付款		
8	本周期应扣减的质保金		
9	本周期应增加或扣减的其他金额		
10	本周期实际应支付的工程价款		

承包人：（章）

承包人代表：×××

日期：××××年××月××日

复核意见：	复核意见：
□与实际施工情况不相符，修改意见见附件。 □与实际施工情况相符，具体金额由造价工程师复核。 监理工程师：××× 日期：××××年××月××日	你方提出的支付申请经复核，本期间已完成工程款额为（大写）××××元（小写××××元），本期间应支付金额为（大写）××××元（小写××××元）。 造价工程师：××× 日期：××××年××月××日

审核意见：

□不同意。

□同意，支付时间为本表签发后的 15 天内。

发包人：（章）

发包人代表：×××

日期：××××年××月××日

注：在选择栏中的"□"内做标识"√"。本表一式四份，由承包人填报，发包人、监理人、造价咨询人、承包人各存一份。

思考题与习题

1. 简述计价方式的特点与基本要求。
2. 简述发包人提供材料和工程设备时的相关要求。
3. 简述承包人提供材料和工程设备时的相关要求。
4. 简述计价风险问题的处理方法。
5. 工程量清单编制的基本原则有哪些？
6. 招标控制价编制的基本原则有哪些？
7. 投标报价编制的基本原则有哪些？
8. 合同价款约定的基本原则有哪些？
9. 简述工程计量的基本原则。

10. 简述合同价款调整的基本原则。
11. 简述合同价款期中支付的基本原则。
12. 简述竣工结算与专付的基本原则。
13. 简述合同解除的价款结算与支付原则。
14. 合同价款争议的解决办法有哪些？如何进行？
15. 工程造价鉴定的基本原则是什么？
16. 简述工程计价资料与档案管理的基本要求。
17. 简述工程计价表格的特点及基本要求。

第9章 我国现行的房屋建筑与装饰工程计量体系

构建房屋建筑与装饰工程计量体系的目的是规范工程造价计量行为，统一房屋建筑与装饰工程工程量清单的编制、项目设置和计量规则。本章主要介绍我国目前房屋建筑与装饰工程施工发承包计价活动中的工程量清单编制和工程量计算原则，房屋建筑与装饰工程计量应按本章进行工程量计算，工程量清单和工程量计算等造价文件的编制与核对应由具有资格的工程造价专业人员承担，房屋建筑与装饰工程计量活动除应遵守本章相关规定外还应符合国家现行有关标准的规定。

9.1 房屋建筑与装饰工程计量的宏观要求

房屋建筑与装饰工程计量中的"分部工程"是单位工程的组成部分，是按结构部位、路段长度及施工特点或施工任务将单位工程划分为若干分部的工程；"分项工程"是分部工程的组成部分，是按不同施工方法、材料、工序及路段长度等将分部工程划分为若干个分项或项目的工程；"措施项目"是指为完成工程项目施工而发生于该工程施工准备和施工过程中的技术、生活、安全、环境保护等方面的项目；"项目编码"是指分部分项工程和措施项目工程量清单项目名称的阿拉伯数字标识；"项目特征"是指构成分部分项工程量清单项目、措施项目自身价值的本质特征。所谓"房屋建筑"是指在固定地点为使用者或占用物提供庇护覆盖进行生活、生产或其他活动的实体，可分为工程建筑与民用建筑两大类。"工业建筑"是指提供生产用的各种建筑物，比如车间、厂区建筑、生活间、动力站、库房和运输设施等。"民用建筑"是指非生产性的居住建筑和公共建筑，比如住宅、办公楼、幼儿园、学校、食堂、影剧院、商店、体育馆、旅馆、医院、展览馆等。

工程量清单应由具有编制能力的招标人或受其委托具有相应资质的工程造价咨询人或招标代理人编制。采用工程量清单方式招标时，工程量清单必须作为招标文件的组成部分，其准确性和完整性由招标人负责。工程量清单是工程量清单计价的基础，应作为编制招标控制价、投标报价、计算工程量、支付工程款、调整合同价款、办理竣工结算以及工程索赔等的依据之一。编制工程量清单主要应依据以下7大类文件或资料，即我国现行的《房屋建筑与装饰工程计量规范》；国家或省级政府或行业建设主管部门颁发的计价依据和办法；建设工程设计文件；与建设工程项目有关的标准、规范、技术资料；招标文件及其补充通知、答疑纪要；施工现场情况、工程特点及常规施工方案；其他相关资料。工程量计算除依据《房屋建筑与装饰工程计量规范》各项规定外还应依据以下3方面文件，即经审定的施工设计图纸及其说明；经审定的施工组织设计或施工技术措施方案；经审定的其他有关技术经济文件。

我国现行《房屋建筑与装饰工程计量规范》（GB 500854—2013）的现浇混凝土工程项目"工作内容"中包括模板工程的内容，同时又在措施项目中单列了现浇混凝土模板工程项目，对此，可由招标人根据工程实际情况选用，若招标人在措施项目清单中未编列现浇混凝土模板项目清单则表示现浇混凝土模板项目不单列、现浇混凝土工程项目的综合单价中应包括模板工程费用。预制混凝土构件按成品构件编制项目且购置费应计入综合单价中，若采用现场预制（包括预制构件制作的所有费用），则编制招标控制价时可按各省级政府或行业建设主管部门发布的计价定额和造价信息组价。金属结构构件按成品编制项目，购置费应计入综合单价中，若采用现场制作则包括制作的所有费用。门窗（橱窗除外）按成品编制项目且购置费应计入综合单价中，若采用现场制作则应包括制作的所有费用。房屋建筑与装饰工程涉及电气、给排水、消防等安装工程的项目应按我国现行《通用安装工程计量规范》的相应项目执行，涉及小区道路、室外给排水等工程的项目应按我国现行《市政工程计量规范》的相应项目执行，采用爆破法施工的石方工程应按我国现行《爆破工程计量规范》的相应项目执行。

9.1.1　分部分项工程量清单的基本要求

分部分项工程量清单应包括项目编码、项目名称、项目特征、计量单位和工程量。分部分项工程量清单应根据我国现行《房屋建筑与装饰工程计量规范》附录规定的项目编码、项目名称、项目特征、计量单位和工程量计算规则进行编制。分部分项工程量清单的项目编码应采用前 12 位阿拉伯数字表示，1～9 位应按我国现行《房屋建筑与装饰工程计量规范》附录的规定设置，10～12 位应根据拟建工程的工程量清单项目名称设置，同一招标工程的项目编码不得有重码。分部分项工程量清单的项目名称应按我国现行《房屋建筑与装饰工程计量规范》附录的项目名称结合拟建工程的实际情况确定。分部分项工程量清单项目特征应按我国现行《房屋建筑与装饰工程计量规范》附录中规定的项目特征，结合拟建工程项目的实际情况予以描述。分部分项工程量清单中所列工程量应按我国现行《房屋建筑与装饰工程计量规范》附录中规定的工程量计算规则计算。分部分项工程量清单的计量单位应按我国现行《房屋建筑与装饰工程计量规范》附录中规定的计量单位确定。《房屋建筑与装饰工程计量规范》附录中有两个或两个以上计量单位的应结合拟建工程项目的实际情况选择其中一个确定。工程计量时每一项目汇总的有效位数应遵守以下 3 条规定，即以"t"为单位的应保留小数点后三位数字（第四位小数四舍五入）；以"m、m^2、m^3、kg"为单位的应保留小数点后两位数字（第三位小数四舍五入）；以"个、件、根、组、系统"为单位的应取整数。编制工程量清单出现我国现行《房屋建筑与装饰工程计量规范》附录中未包括的项目时，编制人应做补充并报省级或行业工程造价管理机构备案，省级或行业工程造价管理机构应汇总报住房和城乡建设部标准定额研究所。补充项目的编码应由我国现行《房屋建筑与装饰工程计量规范》的代码 01 与 B 和三位阿拉伯数字组成并应从 01B001 起顺序编制，同一招标工程的项目不得重码，工程量清单中需附有补充项目的名称、项目特征、计量单位、工程量计算规则、工程内容。

9.1.2　措施项目的基本要求

措施项目中列出了项目编码、项目名称、项目特征、计量单位、工程量计算规则的项目，编制工程量清单时，应按本书 9.1.1 节的规定执行。措施项目仅列出项目编码、项目名称，未列出项目特征、计量单位和工程量计算规则的项目，编制工程量清单时应按本章 9.18 节的措施项目规定的项目编码、项目名称确定。措施项目应根据拟建工程的实际情况列项，若出现我国现行《房屋建筑与装饰工程计量规范》未列的项目时可根据工程实际情况补充，编码规则按本书 9.1.1 节的相关规定执行。

9.2　土石方工程计量的特点与基本要求

9.2.1　土方工程

土方工程的工程量清单项目设置、项目特征描述的内容、计量单位及工程量计算规则应按表 9-2-1～表 9-2-6 的规定执行。

表 9-2-1　土方工程（编号：010101）

项目编码	项目名称	项目特征	计量单位	工程量计算规则	工作内容
010101001	平整场地	土壤类别/弃土运距/取土运距	m²	按设计图示尺寸以建筑物首层建筑面积计算	土方挖填/场地找平/运输
010101002	挖一般土方	土壤类别/挖土深度	m³	按设计图示尺寸以体积计算	排地表水/土方开挖/围护（挡土板）、支撑/基底钎探/运输
010101003	挖沟槽土方			房屋建筑按设计图示尺寸以基础垫层底面积乘以挖土深度计算。构筑物按最大水平投影面积乘以挖土深度（原地面平均标高至坑底高度）以体积计算	
010101004	挖基坑土方				
010101005	冻土开挖	冻土厚度	m³	按设计图示尺寸开挖面积乘以厚度以体积计算	爆破/开挖/清理/运输
010101006	挖淤泥、流沙	挖掘深度/弃淤泥、流沙距离	m³	按设计图示位置、界限以体积计算	开挖/运输
010101007	管沟土方	土壤类别/管外径/挖沟深度/回填要求	m 或 m³	以米计量时应按设计图示以管道中心线长度计算。以立方米计量时应按设计图示管底垫层面积乘以挖土深度计算；无管底垫层时应按管外径的水平投影面积乘以挖土深度计算	排地表水/土方开挖/围护（挡土板）、支撑/运输/回填

注：挖土应按自然地面测量标高至设计地坪标高的平均厚度确定。竖向土方、山坡切土开挖深度应按基础垫层底表面标高至交付施工现场地标高确定，无交付施工场地标高时应按自然地面标高确定。建筑物场地厚度≤±300mm 的挖、填、运、找平应按本表中平整场地项目编码列项，厚度>300mm 的竖向布置挖土或山坡切土应按本表中挖一般土方项目编码列项。沟槽、基坑、一般土方的划分方法是，底宽≤7m、底长>3 倍底宽为沟槽，底长<3 倍底宽且底面积≤150m² 的为基坑；超出上述范围的为一般土方。挖土方需截桩头时应按桩基工程相关项目编码列项。弃、取土运距可不描述但应注明由投标人根据施工现场实际情况自行考虑、决定报价。土壤的分类应按表 9-2-2 确定，土壤类别不能准确划分时，招标人可注明为综合并由投标人根据地勘报告决定报价。土方体积应按挖掘前的天然密实度体积计算，需按天然密实度体积折算时应按表 9-2-3 的系数计算。挖沟槽、基坑、一般土方因工作面和放坡增加的工程量（管沟工作面增加的工程量）是否并入各土方工程量中，应按各省、自治区、直辖市或行业建设主管部门的规定实施，并在各土方工程量时中办理工程结算应按经发包人认可的施工组织设计规定计算且编制工程量清单时可按表 9-2-4～表 9-2-6 的规定计算。挖方出现流沙、淤泥时应根据实际情况由发包人与承包人双方做现场签证确认工程量。管沟土方项目适用于管道（给排水、工业、电力、通信）、光（电）缆沟（包括人孔桩、接口坑）及连接井（检查井）等。

表 9-2-2　土壤分类表

土壤分类	土壤名称	开挖方法
一、二类土	粉土、砂土（粉砂、细砂、中砂、粗砂、砾砂）、粉质黏土、弱中盐渍土、软土（淤泥质土、泥炭、泥炭质土）、软塑红黏土、冲填土	用锹、少许用镐、条锄开挖。机械能全部直接铲挖满载者
三类土	黏土、碎石土（圆砾、角砾）混合土、可塑红黏土、硬塑红黏土、强盐渍土、素填土、压实填土	主要用镐、条锄、少许用锹开挖。机械需部分刨松方能铲挖满载者或可直接铲挖但不能满载者
四类土	碎石土（卵石、碎石、漂石、块石）、坚硬红黏土、超盐渍土、杂填土	全部用镐、条锄挖掘、少许用撬棍挖掘。机械需普遍刨松方能铲挖满载者

注：本表中土的名称及其含义按我国现行《岩土工程勘察规范》（GB 50021）定义。

表 9-2-3　土方体积折算系数表

天然密实度体积	虚方体积	夯实后体积	松填体积
0.77	1.00	0.67	0.83
1.00	1.30	0.87	1.08
1.15	1.50	1.00	1.25
0.92	1.20	0.80	1.00

注：虚方指未经碾压、堆积时间不超过1年的土壤。本表按我国现行《全国统一建筑工程预算工程量计算规则》（GJDGZ—101）整理。设计密实度超过规定的其填方体积按工程设计要求执行，无设计要求时按各省、自治区、直辖市或行业建设行政主管部门规定的系数执行。

表 9-2-4　放坡系数表

土类别	放坡起点（m）	人工挖土	机械挖土		
			在坑内作业	在坑上作业	顺沟槽在坑上作业
一、二类土	1.20	1/0.5	1/0.33	1/0.75	1/0.5
三类土	1.50	1/0.33	1/0.25	1/0.67	1/0.33
四类土	2.00	1/0.25	1/0.10	1/0.33	1/0.25

注：沟槽、基坑中土类别不同时，分别按其放坡起点、放坡系数、依不同土类别厚度加权平均计算。计算放坡时，在交接处的重复工程量不予扣除，原槽、坑做基础垫层时，放坡自垫层上表面开始计算。

表 9-2-5　基础施工所需工作面宽度计算表

基础材料	砖基础	浆砌毛石、条石基础	混凝土基础垫层支模板	混凝土基础支模板	基础垂直面做防水层
每边各增加工作面宽度（mm）	200	150	300	300	1000（防水层面）

注：本表按我国现行《全国统一建筑工程预算工程量计算规则》（GJDGZ—101）整理。

表 9-2-6　管沟施工每侧所需工作面宽度计算表

管沟材料	管道结构宽（mm）	400	500	600	700
	混凝土及钢筋混凝土管道（mm）				
	其他材质管道（mm）	300	400	500	600

注：本表按我国现行《全国统一建筑工程预算工程量计算规则》（GJDGZ—101）整理。管道结构宽对有管座的按基础外缘，无管座的按管道外径确定。

9.2.2　石方工程

石方工程工程量清单项目设置、项目特征描述的内容、计量单位及工程量计算规则应按表 9-2-7～表 9-2-9 的规定执行。

表 9-2-7　石方工程（编号：010102）

项目编码	项目名称	项目特征	计量单位	工程量计算规则	工作内容
010102001	挖一般石方	岩石类别/开凿深度/弃碴运距	m³	按设计图示尺寸以体积计算	排地表水/凿石/运输
010102002	挖沟槽石方		m³	按设计图示尺寸沟槽底面积乘以挖石深度以体积计算	
010102003	挖基坑石方		m³	按设计图示尺寸基坑底面积乘以挖石深度以体积计算	
010102004	基底摊座		m²	按设计图示尺寸以展开面积计算	
010102005	管沟石方	岩石类别/管外径/挖沟深度	m 或 m³	以米计量时应按设计图示以管道中心线长度计算。以立方米计量时应按设计图示截面积乘以长度计算	排地表水/凿石/回填/运输

注：挖石应按自然地面测量标高至设计地坪标高的平均厚度确定。基础石方开挖深度应按基础垫层底表面标高至交付施工现场地标高确定，无交付施工场地标高时应按自然地面标高确定。厚度超过 300mm 的竖向布置挖石或山坡凿石应按本表中挖一般石方项目编码列项。沟槽、基坑、一般石方的划分依据为，底宽≤7m、底长>3 倍底宽的为沟槽；底长<3 倍底宽、底面积≤150m² 为基坑；超出前述范围的则为一般石方。弃碴运距可以不描述但应注明由投标人根据施工现场实际情况自行考虑、决定报价。岩石的分类应按表 9-2-8 确定。石方体积应按挖掘前的天然密实度体积计算。需按天然密实度体积折算时则应按表 9-2-9 的系数计算。管沟石方项目适用于管道（给排水、工业、电力、通信）、电缆沟及连接井（检查井）等。

表 9-2-8　岩石分类表

岩石分类		代表性岩石	开挖方法
极软岩		全风化的各种岩石；各种半成岩	部分用手凿工具、部分用爆破法开挖
软质岩	软岩	强风化的坚硬岩或较硬岩；中等风化—强风化的较软岩；未风化—微风化的页岩、泥岩、泥质砂岩等	用风镐和爆破法开挖
	较软岩	中等风化—强风化的坚硬岩或较硬岩；未风化—微风化的凝灰岩、千枚岩、泥灰岩、砂质泥岩等	用爆破法开挖
硬质岩	较硬岩	微风化的坚硬岩；未风化—微风化的大理岩、板岩、石灰岩、白云岩、钙质砂岩等	用爆破法开挖
	坚硬岩	未风化—微风化的花岗岩、闪长岩、辉绿岩、玄武岩、安山岩、片麻岩、石英岩、石英砂岩、硅质砾岩、硅质石灰岩等	用爆破法开挖

注：本表依据我国现行《工程岩体分级级标准》（GB 50218）和《岩土工程勘察规范》（GB 50021）整理。

表 9-2-9　石方体积折算系数表

石方类别	天然密实度体积	虚方体积	松填体积	码方
石方	1.0	1.54	1.31	—
块石	1.0	1.75	1.43	1.67
砂夹石	1.0	1.07	0.94	—

注：本表按住房和城乡建设部颁发的《爆破工程消耗量定额》（GYD—102）整理。

9.2.3　回填

回填工程量清单项目设置、项目特征描述的内容、计量单位及工程量计算规则应按表 9-2-10 的规定执行。

表 9-2-10　回填（编号：010103）

项目编码	项目名称	项目特征	计量单位	工程量计算规则	工作内容
010103001	回填方	密实度要求/填方材料品种/填方粒径要求/填方来源、运距	m³	按设计图示尺寸以体积计算。场地回填时，回填面积乘以平均回填厚度。室内回填时，主墙间面积乘以回填厚度，不扣除间隔墙。基础回填时，挖方体积减去自然地坪以下埋设的基础体积（包括基础垫层及其他构筑物）	运输/回填/压实
010103002	余方弃置	废弃料品种/运距	m³	按挖方清单项目工程量减利用回填方体积（正数）计算	余方点装料运输至弃置点
010103003	缺方内运	填方材料品种/运距	m³	按挖方清单项目工程量减利用回填方体积（负数）计算	取料点装料运输至缺方点

注：填方密实度要求，在无特殊要求情况下，项目特征可描述为满足设计和规范的要求。填方材料品种可以不描述，但应注明由投标人根据设计要求验方后方可填入，并符合相关工程的质量规范要求。填方粒径要求，在无特殊要求情况下，项目特征可以不描述。

9.3　地基处理与边坡支护工程计量的特点与基本要求

9.3.1　地基处理

地基处理工程量清单项目设置、项目特征描述的内容、计量单位及工程量计算规则应按表 9-3-1 的规定执行。

表 9-3-1　　地基处理（编号：010201）

项目编码	项目名称	项目特征	计量单位	工程量计算规则	工作内容
010201001	换填垫层	材料种类及配比/压实系数/掺加剂品种	m³	按设计图示尺寸以体积计算	分层铺填/碾压、振密或夯实/材料运输
010201002	铺设土工合成材料	部位/品种/规格	m²	按设计图示尺寸以面积计算	挖填锚固沟/铺设/固定/运输
010201003	预压地基	排水竖井种类、断面尺寸、排列方式、间距、深度/预压方法/预压荷载、时间/砂垫层厚度	m²	按设计图示尺寸以加固面积计算	设置排水竖井、盲沟、滤水管/铺设砂垫层、密封膜/堆载、卸载或抽气设备安拆、抽真空/材料运输
010201004	强夯地基	夯击能量/夯击遍数/地耐力要求/夯填材料种类	m²		铺设夯填材料/强夯/夯填材料运输
010201005	振冲密实（不填料）	地层情况/振密深度/孔距	m²		振冲加密/泥浆运输
010201006	振冲桩（填料）	地层情况/空桩长度、桩长/桩径/填充材料种类	m 或 m³	以米计量时应按设计图示尺寸以桩长计算。以立方米计量时应按设计桩截面乘以桩长以体积计算	振冲成孔、填料、振实/材料运输/泥浆运输
010201007	砂石桩	地层情况/空桩长度、桩长/桩径/成孔方法/材料种类、级配	m 或 m³	以米计量时应按设计图示尺寸以桩长（包括桩尖）计算。以立方米计量时应按设计桩截面乘以桩长（包括桩尖）以体积计算	成孔/填充、振实/材料运输
010201008	水泥粉煤灰碎石桩	地层情况/空桩长度、桩长/桩径/成孔方法/混合料强度等级	m	按设计图示尺寸以桩长（包括桩尖）计算	成孔/混合料制作、灌注、养护
010201009	深层搅拌桩	地层情况/空桩长度、桩长/桩截面尺寸/水泥强度等级、掺量	m	按设计图示尺寸以桩长计算	预搅下钻、水泥浆制作、喷浆搅拌提升成桩/材料运输
010201010	粉喷桩	地层情况/空桩长度、桩长/桩径/粉体种类、掺量/水泥强度等级、石灰粉要求	m	按设计图示尺寸以桩长计算	预搅下钻、喷粉搅拌提升成桩/材料运输
010201011	夯实水泥土桩	地层情况/空桩长度、桩长/桩径/成孔方法/水泥强度等级/混合料配比	m	按设计图示尺寸以桩长（包括桩尖）计算	成孔、夯底/水泥土拌和、填料、夯实/材料运输
010201012	高压喷射注浆桩	地层情况/空桩长度、桩长/桩截面/注浆类型、方法/水泥强度等级	m	按设计图示尺寸以桩长计算	成孔/水泥浆制作、高压喷射注浆/材料运输
010201013	石灰桩	地层情况/空桩长度、桩长/桩径/成孔方法/掺和料种类、配合比	m	按设计图示尺寸以桩长（包括桩尖）计算	成孔/混合料制作、运输、夯填
010201014	灰土（土）挤密桩	地层情况/空桩长度、桩长/桩径/成孔方法/灰土级配	m		成孔/灰土拌和、运输、填充、夯实
010201015	柱锤冲扩桩	地层情况/空桩长度、桩长/桩径/成孔方法/桩体材料种类、配合比	m	按设计图示尺寸以桩长计算	安拔套管/冲孔、填料、夯实/桩体材料制作、运输
010201016	注浆地基	地层情况/空钻深度、注浆深度/注浆间距/浆液种类及配比/注浆方法/水泥强度等级	m 或 m³	以米计量时应按设计图示尺寸以钻孔深度计算。以立方米计量时应按设计图示尺寸以加固体积计算	成孔/注浆导管制作、安装/浆液制作、压浆/材料运输

项目编码	项目名称	项目特征	计量单位	工程量计算规则	工作内容
010201017	褥垫层	厚度/材料品种及比例	m² 或 m³	以平方米计量时应按设计图示尺寸以铺设面积计算。以立方米计量时应按设计图示尺寸以体积计算	材料拌和、运输、铺设、压实

注：地层情况按表9-2-2和表A.-1的规定并根据岩土工程勘察报告按单位工程各地层所占比例（包括范围值）进行描述，对无法准确描述的地层情况可注明由投标人根据岩土工程勘察报告自行决定报价。项目特征中的桩长应包括桩尖，空桩长度=孔深-桩长，孔深为自然地面至设计桩底的深度。高压喷射注浆类型包括旋喷、摆喷、定喷，高压喷射注浆方法包括单管法、双重管法、三重管法。复合地基的检测费用按国家相关取费标准单独计算，不在本清单项目中。采用泥浆护壁成孔时，其工作内容包括土方、废泥浆外运；采用沉管灌注成孔时，其工作内容包括桩尖制作、安装。弃土（不含泥浆）清理、运输按本章9.2节中相关项目编码列项。

9.3.2　基坑与边坡支护

基坑与边坡支护工程量清单项目设置、项目特征描述的内容、计量单位及工程量计算规则，应按表 9-3-2 的规定执行。

表 9-3-2　基坑与边坡支护（编码：010202）

项目编码	项目名称	项目特征	计量单位	工程量计算规则	工作内容
010202001	地下连续墙	地层情况/导墙类型、截面/墙体厚度/成槽深度/混凝土类别、强度等级/接头形式	m³	按设计图示墙中心线长乘以厚度乘以槽深以体积计算	导墙挖填、制作、安装、拆除/挖土成槽、固壁、清底置换/混凝土制作、运输、灌注、养护/接头处理/土方、废泥浆外运/打桩场地硬化及泥浆池、泥浆沟
010202002	咬合灌注桩	地层情况/桩长/桩径/混凝土类别、强度等级/部位	m 或 根	以米计量时应按设计图示尺寸以桩长计算。以根计量时应按设计图示数量计算	成孔、固壁/混凝土制作、运输、灌注、养护/套管压拔/土方、废泥浆外运/打桩场地硬化及泥浆池、泥浆沟
010202003	圆木桩	地层情况/桩长/材质/尾径/桩倾斜度	m 或 根	以米计量时应按设计图示尺寸以桩长（包括桩尖）计算。以根计量时应按设计图示数量计算	工作平台搭拆/桩机竖拆、移位/桩靴安装/沉桩
010202004	预制钢筋混凝土板桩	地层情况/送桩深度、桩长/桩截面/混凝土强度等级			工作平台搭拆/桩机竖拆、移位/沉桩/接桩
010202005	型钢桩	地层情况或部位/送桩深度、桩长/规格型号/桩倾斜度/防护材料种类/是否拔出	t 或 根	以吨计量时应按设计图示尺寸以质量计算。以根计量时应按设计图示数量计算	工作平台搭拆/桩机竖拆、移位/打（拔）桩/接桩/刷防护材料
010202006	钢板桩	地层情况/桩长/板桩厚度	t 或 m²	以吨计量时应按设计图示尺寸以质量计算。以平方米计量时应按设计图示墙中心线长乘以桩长以面积计算	工作平台搭拆/桩机竖拆、移位/打拔钢板桩
010202007	预应力锚杆、锚索	地层情况/锚杆（索）类型、部位/钻孔深度/钻孔直径/杆体材料品种、规格、数量/浆液种类、强度等级	m 或 根	以米计量时应按设计图示尺寸以钻孔深度计算。以根计量时应按设计图示数量计算	钻孔、浆液制作、运输、压浆/锚杆、锚索索制作、安装/张拉锚固/锚杆、锚索施工平台搭设、拆除
010202008	其他锚杆、土钉	地层情况/钻孔深度/钻孔直径/置入方法/杆体材料品种、规格、数量/浆液种类、强度等级			钻孔、浆液制作、运输、压浆/锚杆、土钉制作、安装/锚杆、土钉施工平台搭设、拆除

续表

项目编码	项目名称	项目特征	计量单位	工程量计算规则	工作内容
010202009	喷射混凝土、水泥砂浆	部位/厚度/材料种类/混凝土（砂浆）类别、强度等级	m²	按设计图示尺寸以面积计算	修整边坡/混凝土（砂浆）制作、运输、喷射、养护/钻排水孔、安装排水管/喷射施工平台搭设、拆除
010202010	混凝土支撑	部位/混凝土强度等级	m³	按设计图示尺寸以体积计算	模板（支架或支撑）制作、安装、拆除、堆放、运输及清理模内杂物、刷隔离剂等/混凝土制作、运输、浇筑、振捣、养护
010202011	钢支撑	部位/钢材品种、规格/探伤要求	t	按设计图示尺寸以质量计算。不扣除孔眼质量，焊条、铆钉、螺栓等不另增加质量	支撑、铁件制作（摊销、租赁）/支撑、铁件安装/探伤/刷漆/拆除/运输

注：地层情况按表9-2-2和表9-2-8的规定并根据岩土工程勘察报告按单位工程各地层所占比例（包括范围值）进行描述，对无法准确描述的地层情况可注明由投标人根据岩土工程勘察报告自行决定报价。其他锚杆是指不施加预应力的土层锚杆和岩石锚杆，置入方法包括钻孔置入、打入或射入等。基坑与边坡的检测、变形观测等费用按国家相关取费标准单独计算，不在本清单项目中。地下连续墙和喷射混凝土的钢筋网及咬合灌注桩的钢筋笼制作、安装按本章9.6节中相关项目编码列项；本分部未列的基坑与边坡支护的排桩按本章9.4节中相关项目编码列项；水泥土墙、坑内加固按表9-3-1中相关项目编码列项；砖、石挡土墙、护坡按本章9.5节中相关项目编码列项；混凝土挡土墙按本章9.6节中相关项目编码列项；弃土（不含泥浆）清理、运输按本章9.2节中相关项目编码列项。

9.4 桩基工程计量的特点与基本要求

9.4.1 打桩

打桩工程量清单项目设置、项目特征描述的内容、计量单位及工程量计算规则，应按表 9-4-1 的规定执行。

表 9-4-1 打桩（编号：010301）

项目编码	项目名称	项目特征	计量单位	工程量计算规则	工作内容
010301001	预制钢筋混凝土方桩	地层情况/送桩深度、桩长/桩截面、桩倾斜度/混凝土强度等级	m或根	以米计量时应按设计图示尺寸以桩长（包括桩尖）计算。以根计量时应按设计图示数量计算	工作平台搭拆/桩机竖拆、移位/沉桩/接桩/送桩
010301002	预制钢筋混凝土管桩	地层情况/送桩深度、桩长/桩外径、壁厚/桩倾斜度/混凝土强度等级/填充材料种类/防护材料种类			工作平台搭拆/桩机竖拆、移位/沉桩/接桩/送桩/填充材料、刷防护材料
010301003	钢管桩	地层情况/送桩深度、桩长/材质/管径、壁厚/桩倾斜度/填充材料种类/防护材料种类	t或根	以吨计量时应按设计图示尺寸以质量计算。以根计量时应按设计图示数量计算	工作平台搭拆/桩机竖拆、移位/沉桩/接桩/送桩/切割钢管、精割盖帽/管内取土/填充材料、刷防护材料
010301004	截（凿）桩头	桩头截面、高度/混凝土强度等级/有无钢筋	m³或根	以立方米计量时应按设计图示桩截面乘以桩头长度以体积计算。以根计量时应按设计图示数量计算	截桩头/凿平/废料外运

注：地层情况按表 9-2-2 和表 9-2-8 的规定并根据岩土工程勘察报告按单位工程各地层所占比例（包括范围值）进行描述，对无法准确描述的地层情况可注明由投标人根据岩土工程勘察报告自行决定报价。项目特征中的桩截面、混凝土强度等级、桩类型等可直接用标准图代号或设计桩型进行描述。打桩项目包括成品桩购置费，如果用现场预制桩时应包括现场预制的所有费用。打试验桩和打斜桩应按相应项目编码单独列项，并应在项目特征中注明试验桩或斜桩（斜率）。桩基础的承载力检测、桩身完整性检测等费用按国家相关取费标准单独计算，不在本清单项目中。

9.4.2 灌注桩

灌注桩工程量清单项目设置、项目特征描述的内容、计量单位及工程量计算规则,应按表9-4-2的规定执行。

表 9-4-2　灌注桩（编号：010302）

项目编码	项目名称	项目特征	计量单位	工程量计算规则	工作内容
010302001	泥浆护壁成孔灌注桩	地层情况/空桩长度、桩长/桩径/成孔方法/护筒类型、长度/混凝土类别、强度等级	m 或 m³ 或根	以米计量时应按设计图示尺寸以桩长（包括桩尖）计算。以立方米计量时应按不同截面在桩上范围内以体积计算。以根计量时应按设计图示数量计算	护筒埋设/成孔、固壁/混凝土制作、运输、灌注、养护/土方、废泥浆外运/打桩场地硬化及泥浆池、泥浆沟
010302002	沉管灌注桩	地层情况/空桩长度、桩长/复打长度/桩径/沉管方法/桩尖类型/混凝土类别、强度等级			打（沉）拔钢管/桩尖制作、安装/混凝土制作、运输、灌注、养护
010302003	干作业成孔灌注桩	地层情况/空桩长度、桩长/桩径/扩孔直径、高度/成孔方法/混凝土类别、强度等级			成孔、扩孔/混凝土制作、运输、灌注、振捣、养护
010302004	挖孔桩——土（石）方	土（石）类别/挖孔深度/弃土（石）运距	m³	按设计图示尺寸截面积乘以挖孔深度以立方米计算	排地表水/挖土、凿石/基底钎探/运输
010302005	人工挖孔灌注桩	桩芯长度/桩芯直径、扩底直径、扩底高度/护壁厚度、高度/护壁混凝土类别、强度等级/桩芯混凝土类别、强度等级	m³ 或根	以立方米计量时应按桩芯混凝土体积计算。以根计量时应按设计图示数量计算	护壁制作/混凝土制作、运输、灌注、振捣、养护
010302006	钻孔压浆桩	地层情况/空钻长度、桩长/钻孔直径/水泥强度等级	m 或根	以米计量时应按设计图示尺寸以桩长计算。以根计量时应按设计图示数量计算	钻孔、下注浆管、投放骨料、浆液制作、运输、压浆
010302007	桩底注浆	注浆导管材料、规格/注浆导管长度/单孔注浆量/水泥强度等级	孔	按设计图示以注浆孔数计算	注浆导管制作、安装/浆液制作、运输、压浆

注：地层情况按表9-2-2和表9-2-8的规定并根据岩土工程勘察报告按单位工程各地层所占比例（包括范围值）进行描述,对无法准确描述的地层情况可注明由投标人根据岩土工程勘察报告自行决定报价。项目特征中的桩长应包括桩尖,空桩长度=孔深-桩长,孔深为自然地面至设计桩底的深度。项目特征中的桩截面（桩径）、混凝土强度等级、桩类型等可直接用标准图代号或设计桩型进行描述。泥浆护壁成孔灌注桩是指在泥浆护壁条件下成孔,采用水下灌注混凝土的桩,其成孔方法包括冲击钻成孔、冲抓锥成孔、回旋钻成孔、潜水钻成孔、泥浆护壁的旋挖成孔等。沉管灌注桩的沉管方法包括锤击沉管法、振动沉管法、振动冲击沉管法、内夯沉管法等。干作业成孔灌注桩是指不用泥浆护壁和套管护壁的情况下用钻机成孔后,下钢筋笼,灌注混凝土的桩,适用于地下水位以上的土层使用,其成孔方法包括螺旋钻成孔、螺旋钻成孔扩底、干作业的旋挖成孔等。桩基础的承载力检测、桩身完整性检测等费用按国家相关取费标准单独计算,不在本清单项目中。混凝土灌注桩的钢筋笼制作、安装按本章9.6节中相关项目编码列项。

9.5　砌筑工程计量的特点与基本要求

9.5.1 砖砌体

砖砌体工程量清单项目设置、项目特征描述的内容、计量单位及工程量计算规则应按表9-5-1的规定执行。

表 9-5-1　砖砌体（编号：010401）

项目编码	项目名称	项目特征	计量单位	工程量计算规则	工作内容
010401001	砖基础	砖品种、规格、强度等级/基础类型/砂浆强度等级/防潮层材料种类	m³	按设计图示尺寸以体积计算。包括附墙垛基础宽出部分体积，扣除地梁（圈梁）、构造柱所占体积，不扣除基础大放脚T形接头处的重叠部分及嵌入基础内的钢筋、铁件、管道、基础砂浆防潮层和单个面积≤0.3m²的孔洞所占体积，靠墙暖气沟的挑檐不增加。基础长度对外墙按外墙中心线、内墙按内墙净长线计算	砂浆制作、运输/砌砖/防潮层铺设/材料运输
010401002	砖砌挖孔桩护壁	砖品种、规格、强度等级/砂浆强度等级	m³	按设计图示尺寸以立方米计算	砂浆制作、运输/砌砖/材料运输
010401003	实心砖墙	砖品种、规格、强度等级/墙体类型/砂浆强度等级、配合比	m³	按设计图示尺寸以体积计算。扣除门窗洞口、过人洞、空圈、嵌入墙内的钢筋混凝土柱、梁、圈梁、挑梁、过梁及凹进墙内的壁龛、管槽、暖气槽、消火栓箱所占体积，不扣除梁头、板头、檩头、垫木、木楞头、沿缘木、木砖、门窗走头、砖墙内加固钢筋、木筋、铁件、钢管及单个面积≤0.3m²的孔洞所占的体积。凸出墙面的腰线、挑檐、压顶、窗台线、虎头砖、门窗套的体积亦不增加。凸出墙面的砖垛并入墙体体积内计算。墙长度对外墙按中心线、内墙按净长计算。墙高度应区别不同情况计算，对外墙，斜（坡）屋面无檐口天棚者算至屋面板底，有屋架且室内外均有天棚者算至屋架下弦底另加200mm，无天棚者算至屋架下弦底另加300mm，出檐宽度超过600mm时按实砌高度计算，与钢筋混凝土楼板隔层者算至板顶，平屋顶算至钢筋混凝土板底；对内墙，位于屋架下弦者算至屋架下弦底，无屋架者算至天棚底另加100mm，有钢筋混凝土楼板隔层者算至楼板顶，有框架梁时算至梁底；对女儿墙应从屋面板上表面算至女儿墙顶面，有混凝土压顶时算至压顶下表面；对内、外山墙按其平均高度计算。框架间墙不分内外墙均按墙体净尺寸以体积计算。围墙高度算至压顶上表面，有混凝土压顶时算至压顶下表面，围墙柱并入围墙体积内	砂浆制作、运输/砌砖/刮缝/砖压顶砌筑/材料运输
010401004	多孔砖墙				
010401005	空心砖墙				
010401006	空斗墙	砖品种、规格、强度等级/墙体类型/砂浆强度等级、配合比	m³	按设计图示尺寸以空斗墙外形体积计算。墙角、内外墙交接处、门窗洞口立边、窗台砖、屋檐处的实砌部分体积并入空斗墙体积内	砂浆制作、运输/砌砖/装填充料/刮缝/材料运输
010401007	空花墙			按设计图示尺寸以空花部分外形体积计算，不扣除空洞部分体积	
010404008	填充墙			按设计图示尺寸以填充墙外形体积计算	
010401009	实心砖柱	砖品种、规格、强度等级/柱类型/砂浆强度等级、配合比	m³	按设计图示尺寸以体积计算。扣除混凝土及钢筋混凝土梁垫、梁头所占体积	砂浆制作、运输/砌砖/刮缝/材料运输
010404010	多孔砖柱				

续表

项目编码	项目名称	项目特征	计量单位	工程量计算规则	工作内容
010404011	砖检查井	井截面/垫层材料种类、厚度/底板厚度/井盖安装/混凝土强度等级/砂浆强度等级/防潮层材料种类	座	按设计图示数量计算	土方挖、运/砂浆制作、运输/铺设垫层/底板混凝土制作、运输、浇筑、振捣、养护/砌砖/刮缝/井池底、壁抹灰/抹防潮层/回填/材料运输
010404013	零星砌砖	零星砌砖名称、部位/砂浆强度等级、配合比	m³ 或 m² 或 m 或 个	以立方米计量时应按设计图示尺寸截面积乘以长度计算。以平方米计量时应按设计图示尺寸水平投影面积计算。以米计量时应按设计图示尺寸长度计算。以个计量时应按设计图示数量计算	砂浆制作、运输/砌砖/刮缝/材料运输
010404014	砖散水、地坪	砖品种、规格、强度等级/垫层材料种类、厚度/散水、地坪厚度/面层种类、厚度/砂浆强度等级	m²	按设计图示尺寸以面积计算	土方挖、运/地基找平、夯实/铺设垫层/砌砖散水、地坪/抹砂浆面层
010404015	砖地沟、明沟	砖品种、规格、强度等级/沟截面尺寸/垫层材料种类、厚度/混凝土强度等级/砂浆强度等级	m	以米计量时应按设计图示以中心线长度计算	土方挖、运/铺设垫层/底板混凝土制作、运输、浇筑、振捣、养护/砌砖/刮缝、抹灰/材料运输

注："砖基础"项目适用于各种类型砖基础：柱基础、墙基础、管道基础等。基础与墙（柱）身使用同一种材料时以设计室内地面为界（有地下室者，以地下室室内设计地面为界）以下为基础、以上为墙（柱）身；基础与墙身使用不同材料时，位于设计室内地面高度≤±300mm时以不同材料为分界线，高度＞±300mm时以设计室内地面为分界线。砖墙以设计室外地坪为界，以下为基础，以上为墙身。框架外表面的镶贴砖部分按零星项目编码列项。附墙烟囱、通风道、垃圾道应按设计图示尺寸以体积（扣除孔洞所占体积）计算并入所依附的墙体体积内，当设计规定孔洞内需抹灰时应按本章9.13节中零星抹灰项目编码列项。空斗墙的窗间墙、窗台下、楼板下、梁头下等的实砌部分应按零星砌砖项目编码列项。"空花墙"项目适用于各种类型的空花墙，使用混凝土花格砌筑的空花墙的实砌墙体与混凝土花格应分别计算，混凝土花格按混凝土及钢筋混凝土中预制构件相关项目编码列项。台阶、台阶挡墙、梯带、锅台、炉灶、蹲台、池槽、池槽腿、砖胎模、花台、花池、楼梯栏板、阳台栏板、地垄墙、≤0.3m²的孔洞填塞等应按零星砌砖项目编码列项，砖砌锅台与炉灶可按外形尺寸以个计算，砖砌台阶可按水平投影面积以平方米计算，小便槽、地垄墙可按长度计算，其他工程按立方米计算。砖砌体内钢筋加固应按本章9.6节中相关项目编码列项。砖砌体勾缝按本章9.13节中相关项目编码列项。检查井内的爬梯按本章9.6节中相关项目编码列项，井、池内的混凝土构件按本章9.6节中混凝土及钢筋混凝土预制构件编码列项。在施工图设计标注做法见标准图集时，应注明标注图集的编码、页号及节点大样。

9.5.2 砌块砌体

砌块砌体工程量清单项目设置、项目特征描述的内容、计量单位及工程量计算规则应按表9-5-2的规定执行。

表 9-5-2　砌块砌体（编号：010402）

项目编码	项目名称	项目特征	计量单位	工程量计算规则	工作内容
010402001	砌块墙	砌块品种、规格、强度等级/墙体类型/砂浆强度等级	m³	按设计图示尺寸以体积计算。 扣除门窗洞口、过人洞、空圈、嵌入墙内的钢筋混凝土柱、梁、圈梁、挑梁、过梁及凹进墙内的壁龛、管槽、暖气槽、消火栓箱所占体积，不扣除梁头、板头、檩头、垫木、木楞头、沿缘木、木砖、门窗走头、砌块墙内加固钢筋、木筋、铁件、钢管及单个面积≤0.3m²的孔洞所占的体积。凸出墙面的腰线、挑檐、压顶、窗台线、虎头砖、门窗套的体积也不增加。凸出墙面的砖垛并入墙体体积内计算。墙长度对外墙按中心线、内墙按净长计算。墙高度应区别不同情况计算，对外墙，斜（坡）屋面无檐口天棚者算至屋面板底，有屋架且室内外均有天棚者算至屋架下弦底另加200mm，无天棚者算至屋架下弦底另加300mm，出檐宽度超过600mm时按实砌高度计算，与钢筋混凝土楼板隔层者算至板顶，平屋面算至钢筋砼板底；对内墙，位于屋架下弦者算至屋架下弦底，无屋架者算至天棚底另加100mm，有钢筋砼楼板隔层者算至楼板顶，有框架梁时算至梁底；女儿墙应自屋面板上表面算至女儿墙顶面，有砼压顶时算至压顶下表面；内、外山墙按其平均高度计算。框架间墙不分内外墙均按墙体净尺寸以体积计算。围墙高度算至压顶上表面，有砼压顶时算至压顶下表面，围墙柱并入围墙体积内	砂浆制作、运输/砌砖、砌块/勾缝/材料运输
010402002	砌块柱	砖品种、规格、强度等级/墙体类型/砂浆强度等级		按设计图示尺寸以体积计算。扣除混凝土及钢筋混凝土梁垫、梁头、板头所占体积	

注：砌体内加筋、墙体拉结的制作、安装应按本章 9.6 节中相关项目编码列项。砌块排列应上、下错缝搭砌，如果搭错缝长度满足不了规定的压搭要求，则应采取压砌钢筋网片的措施，具体构造要求按设计规定，在设计无规定时应注明由投标人根据工程实际情况自行考虑。砌体竖向灰缝宽＞30mm 时应采用 C20 细石混凝土灌实，灌注的混凝土应按本章 9.6 节中相关项目编码列项。

9.5.3　石砌体

石砌体工程量清单项目设置、项目特征描述的内容、计量单位及工程量计算规则应按表 9-5-3 的规定执行。

表 9-5-3　石砌体（编号：010403）

项目编码	项目名称	项目特征	计量单位	工程量计算规则	工作内容
010403001	石基础	石料种类、规格/基础类型/砂浆强度等级	m³	按设计图示尺寸以体积计算。包括附墙垛基础宽出部分体积，不扣除基础砂浆防潮层及单个面积≤0.3m²的孔洞所占体积，靠墙暖气沟的挑檐不增加体积。基础长度对外墙按中心线，对内墙按净长计算	砂浆制作、运输/吊装/砌石/防潮层铺设/材料运输
010403002	石勒脚	石料种类、规格/石表面加工要求/勾缝要求/砂浆强度等级、配合比	m³	按设计图示尺寸以体积计算，扣除单个面积＞0.3m²的孔洞所占的体积	砂浆制作、运输/吊装/砌石/石表面加工/勾缝/材料运输

项目编码	项目名称	项目特征	计量单位	工程量计算规则	工作内容
010403003	石墙	石料种类、规格/石表面加工要求/勾缝要求/砂浆强度等级、配合比	m³	按设计图示尺寸以体积计算。扣除门窗洞口、过人洞、空圈、嵌入墙内的钢筋混凝土柱、梁、圈梁、挑梁、过梁及凹进墙内的壁龛、管槽、暖气槽、消火栓箱所占体积，不扣除梁头、板头、檩头、垫木、木楞头、沿缘木、木砖、门窗走头、石墙内加固钢筋、木筋、铁件、钢管及单个面积≤0.3m²的孔洞所占的体积。凸出墙面的腰线、挑檐、压顶、窗台线、虎头砖、门窗套的体积也不增加。凸出墙面的砖垛并入墙体体积内计算。墙长度对外墙按中心线、内墙按净长计算。墙高度应区别不同情况计算，对外墙，斜（坡）屋面无檐口天棚者算至屋面板底，有屋架且室内外均有天棚者算至屋架下弦底另加200mm，无天棚者算至屋架下弦底另加300mm、出檐宽度超过600mm时按实砌高度计算，平屋顶算至钢筋砼板底；对内墙，位于屋架下弦者算至屋架下弦底，无屋架者算至天棚底另加100mm，有钢筋砼楼板隔层者算至楼板顶，有框架梁时算至梁底；对女儿墙应从屋面板上表面算至女儿墙顶面，有砼压顶时算至压顶下表面；内、外山墙应按其平均高度计算。围墙高度算至压顶上表面，有混凝土压顶时算至压顶下表面，围墙柱并入围墙体积内	
010403004	石挡土墙	石料种类、规格/石表面加工要求/勾缝要求/砂浆强度等级、配合比	m³	按设计图示尺寸以体积计算	砂浆制作、运输/吊装/砌石/变形缝、泄水孔、压顶抹灰/滤水层/勾缝/材料运输
010403005	石柱				
010403006	石栏杆	石料种类、规格/石表面加工要求/勾缝要求/砂浆强度等级、配合比	m	按设计图示以长度计算	砂浆制作、运输/吊装/砌石/石表面加工/勾缝/材料运输
010403007	石护坡	垫层材料种类、厚度/石料种类、规格/护坡厚度、高度/石表面加工要求/勾缝要求/砂浆强度等级、配合比	m³	按设计图示尺寸以体积计算	铺设垫层/石料加工/砂浆制作、运输/砌石/石表面加工/勾缝/材料运输
010403008	石台阶				
010403009	石坡道		m²	按设计图示以水平投影面积计算	
010403010	石地沟、明沟	沟截面尺寸/土壤类别、运距/垫层材料种类、厚度/石料种类、规格/石表面加工要求/勾缝要求/砂浆强度等级、配合比	m	按设计图示以中心线长度计算	土方挖、运/砂浆制作、运输/铺设垫层/砌石/石表面加工/勾缝/回填/材料运输

注：石基础、石勒脚、石墙的划分标准是基础与勒脚应以设计室外地坪为界，勒脚与墙身应以设计室内地面为界，石围墙内外地坪标高不同时应以较低地坪标高为界且以下为基础，内外标高之差为挡土墙时其挡土墙以上为墙身。"石基础"项目适用于各种规格（粗料石、细料石等）、各种材质（砂石、青石等）和各种类型（柱基、墙基、直形、弧形等）基础。"石勒脚"与"石墙"项目适用于各种规格（粗料石、细料石等）、各种材质（砂石、青石、大理石、花岗石等）和各种类型（直形、弧形等）勒脚和墙体。"石挡土墙"项目适用于各种规格（粗料石、细料石、块石、毛石、卵石等）、各种材质（砂石、青石、石灰石等）和各种类型（直形、弧形、台阶形等）挡土墙。"石柱"项目适用于各种规格、各种材质、各种类型的石柱。"石栏杆"项目适用于无雕饰的一般石栏杆。"石护坡"项目适用于各种材质和各种石料（粗料石、细料石、片石、块石、毛石、卵石等）的护坡。"石台阶"项目包括石梯带（垂带），不包括石梯膀，石梯膀应按本章9.4节的石挡土墙项目编码列项。在施工图设计标注做法见标准图集时，应注明标注图集的编码、页号及节点大样。

9.5.4　垫层

垫层工程量清单项目设置、项目特征描述的内容、计量单位及工程量计算规则应按表 9-5-4 的规定执行。

表 9-5-4　垫层（编号：010404）

项目编码	项目名称	项目特征	计量单位	工程量计算规则	工作内容
010404001	垫层	垫层材料种类、配合比、厚度	m³	按设计图示尺寸以立方米计算	垫层材料的拌制/垫层铺设/材料运输

注：除混凝土垫层应按本章 9.6 节中相关项目编码列项外，没有包括垫层要求的清单项目应按本表垫层项目编码列项。

9.5.5　其他相关问题的处理

其他相关问题应按以下规定处理。标准砖尺寸应为 240mm×115mm×53mm，标准砖墙厚度应按表 9-5-5 计算。

表 9-5-5　标准砖墙计算厚度表

砖数（厚度）	1/4	1/2	3/4	1	1.5	2	2.5	3
计算厚度（mm）	53	115	180	240	365	490	615	740

9.6　混凝土及钢筋混凝土工程计量的特点与基本要求

9.6.1　现浇混凝土基础

现浇混凝土基础工程量清单项目设置、项目特征描述的内容、计量单位、工程量计算规则应按表 9-6-1 的规定执行。

表 9-6-1　现浇混凝土基础（编号：010501）

项目编码	项目名称	项目特征	计量单位	工程量计算规则	工作内容
010501001	垫层				
010501002	带形基础			按设计图示尺寸以体积计算。不扣除构件内钢筋、预埋铁件和伸入承台基础的桩头所占体积	模板及支撑制作、安装、拆除、堆放、运输及清理模内杂物、刷隔离剂等/混凝土制作、运输、浇筑、振捣、养护
010501003	独立基础	混凝土类别/混凝土强度等级	m³		
010501004	满堂基础				
010501005	桩承台基础				
010501006	设备基础	混凝土类别/混凝土强度等级/灌浆材料、灌浆材料强度等级			

注：有肋带形基础、无肋带形基础应按本章 9.6.1 节中相关项目列项并注明肋高。箱式满堂基础中柱、梁、墙、板按本章 9.6.2、9.6.3、9.6.4、9.6.5 节中相关项目分别编码列项，箱式满堂基础底板按本章 9.6.1 节的满堂基础项目列项。框架式设备基础中柱、梁、墙、板分别按本章 9.6.2、9.6.3、9.6.4、9.6.5 节中相关项目编码列项，基础部分按 9.6.1 节中相关项目编码列项。如为毛石混凝土基础，项目特征应描述毛石所占比例。

9.6.2　现浇混凝土柱

现浇混凝土柱工程量清单项目设置、项目特征描述的内容、计量单位、工程量计算规则应按表 9-6-2 的规定执行。

表 9-6-2　现浇混凝土柱（编号：010502）

项目编码	项目名称	项目特征	计量单位	工程量计算规则	工作内容
010502001	矩形柱	混凝土类别/混凝土强度等级	m³	按设计图示尺寸以体积计算。不扣除构件内钢筋、预埋铁件所占体积。型钢混凝土柱扣除构件内型钢所占体积。柱高应区别不同情况确定，有梁板的柱高应自柱基上表面（或楼板上表面）至上一层楼板上表面之间的高度计算；无梁板的柱高应自柱基上表面（或楼板上表面）至柱帽下表面之间的高度计算；框架柱的柱高应自柱基上表面至柱顶高度计算；构造柱按全高计算且其嵌接墙体部分（马牙槎）并入柱身体积；依附柱上的牛腿和升板的柱帽并入柱身体积计算	模板及支架（撑）制作、安装、拆除、堆放、运输及清理模内杂物、刷隔离剂等/混凝土制作、运输、浇筑、振捣、养护
010502002	构造柱				
010502003	异形柱	柱形状/混凝土类别/混凝土强度等级			

注：混凝土类别指清水混凝土、彩色混凝土等，在同一地区既使用预拌（商品）混凝土，又允许现场搅拌混凝土时，也应注明。

9.6.3　现浇混凝土梁

现浇混凝土梁工程量清单项目设置、项目特征描述的内容、计量单位、工程量计算规则应按表 9-6-3 的规定执行。

表 9-6-3　现浇混凝土梁（编号：010503）

项目编码	项目名称	项目特征	计量单位	工程量计算规则	工作内容
010503001	基础梁	混凝土类别/混凝土强度等级	m³	按设计图示尺寸以体积计算。不扣除构件内钢筋、预埋铁件所占体积，伸入墙内的梁头、梁垫并入梁体积内。型钢混凝土梁扣除构件内型钢所占体积。梁长应区别不同情况确定，梁与柱连接时的梁长算至柱侧面；主梁与次梁连接时的次梁长算至主梁侧面	模板及支架（撑）制作、安装、拆除、堆放、运输及清理模内杂物、刷隔离剂等/混凝土制作、运输、浇筑、振捣、养护
010503002	矩形梁				
010503003	异形梁				
010503004	圈梁				
010503005	过梁				
010503006	弧形、拱形梁	混凝土类别/混凝土强度等级	m³	按设计图示尺寸以体积计算。不扣除构件内钢筋、预埋铁件所占体积，伸入墙内的梁头、梁垫并入梁体积内。梁长应区别不同情况确定，梁与柱连接时的梁长算至柱侧面；主梁与次梁连接时的次梁长算至主梁侧面	模板及支架（撑）制作、安装、拆除、堆放、运输及清理模内杂物、刷隔离剂等/混凝土制作、运输、浇筑、振捣、养护

9.6.4　现浇混凝土墙

现浇混凝土墙工程量清单项目设置、项目特征描述的内容、计量单位、工程量计算规则应按表 9-6-4 的规定执行。

表 9-6-4　现浇混凝土墙（编号：010504）

项目编码	项目名称	项目特征	计量单位	工程量计算规则	工作内容
010504001	直形墙	混凝土类别/混凝土强度等级	m³	按设计图示尺寸以体积计算。不扣除构件内钢筋、预埋铁件所占体积，扣除门窗洞口及单个面积>0.3m²的孔洞所占体积，墙垛及突出墙面部分并入墙体体积计算内	模板及支架（撑）制作、安装、拆除、堆放、运输及清理模内杂物、刷隔离剂等/混凝土制作、运输、浇筑、振捣、养护
010504002	弧形墙				
010504003	短肢剪力墙				
010504004	挡土墙				

注：墙肢截面的最大长度与厚度之比小于或等于 6 倍的剪力墙按短肢剪力墙项目列项。L、Y、T、十字、Z 形、一字形等短肢剪力墙的单肢中心线长≤0.4m 时按柱项目列项。

9.6.5　现浇混凝土板

现浇混凝土板工程量清单项目设置、项目特征描述的内容、计量单位、工程量计算规则应按表 9-6-5 的规定执行。

表 9-6-5　现浇混凝土板（编号：010505）

项目编码	项目名称	项目特征	计量单位	工程量计算规则	工作内容
010505001	有梁板	混凝土类别/混凝土强度等级	m³	按设计图示尺寸以体积计算，不扣除构件内钢筋、预埋铁件及单个面积≤0.3m²的柱、垛以及孔洞所占体积。压形钢板混凝土楼板扣除构件内压形钢板所占体积。有梁板（包括主、次梁与板）按梁、板体积之和计算，无梁板按板和柱帽体积之和计算，各类板伸入墙内的板头并入板体积内，薄壳板的肋、基梁并入薄壳体积内计算	模板及支架（撑）制作、安装、拆除、堆放、运输及清理模内杂物、刷隔离剂等/混凝土制作、运输、浇筑、振捣、养护
010505002	无梁板				
010505003	平板				
010505004	拱板				
010505005	薄壳板				
010505006	栏板				
010505007	天沟（檐沟）、挑檐板	混凝土类别/混凝土强度等级	m³	按设计图示尺寸以体积计算	
010505008	雨篷、悬挑板、阳台板			按设计图示尺寸以墙外部分体积计算。包括伸出墙外的牛腿和雨篷反挑檐的体积	
010505009	其他板			按设计图示尺寸以体积计算	

注：现浇挑檐、天沟板、雨篷、阳台与板（包括屋面板、楼板）连接时以外墙外边线为分界线，与圈梁（包括其他梁）连接时以梁外边线为分界线。外边线以外为挑檐、天沟、雨篷或阳台。

9.6.6　现浇混凝土楼梯

现浇混凝土楼梯工程量清单项目设置、项目特征描述的内容、计量单位、工程量计算规则应按表 9-6-6 的规定执行。

表 9-6-6　现浇混凝土楼梯（编号：010506）

项目编码	项目名称	项目特征	计量单位	工程量计算规则	工作内容
010506001	直形楼梯	混凝土类别/混凝土强度等级	m²或m³	以平方米计量时应按设计图示尺寸以水平投影面积计算，不扣除宽度≤500mm的楼梯井，伸入墙内部分不计算。以立方米计量时应按设计图示尺寸以体积计算	模板及支架（撑）制作、安装、拆除、堆放、运输及清理模内杂物、刷隔离剂等/混凝土制作、运输、浇筑、振捣、养护
010506002	弧形楼梯				

注：整体楼梯（包括直形楼梯、弧形楼梯）水平投影面积包括休息平台、平台梁、斜梁和楼梯的连接梁。当整体楼梯与现浇楼板无梯梁连接时以楼梯最后一个踏步边缘加 300mm 为界。

9.6.7　现浇混凝土其他构件

现浇混凝土其他构件工程量清单项目设置、项目特征描述的内容、计量单位、工程量计算规则应按表 9-6-7 的规定执行。

表 9-6-7　现浇混凝土其他构件（编号：010507）

项目编码	项目名称	项目特征	计量单位	工程量计算规则	工作内容
010507001	散水、坡道	垫层材料种类、厚度/面层厚度/混凝土类别/混凝土强度等级/变形缝填塞材料种类	m²	以平方米计量，按设计图示尺寸以面积计算。不扣除单个≤0.3m²的孔洞所占面积	地基夯实/铺设垫层/模板及支撑制作、安装、拆除、堆放、运输及清理模内杂物、刷隔离剂等/混凝土制作、运输、浇筑、振捣、养护/变形缝填塞

续表

项目编码	项目名称	项目特征	计量单位	工程量计算规则	工作内容
010507002	电缆沟、地沟	土壤类别/沟截面净空尺寸/垫层材料种类、厚度/混凝土类别/混凝土强度等级/防护材料种类	m	以米计量，按设计图示以中心线长计算	挖填、运土石方/铺设垫层/模板及支撑制作、安装、拆除、堆放、运输及清理模内杂物、刷隔离剂等/混凝土制作、运输、浇筑、振捣、养护/刷防护材料
010507003	台阶	踏步高宽比/混凝土类别/混凝土强度等级	m² 或 m³	以平方米计量时应按设计图示尺寸水平投影面积计算。以立方米计量时应按设计图示尺寸以体积计算	模板及支撑制作、安装、拆除、堆放、运输及清理模内杂物、刷隔离剂等/混凝土制作、运输、浇筑、振捣、养护
010507004	扶手、压顶	断面尺寸/混凝土类别/混凝土强度等级	m 或 m³	以米计量时应按设计图示的延长米计算。以立方米计量时应按设计图示尺寸以体积计算	模板及支架（撑）制作、安装、拆除、堆放、运输及清理模内杂物、刷隔离剂等/混凝土制作、运输、浇筑、振捣、养护
010507005	化粪池底	混凝土强度等级/防水、抗渗要求	m³	按设计图示尺寸以体积计算。不扣除构件内钢筋、预埋铁件所占体积	模板及支架（撑）制作、安装、拆除、堆放、运输及清理模内杂物、刷隔离剂等/混凝土制作、运输、浇筑、振捣、养护
010507006	化粪池壁				
010507007	化粪池顶				
010507008	检查井底				
010507009	检查井壁				
010507010	检查井顶				
010507011	其他构件	构件的类型/构件规格/部位/混凝土类别/混凝土强度等级	m³		

注：现浇混凝土小型池槽、垫块、门框等应按 9.6.7 节中其他构件项目编码列项。架空式混凝土台阶按现浇楼梯计算。

9.6.8　后浇带

后浇带工程量清单项目设置、项目特征描述的内容、计量单位、工程量计算规则应按表 9-6-8 的规定执行。

表 9-6-8　后浇带（编号：010508）

项目编码	项目名称	项目特征	计量单位	工程量计算规则	工作内容
010508001	后浇带	混凝土类别/混凝土强度等级	m³	按设计图示尺寸以体积计算	模板及支架（撑）制作、安装、拆除、堆放、运输及清理模内杂物、刷隔离剂等/混凝土制作、运输、浇筑、振捣、养护及混凝土交接面、钢筋等的清理

9.6.9　预制混凝土柱

预制混凝土柱工程量清单项目设置、项目特征描述的内容、计量单位、工程量计算规则应按表 9-6-9 的规定执行。

表 9-6-9　预制混凝土柱（编号：010509）

项目编码	项目名称	项目特征	计量单位	工程量计算规则	工作内容
010509001	矩形柱	图代号/单件体积/安装高度/混凝土强度等级/砂浆强度等级、配合比	m³ 或根	以立方米计量时应按设计图示尺寸以体积计算，不扣除构件内钢筋、预埋铁件所占体积。以根计量时应按设计图示尺寸以数量计算	构件安装/砂浆制作、运输/接头灌缝、养护
010509002	异形柱				

注：以根计量必须描述单件体积。

9.6.10 预制混凝土梁

预制混凝土梁工程量清单项目设置、项目特征描述的内容、计量单位、工程量计算规则应按表 9-6-10 的规定执行。

表 9-6-10 预制混凝土梁（编号：010510）

项目编码	项目名称	项目特征	计量单位	工程量计算规则	工作内容
010510001	矩形梁	图代号/单件体积/安装高度/混凝土强度等级/砂浆强度等级、配合比	m^3或根	以立方米计量时应按设计图示尺寸以体积计算，不扣除构件内钢筋、预埋铁件所占体积。以根计量时应按设计图示尺寸以数量计算	构件安装/砂浆制作、运输/接头灌缝、养护
010510002	异形梁				
010510003	过梁				
010510004	拱形梁				
010510005	鱼腹式吊车梁				
010510006	风道梁				

注：以根计量时必须描述单件体积。

9.6.11 预制混凝土屋架

预制混凝土屋架工程量清单项目设置、项目特征描述的内容、计量单位、工程量计算规则应按表 9-6-11 的规定执行。

表 9-6-11 预制混凝土屋架（编号：010511）

项目编码	项目名称	项目特征	计量单位	工程量计算规则	工作内容
010511001	折线型屋架	图代号/单件体积/安装高度/混凝土强度等级/砂浆强度等级、配合比	m^3或榀	以立方米计量时应按设计图示尺寸以体积计算，不扣除构件内钢筋、预埋铁件所占体积。以榀计量时应按设计图示尺寸以数量计算	构件安装/砂浆制作、运输/接头灌缝、养护
010511002	组合屋架				
010511003	薄腹屋架				
010511004	门式刚架屋架				
010511005	天窗架屋架				

注：以榀计量时必须描述单件体积。三角形屋架应按 9.6.11 节中折线型屋架项目编码列项。

9.6.12 预制混凝土板

预制混凝土板工程量清单项目设置、项目特征描述的内容、计量单位、工程量计算规则应按表 9-6-12 的规定执行。

表 9-6-12 预制混凝土板（编号：010512）

项目编码	项目名称	项目特征	计量单位	工程量计算规则	工作内容
010512001	平板	图代号/单件体积/安装高度/混凝土强度等级/砂浆强度等级、配合比	m^3或块	以立方米计量时应按设计图示尺寸以体积计算，不扣除构件内钢筋、预埋铁件及单个尺寸≤（300mm×300mm）的孔洞所占体积，扣除空心板空洞体积。以块计量时应按设计图示尺寸以"数量"计算	构件安装/砂浆制作、运输/接头灌缝、养护
010512002	空心板				
010512003	槽形板				
010512004	网架板				
010512005	折线板				
010512006	带肋板				
010512007	大型板				
010512008	沟盖板、井盖板、井圈	单件体积/安装高度/混凝土强度等级/砂浆强度等级、配合比	m^3或块（套）	以立方米计量时应按设计图示尺寸以体积计算，不扣除构件内钢筋、预埋铁件所占体积。以块计量时应按设计图示尺寸以"数量"计算	构件安装/砂浆制作、运输/接头灌缝、养护

注：以块、套计量时必须描述单件体积。不带肋的预制遮阳板、雨篷板、挑檐板、栏板等应按 9.6.12 节中平板项目编码列项。预制 F 形板、双 T 形板、单肋板和带反挑檐的雨篷板、挑檐板、遮阳板等应按 9.6.12 节中带肋板项目编码列项。预制大型墙板、大型楼板、大型屋面板等应按 9.3.12 节中大型板项目编码列项。

9.6.13 预制混凝土楼梯

预制混凝土楼梯工程量清单项目设置、项目特征描述的内容、计量单位、工程量计算规则应按表 9-6-13 的规定执行。

表 9-6-13 预制混凝土楼梯（编号：010513）

项目编码	项目名称	项目特征	计量单位	工程量计算规则	工作内容
010513001	楼梯	楼梯类型/单件体积/混凝土强度等级/砂浆强度等级	m³或块	以立方米计量时应按设计图示尺寸以体积计算，不扣除构件内钢筋、预埋铁件所占体积，扣除空心踏步板空洞体积。以块计量时应按设计图示数量计算	构件安装/砂浆制作、运输/接头灌缝、养护

注：以块计量时必须描述单件体积。

9.6.14 其他预制构件

其他预制构件工程量清单项目设置、项目特征描述的内容、计量单位、工程量计算规则应按表 9-6-14 的规定执行。

表 9-6-14 其他预制构件（编号：010514）

项目编码	项目名称	项目特征	计量单位	工程量计算规则	工作内容
010514001	垃圾道、通风道、烟道	单件体积/混凝土强度等级/砂浆强度等级	m³或m²或根（块）	以立方米计量时应按设计图示尺寸以体积计算，不扣除构件内钢筋、预埋铁件及单个面积≤（300mm×300mm）的孔洞所占体积，扣除烟道、垃圾道、通风道的孔洞所占体积。以平方米计量时应按设计图示尺寸以面积计算，不扣除构件内钢筋、预埋铁件及单个面积≤（300mm×300mm）的孔洞所占面积。以根计量时应按设计图示尺寸以数量计算	构件安装/砂浆制作、运输/接头灌缝、养护/酸洗、打蜡
010514002	其他构件	单件体积/构件的类型/混凝土强度等级/砂浆强度等级			
010514003	水磨石构件	构件的类型/单件体积/水磨石面层厚度/混凝土强度等级/水泥石子浆配合比/石子品种、规格、颜色/酸洗、打蜡要求			

注：以块、根计量时必须描述单件体积。预制钢筋混凝土小型池槽、压顶、扶手、垫块、隔热板、花格等应按本表中其他构件项目编码列项。

9.6.15 钢筋工程

钢筋工程工程量清单项目设置、项目特征描述的内容、计量单位、工程量计算规则应按照表 9-6-15 的规定执行。

表 9-6-15 钢筋工程（编号：010515）

项目编码	项目名称	项目特征	计量单位	工程量计算规则	工作内容
010515001	现浇构件钢筋	钢筋种类、规格	t	按设计图示钢筋（网）长度（面积）乘以单位理论质量计算	钢筋制作、运输/钢筋安装/焊接
010515002	钢筋网片				钢筋网制作、运输/钢筋网安装/焊接
010515003	钢筋笼				钢筋笼制作、运输/钢筋笼安装/焊接

续表

项目编码	项目名称	项目特征	计量单位	工程量计算规则	工作内容
010515004	先张法预应力钢筋	钢筋种类、规格/锚具种类	t	按设计图示钢筋长度乘以单位理论质量计算	钢筋制作、运输/钢筋张拉
010515005	后张法预应力钢筋			按设计图示钢筋（丝束、绞线）长度乘以单位理论质量计算。低合金钢筋两端均采用螺杆锚具时的钢筋长度按孔道长度减0.35m计算，螺杆另行计算。	
010515006	预应力钢丝			低合金钢筋一端采用镦头插片、另一端采用螺杆锚具时的钢筋长度按孔道长度计算，螺杆另行计算。	
010515007	预应力钢绞线	钢筋种类、规格/钢丝种类、规格/钢绞线种类、规格/锚具种类/砂浆强度等级	t	低合金钢筋一端采用镦头插片、另一端采用帮条锚具时的钢筋应增加0.15m计算，两端均采用帮条锚具时的钢筋长度按孔道长度增加0.3m计算。低合金钢筋采用后张砼自锚时的钢筋长度按孔道长度增加0.35m计算。低合金钢筋（钢绞线）采用JM、XM、QM型锚具，孔道长度≤20m时的钢筋长度增加1m计算，孔道长度＞20m时的钢筋长度增加1.8m计算。碳素钢丝采用锥形锚具，孔道长度≤20m时的钢丝束长度按孔道长度增加1m计算，孔道长度＞20m时的钢丝束长度按孔道长度增加1.8m计算。碳素钢丝采用镦头锚具时的钢丝束长度按孔道长度增加0.35m计算	钢筋、钢丝、钢绞线制作、运输/钢筋、钢丝、钢绞线安装/预埋管孔道铺设/锚具安装/砂浆制作、运输/孔道压浆、养护
010515008	支撑钢筋（铁马）	钢筋种类/规格	t	按钢筋长度乘以单位理论质量计算	钢筋制作、焊接、安装
01051509	声测管	材质/规格型号	t	按设计图示尺寸质量计算	检测管截断、封头/套管制作、焊接/定位、固定

注：现浇构件中伸出构件的锚固钢筋应并入钢筋工程量内，除设计（包括规范规定）标明的搭接外其他施工搭接不计算工程量而在综合单价中综合考虑。现浇构件中固定位置的支撑钢筋、双层钢筋用的"铁马"在编制工程量清单时，其工程数量可为暂估量，结算时按现场签证数量计算。

9.6.16　螺栓、铁件

　　螺栓、铁件工程量清单项目设置、项目特征描述的内容、计量单位、工程量计算规则应按照表9-6-16的规定执行。

表9-6-16　螺栓、铁件（编号：010516）

项目编码	项目名称	项目特征	计量单位	工程量计算规则	工作内容
010516001	螺栓	螺栓种类/规格	t	按设计图示尺寸以质量计算	螺栓、铁件制作、运输/螺栓、铁件安装
010516002	预埋铁件	钢材种类/规格/铁件尺寸	t		
010516003	机械连接	连接方式/螺纹套筒种类/规格	个	按数量计算	钢筋套丝/套筒连接

注：编制工程量清单时其工程数量可为暂估量，实际工程量按现场签证数量计算。

9.6.17　其他相关问题的处理

　　其他相关问题应遵守以下规定。预制混凝土构件或预制钢筋混凝土构件，在施工图设计标注做法见标准图集时，其项目特征注明标准图集的编码、页号及节点大样即可。

9.7　金属结构工程计量的特点与基本要求

9.7.1　钢网架

钢网架工程量清单项目设置、项目特征描述、计量单位及工程量计算规则应按表 9-7-1 的规定执行。

表 9-7-1　钢网架（编码：010601）

项目编码	项目名称	项目特征	计量单位	工程量计算规则	工作内容
010601001	钢网架	钢材品种、规格/网架节点形式、连接方式/网架跨度、安装高度/探伤要求/防火要求	t	按设计图示尺寸以质量计算，不扣除孔眼的质量，焊条、铆钉、螺栓等不另增加质量	拼装/安装/探伤/补刷油漆

9.7.2　钢屋架、钢托架、钢桁架、钢桥架

钢屋架、钢托架、钢桁架、钢桥架工程量清单项目设置、项目特征描述、计量单位及工程量计算规则应按表 9-7-2 的规定执行。

表 9-7-2　钢屋架、钢托架、钢桁架、钢桥架（编码：010602）

项目编码	项目名称	项目特征	计量单位	工程量计算规则	工作内容
010602001	钢屋架	钢材品种、规格/单榀质量/屋架跨度、安装高度/螺栓种类/探伤要求/防火要求	榀或t	以榀计量时应按设计图示数量计算。以吨计量时应按设计图示尺寸以质量计算，不扣除孔眼的质量，焊条、铆钉、螺栓等不另增加质量	拼装/安装/探伤/补刷油漆
010602002	钢托架	钢材品种、规格/单榀质量/安装高度/螺栓种类/探伤要求/防火要求	t	按设计图示尺寸以质量计算，不扣除孔眼的质量，焊条、铆钉、螺栓等不另增加质量	
010602003	钢桁架				
010602004	钢桥架	桥架类型/钢材品种、规格/单榀质量/安装高度/螺栓种类/探伤要求			

注：螺栓种类指普通或高强。以榀计量时，按标准图设计的应注明标准图代号，按非标准图设计的项目特征必须描述单榀屋架的质量。

9.7.3　钢柱

钢柱工程量清单项目设置、项目特征描述、计量单位及工程量计算规则应按表 9-7-3 的规定执行。

表 9-7-3　钢柱（编码：010603）

项目编码	项目名称	项目特征	计量单位	工程量计算规则	工作内容
010603001	实腹钢柱	柱类型/钢材品种、规格/单根柱质量/螺栓种类/探伤要求/防火要求	t	按设计图示尺寸以质量计算，不扣除孔眼的质量，焊条、铆钉、螺栓等不另增加质量，依附在钢柱上的牛腿及悬臂梁等并入钢柱工程量内	拼装/安装/探伤/补刷油漆
010603002	空腹钢柱				
010603003	钢管柱	钢材品种、规格/单根柱质量/螺栓种类/探伤要求/防火要求		按设计图示尺寸以质量计算。不扣除孔眼的质量，焊条、铆钉、螺栓等不另增加质量，钢管上的节点板、加强环、内衬管、牛腿等并入钢管柱工程量内	

注：螺栓种类指普通或高强。实腹钢柱类型指十字、T、L、H 形等。空腹钢柱类型指箱形、格构等。型钢混凝土柱浇筑钢筋混凝土，其混凝土和钢筋应按本章 9.6 节中的混凝土及钢筋混凝土工程中相关项目编码列项。

9.7.4　钢梁

钢梁工程量清单项目设置、项目特征描述、计量单位及工程量计算规则应按表 9-7-4 的规定执行。

表 9-7-4　钢梁（编码：010604）

项目编码	项目名称	项目特征	计量单位	工程量计算规则	工作内容
010604001	钢梁	梁类型/钢材品种、规格/单根质量/螺栓种类/安装高度/探伤要求/防火要求	t	按设计图示尺寸以质量计算，不扣除孔眼的质量，焊条、铆钉、螺栓等不另增加质量，制动梁、制动板、制动桁架、车挡并入钢吊车梁工程量内	拼装/安装/探伤/补刷油漆
010504002	钢吊车梁	钢材品种、规格/单根质量/螺栓种类/安装高度/探伤要求/防火要求	t	按设计图示尺寸以质量计算，不扣除孔眼的质量，焊条、铆钉、螺栓等不另增加质量，制动梁、制动板、制动桁架、车挡并入钢吊车梁工程量内	拼装/安装/探伤/补刷油漆

注：螺栓种类指普通或高强。梁类型指 H、L、T 形、箱形、格构式等。型钢混凝土梁浇筑钢筋混凝土，其混凝土和钢筋应按本章 9.6 节中的混凝土及钢筋混凝土工程中相关项目编码列项。

9.7.5　钢板楼板、墙板

钢板楼板、墙板工程量清单项目设置、项目特征描述、计量单位及工程量计算规则应按表 9-7-5 的规定执行。

表 9-7-5　钢板楼板、墙板（编码：010605）

项目编码	项目名称	项目特征	计量单位	工程量计算规则	工作内容
010605001	钢板楼板	钢材品种、规格/钢板厚度/螺栓种类/防火要求	m²	按设计图示尺寸以铺设水平投影面积计算，不扣除单个面积≤0.3m²柱、垛及孔洞所占面积	拼装/安装/探伤/补刷油漆
010605002	钢板墙板	钢材品种、规格/钢板厚度/复合板厚度/螺栓种类/复合板夹芯材料种类、层数、型号、规格/防火要求		按设计图示尺寸以铺挂展开面积计算，不扣除单个面积≤0.3m²的梁、孔洞所占面积，包角、包边、窗台泛水等不另加面积	

注：螺栓种类指普通或高强。钢板楼板上浇筑钢筋混凝土，其混凝土和钢筋应按本章 9.6 节中的混凝土及钢筋混凝土工程中相关项目编码列项。压型钢楼板按钢楼板项目编码列项。

9.7.6　钢构件

钢构件工程量清单项目设置、项目特征描述、计量单位及工程量计算规则应按表 9-7-6 的规定执行。

表 9-7-6　钢构件（编码：010606）

项目编码	项目名称	项目特征	计量单位	工程量计算规则	工作内容
010606001	钢支撑、钢拉条	钢材品种、规格/构件类型/安装高度/螺栓种类/探伤要求/防火要求	t	按设计图示尺寸以质量计算，不扣除孔眼的质量，焊条、铆钉、螺栓等不另增加质量	拼装/安装/探伤/补刷油漆
010606002	钢檩条	钢材品种、规格/构件类型/单根质量/安装高度/螺栓种类/探伤要求/防火要求			
010606003	钢天窗架	钢材品种、规格/单榀质量/安装高度/螺栓种类/探伤要求/防火要求			
010606004	钢挡风架	钢材品种、规格/单榀质量/螺栓种类/探伤要求/防火要求			
010606005	钢墙架				

续表

项目编码	项目名称	项目特征	计量单位	工程量计算规则	工作内容
010606006	钢平台	钢材品种、规格/螺栓种类/防火要求	t		
010606007	钢走道				
010606008	钢梯	钢材品种、规格/钢梯形式/螺栓种类/防火要求			
010606009	钢护栏	钢材品种、规格/防火要求			
010606010	钢漏斗	钢材品种、规格/漏斗、天沟形式/安装高度/探伤要求		按设计图示尺寸以质量计算，不扣除孔眼的质量，焊条、铆钉、螺栓等不另增加质量，依附漏斗或天沟的型钢并入漏斗或天沟工程量内	
010606011	钢板天沟				
010606012	钢支架	钢材品种、规格/单付重量/防火要求		按设计图示尺寸以质量计算，不扣除孔眼的质量，焊条、铆钉、螺栓等不另增加质量	
010606013	零星钢构件	构件名称/钢材品种、规格			

注：螺栓种类指普通或高强。钢墙架项目包括墙架柱、墙架梁和连接杆件。钢支撑、钢拉条类型指单式、复式，钢檩条类型指型钢式、格构式，钢漏斗形式指方形、圆形，天沟形式指矩形沟或半圆形沟。加工铁件等小型构件应按零星钢构件项目编码列项。

9.7.7　金属制品

金属制品工程量清单项目设置、项目特征描述、计量单位及工程量计算规则应按表 9-7-7 的规定执行。

表 9-7-7　金属制品（编码：010607）

项目编码	项目名称	项目特征	计量单位	工程量计算规则	工作内容
010607001	成品空调金属百叶护栏	材料品种、规格/边框材质	m²	按设计图示尺寸以框外围展开面积计算	安装/校正/预埋铁件及安螺栓
010607002	成品栅栏	材料品种、规格/边框及立柱型钢品种、规格			安装/校正/预埋铁件/安螺栓及金属立柱
010607003	成品雨篷	材料品种、规格/雨篷宽度/凉衣杆品种、规格	m或m²	以米计量时应按设计图示接触边以米计算。以平方米计量时应按设计图示尺寸以展开面积计算	安装/校正/预埋铁件及安螺栓
010607004	金属网栏	材料品种、规格/边框及立柱型钢品种、规格	m²	按设计图示尺寸以框外围展开面积计算	安装/校正/安螺栓及金属立柱
010607005	砌块墙钢丝网加固	材料品种、规格/加固方式		按设计图示尺寸以面积计算	铺贴/铆固
010607006	后浇带金属网				

9.7.8　其他相关问题的处理

金属构件的切边，不规则及多边形钢板发生的损耗在综合单价中考虑。防火要求指耐火极限。

9.8　木结构工程计量的特点与基本要求

9.8.1　木屋架

木屋架工程量清单项目设置、项目特征描述、计量单位及工程量计算规则应按表 9-8-1 的规定执行。

表 9-8-1　木屋架（编码：010701）

项目编码	项目名称	项目特征	计量单位	工程量计算规则	工作内容
010701001	木屋架	跨度/材料品种、规格/刨光要求/拉杆及夹板种类/防护材料种类	榀或m³	以榀计量时应按设计图示数量计算。以立方米计量时应按设计图示的规格尺寸以体积计算	制作/运输/安装/刷防护材料
010701002	钢木屋架	跨度/木材品种、规格/刨光要求/钢材品种、规格/防护材料种类	榀	以榀计量时应按设计图示数量计算	

注：屋架的跨度应以上、下弦中心线两交点之间的距离计算。带气楼的屋架和马尾、折角以及正交部分的半屋架应按相关屋架相同编码列项。以榀计量、按标准图设计时的项目特征必须标注标准图代号。

9.8.2　木构件

木构件工程量清单项目设置、项目特征描述、计量单位及工程量计算规则应按表 9-8-2 的规定执行。

表 9-8-2　木构件（编码：010702）

项目编码	项目名称	项目特征	计量单位	工程量计算规则	工作内容
010702001	木柱	构件规格尺寸/木材种类/刨光要求/防护材料种类	m³	按设计图示尺寸以体积计算	制作/运输/安装/刷防护材料
010702002	木梁				
010702003	木檩		m³或m	以立方米计量时应按设计图示尺寸以体积计算。以米计量时应按设计图示尺寸以长度计算	
010702004	木楼梯	楼梯形式/木材种类/刨光要求/防护材料种类	m²	按设计图示尺寸以水平投影面积计算，不扣除宽度≤300mm的楼梯井，伸入墙内部分不计算	
010702005	其他木构件	构件名称/构件规格尺寸/木材种类/刨光要求/防护材料种类	m³或m	以立方米计量时应按设计图示尺寸以体积计算。以米计量时应按设计图示尺寸以长度计算	

注：木楼梯的栏杆（栏板）、扶手应按本章9.16节中的相关项目编码列项。以米计量时的项目特征必须描述构件规格尺寸。

9.8.3　屋面木基层

屋面木基层工程量清单项目设置、项目特征描述、计量单位及工程量计算规则应按表 9-8-3 的规定执行。

表 9-8-3　屋面木基层（编码：010703）

项目编码	项目名称	项目特征	计量单位	工程量计算规则	工作内容
010703001	屋面木基层	椽子断面尺寸及椽距/望板材料种类、厚度/防护材料种类	m²	按设计图示尺寸以斜面积计算，不扣除房上烟囱、风帽底座、风道、小气窗、斜沟等所占面积，小气窗的出檐部分不增加面积	椽子制作、安装/望板制作、安装/顺水条和挂瓦条制作、安装/刷防护材料

9.9　门窗工程计量的特点与基本要求

9.9.1　木门

木门工程量清单项目设置、项目特征描述、计量单位及工程量计算规则应按表 9-9-1 的规定执行。

表 9-9-1　木门（编码：010801）

项目编码	项目名称	项目特征	计量单位	工程量计算规则	工作内容
010801001	木质门	门代号及洞口尺寸/镶嵌玻璃品种、厚度	樘或m²	以樘计量时应按设计图示数量计算。以平方米计量时应按设计图示洞口尺寸以面积计算	门安装/玻璃安装/五金安装
010801002	木质门带套				
010801003	木质连窗门				
010801004	木质防火门	门代号及洞口尺寸/镶嵌玻璃品种、厚度			
010801005	木门框	门代号及洞口尺寸/框截面尺寸/防护材料种类			木门框制作、安装/运输/刷防护材料
010801006	门锁安装	锁品种/锁规格	个（套）	按设计图示数量计算	安装

注：木质门应区分镶板木门、企口木板门、实木装饰门、胶合板门、夹板装饰门、木纱门、全玻门（带木质扇框）、木质半玻门（带木质扇框）等项目并应分别编码列项。木门五金应包括折页、插销、门碰珠、弓背拉手、搭扣、木螺丝、弹簧折页（自动门）、管子拉手（自由门、地弹门）、地弹簧（地弹门）、角铁、门轧头（地弹门、自由门）等。木质门带套计量时应按洞口尺寸以面积计算，不包括门套的面积。以樘计量时项目特征必须描述洞口尺寸，以平方米计量时项目特征可不描述洞口尺寸。单独制作安装木门框时应按木门框项目编码列项。

9.9.2　金属门

金属门工程量清单项目设置、项目特征描述、计量单位及工程量计算规则应按表 9-9-2 的规定执行。

表 9-9-2　金属门（编码：010802）

项目编码	项目名称	项目特征	计量单位	工程量计算规则	工作内容
010802001	金属（塑钢）门	门代号及洞口尺寸/门框或扇外围尺寸/门框、扇材质/玻璃品种、厚度	樘或m²	以樘计量时应按设计图示数量计算。以平方米计量时应按设计图示洞口尺寸以面积计算	门安装/五金安装/玻璃安装
010802002	彩板门	门代号及洞口尺寸/门框或扇外围尺寸			
010802003	钢质防火门	门代号及洞口尺寸/门框或扇外围尺寸/门框、扇材质			
010702004	防盗门	门代号及洞口尺寸/门框或扇外围尺寸/门框、扇材质			门安装/五金安装

注：金属门应区分金属平开门、金属推拉门、金属地弹门、全玻门（带金属扇框）、金属半玻门（带扇框）等项目并应分别编码列项。铝合金门五金包括地弹簧、门锁、拉手、门插、门铰、螺丝等。其他金属门五金包括 L 型执手插锁（双舌）、执手锁（单舌）、门轧头、地锁、防盗门机、门眼（猫眼）、门碰珠、电子锁（磁卡锁）、闭门器、装饰拉手等。以樘计量时，项目特征必须描述洞口尺寸，没有洞口尺寸必须描述门框或扇外围尺寸；以平方米计量时项目特征可不描述洞口尺寸及框、扇的外围尺寸。以平方米计量时，无设计图示洞口尺寸的按门框、扇外围以面积计算。

9.9.3　金属卷帘（闸）门

金属卷帘（闸）门工程量清单项目设置、项目特征描述、计量单位及工程量计算规则应按表 9-9-3 的规定执行。

表 9-9-3　金属卷帘（闸）门（编码：010803）

项目编码	项目名称	项目特征	计量单位	工程量计算规则	工作内容
010803001	金属卷帘（闸）门	门代号及洞口尺寸/门材质/启动装置品种、规格	樘或m²	以樘计量时应按设计图示数量计算。以平方米计量时应按设计图示洞口尺寸以面积计算	门运输、安装、启动装置、活动小门、五金安装
010803002	防火卷帘（闸）门				

注：以樘计量时，项目特征必须描述洞口尺寸，以平方米计量时，项目特征可不描述洞口尺寸。

9.9.4　厂库房大门、特种门

厂库房大门、特种门工程量清单项目设置、项目特征描述、计量单位及工程量计算规则应按表 9-9-4 的规定执行。

表 9-9-4　厂库房大门、特种门（编码：010804）

项目编码	项目名称	项目特征	计量单位	工程量计算规则	工作内容
010804001	木板大门	门代号及洞口尺寸/门框或扇外围尺寸/门框、扇材质/五金种类、规格/防护材料种类	樘或m²	以樘计量时应按设计图示数量计算。以平方米计量时应按设计图示洞口尺寸以面积计算	门（骨架）制作、运输/门、五金配件安装/刷防护材料
010804002	钢木大门	↕	↕	↕	↕
010804003	全钢板大门	↕	↕	↕	↕
010804004	防护铁丝门	↕	↕	以樘计量时应按设计图示数量计算。以平方米计量时应按设计图示门框或扇以面积计算	↕
010804005	金属格栅门	门代号及洞口尺寸/门框或扇外围尺寸/门框、扇材质/启动装置的品种、规格	樘或m²	以樘计量时应按设计图示数量计算。以平方米计量时应按设计图示洞口尺寸以面积计算	门安装/启动装置、五金配件安装
010804006	钢质花饰大门	门代号及洞口尺寸/门框或扇外围尺寸/门框、扇材质	樘或m²	以樘计量时应按设计图示数量计算。以平方米计量时应按设计图示门框或扇以面积计算	门安装/五金配件安装
010804007	特种门	↕	↕	以樘计量时应按设计图示数量计算。以平方米计量时应按设计图示洞口尺寸以面积计算	↕

注：特种门应区分冷藏门、冷冻间门、保温门、变电室门、隔音门、防射电门、人防门、金库门等项目分别编码列项。以樘计量时，项目特征必须描述洞口尺寸，没有洞口尺寸必须描述门框或扇外围尺寸；以平方米计量时，项目特征可不描述洞口尺寸及框、扇的外围尺寸。以平方米计量时，无设计图示洞口尺寸的按门框、扇外围以面积计算。门开启方式指推拉或平开。

9.9.5　其他门

其他门工程量清单项目设置、项目特征描述、计量单位及工程量计算规则应按表 9-9-5 的规定执行。

表 9-9-5　其他门（编码：010805）

项目编码	项目名称	项目特征	计量单位	工程量计算规则	工作内容
010805001	平开电子感应门	门代号及洞口尺寸/门框或扇外围尺寸/门框、扇材质/玻璃品种、厚度/启动装置的品种、规格/电子配件品种、规格	樘或m²	以樘计量时应按设计图示数量计算。以平方米计量时应按设计图示洞口尺寸以面积计算	门安装/启动装置、五金、电子配件安装
010805002	旋转门	↕	↕	↕	↕
010805003	电子对讲门	门代号及洞口尺寸/门框或扇外围尺寸/门材质/玻璃品种、厚度/启动装置的品种、规格/电子配件品种、规格	樘或m²	以樘计量时应按设计图示数量计算。以平方米计量时应按设计图示洞口尺寸以面积计算	门安装/启动装置、五金、电子配件安装
010805004	电动伸缩门	↕	↕	↕	↕
010805005	全玻自由门	门代号及洞口尺寸/门框或扇外围尺寸/框材质/玻璃品种、厚度	↕	↕	门安装/五金安装
010805006	镜面不锈钢饰面门	门代号及洞口尺寸/门框或扇外围尺寸/框、扇材质/玻璃品种、厚度	↕	↕	↕

注：以樘计量时，项目特征必须描述洞口尺寸，没有洞口尺寸必须描述门框或扇外围尺寸；以平方米计量时，项目特征可不描述洞口尺寸及框、扇的外围尺寸。以平方米计量时，无设计图示洞口尺寸的按门框、扇外围以面积计算。

9.9.6　木窗

木窗工程量清单项目设置、项目特征描述、计量单位及工程量计算规则应按表 9-9-6 的规定执行。

表 9-9-6　木窗（编码：010806）

项目编码	项目名称	项目特征	计量单位	工程量计算规则	工作内容
010806001	木质窗	窗代号及洞口尺寸/玻璃品种、厚度/防护材料种类	樘或m²	以樘计量时应按设计图示数量计算。以平方米计量时应按设计图示洞口尺寸以面积计算	窗制作、运输、安装/五金、玻璃安装/刷防护材料
010806002	木橱窗	窗代号/框截面及外围展开面积/玻璃品种、厚度/防护材料种类		以樘计量时应按设计图示数量计算。以平方米计量时应按设计图示尺寸以框外围展开面积计算	
010806003	木飘（凸）窗				
010806004	木质成品窗	窗代号及洞口尺寸/玻璃品种、厚度		以樘计量时应按设计图示数量计算。以平方米计量时应按设计图示洞口尺寸以面积计算	窗安装/五金、玻璃安装

注：木质窗应区分木百叶窗、木组合窗、木天窗、木固定窗、木装饰空花窗等项目并应分别编码列项。以樘计量时，项目特征必须描述洞口尺寸，没有洞口尺寸必须描述窗框外围尺寸；以平方米计量时，项目特征可不描述洞口尺寸及框的外围尺寸。以平方米计量时，无设计图示洞口尺寸的按窗框外围以面积计算。木橱窗、木飘（凸）窗以樘计量时，项目特征必须描述框截面及外围展开面积。木窗五金包括折页、插销、风钩、木螺丝、滑楞滑轨（推拉窗）等。窗开启方式指平开、推拉、上或中悬。窗形状指矩形或异形。

9.9.7　金属窗

金属窗工程量清单项目设置、项目特征描述、计量单位及工程量计算规则应按表 9-9-7 的规定执行。

表 9-9-7　金属窗（编码：010807）

项目编码	项目名称	项目特征	计量单位	工程量计算规则	工作内容
010807001	金属（塑钢、断桥）窗	窗代号及洞口尺寸/框、扇材质/玻璃品种、厚度	樘或m²	以樘计量时应按设计图示数量计算。以平方米计量时应按设计图示洞口尺寸以面积计算	窗安装/五金、玻璃安装
010807002	金属防火窗				
010807003	金属百叶窗				
010807004	金属纱窗	窗代号及洞口尺寸/框材质/窗纱材料品种、规格			窗安装/五金安装
010807005	金属格栅窗	窗代号及洞口尺寸/框外围尺寸/框、扇材质		以樘计量时应按设计图示数量计算。以平方米计量时应按设计图示洞口尺寸以面积计算	窗安装/五金安装
010807006	金属（塑钢、断桥）橱窗	窗代号/框外围展开面积/框、扇材质/玻璃品种、厚度/防护材料种类		以樘计量时应按设计图示数量计算。以平方米计量时应按设计图示尺寸以框外围展开面积计算	窗制作、运输、安装/五金、玻璃安装/刷防护材料
010807007	金属（塑钢、断桥）飘（凸）窗	窗代号/框外围展开面积/框、扇材质/玻璃品种、厚度			窗安装/五金、玻璃安装
010807008	彩板窗	窗代号及洞口尺寸/框外围尺寸/框、扇材质/玻璃品种、厚度		以樘计量时应按设计图示数量计算。以平方米计量时应按设计图示洞口尺寸或框外围以面积计算	

注：金属窗应区分金属组合窗、防盗窗等项目并应分别编码列项。以樘计量时，项目特征必须描述洞口尺寸，没有洞口尺寸必须描述窗框外围尺寸；以平方米计量时，项目特征可不描述洞口尺寸及框的外围尺寸。以平方米计量时，无设计图示洞口尺寸的按窗框外围以面积计算。金属橱窗、飘（凸）窗以樘计量时项目特征必须描述框外围展开面积。金属窗中铝合金窗五金包括卡锁、滑轮、铰拉、执手、拉把、拉手、风撑、角码、牛角制等。其他金属窗五金包括折页、螺丝、执手、卡锁、风撑、滑轮滑轨（推拉窗）等。

9.9.8　门窗套

门窗套工程量清单项目设置、项目特征描述、计量单位及工程量计算规则应按表 9-9-8 的规定执行。

表 9-9-8　门窗套（编码：010808）

项目编码	项目名称	项目特征	计量单位	工程量计算规则	工作内容
010808001	木门窗套	窗代号及洞口尺寸/门窗套展开宽度/基层材料种类/面层材料品种、规格/线条品种、规格/防护材料种类	樘或 m² 或m	以樘计量时应按设计图示数量计算。以平方米计量时应按设计图示尺寸以展开面积计算。以米计量时应按设计图示中心以延长米计算	清理基层/立筋制作、安装/基层板安装/面层铺贴/线条安装/刷防护材料
010808002	木筒子板	筒子板宽度/基层材料种类/面层材料品种、规格/线条品种、规格/防护材料种类			
010808003	饰面夹板筒子板	筒子板宽度/基层材料种类/面层材料品种、规格/线条品种、规格/防护材料种类			
010808004	金属门窗套	窗代号及洞口尺寸/门窗套展开宽度/基层材料种类/面层材料品种、规格/防护材料种类			清理基层/立筋制作、安装/基层板安装/面层铺贴/刷防护材料
010808005	石材门窗套	窗代号及洞口尺寸/门窗套展开宽度/底层厚度/砂浆配合比/面层材料品种、规格/线条品种、规格			清理基层/立筋制作、安装/基层抹灰/面层铺贴/线条安装
010808006	门窗木贴脸	门窗代号及洞口尺寸/贴脸板宽度/防护材料种类	樘或 m	以樘计量时应按设计图示数量计算。以米计量时应按设计图示尺寸以延长米计算	贴脸板安装
010808007	成品木门窗套	窗代号及洞口尺寸/门窗套展开宽度/门窗套材料品种、规格	樘或 m² 或m	以樘计量时应按设计图示数量计算。以平方米计量时应按设计图示尺寸以展开面积计算。以米计量时应按设计图示中心以延长米计算	清理基层/立筋制作、安装/板安装

注：以樘计量时，项目特征必须描述洞口尺寸、门窗套展开宽度。以平方米计量时，项目特征可不描述洞口尺寸、门窗套展开宽度。以米计量时，项目特征必须描述门窗套展开宽度、筒子板及贴脸宽度。

9.9.9　窗台板

窗台板工程量清单项目设置、项目特征描述、计量单位及工程量计算规则应按表 9-9-9 的规定执行。

表 9-9-9　窗台板（编码：010809）

项目编码	项目名称	项目特征	计量单位	工程量计算规则	工作内容
010809001	木窗台板	基层材料种类/窗台面板材质、规格、颜色/防护材料种类	m²	按设计图示尺寸以展开面积计算	基层清理/基层制作、安装/窗台板制作、安装/刷防护材料
010809002	铝塑窗台板				
010809003	金属窗台板				
010809004	石材窗台板	黏结层厚度/砂浆配合比/窗台板材质、规格、颜色			基层清理/抹找平层/窗台板制作、安装

9.9.10 窗帘、窗帘盒、窗帘轨

窗帘、窗帘盒、窗帘轨工程量清单项目设置、项目特征描述、计量单位及工程量计算规则应按表 9-9-10 的规定执行。

表 9-9-10 窗帘、窗帘盒、窗帘轨（编码：010810）

项目编码	项目名称	项目特征	计量单位	工程量计算规则	工作内容
010810001	窗帘（杆）	窗帘材质/窗帘高度、宽度/窗帘层数/带幔要求	m或m²	以米计量时应按设计图示尺寸以长度计算。以平方米计量时应按图示尺寸以展开面积计算	制作、运输/安装
010810002	木窗帘盒	窗帘盒材质、规格/防护材料种类	m	按设计图示尺寸以长度计算	制作、运输、安装/刷防护材料
010810003	饰面夹板、塑料窗帘盒				
010810004	铝合金窗帘盒				
010810005	窗帘轨	窗帘轨材质、规格/防护材料种类			

注：窗帘若是双层，则项目特征必须描述每层材质。窗帘以米计量时，项目特征必须描述窗帘高度和宽度。

9.10 屋面及防水工程计量的特点与基本要求

9.10.1 瓦、型材及其他屋面

瓦、型材及其他屋面工程量清单项目设置、项目特征描述、计量单位及工程量计算规则应按表 9-10-1 的规定执行。

表 9-10-1 瓦、型材及其他屋面（编码：010901）

项目编码	项目名称	项目特征	计量单位	工程量计算规则	工作内容
010901001	瓦屋面	瓦品种、规格/黏结层砂浆的配合比	m²	按设计图示尺寸以斜面积计算。不扣除房上烟囱、风帽底座、风道、小气窗、斜沟等所占面积。小气窗的出檐部分不增加面积	砂浆制作、运输、摊铺、养护/安瓦、做瓦脊
010901002	型材屋面	型材品种、规格/金属檩条材料品种、规格/接缝、嵌缝材料种类			檩条制作、运输、安装/屋面型材安装/接缝、嵌缝
010901003	阳光板屋面	阳光板品种、规格/骨架材料品种、规格/接缝、嵌缝材料种类/油漆品种、刷漆遍数		按设计图示尺寸以斜面积计算。不扣除屋面面积≤0.3m²孔洞所占面积	骨架制作、运输、安装、刷防护材料、油漆/阳光板安装/接缝、嵌缝
010901004	玻璃钢屋面	玻璃钢品种、规格/骨架材料品种、规格/玻璃钢固定方式/接缝、嵌缝材料种类/油漆品种、刷漆遍数			骨架制作、运输、安装、刷防护材料、油漆/玻璃钢制作、安装/接缝、嵌缝
010901005	膜结构屋面	膜布品种、规格/支柱（网架）钢材品种、规格/钢丝绳品种、规格/锚固基座做法/油漆品种、刷漆遍数		按设计图示尺寸以需要覆盖的水平投影面积计算	膜布热压胶接/支柱（网架）制作、安装/膜布安装/穿钢丝绳、锚头锚固/锚固基座挖土、回填/刷防护材料，油漆

注：瓦屋面，若是在木基层上铺瓦，则项目特征不必描述黏结层砂浆的配合比，瓦屋面铺防水层时按 9.10.2 节中的屋面防水及其他中相关项目编码列项。型材屋面、阳光板屋面、玻璃钢屋面的柱、梁、屋架按本章 9.7 节中金属结构工程、9.8 节中木结构工程中相关项目编码列项。

9.10.2　屋面防水及其他

屋面防水及其他工程量清单项目设置、项目特征描述、计量单位及工程量计算规则应按表 9-10-2 的规定执行。

表 9-10-2　屋面防水及其他（编码：010902）

项目编码	项目名称	项目特征	计量单位	工程量计算规则	工作内容
010902001	屋面卷材防水	卷材品种、规格、厚度/防水层数/防水层做法	m^2	按设计图示尺寸以面积计算。斜屋顶（不包括平屋顶找坡）按斜面积计算，平屋顶按水平投影面积计算。不扣除房上烟囱、风帽底座、风道、屋面小气窗和斜沟所占面积。屋面的女儿墙、伸缩缝和天窗等处的弯起部分并入屋面工程量内	基层处理/刷底油/铺油毡卷材、接缝
010902002	屋面涂膜防水	防水膜品种/涂膜厚度、遍数/增强材料种类			基层处理/刷基层处理剂/铺布、喷涂防水层
010902003	屋面刚性层	刚性层厚度/混凝土强度等级/嵌缝材料种类/钢筋规格、型号		按设计图示尺寸以面积计算。不扣除房上烟囱、风帽底座、风道等所占面积	基层处理/混凝土制作、运输、铺筑、养护/钢筋制作安装
010902004	屋面排水管	排水管品种、规格/雨水斗、山墙出水口品种、规格/接缝、嵌缝材料种类/油漆品种、刷漆遍数	m	按设计图示尺寸以长度计算。如设计未标注尺寸，以檐口至设计室外散水上表面垂直距离计算	排水管及配件安装、固定/雨水斗、山墙出水口、雨水篦子安装/接缝、嵌缝/刷漆
010902005	屋面排（透）气管	排（透）气管品种、规格/接缝、嵌缝材料种类/油漆品种、刷漆遍数		按设计图示尺寸以长度计算	排（透）气管及配件安装、固定/铁件制作、安装/接缝、嵌缝/刷漆
010902006	屋面（廊、阳台）吐水管	吐水管品种、规格/接缝、嵌缝材料种类/吐水管长度/油漆品种、刷漆遍数	根（个）	按设计图示数量计算	吐水管及配件安装、固定/接缝、嵌缝/刷漆
010902007	屋面天沟、檐沟	材料品种、规格/接缝、嵌缝材料种类	m^2	按设计图示尺寸以展开面积计算	天沟材料铺设/天沟配件安装/接缝、嵌缝/刷防护材料
010902008	屋面变形缝	嵌缝材料种类/止水带材料种类/盖缝材料/防护材料种类	m	按设计图示以长度计算	清缝/填塞防水材料/止水带安装/盖缝制作、安装/刷防护材料

注：屋面刚性层防水应按屋面卷材防水、屋面涂膜防水项目编码列项；屋面刚性层无钢筋时，其钢筋项目特征不必描述。屋面找平层按本章 9.12 节中楼地面装饰工程"平面砂浆找平层"项目编码列项。屋面防水搭接及附加层用量不另行计算，在综合单价中考虑。

9.10.3　墙面防水、防潮

墙面防水、防潮工程量清单项目设置、项目特征描述、计量单位及工程量计算规则应按表 9-10-3 的规定执行。

表 9-10-3　墙面防水、防潮（编码：010903）

项目编码	项目名称	项目特征	计量单位	工程量计算规则	工作内容
010903001	墙面卷材防水	卷材品种、规格、厚度/防水层数/防水层做法	m²	按设计图示尺寸以面积计算	基层处理/刷黏结剂/铺防水卷材/接缝、嵌缝
010903002	墙面涂膜防水	防水膜品种/涂膜厚度、遍数/增强材料种类			基层处理/刷基层处理剂/铺布、喷涂防水层
010903003	墙面砂浆防水（防潮）	防水层做法/砂浆厚度、配合比/钢丝网规格			基层处理/挂钢丝网片/设置分格缝/砂浆制作、运输、摊铺、养护
010903004	墙面变形缝	嵌缝材料种类/止水带材料种类/盖缝材料/防护材料种类	m	按设计图示以长度计算	清缝/填塞防水材料/止水带安装/盖缝制作、安装/刷防护材料

注：墙面防水搭接及附加层用量不另行计算，在综合单价中考虑。墙面变形缝若做双面则工程量乘以系数 2。墙面找平层按本章 9.13 节中的墙、柱面装饰与隔断工程"立面砂浆找平层"项目编码列项。

9.10.4　楼（地）面防水、防潮

楼（地）面防水、防潮工程量清单项目设置、项目特征描述、计量单位及工程量计算规则应按表 9-10-4 的规定执行。

表 9-10-4　楼（地）面防水、防潮（编码：010904）

项目编码	项目名称	项目特征	计量单位	工程量计算规则	工作内容
010904001	楼（地）面卷材防水	卷材品种、规格、厚度/防水层数/防水层做法	m²	按设计图示尺寸以面积计算。楼（地）面防水按主墙间净空面积计算，扣除凸出地面的构筑物、设备基础等所占面积，不扣除间壁墙及单个面积≤0.3m²柱、垛、烟囱和孔洞所占面积。楼（地）面防水反边高度≤300mm算做地面防水，反边高度>300mm算做墙面防水	基层处理/刷黏结剂/铺防水卷材/接缝、嵌缝
010904002	楼（地）面涂膜防水	防水膜品种/涂膜厚度、遍数/增强材料种类			基层处理/刷基层处理剂/铺布、喷涂防水层
010904003	楼（地）面砂浆防水（防潮）	防水层做法/砂浆厚度、配合比			基层处理/砂浆制作、运输、摊铺、养护
010904004	楼（地）面变形缝	嵌缝材料种类/止水带材料种类/盖缝材料/防护材料种类	m	按设计图示以长度计算	清缝/填塞防水材料/止水带安装/盖缝制作、安装/刷防护材料

注：楼（地）面防水找平层按本章 9.12 节中的楼地面装饰工程"平面砂浆找平层"项目编码列项。楼（地）面防水搭接及附加层用量不另行计算，在综合单价中考虑。

9.11　保温、隔热、防腐工程计量的特点与基本要求

9.11.1　保温、隔热

保温、隔热工程量清单项目设置、项目特征描述、计量单位及工程量计算规则应按表 9-11-1 的规定执行。

表 9-11-1　保温、隔热（编码：011001）

项目编码	项目名称	项目特征	计量单位	工程量计算规则	工作内容
011001001	保温隔热屋面	保温隔热材料品种、规格、厚度/隔气层材料品种、厚度/黏结材料种类、做法/防护材料种类、做法	m²	按设计图示尺寸以面积计算。扣除面积>0.3m²孔洞及占位面积	基层清理/刷黏结材料/铺粘保温层/铺、刷（喷）防护材料

项目编码	项目名称	项目特征	计量单位	工程量计算规则	工作内容
011001002	保温隔热天棚	保温隔热面层材料品种、规格、性能/保温隔热材料品种、规格及厚度/黏结材料种类及做法/防护材料种类及做法		按设计图示尺寸以面积计算。扣除面积>0.3m²上柱、垛、孔洞所占面积	
011001003	保温隔热墙面	保温隔热部位/保温隔热方式/踢脚线、勒脚线保温做法/龙骨材料品种、规格/保温隔热面层材料品种、规格、性能/保温隔热材料品种、规格及厚度/增强网及抗裂防水砂浆种类/黏结材料种类及做法/防护材料种类及做法		按设计图示尺寸以面积计算。扣除门窗洞口以及面积>0.3m²梁、孔洞所占面积；门窗洞口侧壁需做保温时并入保温墙体工程量内	基层清理/刷界面剂/安装龙骨/填贴保温材料/保温板安装/粘贴面层/铺设增强格网、抹抗裂防水砂浆面层/嵌缝/铺、刷（喷）防护材料
011001004	保温柱、梁			按设计图示尺寸以面积计算。柱按设计图示柱断面保温层中心线展开长度乘以保温层高度以面积计算，扣除面积>0.3m²梁所占面积。梁按设计图示梁断面保温层中心线展开长度乘以保温层长度以面积计算	
011001005	保温隔热楼地面	保温隔热部位/保温隔热材料品种、规格、厚度/隔气层材料品种、厚度/黏结材料种类、做法/防护材料种类、做法	m²	按设计图示尺寸以面积计算。扣除面积>0.3m²柱、垛、孔洞所占面积	基层清理/刷黏结材料/铺粘保温层/铺、刷（喷）防护材料
011001006	其他保温隔热	保温隔热部位/保温隔热方式/隔气层材料品种、厚度/保温隔热面层材料品种、规格、性能/保温隔热材料品种、规格及厚度/黏结材料种类及做法/增强网及抗裂防水砂浆种类/防护材料种类及做法		按设计图示尺寸以展开面积计算。扣除面积>0.3m²孔洞及占位面积	基层清理/刷界面剂/安装龙骨/填贴保温材料/保温板安装/粘贴面层/铺设增强格网、抹抗裂防水砂浆面层/嵌缝/铺、刷（喷）防护材料

注：保温隔热装饰面层按本章 9.12、9.13、9.14、9.15、9.16 节中相关项目编码列项，仅做找平层按 9.12 节中"平面砂浆找平层"或 9.13 节中"立面砂浆找平层"项目编码列项。柱帽保温隔热应并入天棚保温隔热工程量内。池槽保温隔热应按其他保温隔热项目编码列项。保温隔热方式指内保温、外保温、夹心保温。

9.11.2 防腐面层

防腐面层工程量清单项目设置、项目特征描述、计量单位及工程量计算规则应按表 9-11-2 的规定执行。

表 9-11-2　防腐面层（编码：011002）

项目编码	项目名称	项目特征	计量单位	工程量计算规则	工作内容
011002001	防腐混凝土面层	防腐部位/面层厚度/混凝土种类/胶泥种类、配合比		按设计图示尺寸以面积计算。平面防腐应扣除凸出地面的构筑物、设备基础等以及面积>0.3m²孔洞、柱、垛所占面积。立面防腐应扣除门、窗、洞口以及面积>0.3m²孔洞、梁所占面积，门、窗、洞口侧壁、垛突出部分按展开面积并入墙面积内	基层清理/基层刷稀胶泥/混凝土制作、运输、摊铺、养护
011002002	防腐砂浆面层	防腐部位/面层厚度/砂浆、胶泥种类、配合比	m²		基层清理/基层刷稀胶泥/砂浆制作、运输、摊铺、养护
011002003	防腐胶泥面层	防腐部位/面层厚度/胶泥种类、配合比			基层清理/胶泥调制、摊铺

项目编码	项目名称	项目特征	计量单位	工程量计算规则	工作内容
011002004	玻璃钢防腐面层	防腐部位/玻璃钢种类/贴布材料的种类、层数/面层材料品种			基层清理/刷底漆、刮腻子/胶浆配制、涂刷/黏布、涂刷面层
011002005	聚氯乙烯板面层	防腐部位/面层材料品种、厚度/黏结材料种类			基层清理/配料、涂胶/聚氯乙烯板铺设
011002006	块料防腐面层	防腐部位/块料品种、规格/黏结材料种类/勾缝材料种类			基层清理/铺贴块料/胶泥调制、勾缝
011002007	池、槽块料防腐面层	防腐池、槽名称、代号/块料品种、规格/黏结材料种类/勾缝材料种类		按设计图示尺寸以展开面积计算	基层清理/铺贴块料/胶泥调制、勾缝

注：防腐踢脚线应按本章9.12节中"踢脚线"项目编码列项。

9.11.3 其他防腐

其他防腐工程量清单项目设置、项目特征描述、计量单位及工程量计算规则应按表9-11-3的规定执行。

表9-11-3 其他防腐（编码：011003）

项目编码	项目名称	项目特征	计量单位	工程量计算规则	工作内容
011003001	隔离层	隔离层部位/隔离层材料品种/隔离层做法/粘贴材料种类	m^2	按设计图示尺寸以面积计算。平面防腐应扣除凸出地面的构筑物、设备基础等以及面积>0.3m^2孔洞、柱、垛所占面积。立面防腐应扣除门、窗、洞口以及面积>0.3m^2孔洞、梁所占面积，门、窗、洞口侧壁、垛突出部分按展开面积并入墙面积内	基层清理、刷油/煮沥青/胶泥调制/隔离层铺设
011003002	砌筑沥青浸渍砖	砌筑部位/浸渍砖规格/胶泥种类/浸渍砖砌法	m^3	按设计图示尺寸以体积计算	基层清理/胶泥调制/浸渍砖铺砌
011003003	防腐涂料	涂刷部位/基层材料类型/刮腻子的种类、遍数/涂料品种、刷涂遍数	m^2	按设计图示尺寸以面积计算。平面防腐应扣除凸出地面的构筑物、设备基础等以及面积>0.3m^2孔洞、柱、垛所占面积。立面防腐应扣除门、窗、洞口以及面积>0.3m^2孔洞、梁所占面积，门、窗、洞口侧壁、垛突出部分按展开面积并入墙面积内	基层清理/刮腻子/刷涂料

注：浸渍砖砌法指平砌、立砌。

9.12 楼地面装饰工程计量的特点与基本要求

9.12.1 抹灰工程

抹灰工程工程量清单项目的设置、项目特征描述的内容、计量单位、工程量计算规则应按表9-12-1执行。

表 9-12-1　楼地面抹灰（编码：011101）

项目编码	项目名称	项目特征	计量单位	工程量计算规则	工作内容
011101001	水泥砂浆楼地面	垫层材料种类、厚度/找平层厚度、砂浆配合比/素水泥浆遍数/面层厚度、砂浆配合比/面层做法要求	m²	按设计图示尺寸以面积计算。扣除凸出地面构筑物、设备基础、室内管道、地沟等所占面积，不扣除间壁墙及≤0.3m²柱、垛、附墙烟囱及孔洞所占面积。门洞、空圈、暖气包槽、壁龛的开口部分不增加面积	基层清理/垫层铺设/抹找平层/抹面层/材料运输
011101002	现浇水磨石楼地面	垫层材料种类、厚度/找平层厚度、砂浆配合比/面层厚度、水泥石子浆配合比/嵌条材料种类、规格/石子种类、规格、颜色/颜料种类、颜色/图案要求/磨光、酸洗、打蜡要求			基层清理/垫层铺设/抹找平层/面层铺设/嵌缝条安装/磨光、酸洗打蜡/材料运输
011101003	细石混凝土楼地面	垫层材料种类、厚度/找平层厚度、砂浆配合比/面层厚度、混凝土强度等级			基层清理/垫层铺设/抹找平层/面层铺设/材料运输
011101004	菱苦土楼地面	垫层材料种类、厚度/找平层厚度、砂浆配合比/面层厚度/打蜡要求			基层清理/垫层铺设/抹找平层/面层铺设/打蜡/材料运输
011101005	自流坪楼地面	垫层材料种类、厚度/找平层厚度、砂浆配合比			基层清理/垫层铺设/抹找平层/材料运输
011101006	平面砂浆找平层	找平层砂浆配合比/厚度/界面剂材料种类/中层漆材料种类、厚度/面漆材料种类、厚度/面层材料种类		按设计图示尺寸以面积计算	基层处理/抹找平层/涂界面剂/涂刷中层漆/打磨、吸尘/镘自流平面漆（浆）/拌和自流平浆料/铺面层

注：水泥砂浆面层处理是拉毛还是提浆压光应在面层做法要求中描述。平面砂浆找平层只适用于仅做找平层的平面抹灰。间壁墙指墙厚≤120mm 的墙。

9.12.2　块料面层

块料面层工程量清单项目的设置、项目特征描述的内容、计量单位、工程量计算规则应按表 9-12-2 执行。

表 9-12-2　楼地面镶贴（编码：011102）

项目编码	项目名称	项目特征	计量单位	工程量计算规则	工作内容
011102001	石材楼地面	找平层厚度、砂浆配合比/结合层厚度、砂浆配合比/面层材料品种、规格、颜色/嵌缝材料种类/防护层材料种类/酸洗、打蜡要求	m²	按设计图示尺寸以面积计算。门洞、空圈、暖气包槽、壁龛的开口部分并入相应的工程量内	基层清理、抹找平层/面层铺设、磨边/嵌缝/刷防护材料/酸洗、打蜡/材料运输
011102002	碎石材楼地面				
011102003	块料楼地面	垫层材料种类、厚度/找平层厚度、砂浆配合比/结合层厚度、砂浆配合比/面层材料品种、规格、颜色/嵌缝材料种类/防护层材料种类/酸洗、打蜡要求			

注：在描述碎石材项目的面层材料特征时可不用描述规格、品牌、颜色。石材、块料与黏结材料的结合面刷防渗材料的种类在防护层材料种类中描述。表中工作内容中的磨边指施工现场磨边，与后面章节工作内容中涉及的磨边含义同。

9.12.3　橡塑面层

橡塑面层工程量清单项目的设置、项目特征描述的内容、计量单位、工程量计算规则应按表 9-12-3 执行。

表 9-12-3　橡塑面层（编码：011103）

项目编码	项目名称	项目特征	计量单位	工程量计算规则	工作内容
011103001	橡胶板楼地面	黏结层厚度、材料种类/面层材料品种、规格、颜色/压线条种类	m²	按设计图示尺寸以面积计算。门洞、空圈、暖气包槽、壁龛的开口部分并入相应的工程量内	基层清理/面层铺贴/压缝条装钉/材料运输
011103002	橡胶板卷材楼地面
011103003	塑料板楼地面
011103004	塑料卷材楼地面

9.12.4　其他材料面层

其他材料面层工程量清单项目的设置、项目特征描述的内容、计量单位、工程量计算规则应按表 9-12-4 执行。

表 9-12-4　其他材料面层（编码：011104）

项目编码	项目名称	项目特征	计量单位	工程量计算规则	工作内容
011104001	地毯楼地面	面层材料品种、规格、颜色/防护材料种类/黏结材料种类/压线条种类	m²	按设计图示尺寸以面积计算。门洞、空圈、暖气包槽、壁龛的开口部分并入相应的工程量内	基层清理/铺贴面层/刷防护材料/装钉压条/材料运输
011104002	竹木地板	龙骨材料种类、规格、铺设间距/基层材料种类、规格/面层材料品种、规格、颜色/防护材料种类			基层清理/龙骨铺设/基层铺设/面层铺贴/刷防护材料/材料运输
011104003	金属复合地板	龙骨材料种类、规格、铺设间距/基层材料种类、规格/面层材料品种、规格、颜色/防护材料种类			
011104004	防静电活动地板	支架高度、材料种类/面层材料品种、规格、颜色/防护材料种类			基层清理/固定支架安装/活动面层安装/刷防护材料/材料运输

9.12.5　踢脚线

踢脚线工程量清单项目的设置、项目特征描述的内容、计量单位、工程量计算规则应按表 9-12-5 执行。

表 9-12-5　踢脚线（编码：011105）

项目编码	项目名称	项目特征	计量单位	工程量计算规则	工作内容
011105001	水泥砂浆踢脚线	踢脚线高度/底层厚度、砂浆配合比/面层厚度、砂浆配合比	m²或m	按设计图示长度乘以高度以面积计算。按延长米计算	基层清理/底层和面层抹灰/材料运输
011105002	石材踢脚线	踢脚线高度/粘贴层厚度、材料种类/面层材料品种、规格、颜色/防护材料种类			基层清理/底层抹灰/面层铺贴、磨边/擦缝/磨光、酸洗、打蜡/刷防护材料/材料运输
011105003	块料踢脚线				

项目编码	项目名称	项目特征	计量单位	工程量计算规则	工作内容
011105004	塑料板踢脚线	踢脚线高度/黏结层厚度、材料种类/面层材料种类、规格、颜色			基层清理/基层铺贴/面层铺贴/材料运输
011105005	木质踢脚线	踢脚线高度/基层材料种类、规格/面层材料品种、规格、颜色			
011105006	金属踢脚线				
011105007	防静电踢脚线				

注：石材、块料与黏结材料的结合面刷防渗材料的种类在防护层材料种类中描述。

9.12.6　楼梯面层

楼梯面层工程量清单项目的设置、项目特征描述的内容、计量单位、工程量计算规则应按表 9-12-6 执行。

表 9-12-6　楼梯面层（编码：011106）

项目编码	项目名称	项目特征	计量单位	工程量计算规则	工作内容
011106001	石材楼梯面层	找平层厚度、砂浆配合比/黏结层厚度、材料种类/面层材料品种、规格、颜色/防滑条材料种类、规格/勾缝材料种类/防护层材料种类/酸洗、打蜡要求	m²	按设计图示尺寸以楼梯（包括踏步、休息平台及≤500mm 的楼梯井）水平投影面积计算。楼梯与楼地面相连时算至梯口梁内侧边沿，无梯口梁者算至最上一层踏步边沿加300mm	基层清理/抹找平层/面层铺贴/磨边/贴嵌防滑条/勾缝/刷防护材料/酸洗、打蜡/材料运输
011106002	块料楼梯面层				
011106003	拼碎块料面层				
011106004	水泥砂浆楼梯面层	找平层厚度、砂浆配合比/面层厚度、砂浆配合比/防滑条材料种类、规格			基层清理/抹找平层/抹面层/抹防滑条/材料运输
011106005	现浇水磨石楼梯面层	找平层厚度、砂浆配合比/面层厚度、水泥石子浆配合比/防滑条材料种类、规格/石子种类、规格、颜色/颜料种类、颜色/磨光、酸洗、打蜡要求			基层清理/抹找平层/抹面层/贴嵌防滑条/磨光、酸洗、打蜡/材料运输
011106006	地毯楼梯面层	基层种类/面层材料品种、规格、颜色/防护材料种类/黏结材料种类/固定配件材料种类、规格			基层清理/铺贴面层/固定配件安装/刷防护材料/材料运输
011106007	木板楼梯面层	基层材料种类、规格/面层材料品种、规格、颜色/黏结材料种类/防护材料种类			基层清理/基层铺贴/面层铺贴/刷防护材料/材料运输
011106008	橡胶板楼梯面层	黏结层厚度、材料种类/面层材料品种、规格、颜色/压线条种类			基层清理/面层铺贴/压缝条装钉/材料运输
011106009	塑料板楼梯面层	同上			

注：在描述碎石材项目的面层材料特征时可不用描述规格、品牌、颜色。石材、块料与黏结材料的结合面刷防渗材料的种类在防护层材料种类中描述。

9.12.7　台阶装饰

台阶装饰工程量清单项目的设置、项目特征描述的内容、计量单位、工程量计算规则应按表 9-12-7 执行。

表 9-12-7　台阶装饰（编码：011107）

项目编码	项目名称	项目特征	计量单位	工程量计算规则	工作内容
011107001	石材台阶面	找平层厚度、砂浆配合比、黏结层材料种类/面层材料品种、规格、颜色/勾缝材料种类/防滑条材料种类、规格/防护材料种类	m²	按设计图示尺寸以台阶（包括最上层踏步边沿加300mm）水平投影面积计算	基层清理/抹找平层/面层铺贴/贴嵌防滑条/勾缝/刷防护材料/材料运输
011107002	块料台阶面				
011107003	拼碎块料台阶面				
011107004	水泥砂浆台阶面	垫层材料种类、厚度/找平层厚度、砂浆配合比/面层厚度、砂浆配合比/防滑条材料种类			基层清理/铺设垫层/抹找平层/抹面层/抹防滑条/材料运输
011107005	现浇水磨石台阶面	垫层材料种类、厚度/找平层厚度、砂浆配合比/面层厚度、水泥石子浆配合比/防滑条材料种类、规格/石子种类、规格、颜色/颜料种类、颜色/磨光、酸洗、打蜡要求			清理基层/铺设垫层/抹找平层/抹面层/贴嵌防滑条/打磨、酸洗、打蜡/材料运输
011107006	剁假石台阶面	垫层材料种类、厚度/找平层厚度、砂浆配合比/面层厚度、砂浆配合比/剁假石要求			清理基层/铺设垫层/抹找平层/抹面层/剁假石/材料运输

注：在描述碎石材项目的面层材料特征时可不用描述规格、品牌、颜色。石材、块料与黏结材料的结合面刷防渗材料的种类在防护层材料种类中描述。

9.12.8　零星装饰项目

零星装饰项目工程量清单项目的设置、项目特征描述的内容、计量单位、工程量计算规则应按表 9-12-8 执行。

表 9-12-8　零星装饰项目（编码：011108）

项目编码	项目名称	项目特征	计量单位	工程量计算规则	工作内容
011108001	石材零星项目	工程部位/找平层厚度、砂浆配合比/贴结合层厚度、材料种类/面层材料品种、规格、颜色/勾缝材料种类/防护材料种类/酸洗、打蜡要求	m²	按设计图示尺寸以面积计算	清理基层/抹找平层/面层铺贴、磨边/勾缝/刷防护材料/酸洗、打蜡/材料运输
011108002	拼碎石材零星项目				
011108003	块料零星项目				
011108004	水泥砂浆零星项目	工程部位/找平层厚度、砂浆配合比/面层厚度、砂浆厚度			清理基层/抹找平层/抹面层/材料运输

注：楼梯、台阶牵边和侧面镶贴块料面层，≤0.5m² 的少量分散的楼地面镶贴块料面层应按表 9-12-8 零星装饰项目执行。石材、块料与黏结材料的结合面刷防渗材料的种类在防护层材料种类中描述。

9.13　墙、柱面装饰与隔断、幕墙工程计量的特点与基本要求

9.13.1　墙面抹灰

墙面抹灰工程量清单项目的设置、项目特征描述的内容、计量单位、工程量计算规则应按表 9-13-1 执行。

9.13.2　柱（梁）面抹灰

柱（梁）面抹灰工程量清单项目的设置、项目特征描述的内容、计量单位、工程量计算规则应按表 9-13-2 执行。

表 9-13-1　墙面抹灰（编码：011201）

项目编码	项目名称	项目特征	计量单位	工程量计算规则	工作内容
011201001	墙面一般抹灰	墙体类型/底层厚度/砂浆配合比/面层厚度、砂浆配合比/装饰面材料种类/分格缝宽度、材料种类	m^2	按设计图示尺寸以面积计算。扣除墙裙、门窗洞口及单个>0.3m²的孔洞面积，不扣除踢脚线、挂镜线和墙与构件交接处的面积，门窗洞口和孔洞的侧壁及顶面不增加面积。附墙柱、梁、垛、烟囱侧壁并入相应的墙面面积内。外墙抹灰面积按外墙垂直投影面积计算。外墙裙抹灰面积按其长度乘以高度计算。内墙抹灰面积按主墙间的净长乘以高度计算，无墙裙的，其高度按室内楼地面至天棚底面计算；有墙裙的，其高度按墙裙顶至天棚底面计算。内墙裙抹灰面按内墙净长乘以高度计算	基层清理/砂浆制作、运输/底层抹灰/抹面层/抹装饰面/勾分格缝
011201002	墙面装饰抹灰				
011201003	墙面勾缝	墙体类型/找平的砂浆厚度、配合比			基层清理/砂浆制作、运输/抹灰找平
011201004	立面砂浆找平层	墙体类型/勾缝类型/勾缝材料种类			基层清理/砂浆制作、运输/勾缝

注：立面砂浆找平项目适用于仅做找平层的立面抹灰。抹石灰砂浆、水泥砂浆、混合砂浆、聚合物水泥砂浆、麻刀石灰浆、石膏灰浆等按墙面一般抹灰列项，水刷石、斩假石、干粘石、假面砖等按墙面装饰抹灰列项。飘窗凸出外墙面增加的抹灰不计算工程量，在综合单价中考虑。

表 9-13-2　柱（梁）面抹灰（编码：011202）

项目编码	项目名称	项目特征	计量单位	工程量计算规则	工作内容
011202001	柱、梁面一般抹灰	柱体类型/底层厚度、砂浆配合比/面层厚度、砂浆配合比/装饰面材料种类/分格缝宽度、材料种类	m^2	柱面抹灰按设计图示柱断面周长乘以高度以面积计算。梁面抹灰按设计图示梁断面周长乘以长度以面积计算	基层清理/砂浆制作、运输/底层抹灰/抹面层/勾分格缝
011202002	柱、梁面装饰抹灰				
011202003	柱、梁面砂浆找平	柱体类型/找平的砂浆厚度、配合比			基层清理/砂浆制作、运输/抹灰找平
011202004	柱、梁面勾缝	墙体类型/勾缝类型/勾缝材料种类		按设计图示柱断面周长乘以高度以面积计算	基层清理/砂浆制作、运输/勾缝

注：砂浆找平项目适用于仅做找平层的柱（梁）面抹灰。抹石灰砂浆、水泥砂浆、混合砂浆、聚合物水泥砂浆、麻刀石灰浆、石膏灰浆等按柱（梁）面一般抹灰编码列项，水刷石、斩假石、干粘石、假面砖等按柱（梁）面装饰抹灰编码列项。

9.13.3　零星抹灰

零星抹灰工程量清单项目的设置、项目特征描述的内容、计量单位、工程量计算规则应按表 9-13-3 执行。

表 9-13-3　零星抹灰（编码：011203）

项目编码	项目名称	项目特征	计量单位	工程量计算规则	工作内容
011203001	零星项目一般抹灰	墙体类型/底层厚度、砂浆配合比/面层厚度、砂浆配合比/装饰面材料种类/分格缝宽度、材料种类	m^2	按设计图示尺寸以面积计算	基层清理/砂浆制作、运输/底层抹灰/抹面层/抹装饰面/勾分格缝
011203002	零星项目装饰抹灰	墙体类型/底层厚度、砂浆配合比/面层厚度、砂浆配合比/装饰面材料种类/分格缝宽度、材料种类			
011203003	零星项目砂浆找平	基层类型/找平的砂浆厚度、配合比			基层清理/砂浆制作、运输/抹灰找平

注：抹石灰砂浆、水泥砂浆、混合砂浆、聚合物水泥砂浆、麻刀石灰浆、石膏灰浆等按零星项目一般抹灰编码列项，水刷石、斩假石、干粘石、假面砖等按零星项目装饰抹灰编码列项。墙、柱（梁）面≤0.5m²的少量分散的抹灰按表 9-13-3 零星抹灰项目编码列项。

9.13.4　墙面块料面层

墙面块料面层工程量清单项目的设置、项目特征描述的内容、计量单位、工程量计算规则应按表 9-13-4 执行。

表 9-13-4 墙面块料面层（编码：011204）

项目编码	项目名称	项目特征	计量单位	工程量计算规则	工作内容
011204001	石材墙面	墙体类型/安装方式/面层材料品种、规格、颜色/缝宽、嵌缝材料种类/防护材料种类/磨光、酸洗、打蜡要求	m²	按镶贴表面积计算	基层清理/砂浆制作、运输/黏结层铺贴/面层安装/嵌缝/刷防护材料/磨光、酸洗、打蜡
011204002	拼碎石材墙面				
011204003	块料墙面				
011204004	干挂石材钢骨架	骨架种类、规格/防锈漆品种遍数	t	按设计图示以质量计算	骨架制作、运输、安装、刷漆

注：在描述碎块项目的面层材料特征时可不用描述规格、品牌、颜色。石材、块料与黏结材料的结合面刷防渗材料的种类在防护层材料种类中描述。安装方式可描述为砂浆或黏结剂粘贴、挂贴、干挂等，不论哪种安装方式都要详细描述与组价相关的内容。

9.13.5 柱（梁）面镶贴块料

柱（梁）面镶贴块料工程量清单项目的设置、项目特征描述的内容、计量单位、工程量计算规则应按表 9-13-5 执行。

表 9-13-5 柱（梁）面镶贴块料（编码：011205）

项目编码	项目名称	项目特征	计量单位	工程量计算规则	工作内容
011205001	石材柱面	柱截面类型、尺寸/安装方式/面层材料品种、规格、颜色/缝宽、嵌缝材料种类/防护材料种类/磨光、酸洗、打蜡要求	m²	按镶贴表面积计算	基层清理/砂浆制作、运输/黏结层铺贴/面层安装/嵌缝/刷防护材料/磨光、酸洗、打蜡
011205002	块料柱面				
011205003	拼碎块柱面				
011205004	石材梁面	安装方式/面层材料品种、规格、颜色/缝宽、嵌缝材料种类/防护材料种类/磨光、酸洗、打蜡要求			
011205005	块料梁面				

注：在描述碎块项目的面层材料特征时可不用描述规格、品牌、颜色。石材、块料与黏结材料的结合面刷防渗材料的种类在防护层材料种类中描述。柱梁面干挂石材的钢骨架按表 9-13-4 相应项目编码列项。

9.13.6 镶贴零星块料

镶贴零星块料工程量清单项目的设置、项目特征描述的内容、计量单位、工程量计算规则应按表 9-13-6 执行。

表 9-13-6 镶贴零星块料（编码：011206）

项目编码	项目名称	项目特征	计量单位	工程量计算规则	工作内容
011206001	石材零星项目	安装方式/面层材料品种、规格、颜色/缝宽、嵌缝材料种类/防护材料种类/磨光、酸洗、打蜡要求	m²	按镶贴表面积计算	基层清理/砂浆制作、运输/面层安装/嵌缝/刷防护材料/磨光、酸洗、打蜡
011206002	块料零星项目				
011206003	拼碎块零星项目				

注：在描述碎块项目的面层材料特征时可不用描述规格、品牌、颜色。石材、块料与黏结材料的结合面刷防渗材料的种类在防护层材料种类中描述。零星项目干挂石材的钢骨架按表 9-13-4 相应项目编码列项。墙柱面≤0.5m² 的少量分散的镶贴块料面层应按零星项目执行。

9.13.7 墙饰面

墙饰面工程量清单项目的设置、项目特征描述的内容、计量单位、工程量计算规则应按表 9-13-7 执行。

表 9-13-7　墙饰面（编码：011207）

项目编码	项目名称	项目特征	计量单位	工程量计算规则	工作内容
011207001	墙面装饰板	龙骨材料种类、规格、中距/隔离层材料种类、规格/基层材料种类、规格/面层材料品种、规格、颜色/压条材料种类、规格	m^2	按设计图示墙净长乘以净高以面积计算。扣除门窗洞口及单个 $>0.3m^2$ 的孔洞所占面积	基层清理/龙骨制作、运输、安装/钉隔离层/基层铺钉/面层铺贴

9.13.8　柱（梁）饰面

柱（梁）饰面工程量清单项目的设置、项目特征描述的内容、计量单位、工程量计算规则应按表 9-13-8 执行。

表 9-13-8　柱（梁）饰面（编码：011208）

项目编码	项目名称	项目特征	计量单位	工程量计算规则	工作内容
011208001	柱（梁）面装饰	龙骨材料种类、规格、中距/隔离层材料种类/基层材料种类、规格/面层材料品种、规格、颜色/压条材料种类、规格	m^2	按设计图示饰面外围尺寸以面积计算。柱帽、柱墩并入相应柱饰面工程量内	清理基层/龙骨制作、运输、安装/钉隔离层/基层铺钉/面层铺贴

9.13.9　幕墙工程

幕墙工程工程量清单项目的设置、项目特征描述的内容、计量单位、工程量计算规则应按表 9-13-9 执行。

表 9-13-9　幕墙工程（编码：011209）

项目编码	项目名称	项目特征	计量单位	工程量计算规则	工作内容
011209001	带骨架幕墙	骨架材料种类、规格、中距/面层材料品种、规格、颜色/面层固定方式/隔离带、框边封闭材料品种、规格/嵌缝、塞口材料种类	m^2	按设计图示框外围尺寸以面积计算。与幕墙同种材质的窗所占面积不扣除	骨架制作、运输、安装/面层安装/隔离带、框边封闭/嵌缝、塞口/清洗
011209002	全玻（无框玻璃）幕墙	玻璃品种、规格、颜色、黏结塞口材料种类/固定方式		按设计图示尺寸以面积计算。带肋全玻幕墙按展开面积计算	幕墙安装/嵌缝、塞口/清洗

9.13.10　隔断

隔断工程量清单项目的设置、项目特征描述的内容、计量单位、工程量计算规则应按表 9-13-10 执行。

表 9-13-10　隔断（编码：011210）

项目编码	项目名称	项目特征	计量单位	工程量计算规则	工作内容
011210001	木隔断	骨架、边框材料种类、规格/隔板材料品种、规格、颜色/嵌缝、塞口材料品种/压条材料种类	m^2	按设计图示框外围尺寸以面积计算。不扣除单个 $\leqslant0.3m^2$ 的孔洞所占面积，浴厕门的材质与隔断相同时，门的面积并入隔断面积内	骨架及边框制作、运输、安装/隔板制作、运输、安装/嵌缝、塞口/装钉压条
011210002	金属隔断	骨架、边框材料种类、规格/隔板材料品种、规格、颜色/嵌缝、塞口材料品种	m^2	按设计图示框外围尺寸以面积计算。不扣除单个 $\leqslant0.3m^2$ 的孔洞所占面积，浴厕门的材质与隔断相同时，门的面积并入隔断面积内	骨架及边框制作、运输、安装/隔板制作、运输、安装/嵌缝、塞口

续表

项目编码	项目名称	项目特征	计量单位	工程量计算规则	工作内容
011210003	玻璃隔断	边框材料种类、规格/玻璃品种、规格、颜色/嵌缝、塞口材料品种		按设计图示框外围尺寸以面积计算。不扣除单个≤0.3m²的孔洞所占面积	边框制作、运输、安装/玻璃制作、运输、安装/嵌缝、塞口
011210004	塑料隔断	边框材料种类、规格/隔板材料品种、规格、颜色/嵌缝、塞口材料品种			骨架及边框制作、运输、安装/隔板制作、运输、安装/嵌缝、塞口
011210005	成品隔断	隔断材料品种、规格、颜色/配件品种、规格	m²或间	按设计图示框外围尺寸以面积计算。按设计间的数量以间计算。	隔断运输、安装、嵌缝、塞口
011210006	其他隔断	骨架、边框材料种类、规格/隔板材料品种、规格、颜色/嵌缝、塞口材料品种	m²	按设计图示框外围尺寸以面积计算。不扣除单个≤0.3m²的孔洞所占面积	骨架及边框安装/隔板安装/嵌缝、塞口

9.14　天棚工程计量的特点与基本要求

9.14.1　天棚抹灰

天棚抹灰工程量清单项目的设置、项目特征描述的内容、计量单位、工程量计算规则应按表 9-14-1 执行。

表 9-14-1　天棚抹灰（编码：011301）

项目编码	项目名称	项目特征	计量单位	工程量计算规则	工作内容
011301001	天棚抹灰	基层类型/抹灰厚度、材料种类/砂浆配合比	m²	按设计图示尺寸以水平投影面积计算。不扣除间壁墙、垛、柱、附墙烟囱、检查口和管道所占的面积，带梁天棚、梁两侧抹灰面积并入天棚面积内，板式楼梯底面抹灰按斜面积计算，锯齿形楼梯底板抹灰按展开面积计算	基层清理/底层抹灰/抹面层

9.14.2　天棚吊顶

天棚吊顶工程量清单项目的设置、项目特征描述的内容、计量单位、工程量计算规则应按表 9-14-2 执行。

表 9-14-2　天棚吊顶（编码：011302）

项目编码	项目名称	项目特征	计量单位	工程量计算规则	工作内容
011302001	吊顶天棚	吊顶形式、吊杆规格、高度/龙骨材料种类、规格、中距/基层材料种类、规格/面层材料品种、规格/压条材料种类、规格/嵌缝材料种类/防护材料种类	m²	按设计图示尺寸以水平投影面积计算。天棚面中的灯槽及跌级、锯齿形、吊挂式、藻井式天棚面积不展开计算。不扣除间壁墙、检查口、附墙烟囱、柱垛和管道所占面积，扣除单个>0.3m²的孔洞、独立柱及与天棚相连的窗帘盒所占的面积	基层清理、吊杆安装/龙骨安装/基层板铺贴/面层铺贴/嵌缝/刷防护材料
011302002	格栅吊顶	龙骨材料种类、规格、中距/基层材料种类、规格/面层材料品种、规格/防护材料种类		按设计图示尺寸以水平投影面积计算	基层清理/安装龙骨/基层板铺贴/面层铺贴/刷防护材料
011302003	吊筒吊顶	吊筒形状、规格/吊筒材料种类/防护材料种类			基层清理/吊筒制作安装/刷防护材料

项目编码	项目名称	项目特征	计量单位	工程量计算规则	工作内容
011302004	藤条造型悬挂吊顶	骨架材料种类、规格/面层材料品种、规格	m²	按设计图示尺寸以水平投影面积计算	基层清理/龙骨安装/铺贴面层
011302005	织物软雕吊顶				
011302006	网架(装饰)吊顶	网架材料品种、规格			基层清理/网架制作安装

9.14.3　采光天棚工程

采光天棚工程工程量清单项目的设置、项目特征描述的内容、计量单位、工程量计算规则应按表 9-14-3 执行。

表 9-14-3　采光天棚工程（编码：011303）

项目编码	项目名称	项目特征	计量单位	工程量计算规则	工作内容
011303001	采光天棚	骨架类型/固定类型、固定材料品种、规格/面层材料品种、规格/嵌缝、塞口材料种类	m²	按框外围展开面积计算	清理基层/面层制安/嵌缝、塞口/清洗

注：采光天棚骨架不包括在本节中，应单独按本章 9.7 节中相关项目编码列项。

9.14.4　天棚其他装饰

天棚其他装饰工程量清单项目的设置、项目特征描述的内容、计量单位、工程量计算规则应按表 9-14-4 执行。

表 9-14-4　天棚其他装饰（编码：011304）

项目编码	项目名称	项目特征	计量单位	工程量计算规则	工作内容
011304001	灯带(槽)	灯带形式、尺寸/格栅片材料品种、规格/安装固定方式	m²	按设计图示尺寸以框外围面积计算	安装、固定
011304002	送风口、回风口	风口材料品种、规格/安装固定方式/防护材料种类	个	按设计图示数量计算	安装、固定/刷防护材料

9.15　油漆、涂料、裱糊工程计量的特点与基本要求

9.15.1　门油漆

门油漆工程量清单项目设置、项目特征描述的内容、计量单位、工程量计算规则应按表 9-15-1 的规定执行。

表 9-15-1　门油漆（编号：011401）

项目编码	项目名称	项目特征	计量单位	工程量计算规则	工作内容
011401001	木门油漆	门类型/门代号及洞口尺寸/腻子种类/刮腻子遍数/防护材料种类/油漆品种、刷漆遍数	樘或 m²	以樘计量时应按设计图示数量计量。以平方米计量时应按设计图示洞口尺寸以面积计算	基层清理/刮腻子/刷防护材料、油漆
011401002	金属门油漆				除锈、基层清理/刮腻子/刷防护材料、油漆

注：木门油漆应区分木大门、单层木门、双层(一玻一纱)木门、双层(单裁口)木门、全玻自由门、半玻自由门、装饰门及有框门或无框门等项目并应分别编码列项。金属门油漆应区分平开门、推拉门、钢制防火门列项。以平方米计量时项目特征可不必描述洞口尺寸。

9.15.2 窗油漆

窗油漆工程量清单项目设置、项目特征描述的内容、计量单位、工程量计算规则应按表9-15-2的规定执行。

表9-15-2 窗油漆（编号：011402）

项目编码	项目名称	项目特征	计量单位	工程量计算规则	工作内容
011402001	木窗油漆	窗类型/窗代号及洞口尺寸/腻子种类/刮腻子遍数/防护材料种类/油漆品种、刷漆遍数	樘或m²	以樘计量时应按设计图示数量计量。以平方米计量时应按设计图示洞口尺寸以面积计算	基层清理/刮腻子/刷防护材料、油漆
011402002	金属窗油漆				除锈、基层清理/刮腻子/刷防护材料、油漆

注：木窗油漆应区分单层木门、双层（一玻一纱）木窗、双层框扇（单裁口）木窗、双层框三层（二玻一纱）木窗、单层组合窗、双层组合窗、木百叶窗、木推拉窗等项目并应分别编码列项。金属窗油漆应区分平开窗、推拉窗、固定窗、组合窗、金属隔栅窗分别列项。以平方米计量时项目特征可不必描述洞口尺寸。

9.15.3 木扶手及其他板条、线条油漆

木扶手及其他板条、线条油漆工程量清单项目设置、项目特征描述的内容、计量单位、工程量计算规则应按表9-15-3的规定执行。

表9-15-3 木扶手及其他板条、线条油漆（编号：011403）

项目编码	项目名称	项目特征	计量单位	工程量计算规则	工作内容
011403001	木扶手油漆	断面尺寸/腻子种类/刮腻子遍数/防护材料种类/油漆品种、刷漆遍数	m	按设计图示尺寸以长度计算	基层清理/刮腻子/刷防护材料、油漆
011403002	窗帘盒油漆				
011403003	封檐板、顺水板油漆				
011403004	挂衣板、黑板框油漆				
011403005	挂镜线、窗帘棍、单独木线油漆				

注：木扶手应区分带托板与不带托板并应分别编码列项，若是木栏杆代扶手，则木扶手不应单独列项而应包含在木栏杆油漆中。

9.15.4 木材面油漆

木材面油漆工程量清单项目设置、项目特征描述的内容、计量单位、工程量计算规则应按表9-15-4的规定执行。

表9-15-4 木材面油漆（编号：011404）

项目编码	项目名称	项目特征	计量单位	工程量计算规则	工作内容
011404001	木板、纤维板、胶合板油漆	腻子种类/刮腻子遍数/防护材料种类/油漆品种、刷漆遍数	m²	按设计图示尺寸以面积计算	基层清理/刮腻子/刷防护材料、油漆
011404002	木护墙、木墙裙油漆				
011404003	窗台板、筒子板、盖板、门窗套、踢脚线油漆				
011404004	清水板条天棚、檐口油漆				
011404005	木方格吊顶天棚油漆				
011404006	吸音板墙面、天棚面油漆				
011404007	暖气罩油漆				
011404008	木间壁、木隔断油漆			按设计图示尺寸以单面外围面积计算	
011404009	玻璃间壁露明墙筋油漆				
011404010	木栅栏、木栏杆（带扶手）油漆				

项目编码	项目名称	项目特征	计量单位	工程量计算规则	工作内容
011404011	衣柜、壁柜油漆	腻子种类/刮腻子遍数/防护材料种类/油漆品种、刷漆遍数	m²	按设计图示尺寸以油漆部分展开面积计算	基层清理/刮腻子/刷防护材料、油漆
011404012	梁柱饰面油漆				
011404013	零星木装修油漆				
011404014	木地板油漆			按设计图示尺寸以面积计算。空洞、空圈、暖气包槽、壁龛的开口部分并入相应的工程量内	
011404015	木地板烫硬蜡面	硬蜡品种/面层处理要求			基层清理/烫蜡

9.15.5 金属面油漆

金属面油漆工程量清单项目设置、项目特征描述的内容、计量单位、工程量计算规则应按表 9-15-5 的规定执行。

表 9-15-5 金属面油漆（编号：011405）

项目编码	项目名称	项目特征	计量单位	工程量计算规则	工作内容
011405001	金属面油漆	构件名称/腻子种类/刮腻子要求/防护材料种类/油漆品种、刷漆遍数	t或m²	以t计量时应按设计图示尺寸以质量计算。以m²计量时应按设计展开面积计算	基层清理/刮腻子/刷防护材料、油漆

9.15.6 抹灰面油漆

抹灰面油漆工程量清单项目设置、项目特征描述的内容、计量单位、工程量计算规则应按表 9-15-6 的规定执行。

表 9-15-6 抹灰面油漆（编号：011406）

项目编码	项目名称	项目特征	计量单位	工程量计算规则	工作内容
011406001	抹灰面油漆	基层类型/腻子种类/刮腻子遍数/防护材料种类/油漆品种、刷漆遍数	m²	按设计图示尺寸以面积计算	基层清理/刮腻子/刷防护材料、油漆
011406002	抹灰线条油漆	线条宽度、道数/腻子种类/刮腻子遍数/防护材料种类/油漆品种、刷漆遍数	m	按设计图示尺寸以长度计算	
011406003	满刮腻子	基层类型/腻子种类/刮腻子遍数	m²	按设计图示尺寸以面积计算	基层清理/刮腻子

9.15.7 喷刷涂料

喷刷涂料工程量清单项目设置、项目特征描述的内容、计量单位、工程量计算规则应按表 9-15-7 的规定执行。

表 9-15-7 喷刷涂料（编号：011407）

项目编码	项目名称	项目特征	计量单位	工程量计算规则	工作内容
011407001	墙面喷刷涂料	基层类型/喷刷涂料部位/腻子种类/刮腻子要求/涂料品种、喷刷遍数	m²	按设计图示尺寸以面积计算	基层清理/刮腻子/刷、喷涂料
011407002	天棚喷刷涂料				
011407003	空花格、栏杆刷涂料	腻子种类/刮腻子遍数/涂料品种、刷喷遍数	m²	按设计图示尺寸以单面外围面积计算	基层清理/刮腻子/刷、喷涂料
011407004	线条刷涂料	基层清理/线条宽度/刮腻子遍数/刷防护材料、油漆	m	按设计图示尺寸以长度计算	

续表

项目编码	项目名称	项目特征	计量单位	工程量计算规则	工作内容
011407005	金属构件刷防火涂料	喷刷防火涂料构件名称/防火等级要求/涂料品种、喷刷遍数	m² 或 t	以 t 计量时应按设计图示尺寸以质量计算。以 m² 计量时应按设计展开面积计算	基层清理/刷防护材料、油漆
011407006	木材构件喷刷防火涂料		m² 或 m³	以平方米计量时应按设计图示尺寸以面积计算。以立方米计量时应按设计结构尺寸以体积计算	基层清理/刷防火材料

注：喷刷墙面涂料部位要注明内墙或外墙。

9.15.8　裱糊

裱糊工程量清单项目设置、项目特征描述的内容、计量单位、工程量计算规则应按表 9-15-8 的规定执行。

表 9-15-8　裱糊（编号：011408）

项目编码	项目名称	项目特征	计量单位	工程量计算规则	工作内容
011408001	墙纸裱糊	基层类型/裱糊部位/腻子种类/刮腻子遍数/黏结材料种类/防护材料种类/面层材料品种、规格、颜色	m²	按设计图示尺寸以面积计算	基层清理/刮腻子/面层铺粘/刷防护材料
011408002	织锦缎裱糊				

9.16　其他装饰工程计量的特点与基本要求

9.16.1　柜类、货架

柜类、货架工程量清单项目设置、项目特征描述的内容、计量单位、工程量计算规则应按表 9-16-1 的规定执行。

表 9-16-1　柜类、货架（编号：011501）

项目编码	项目名称	项目特征	计量单位	工程量计算规则	工作内容
011501001	柜台	台柜规格/材料种类、规格/五金种类、规格/防护材料种类/油漆品种、刷漆遍数	个 或 m 或 m³	以个计量时应按设计图示数量计量。以米计量时应按设计图示尺寸以延长米计算	台柜制作、运输、安装（安放）/刷防护材料、油漆/五金件安装
011501002	酒柜				
011501003	衣柜				
011501004	存包柜				
011501005	鞋柜				
011501006	书柜				
011501007	厨房壁柜				
011501008	木壁柜				
011501009	厨房低柜				
011501010	厨房吊柜				
011501011	矮柜				
011501012	吧台背柜				
011501013	酒吧吊柜				
011501014	酒吧台				
011501015	展台				
011501016	收银台				
011501017	试衣间				
011501018	货架				
011501019	书架				
011501020	服务台				

9.16.2 压条、装饰线

压条、装饰线工程量清单项目设置、项目特征描述的内容、计量单位、工程量计算规则应按表 9-16-2 的规定执行。

表 9-16-2 装饰线（编号：011502）

项目编码	项目名称	项目特征	计量单位	工程量计算规则	工作内容
011502001	金属装饰线	基层类型/线条材料品种、规格、颜色/防护材料种类	m	按设计图示尺寸以长度计算	线条制作、安装/刷防护材料
011502002	木质装饰线				
011502003	石材装饰线				
011502004	石膏装饰线				
011502005	镜面玻璃线	基层类型/线条材料品种、规格、颜色/防护材料种类			
011502006	铝塑装饰线				
011502007	塑料装饰线				

9.16.3 扶手、栏杆、栏板装饰

扶手、栏杆、栏板装饰工程量清单项目的设置、项目特征描述的内容、计量单位、工程量计算规则应按表 9-16-3 执行。

表 9-16-3 扶手、栏杆、栏板装饰（编码：011503）

项目编码	项目名称	项目特征	计量单位	工程量计算规则	工作内容
011503001	金属扶手、栏杆、栏板	扶手材料种类、规格、品牌/栏杆材料种类、规格、品牌/栏板材料种类、规格、品牌、颜色/固定配件种类/防护材料种类	m	按设计图示以扶手中心线长度（包括弯头长度）计算	制作/运输/安装/刷防护材料
011503002	硬木扶手、栏杆、栏板				
011503003	塑料扶手、栏杆、栏板				
011503004	金属靠墙扶手	扶手材料种类、规格、品牌/固定配件种类/防护材料种类			
011503005	硬木靠墙扶手				
011503006	塑料靠墙扶手				
011503007	玻璃栏板	栏杆玻璃的种类、规格、颜色、品牌/固定方式/固定配件种类		按设计图示以扶手中心线长度（包括弯头长度）计算	制作/运输/安装/刷防护材料

9.16.4 暖气罩

暖气罩工程量清单项目设置、项目特征描述的内容、计量单位、工程量计算规则应按表 9-16-4 的规定执行。

表 9-16-4 暖气罩（编号：011504）

项目编码	项目名称	项目特征	计量单位	工程量计算规则	工作内容
011504001	饰面板暖气罩	暖气罩材质/防护材料种类	m²	按设计图示尺寸以垂直投影面积（不展开）计算	暖气罩制作、运输、安装/刷防护材料、油漆
011504002	塑料板暖气罩				
011504003	金属暖气罩				

9.16.5　浴厕配件

浴厕配件工程量清单项目设置、项目特征描述的内容、计量单位、工程量计算规则应按表 9-16-5 的规定执行。

表 9-16-5　浴厕配件（编号：011505）

项目编码	项目名称	项目特征	计量单位	工程量计算规则	工作内容
011505001	洗漱台	材料品种、规格、品牌、颜色/支架、配件品种、规格、品牌	m² 或个	按设计图示尺寸以台面外接矩形面积计算。不扣除孔洞、挖弯、削角所占面积，挡板、吊沿板面积并入台面面积内。按设计图示数量计算	台面及支架、运输、安装/杆、环、盒、配件安装/刷油漆
011505002	晒衣架		个	按设计图示数量计算	
011505003	帘子杆				
011505004	浴缸拉手、				
011505005	卫生间扶手				
011505006	毛巾杆（架）	材料品种、规格、品牌、颜色/支架、配件品种、规格、品牌	套	按设计图示数量计算	台面及支架制作、运输、安装/杆、环、盒、配件安装/刷油漆
011505007	毛巾环		副		
011505008	卫生纸盒		个		
011505009	肥皂盒				
011505010	镜面玻璃	镜面玻璃品种、规格/框材质、断面尺寸/基层材料种类/防护材料种类	m²	按设计图示尺寸以边框外围面积计算	基层安装/玻璃及框制作、运输、安装
011505011	镜箱	镜箱材质、规格/玻璃品种、规格/基层材料种类/防护材料种类/油漆品种、刷漆遍数	个	按设计图示数量计算	基层安装/箱体制作、运输、安装/玻璃安装/刷防护材料、油漆

9.16.6　雨篷、旗杆

雨篷、旗杆工程量清单项目设置、项目特征描述的内容、计量单位、工程量计算规则应按表 9-16-6 的规定执行。

表 9-16-6　雨篷、旗杆（编号：011506）

项目编码	项目名称	项目特征	计量单位	工程量计算规则	工作内容
011506001	雨篷吊挂饰面	基层类型/龙骨材料种类、规格、中距/面层材料品种、规格、品牌/吊顶（天棚）材料品种、规格、品牌/嵌缝材料种类/防护材料种类	m²	按设计图示尺寸以水平投影面积计算	底层抹灰/龙骨基层安装/面层安装/刷防护材料、油漆
011506002	金属旗杆	旗杆材料、种类、规格/旗杆高度/基础材料种类/基座材料种类/基座面层材料、种类、规格	根	按设计图示数量计算	土石挖、填、运/基础混凝土浇筑/旗杆制作、安装/旗杆台座制作、饰面
011506003	玻璃雨篷	玻璃雨篷固定方式/龙骨材料种类、规格、中距/玻璃材料品种、规格、品牌/嵌缝材料种类/防护材料种类	m²	按设计图示尺寸以水平投影面积计算	龙骨基层安装/面层安装/刷防护材料、油漆

9.16.7 招牌、灯箱

招牌、灯箱工程量清单项目设置、项目特征描述的内容、计量单位应按表 9-16-7 的规定执行。

表 9-16-7 招牌、灯箱（编号：011507）

项目编码	项目名称	项目特征	计量单位	工程量计算规则	工作内容
011507001	平面、箱式招牌	箱体规格/基层材料种类/面层材料种类/防护材料种类	m²	按设计图示尺寸以正立面边框外围面积计算。复杂形的凸凹造型部分不增加面积	基层安装/箱体及支架制作、运输、安装/面层制作、安装/刷防护材料、油漆
011507002	竖式标箱		个	按设计图示数量计算	
011507003	灯箱				

9.16.8 美术字

美术字工程量清单项目设置、项目特征描述的内容、计量单位应按表 9-16-8 的规定执行。

表 9-16-8 美术字（编号：011508）

项目编码	项目名称	项目特征	计量单位	工程量计算规则	工作内容
011508001	泡沫塑料字	基层类型/镂字材料品种、颜色/字体规格/固定方式/油漆品种、刷漆遍数	个	按设计图示数量计算	字制作、运输、安装/刷油漆
011508002	有机玻璃字				
011508003	木质字				
011508004	金属字				
011508005	吸塑字				

9.17 拆除工程计量的特点与基本要求

9.17.1 砖砌体拆除

砖砌体拆除工程量清单项目的设置、项目特征描述的内容、计量单位、工程量计算规则应按表 9-17-1 执行。

表 9-17-1 砖砌体拆除（编码：011601）

项目编码	项目名称	项目特征	计量单位	工程量计算规则	工作内容
011601001	砖砌体拆除	砌体名称/砌体材质/拆除高度/拆除砌体的截面尺寸/砌体表面的附着物种类	m³或m	以立方米计量时应按拆除的体积计算。以米计量时应按拆除的延长米计算	拆除/控制扬尘/清理/建渣场内、外运输

注：砌体名称指墙、柱、水池等。砌体表面的附着物种类指抹灰层、块料层、龙骨及装饰面层等。以m计量时，砖地沟、砖明沟等必须描述拆除部位的截面尺寸；以m³计量时，截面尺寸则不必描述。

9.17.2 混凝土及钢筋混凝土构件拆除

混凝土及钢筋混凝土构件拆除工程量清单项目的设置、项目特征描述的内容、计量单位、工程量计算规则应按表 9-17-2 执行。

表 9-17-2　混凝土及钢筋混凝土构件拆除（编码：011602）

项目编码	项目名称	项目特征	计量单位	工程量计算规则	工作内容
011602001	混凝土构件拆除	构件名称/拆除构件的厚度或规格尺寸/构件表面的附着物种类	m^3或m^2或m	以m^3计算时应按拆除构件的混凝土体积计算。以m^2计算时应按拆除部位的面积计算。以m计算时应按拆除部位的延长米计算	拆除/控制扬尘/清理/建渣场内、外运输
011602002	钢筋混凝土构件拆除				

注：以m^3作为计量单位时可不描述构件的规格尺寸，以m^2作为计量单位时则应描述构件的厚度，以m作为计量单位时必须描述构件的规格尺寸。构件表面的附着物种类指抹灰层、块料层、龙骨及装饰面层等。

9.17.3　木构件拆除

木构件拆除工程量清单项目的设置、项目特征描述的内容、计量单位、工程量计算规则应按表 9-17-3 执行。

表 9-17-3　木构件拆除（编码：011603）

项目编码	项目名称	项目特征	计量单位	工程量计算规则	工作内容
011603001	木构件拆除	构件名称/拆除构件的厚度或规格尺寸/构件表面的附着物种类	m^3 或 m^2 或 m	以m^3计算时应按拆除构件的混凝土体积计算。以m^2计算时应按拆除面积计算。以m计算时应按拆除延长米计算	拆除/控制扬尘/清理/建渣场内、外运输

注：拆除木构件应按木梁、木柱、木楼梯、木屋架、承重木楼板等分别在构件名称中描述。以m^3作为计量单位时可不描述构件的规格尺寸，以m^2作为计量单位时应描述构件的厚度，以m作为计量单位时必须描述构件的规格尺寸。构件表面的附着物种类指抹灰层、块料层、龙骨及装饰面层等。

9.17.4　抹灰层拆除

抹灰层拆除工程量清单项目的设置、项目特征描述的内容、计量单位、工程量计算规则应按表 9-17-4 执行。

表 9-17-4　抹灰面拆除（编码：011604）

项目编码	项目名称	项目特征	计量单位	工程量计算规则	工作内容
011604001	平面抹灰层拆除	拆除部位/抹灰层种类	m^2	按拆除部位的面积计算	拆除/控制扬尘/清理/建渣场内、外运输
011604002	立面抹灰层拆除				
011604003	天棚抹灰面拆除				

注：单独拆除抹灰层应按表 9-17-4 项目编码列项。抹灰层种类可描述为一般抹灰或装饰抹灰。

9.17.5　块料面层拆除

块料面层拆除工程量清单项目的设置、项目特征描述的内容、计量单位、工程量计算规则应按表 9-17-5 执行。

表 9-17-5　块料面层拆除（编码：011605）

项目编码	项目名称	项目特征	计量单位	工程量计算规则	工作内容
011605001	平面块料拆除	拆除的基层类型/饰面材料种类	m^2	按拆除面积计算	拆除/控制扬尘/清理/建渣场内、外运输
011605002	立面块料拆除				

注：如仅拆除块料层，拆除的基层类型不用描述。拆除的基层类型的描述指砂浆层、防水层、干挂或挂贴所采用的钢骨架层等。

9.17.6 龙骨及饰面拆除

龙骨及饰面拆除工程量清单项目的设置、项目特征描述的内容、计量单位、工程量计算规则应按表 9-17-6 执行。

表 9-17-6 龙骨及饰面拆除（编码：011606）

项目编码	项目名称	项目特征	计量单位	工程量计算规则	工作内容
011606001	楼地面龙骨及饰面拆除	拆除的基层类型/龙骨及饰面种类	m²	按拆除面积计算	拆除/控制扬尘/清理/建渣场内、外运输
011606002	墙柱面龙骨及饰面拆除				
011606003	天棚面龙骨及饰面拆除				

注：基层类型的描述指砂浆层、防水层等。如仅拆除龙骨及饰面，则拆除的基层类型不用描述。如只拆除饰面，则不用描述龙骨材料种类。

9.17.7 屋面拆除

屋面拆除工程量清单项目的设置、项目特征描述的内容、计量单位、工程量计算规则应按表 9-17-7 执行。

表 9-17-7 屋面拆除（编码：011607）

项目编码	项目名称	项目特征	计量单位	工程量计算规则	工作内容
011607001	刚性层拆除	刚性层厚度	m²	按铲除部位的面积计算	铲除/控制扬尘/清理/建渣场内、外运输
011607002	防水层拆除	防水层种类			

9.17.8 铲除油漆涂料裱糊面

铲除油漆涂料裱糊面工程量清单项目的设置、项目特征描述的内容、计量单位、工程量计算规则应按表 9-17-8 执行。

表 9-17-8 铲除油漆涂料裱糊面（编码：011608）

项目编码	项目名称	项目特征	计量单位	工程量计算规则	工作内容
011608001	铲除油漆面	铲除部位名称/铲除部位的截面尺寸	m²或m	以m²计算时应按铲除部位的面积计算。以m计算时应按铲除部位的延长米计算	铲除/控制扬尘/清理/建渣场内、外运输
011608002	铲除涂料面				
011608003	铲除裱糊面				

注：单独铲除油漆涂料裱糊面的工程按表9-17-8编码列项。铲除部位名称的描述指墙面、柱面、天棚、门窗等。按m计量时必须描述铲除部位的截面尺寸，以m²计量时则不用描述铲除部位的截面尺寸。

9.17.9 栏杆栏板、轻质隔断隔墙拆除

栏杆栏板、轻质隔断隔墙拆除工程量清单项目的设置、项目特征描述的内容、计量单位、工程量计算规则应按表 9-17-9 执行。

表 9-17-9 栏杆、轻质隔断隔墙拆除（编码：011609）

项目编码	项目名称	项目特征	计量单位	工程量计算规则	工作内容
011609001	栏杆、栏板拆除	栏杆（板）的高度/栏杆、栏板种类	m²或m	以m²计量时应按拆除部位的面积计算。以m计量时应按拆除的延长米计算	拆除/控制扬尘/清理/建渣场内、外运输
011609002	隔断隔墙拆除	拆除隔墙的骨架种类/拆除隔墙的饰面种类	m²	按拆除部位的面积计算	

注：以m²计量时不用描述栏杆（板）的高度。

9.17.10 门窗拆除

门窗拆除工程量清单项目的设置、项目特征描述的内容、计量单位、工程量计算规则应按表 9-17-10 执行。

表 9-17-10 门窗拆除（编码：011610）

项目编码	项目名称	项目特征	计量单位	工程量计算规则	工作内容
011610001	木门窗拆除	室内高度/门窗洞口尺寸	m² 或樘	以 m² 计量时应按拆除面积计算。以樘计量时应按拆除樘数计算	拆除/控制扬尘/清理/建渣场内、外运输
011610002	金属门窗拆除				

注：门窗拆除以 m² 计量时不用描述门窗洞口尺寸。室内高度指室内楼地面至门窗的上边框。

9.17.11 金属构件拆除

金属构件拆除工程量清单项目的设置、项目特征描述的内容、计量单位、工程量计算规则应按表 9-17-11 执行。

表 9-17-11 金属构件拆除（编码：011611）

项目编码	项目名称	项目特征	计量单位	工程量计算规则	工作内容
011611001	钢梁拆除	构件名称/拆除构件的规格尺寸	t 或 m	以 t 计算时应按拆除构件的质量计算。以 m 计算时应按拆除延长米计算	拆除/控制扬尘/清理/建渣场内、外运输
011611002	钢柱拆除				
011611003	钢网架拆除		t	按拆除构件的质量计算	
011611004	钢支撑、钢墙架拆除		t 或 m	以 t 计算时应按拆除构件的质量计算。以 m 计算时应按拆除延长米计算	
011611005	其他金属构件拆除				

注：拆除金属栏杆、栏板按表 9-17-9 相应清单编码执行。

9.17.12 管道及卫生洁具拆除

管道及卫生洁具拆除工程量清单项目的设置、项目特征描述的内容、计量单位、工程量计算规则应按表 9-17-12 执行。

表 9-17-12 管道及卫生洁具拆除（编码：011612）

项目编码	项目名称	项目特征	计量单位	工程量计算规则	工作内容
011612001	管道拆除	管道种类、材质/管道上的附着物种类	m	按拆除管道的延长米计算	拆除/控制扬尘/清理/建渣场内、外运输
011612002	卫生洁具拆除	卫生洁具种类	套或个	按拆除的数量计算	

9.17.13 灯具、玻璃拆除

灯具、玻璃拆除工程量清单项目的设置、项目特征描述的内容、计量单位、工程量计算规则应按表 9-17-13 执行。

表 9-17-13 灯具、玻璃拆除（编码：011613）

项目编码	项目名称	项目特征	计量单位	工程量计算规则	工作内容
011613001	灯具拆除	拆除灯具高度/灯具种类	套	按拆除的数量计算	拆除/控制扬尘/清理/建渣场内、外运输
011613002	玻璃拆除	玻璃厚度/拆除部位	m²	按拆除的面积计算	

注：拆除部位的描述指门窗玻璃、隔断玻璃、墙玻璃、家具玻璃等。

9.17.14　其他构件拆除

其他构件拆除工程量清单项目的设置、项目特征描述的内容、计量单位、工程量计算规则应按表 9-17-14 执行。

表 9-17-14　其他构件拆除（编码：011614）

项目编码	项目名称	项目特征	计量单位	工程量计算规则	工作内容
011614001	暖气罩拆除	暖气罩材质	个或m	以个为单位计量时应按拆除个数计算。以m为单位计量时应按拆除延长米计算	拆除/控制扬尘/清理/建渣场内、外运输
011614002	柜体拆除	柜体材质/柜体尺寸（长、宽、高）			
011614003	窗台板拆除	窗台板平面尺寸	块或m	以块计量时应按拆除数量计算。以m计量时应按拆除的延长米计算	
011614004	筒子板拆除	筒子板的平面尺寸			
011614005	窗帘盒拆除	窗帘盒的平面尺寸	m	按拆除的延长米计算	
011614006	窗帘轨拆除	窗帘轨的材质			

注：双轨窗帘轨拆除按双轨长度分别计算工程量。

9.17.15　开孔（打洞）

开孔（打洞）工程量清单项目的设置、项目特征描述的内容、计量单位、工程量计算规则应按表 9-17-15 执行。

表 9-17-15　开孔（打洞）（编码：011615）

项目编码	项目名称	项目特征	计量单位	工程量计算规则	工作内容
011615001	开孔（打洞）	部位/打洞部位材质/洞尺寸	个	按数量计算	拆除/控制扬尘/清理/建渣场内、外运输

注：部位可描述为墙面或楼板。打洞部位材质可描述为页岩砖或空心砖或钢筋混凝土等。

9.18　措施项目计量的特点与基本要求

9.18.1　一般措施项目

一般措施项目工程量清单项目设置、计量单位、工作内容及包含范围应按表 9-18-1 的规定执行。

表 9-18-1　一般措施项目（011701）

项目编码	项目名称	工作内容及包含范围
011701001	安全文明施工（含环境保护、文明施工、安全施工、临时设施）	环境保护包含现场施工机械设备降低噪声、防扰民措施费用；水泥和其他易飞扬细颗粒建筑材料密闭存放或采取覆盖措施等费用；工程防扬尘洒水费用；土石方、建渣外运车辆冲洗、防洒漏等费用；现场污染源的控制、生活垃圾清理外运、场地排水排污措施的费用；其他环境保护措施费用。 文明施工包含"五牌一图"的费用；现场围挡的墙面美化（包括内外粉刷、刷白、标语等）、压顶装饰费用；现场厕所便槽刷白、贴面砖，水泥砂浆地面或地砖费用，建筑物内临时便溺设施费用；其他施工现场临时设施的装饰装修、美化措施费用；现场生活卫生设施费用；符合卫生要求的饮水设备、淋浴、消毒等设施费用；生活用洁净燃料费用；防煤气中毒、防蚊虫叮咬等措施费用；施工现场操作场地的硬化费用；现场绿化费用、治安综合治理费用；现场配备医药保健器材、物品费用和急救人员培训费用；用于现场工人的防暑降温费、电风扇、空调等设备及用电费用；其他文明施工措施费用

续表

项目编码	项目名称	工作内容及包含范围
011701001	安全文明施工（含环境保护、文明施工、安全施工、临时设施）	安全施工包含安全资料、特殊作业专项方案的编制，安全施工标志的购置及安全宣传的费用；"三宝"（安全帽、安全带、安全网）、"四口"（楼梯口、电梯井口、通道口、预留洞口）、"五临边"（阳台围边、楼板围边、屋面围边、槽坑围边、卸料平台两侧），水平防护架、垂直防护架、外架封闭等防护的费用；施工安全用电的费用，包括配电箱三级配电、两级保护装置要求、外电防护措施；起重机、塔吊等起重设备（含井架、门架）及外用电梯的安全防护措施（含警示标志）费用及卸料平台的临边防护、层间安全门、防护棚等设施费用；建筑工地起重机械的检验检测费用；施工机具防护棚及其围栏的安全保护设施费用；施工安全防护通道的费用；工人的安全防护用品、用具购置费用；消防设施与消防器材的配置费用；电气保护、安全照明设施费；其他安全防护措施费用。 临时设施包含施工现场采用彩色、定型钢板、砖、砼砌块等围挡的安砌、维修、拆除费或摊销费；施工现场临时建筑物、构筑物的搭设、维修、拆除或摊销的费用；如临时宿舍、办公室、食堂、厨房、厕所、诊疗所、临时文化福利用房、临时仓库、加工厂、搅拌台、临时简易水塔、水池等。施工现场临时设施的搭设、维修、拆除或摊销的费用。如临时供水管道、临时供电管线、小型临时设施等；施工现场规定范围内临时简易道路铺设，临时排水沟、排水设施安砌、维修、拆除的费用；其他临时设施费搭设、维修、拆除或摊销的费用
011701002	夜间施工	夜间固定照明灯具和临时可移动照明灯具的设置、拆除。夜间施工时，施工现场交通标志、安全标牌、警示灯等的设置、移动、拆除。夜间照明设备摊销及照明用电、施工人员夜班补助、夜间施工劳动效率降低等费用
011701003	非夜间施工照明	为保证工程施工正常进行，在地下室等特殊施工部位施工时所采用的照明设备的安拆、维护、摊销及照明用电等费用
011701004	二次搬运	包括由于施工场地条件限制而发生的材料、成品、半成品等一次运输不能到达堆放地点，必须进行二次或多次搬运的费用
011701005	冬雨季施工	冬雨（风）季施工时增加的临时设施（防寒保温、防雨、防风设施）的搭设、拆除。冬雨（风）季施工时，对砌体、混凝土等采用的特殊加温、保温和养护措施。冬雨（风）季施工时，施工现场的防滑处理、对影响施工的雨雪的清除。冬雨（风）季施工时增加的临时设施的摊销、施工人员的劳动保护用品、冬雨（风）季施工劳动效率降低等费用
011701006	大型机械设备进出场及安拆	大型机械设备进出场包括施工机械整体或分体自停放地点运至施工现场，或由一个施工地点运至另一个施工地点，所发生的施工机械进出场运费及转移费用，由机械设备的装卸、运输及辅助材料费等构成。大型机械设备安拆费包括施工机械在施工现场进行安装、拆卸所需的人工费、材料费、机械费、试运转费和安装所需的辅助设施的费用
011701007	施工排水	包括排水沟槽开挖、砌筑、维修，排水管道的铺设、维修，排水的费用以及专人值守的费用等
011701008	施工降水	包括成井、井管安装、排水管道安拆及摊销、降水设备的安拆及维护的费用，抽水的费用以及专人值守的费用等
011701009	地上、地下设施、建筑物的临时保护设施	在工程施工过程中，对已建成的地上、地下设施和建筑物进行的遮盖、封闭、隔离等必要保护措施所发生的费用
011701010	已完工程及设备保护	对已完工程及设备采取的覆盖、包裹、封闭、隔离等必要保护措施所发生的费用

注：安全文明施工费是指工程施工期间按照国家现行的环境保护、建筑施工安全、施工现场环境与卫生标准和有关规定，购置和更新施工安全防护用具及设施、改善安全生产条件和作业环境所需要的费用。施工排水是指为保证工程在正常条件下施工，所采取的排水措施所发生的费用。施工降水是指为保证工程在正常条件下施工，所采取的降低地下水位的措施所发生的费用。

9.18.2　脚手架工程

脚手架工程工程量清单项目设置、项目特征描述的内容、计量单位及工程量计算规则，应按表 9-18-2 的规定执行。

表 9-18-2 脚手架工程（编码：011702）

项目编码	项目名称	项目特征	计量单位	工程量计算规则	工作内容
011702001	综合脚手架	建筑结构形式/檐口高度	m²	按建筑面积计算	场内、场外材料搬运/搭、拆脚手架、斜道、上料平台/安全网的铺设/选择附墙点与主体连接/测试电动装置、安全锁等/拆除脚手架后材料的堆放
011702002	外脚手架	搭设方式/搭设高度/脚手架材质	m²	按所服务对象的垂直投影面积计算	场内、场外材料搬运/搭、拆脚手架、斜道、上料平台/安全网的铺设/拆除脚手架后材料的堆放
011702003	里脚手架				
011702004	悬空脚手架	搭设方式/悬挑宽度/脚手架材质		按搭设的水平投影面积计算	
011702005	挑脚手架		m	按搭设长度乘以搭设层数以延长米计算	
011702006	满堂脚手架	搭设方式/搭设高度/脚手架材质	m²	按搭设的水平投影面积计算	
011702007	整体提升架	搭设方式及启动装置/搭设高度	m²	按所服务对象的垂直投影面积计算	场内、场外材料搬运/选择附墙点与主体连接/搭、拆脚手架、斜道、上料平台/安全网的铺设/测试电动装置、安全锁等/拆除脚手架后材料的堆放
011702008	外装饰吊篮	升降方式及启动装置/搭设高度及吊篮型号	m²	按所服务对象的垂直投影面积计算	场内、场外材料搬运/吊篮的安装/测试电动装置、安全锁、平衡控制器等/吊篮的拆卸

注：使用综合脚手架时不再使用外脚手架、里脚手架等单项脚手架。综合脚手架适用于能够按"建筑面积计算规则"计算建筑面积的建筑工程脚手架，不适用于房屋加层、构筑物及附属工程脚手架。同一建筑物有不同檐高时，按建筑物竖向切面分别按不同檐高编列清单项目。整体提升架已包括 2m 高的防护架体设施。建筑面积计算按我国现行《建筑面积计算规范》（GB/T 50353）进行。脚手架材质可以不描述，但应注明由投标人根据工程实际情况按照《建筑施工扣件式钢管脚手架安全技术规范》、《建筑施工附着升降脚手架管理规定》等规范自行确定。

9.18.3　混凝土模板及支架（撑）

混凝土模板及支架（撑）工程量清单项目设置、项目特征描述的内容、计量单位、工程量计算规则及工作内容，应按表 9-18-3 的规定执行。

表 9-18-3 混凝土模板及支架（撑）（编码：011703）

项目编码	项目名称	项目特征	计量单位	工程量计算规则	工作内容
011703001	垫层	基础形状	m²	按模板与现浇混凝土构件的接触面积计算。现浇钢筋砼墙、板单孔面积≤0.3m²的孔洞不予扣除，洞侧壁模板亦不增加；单孔面积>0.3m²时应予扣除，洞侧壁模板面积并入墙、板工程量内计算。现浇框架分别按梁、板、柱有关规定计算；附墙柱、暗梁、暗柱并入墙内工程量内计算。柱、梁、墙、板相互连接的重叠部分均不计算模板面积。构造柱按图示外露部分计算模板面积	模板制作/模板安装、拆除、整理堆放及场内外运输/清理模板黏结物及模内杂物、刷隔离剂等
011703002	带形基础				
011703003	独立基础				
011703004	满堂基础				
011703005	设备基础				
011703006	桩承台基础				
011703007	矩形柱	柱截面尺寸			
011703008	构造柱				
011703009	异形柱	柱截面形状、尺寸			
011703010	基础梁	梁截面			
011703011	矩形梁				
011703012	异形梁				

续表

项目编码	项目名称	项目特征	计量单位	工程量计算规则	工作内容
011703013	圈梁				
011703014	过梁				
011703015	弧形、拱形梁				
011703016	直形墙	墙厚度			
011703017	弧形墙				
011703018	短肢剪力墙、电梯井壁				
011703019	有梁板				
011703020	无梁板				
011703021	平板				
011703022	拱板	板厚度			
011703023	薄壳板				
011703024	栏板				
011703025	其他板				
011703026	天沟、檐沟	构件类型	m^2	按模板与现浇混凝土构件的接触面积计算。按图示外挑部分尺寸的水平投影面积计算，挑出墙外的悬臂梁及板边不另计算	模板制作/模板安装、拆除、整理堆放及场内外运输/清理模板黏结物及模内杂物、刷隔离剂等
011703027	雨篷、悬挑板、阳台板	构件类型/板厚度			
011703028	直形楼梯	形状	m^2	按楼梯（包括休息平台、平台梁、斜梁和楼层板的连接梁）的水平投影面积计算，不扣除宽度≤500mm的楼梯井所占面积，楼梯踏步、踏步板、平台梁等侧面模板不另计算，伸入墙内部分也不增加	
011703029	弧形楼梯		m^2		
011703030	其他现浇构件	构件类型	m^2	按模板与现浇混凝土构件的接触面积计算	
011703031	电缆沟、地沟	沟类型/沟截面	m^2	按模板与电缆沟、地沟接触的面积计算	
011703032	台阶	形状	m^2	按图示台阶水平投影面积计算，台阶端头两侧不另计算模板面积。架空式混凝土台阶按现浇楼梯计算	
011703033	扶手	扶手断面尺寸	m^2	按模板与扶手的接触面积计算	
011703034	散水	坡度	m^2	按模板与散水的接触面积计算	模板制作/模板安装、拆除、整理堆放及场内外运输/清理模板黏结物及模内杂物、刷隔离剂等
011703035	后浇带	后浇带部位	m^2	按模板与后浇带的接触面积计算	
011703036	化粪池底		m^2		
011703037	化粪池壁	化粪池规格	m^2	按模板与混凝土接触面积计算	
011703038	化粪池顶		m^2		
011703039	检查井底		m^2		模板制作/模板安装、拆除、整理堆放及场内外运输/清理模板黏结物及模内杂物、刷隔离剂等
011703040	检查井壁	检查井规格	m^2	按模板与混凝土接触面积计算	
011703041	检查井顶		m^2		

注：原槽浇灌的混凝土基础、垫层，不计算模板。此混凝土模板及支撑（架）项目只适用于以平方米计量，按模板与混凝土构件的接触面积计算；以"立方米"计量时的模板及支撑（支架）不再单列，按混凝土及钢筋混凝土实体项目执行，综合单价中应包含模板及支架。采用清水模板时应在特征中注明。

9.18.4　垂直运输

垂直运输工程量清单项目设置、项目特征描述的内容、计量单位、工程量计算规则应按表 9-18-4 的规定执行。

表 9-18-4　垂直运输（011704）

项目编码	项目名称	项目特征	计量单位	工程量计算规则	工作内容
011704001	垂直运输	建筑物建筑类型及结构形式/地下室建筑面积/建筑物檐口高度、层数	m²或天	按我国现行《建筑工程建筑面积计算规范》（GB/T 50353）的规定计算建筑物的建筑面积。按施工工期日历天数	垂直运输机械的固定装置、基础制作、安装/行走式垂直运输机械轨道的铺设、拆除、摊销

注：建筑物的檐口高度是指设计室外地坪至檐口滴水的高度（平屋顶系指屋面板底高度），突出主体建筑物屋顶的电梯机房、楼梯出口间、水箱间、瞭望塔、排烟机房等不计入檐口高度。垂直运输机械指施工工程在合理工期内所需垂直运输机械。同一建筑物有不同檐高时按建筑物的不同檐高做纵向分割，分别计算建筑面积并以不同檐高分别编码列项。

9.18.5　超高施工增加

超高施工增加工程量清单项目设置、项目特征描述的内容、计量单位、工程量计算规则应按表 9-18-5 的规定执行。

表 9-18-5　超高施工增加（011705）

项目编码	项目名称	项目特征	计量单位	工程量计算规则	工作内容
011705001	超高施工增加	建筑物建筑类型及结构形式/建筑物檐口高度、层数/单层建筑物檐口高度超过20m或多层建筑物超过6层部分的建筑面积	m²	按我国现行《建筑工程建筑面积计算规范》（GB/T 50353）的规定计算建筑物超高部分的建筑面积	建筑物超高引起的人工工效降低以及由于人工工效降低引起的机械降效/高层施工用水加压水泵的安装、拆除及工作台班/通信联络设备的使用及摊销

注：单层建筑物檐口高度超过 20m 或多层建筑物超过 6 层时可按超高部分的建筑面积计算超高施工增加，计算层数时地下室不计入层数。同一建筑物有不同檐高时可按不同高度的建筑面积分别计算建筑面积并以不同檐高分别编码列项。

思考题与习题

1. 房屋建筑与装饰工程计量的宏观要求有哪些？
2. 简述土石方工程计量的特点与基本要求。
3. 简述地基处理与边坡支护工程计量的特点与基本要求。
4. 简述桩基工程计量的特点与基本要求。
5. 简述砌筑工程计量的特点与基本要求。
6. 简述混凝土及钢筋混凝土工程计量的特点与基本要求。
7. 简述金属结构工程计量的特点与基本要求。
8. 简述木结构工程计量的特点与基本要求。
9. 简述门窗工程计量的特点与基本要求。
10. 简述屋面及防水工程计量的特点与基本要求。
11. 简述保温、隔热、防腐工程计量的特点与基本要求。
12. 简述楼地面装饰工程计量的特点与基本要求。
13. 简述墙、柱面装饰与隔断、幕墙工程计量的特点与基本要求。
14. 简述天棚工程计量的特点与基本要求。
15. 简述油漆、涂料、裱糊工程计量的特点与基本要求。
16. 简述其他装饰工程计量的特点与基本要求。
17. 简述拆除工程计量的特点与基本要求。
18. 措施项目计量包括哪些内容？如何进行？

第10章 清单工程量计算软件的特点及应用方法

信息技术的发展已将建筑工程计量与计价拉入了智能化算量的新时代。熟悉、理解和掌握一种清单工程量计算软件，正确运用清单工程量计算软件快速建模已成为对工程造价从业人员的基本要求。目前，国内建筑工程算量软件多如牛毛，其结构体系和使用方法大同小异。学习算量软件必须对软件有一个整体性的了解，同时还应对软件建模及计算思路有整体性的认识。目前，国内的算量软件都是以 AutoCAD 为平台的，因此，掌握算量软件的前提是必须掌握 CAD 的基本入门操作。算量软件通常有蓝图建模与 CAD 转化两大环节，因此，必须对软件建模有整体性的认识，同时还应掌握一些软件使用技巧、了解软件计算工程量的思路、掌握软件的应用操作方法。本章以天工算量 2015 软件为范本介绍清单工程量计算软件的特点及应用方法。学会了天工 2015 算量软件后，再使用其他软件时就会比较容易上手。

10.1 天工算量软件的特点

天工算量 2015 用户使用手册中的术语、字体和排印格式均采用统一的约定。在介绍软件功能时提到按键盘上的某个按键，手册以<按键名>这样的格式表示按键的名称。在文中以<回车>表示 Return 键或 Enter 键；控制键以<Fn>表示，n 为 1～12。F1 键为帮助文件的切换键；F2 键为屏幕的图形显示与文本显示的切换键；F3 键为绘图中的自动捕捉功能启动与关闭的切换键；F6 键为状态行的绝对坐标与相对坐标的切换键；F7 键为屏幕的网格点显示状态的切换键；F8 键为屏幕的光标正交状态的切换键；F9 键为屏幕的光标模数的开关键。

天工算量软件定义的命令均以中文名称或快捷图标表示。每个命令有相应的快捷图标，菜单栏中有菜单选项，可用相应的格式来描述，比如布置轴网图标为"轴网→建直线轴网"、菜单位置为"轴网"→"直线轴网"、功能是生成直线轴网。

天工算量软件在进行交互操作时用表 10-1-1 中的术语进行操作的描述。

表 10-1-1 交互操作

交互术语	含义
拾取框	取图形中构件时所使用的方框状光标
选取	用方形拾取框选取目标
点取	十字光标在屏幕任何位置单击
正向框选	将拾取框放在要选择目标的左方，按住鼠标左键向目标的右方拖动，拾取框变为实线且变大，此时只有全部在矩形框中的图形才被选中
反向框选	将拾取框放在要选择目标的右方，按住鼠标左键向目标的左方拖动，拾取框变为虚线且变大，此时所有和矩形框接触和在矩形框中的图形均被选中，即接触即选中
十字光标	图形中点取用的十字线
单击左键	单击鼠标左键一次
单击右键	在绘图区内单击鼠标右键一次
夹点	构件都由线条组成，线条端点或线条间的交点为夹点
拖放	在绘图区点取构件时，构件出现夹点，将光标放到夹点上，按住鼠标左键不放，同时移动鼠标到目标后放开

天工算量 2015（土建清单版）软件完全基于 AutoCAD 2004 版本开发，由于计算要占用大量 CPU 及内存，因此机器配置越高，其操作与计算速度越快。对计算机的最低配置要求见表 10-1-2。

表 10-1-2　天工算量 2015（土建清单版）软件对计算机的最低配置要求

硬件与软件	推荐要求
机型	Pentium III 以上的机器
内存	256MB 以上
鼠标器	2 键＋滚轮鼠标
操作系统	简体中文 Windows7
图形支持软件	中文 AutoCAD 2004

在安装天工算量 2015（土建清单版）之前应阅读其自述说明文件。在安装天工算量 2015（土建清单版）软件前首先要确认计算机上已安装 AutoCAD 2004 并能够正常运行。运行天工算量 2015（土建清单版）光盘的 tgqd2015.exe，首先出现安装提示框（见图 10-1-1）。安装程序准备完毕后会弹出"欢迎使用"对话框（见图 10-1-2），单击"下一步"按钮，出现"许可证协议"对话框（见图 10-1-3），选择"我接受许可证协议中的条款"并单击"下一步"按钮会出现"安装类型"对话框（见图 10-1-4）。按照需要选择安装类型为"单机版"或"网络版（服务器）"或"网络版（客户机）"，对话框右边有详细的安装类型选择的说明，选择好后单击"下一步"按钮，出现"选择目的地位置（安装路径）"对话框（见图 10-1-5）。设置好安装路径后单击"下一步"按钮，出现"选择文件夹"对话框（见图 10-1-6），选择好后单击"下一步"按钮出现安装程序的提示框（见图 10-1-7），单击安装软件开始安装程序（见图 10-1-8），安装完成后出现安装完成对话框（见图 10-1-9），单击"完成"按钮后即软件已完成安装。

图 10-1-1　安装提示框

图 10-1-2　"欢迎使用"对话框

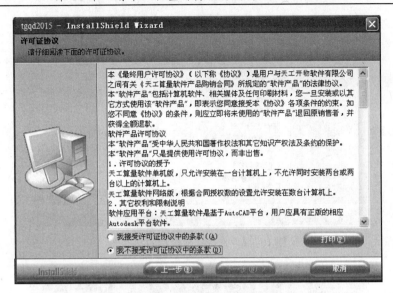

图 10-1-3　"许可证协议"对话框

图 10-1-4　"安装类型"对话框

图 10-1-5　选择安装路径

图 10-1-6　选择程序图标的文件夹

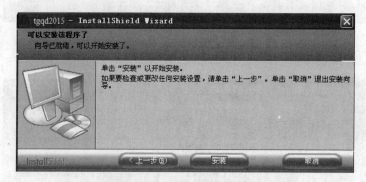

图 10-1-7　安装程序的提示框

图 10-1-8　安装软件开始安装程序

图 10-1-9　安装完成

　　天工算量 2015 网络狗服务器端的安装方法应遵守相关规定。安装天工算量 2015 网络版服务器端时，安装程序会自动启动网络狗驱动和服务程序安装。若未安装过网络狗驱动和服务程序，则具体安装步骤依次为【单击"Next"按钮】→【选择"I accept the terms in the license agreement"，单击"Next"按钮】→【使用默认安装路径（或用户自行更改路径），单击"Next"按钮】→【出现图 10-1-10，选择"Complete（完全安装）"，单击"Next"按钮；（需要 40MB 硬盘空间）】→【出现图 10-1-11（提示在安装过程中不要插入任何 USBkey），单击"Install"按钮开始安装】→【单击"Finish"按钮，驱动程序和服务程序安装结束】。若已经安装过驱动和服务程序，则具体安装步骤依次为【单击"Next"按钮】→【出现图 10-1-12，选择"Repair（修复）"，单击"Next"按钮】→【出现图 10-1-11（提示在安装过程中不要插入任何 USB 设备），单击"Install"按钮开始安装】→【单击"Finish"按钮，驱动程序和服务程序重新安装结束】。需要说明的是，Windows 7 系统中会提示需要重新启动计算机，在 Windows 2000 和 Windows NT 及以上系统中不需要重新启动计算机。若在图 10-1-10 中选择"Costom（用户自定义）"或界面 2 选择"Modify（修改）"会出现图 10-1-13，其中，Parallel System Driver 项目为并口狗的驱动程序，USB System Driver 项目为 USB 狗的驱动程序，Sentinel Super Pro Server 项目为网络狗服务程序，Sentinel Super Pro Monitoring Tool 项目为 Sentinel Super 服务程序提供了一个监控工具。安装天工算量 2015 网络狗为 USB 狗，可只装 USB 狗的驱动程序，必须安装网络狗服务程序，单击选项前图标即可选择是否安装该项目（见图 10-1-14）。

图 10-1-10　选择"Complete（完全安装）"

图 10-1-11　提示在安装过程中不要插入任何 USBkey

　　XP 系统下的网络客户机"算量"及"钢筋"无法识别网络服务器加密狗的原因主要是，XP 系统自带防火墙及客户机上安装的防火墙阻止网络狗验证，导致客户机识别不到网络狗。自带防火墙设置操作步骤依次为【打开控制面板】→【单击"安全中心"】→【进入 Windows 防火墙】→【在弹出的对话框中可以看到三个选项（常规、例外、高级），选择"例外"】→【选择添加程序（在弹出的对话框中选择相关应用程序，单击打开）】→【添加完毕后在"程序和服务"中找到该添加的程序勾选即可】→【单击"确定"按钮，操作完成】，钢筋及算量同此方法）。安装防火墙设置操作步骤（以"瑞星防火墙2005"为例）依次为【打开瑞星个人防火墙】→【在弹出的对话框中可以看到四个选项（工作状态、网络活动、访问规则、游戏保护），选择"访问规则"】→【选择增加规则（在弹出的对话框中选择相关应用程序，单击打开）】→【添加完毕后在"程序名中"中找到该添加的程序勾选即可】→【关闭该对话框，操作完成】，钢筋及算量同此方法。

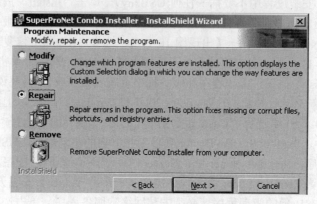

图 10-1-12　选择"Repair（修复）"

图 10-1-13　修改界面

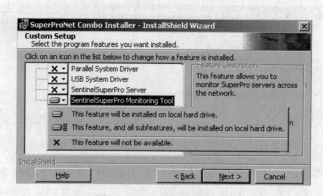

图 10-1-14　选择是否安装

天工算量 2015（土建清单版）软件需要配合使用当地定额库和计算规则来完成工程量的计算，清单、定额及计算规则不再需要另外安装，只需把清单库、定额库和计算规则直接放到 Sysdata\

清单库（定额库）（清单\定额计算规则）的文件夹下即可，定额库及计算规则可在 http：//www.lubansoft.com/lbqd2006de/下载。

　　单击计算机桌面左下角的"开始"按钮，选择"程序"→"天工软件"→"卸载算量 2015"即可完成卸载工作。

10.1.1　天工算量的工作原理

1. 算量平面图与构件属性

　　（1）算量平面图。算量平面图是指使用天工算量软件计算建筑工程的工程量时要求在天工算量界面中建立的一个工程模型图。它不仅包括建筑施工图上的内容（比如所有的墙体、门窗、装饰，所用材料甚至施工做法），还包括结构施工图上的内容（比如柱、梁、板、基础的精确尺寸以及标高的所有信息）。平面图能最有效地表达建筑物及其构件，精确的图形才能表达精确的工程模型、才能得到精确的工程量计算结果。图 10-1-15(a)所示图形绘制的墙体未能正确相交，将造成外墙面装饰的计算误差；图 10-1-15(b)所示图形绘制出了正确相交的墙体，按照此模型计算外墙装饰将会得到正确的计算结果。

　　天工算量遵循工程的特点和习惯把构件分成骨架构件、寄生构件、区域型构件 3 类。骨架构件需精确定位，骨架构件的精确定位是工程量准确计算的保证，即骨架构件的不正确定位会导致附属构件、区域型构件的计算不准确，柱、墙、梁等是典型的骨架构件。寄生构件需在骨架构件绘制完成的情况下才能绘制，门窗、过梁、圈梁、砖基、条基、墙柱面装饰等是典型的寄生构件。对区域型构件，软件可根据骨架构件自动找出其边界从而自动形成这些构件（比如楼板是由墙体或梁围成的封闭形区域，当墙体或梁精确定位以后，楼板的位置和形状也就确定了。同样，房间、天棚、楼地面、墙面装饰也是由墙体围成的封闭区域，建立起了墙体就等于自动建立起了楼板、房间等"区域型"构件）。为编辑方便，在图形中的"区域型"构件用形象的符号来表示。图 10-1-16 是一张天工算量平面图的局部，图中除了墙、梁等与施工图中相同的构件以外还有施工图中没有的符号，我们用这些符号作为"区域型"构件的形象表示，几种符号分别代表房间、天棚、楼地面、现浇板、预制板、墙面装饰（写在线条、符号旁边的字符是它们所代表构件的属性名称），这张图即"算量平面图"。

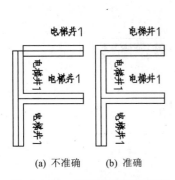

（a）不准确　（b）准确

图 10-1-15　平面图精确度问题

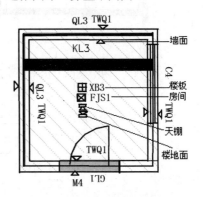

图 10-1-16　天工算量平面图

　　（2）构件属性。创建的算量平面图是以构件作为组织对象的，因而每一个构件都要具有自己的属性。构件属性就是指构件在算量平面图上不易表达的、工程量计算又必需的构件信息。构件属性主要分物理属性、几何属性、扩展几何属性、清单（定额）属性 4 类。物理属性主要指构件的标识信息，比如构件名称、材质等。几何属性主要指与构件本身几何尺寸有关的数据信息，比如长度、高度、面积、体积、断面形状等。扩展几何属性指由于构件的空间位置关系而产生的数据信息，比如工程量的调整值等。清单（定额）属性主要记录着该构件的工程做法，即套用的相关清单（定额）信息，实际也就是计算规则的选择。构件的属性赋予后并不是不可变的，用户可通过属性工具栏或"构件属性定义"按钮对相关属性进行重新定义和编辑（见本章 10.14 节）。

2. 算量平面图与楼层的关系

（1）楼层包含的内容。一张天工算量平面图即表示一个楼层中的建筑、结构构件，若是几个标准层则表示几个楼层中的建筑、结构构件。一张算量平面图可以表达许多构件，图 10-1-17(a) 表示顶层算量平面图，图 10-1-17(b)表示中间某层算量平面图，图 10-1-17(c)表示基础算量平面图，图 10-1-17 中所表达的构件及其在空间的位置非常清晰。

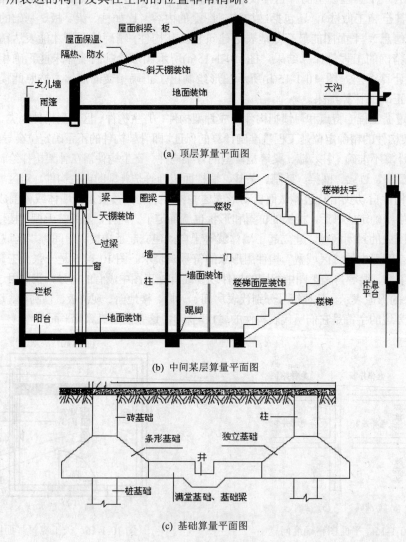

(a) 顶层算量平面图

(b) 中间某层算量平面图

(c) 基础算量平面图

图 10-1-17　一张楼层算量平面图

（2）楼层的划分原则与楼层编号。对一个实际工程而言，需按照以下原则划分出不同的楼层以分别建立起对应的算量平面图。楼层用编号表示，即"0"表示基础层、"1"表示地上的第一层、"2-99"表示地上除第一层之外的楼层，此范围之内的楼层若为标准层则图形可以合并成一层，比如"2，5"表示从第 2 层到第 5 层是标准层，"6/8/10"表示隔层是标准层。"–3"、"–2"、"–1"表示地下层。

3．算量平面图中构件名称的说明

由图 10-1-17 可以看到，算量平面图中每一个构件都有一个名称。天工算量从 2015 版开始对构件进行了细化，见表 10-1-3，表中"墙体"分成了电梯井墙等 7 种墙体，构件编号也由软件自动命名（命名方法见表 10-1-3）。当然，构件名称也可由用户自己命名但应注意的是细化的构件中不可以出现相同的名称，比如"电梯井墙"不能有两个都叫"电梯井墙 1"的。算量平面图中的构件名称显示用户自定义的名称，若没有自定义名称则显示软件自动命名的编号。特殊名称"Q_0"是指在构件属性表或属性工具栏中总是存在一个墙体名称"Q_0"，Q_0 的厚度为 5mm，不管你给 Q_0 赋予何种属性"Q_0"总被系统当作"虚墙"看待且"Q_0"的工程量不计算，"Q_0"的作用是划分楼板、楼地面等。

表 10-1-3　构件细化与命名

构件		属性命名规则	构件		属性命名规则
墙体	电梯井墙	DTQ+序号	装饰	房间	FJS+序号
	砼外墙	TWQ+序号		楼地面	DMS+序号
	砼内墙	TNQ+序号		天棚	TPS+序号
	砖外墙	ZWQ+序号		踢脚线	TJS+序号
	砖内墙	ZNQ+序号		墙裙	QUS+序号
	填充墙	TCQ+序号		外墙面	WQS+序号
	间壁墙	JBQ+序号		内墙面	NQS+序号
梁	框架梁	KL+序号		柱踢脚	ZTJS+序号
	次梁	CL+序号		柱裙	ZQS+序号
	独立梁	DL+序号		柱面	ZMS+序号
	圈梁	QL+序号		屋面	WMS+序号
	过梁	GL+序号	基础	满堂基础	MTJ+序号
柱	砼柱	TZ+序号		独立基	DLJ+序号
	暗柱	AZ+序号		柱状独立基	ZDLJ+序号
	构造柱	GZ+序号		砖石条形	ZSJ+序号
	砖柱	ZZ+序号		砼条形	TTJ+序号
门窗洞	门	M+序号		井	JSJ+序号
	窗	C+序号		基础梁	JCLJL+序号
	飘窗	PC+序号		其他桩	QTZJ+序号
	转角飘窗	ZPC+序号		人工挖孔桩	RGZJ+序号
	洞	D+序号	多义构件	点实体	DTY+序号
零星构件	阳台	YTLX+序号		面实体	MTY+序号
	雨篷	YPLX+序号		线实体	XTY+序号
	排水沟	PSG+序号		实体	TTY+序号
	散水	SSLX+序号			
	自定义线性构件	ZDYX+序号			
板楼梯	现浇板	XB+序号			
	预制板	YB+序号			
	楼梯	LTB+序号			

4. 算量软件工程量计算规则的特点

天工算量从 2015 版开始其计算规则以一种表格的形式出现，见图 10-1-18。在这个表格中可对所有构件的计算规则进行一次性的调整，对单个构件计算规则的调整则仍然应在属性定义中进行（具体调整的方法将在本章 10.8 节中进行详细介绍）。初学算量软件者应对各计算项目的计算规则全面查看一遍以做到心中有数。

图 10-1-18 表格形式的计算规则

5. 算量平面图中的寄生构件的特点

实际工程中没有墙体就不可能存在门、窗，因此，门、窗就是寄生在墙体上的构件，天工算量遵循的就是这种寄生原则，表 10-1-4 列出了寄生构件与寄生构件所依附的主体构件之间的关系。寄生构件具有以下两方面性质，即主体构件不存在时就无法建立寄生构件；删除了主体构件，则寄生构件将会被同时删除，另外，寄生构件还可随主体构件被移动。

表 10-1-4 寄生构件与其依附主体构件间的关系

骨架构件	寄生构件
墙体	墙面装饰、门、窗、圈梁、条形基础、砖基
柱	柱面装饰
门、窗	过梁

6. 算量软件结果的输出

天工算量软件计算结果的输出方式有三种，即图形输出、表格输出、预算接口文件，使用时可根据自己的需要选择。

（1）图形输出。图形输出是一种直观的表达方式，其特点是以算量平面图为基础在构件附近标注上构件与定额子目对应的工程量值。图形输出可按不同构件类型、不同材质及施工工艺分别标注。图形输出便于校对，"工程量标注图"在施工安排、监理过程中具有指导作用（比如其中的"砌筑工程量标注图"、"现浇砼工程量标注图"等）。

（2）表格输出。表格输出是传统的输出方式，天工算量 2015 清单版提供以下 7 类表格，即清单汇总表、清单消耗量表、消耗量汇总表、建筑面积表、门窗汇总表、按房间类型汇总房间装饰表、按层及房间类型汇总装饰表。提供的这些表格中既可以有构件的总量，也可以有构件的详细计算公式，还可根据需要按条件进行统计输出。

（3）预算接口文件。目前，天工算量软件提供 txt 格式、Excel 格式的文件输出。其清单消耗量表可直接导入国内流行的各种套价软件（比如神机套价软件、广联达套价软件、鲁班套价软件等）。

10.1.2　天工算量的工程量计算项目

天工算量是按构件的"计算项目"计算工程量的。从工程量计算的角度讲，一种构件可包含多种计算项目，每一计算项目都可以对应具体的计算规则和计算公式。比如，墙体作为一种构件可以计算的项目有实体、实体模板、实体超高模板（3.6m 以上部分）、实体脚手架、附墙、压顶共 6 项。表 10-1-5 是天工算量 2015 能计算的计算项目，计算项目以何种单位方式进行见 10.20 节。

表 10-1-5　天工算量 2015 能计算的计算项目

构件名称	计算项目	构件名称	计算项目	构件名称	计算项目
电梯井墙/砼外墙/砼内墙	实体	门	实体	砖石条基	实体
	实体模板		门窗框		垫层
	实体超高模板		门窗内侧粉刷		垫层模板
	实体脚手架		门窗外侧粉刷		平面防潮层
	附墙		筒子板		立面防潮层
	压顶	窗	实体	集水井	实体
砖外墙/砖内墙	实体		门窗内侧粉刷		垫层
	实体脚手架		门窗外侧粉刷		挖土方
	附墙		窗台	人工挖孔桩	桩心砼
	压顶		窗帘盒		桩成孔
填充墙/间壁墙	实体		筒子板		护壁砼
砼柱	实体	飘窗/转角飘窗	实体		凿护壁
	实体模板		上挑板实体		挖土方
	实体超高模板		下挑板实体		挖中风化岩
	实体脚手架		上挑板上表面粉刷		挖微风化岩
	实体粉刷		上挑板下表面粉刷		挖淤泥
暗柱	实体		下挑板上表面粉刷	其他桩	实体
	实体模板		下挑板下表面粉刷		送桩、截桩
	实体超高模板		上、下挑板侧面粉刷		泥浆外运
	实体粉刷		墙洞壁粉刷	装饰	
构造柱	实体		窗帘盒	楼地面	面层
	实体模板		筒子板		基层
	实体超高模板	满堂基	实体		楼地面防潮层
砖柱	实体		实体模板	天棚	面层
	实体脚手架		垫层		基层
	实体粉刷		垫层模板		满堂脚手架
			挖土方	踢脚线	面层
			土方支护	墙裙	面层
			满堂脚手架	外墙面/内墙面	面层
					基层

构件名称	计算项目	构件名称	计算项目	构件名称	计算项目
框架梁/次梁/独立梁	实体	独立基/砼条基/基础梁	实体	柱踢脚	装饰脚手架
	实体模板		实体模板		面层
	实体粉刷		垫层	柱裙	面层
	实体脚手架		垫层模板	柱面	面层
圈梁/过梁	实体		挖土方		基层
	实体模板		土方支护		装饰脚手架
现浇板/预制板	实体	楼梯	实体	屋面	实体
	实体模板		实体模板		屋面防水层
点实体	点		楼梯展开面层装饰		屋面保温、隔热层
线实体/面实体/实体	线		踢脚	阳台/雨篷	出挑板
	面		楼梯底面粉刷		栏板、栏杆
	构件体积		楼梯井侧面粉刷		
	构件个数		栏杆		
			靠墙扶手		

10.1.3　天工算量的建模原则

（1）建模包含的内容。天工算量软件"建模"包括两个方面内容，即绘制算量平面图、定义每种构件的属性。绘制算量平面图的作用主要是确定墙体、梁、柱、门窗、过梁、基础等骨架构件及寄生构件的平面位置，其他的构件由软件自动确定。定义每种构件的属性应遵守软件规定，构件类别不同，则其具体的属性也不同，其中相同的只是清单查套机制（可以灵活运用）。

（2）建模顺序。软件使用者可根据自己的喜好按以下 3 种顺序完成建模工作，即先绘制算量平面图后再定义构件属性；或首先定义构件属性后再绘制算量平面图；或在绘制算量平面图的过程中同时定义构件属性。对门窗、梁、墙等构件较多的工程而言，最简单的建模方法是在熟悉图纸后一次性地将这些构件的尺寸在属性定义中加以定义（见 10.14 节），这样不仅可提高绘制速度且同时也可保证不遗漏构件。

（3）建模原则。建模原则主要有五条，即需要用图形法计算工程量的构件必须绘制到算量平面图中；绘制在算量平面图上的构件必须有属性名称及完整的属性内容（以便套用清单）；应确认所要计算的项目；准备计算之前应使用"构件整理"、"计算模型合法性检查"进行分析和检查；应灵活掌握、合理运用。"天工算量"计算工程量时对算量平面图中找不到的构件是不会计算的，即使使用者已经定义了其属性名称和具体属性内容也无济于事。软件找到计算对象后会从属性中提取计算所需要的断面尺寸、套用清单等内容，若没有相应的清单套用就不会得到计算结果，属性不完善时还可能得不到正确的计算结果。套好清单后，天工算量 2015 会将有关此构件的全部计算项目列出，因此，只要确认需要计算后套相关清单即可。为确保软件使用者已建立模型的正确性、保护其劳动成果，应使用"构件整理"功能，因画图过程中软件为保证绘图速度通常不启动"自动构件整理"功能，软件的"计算模型合法性检查"功能会自动纠正计算模型中的一些错误。通常情况下，构件整理只能够整理除区域构件之外的其他构件，若在形成区域型构件之后改动了墙体或梁，则对区域型构件也需做相应的改动（以重新生成或移动边界）。"天工算量"提供"网状"的构件绘制命令，使用者为达到同一个目的可使用不同的命令，具体选择哪一种更为合适取决于软件使用者对软件的熟练程度及操作习惯。比如，绘制墙的命令有"轴网变墙"、"绘制墙体"、"线变墙体"、"偏移复制"四种命令，它们各有其方便之处。

10.1.4　蓝图与天工算量软件的关系

（1）使用天工算量软件计算工程量的特点。设计单位提供的施工蓝图是计算工程量的依据，手工计算工程量时，一般要经过熟悉图纸、列项、计算等几个步骤。在这几个过程中，蓝图的使用比较频繁且要反复查看所有的施工图以找到所需要的信息。使用天工算量软件计算工程量时，蓝图的使用频率同样直接影响工作的效率和舒适程度。使用软件工作之前不需要单独熟悉图纸，拿到图纸直接上机即可，因为建立算量模型的过程就是熟悉图纸的过程。

（2）使用蓝图与使用软件建模进度的对应关系。模型建立过程中可依据单张蓝图进行工作，绘制算量平面图时对暂时用不到的图形可不必理会。所需蓝图与工作进度的关系见表 10-1-6。在完成表 10-1-6 中的步骤后，第一个算量平面图的建模工作就算完成了。然后，按这样的顺序完成全部楼层的算量平面图（此时，软件使用者对图纸的了解也就比较全面了，对各种构件的工程量应该如何计算也已心中有数，因而也为下一步的计算奠定了基础）。如表 10-1-6 所示，实际工程图纸中结构图关于楼层的称呼与天工算量软件中关于楼层的称呼有些不一致（比如算量平面中要布置某工程第一层的楼板与梁，在实际工程图纸中这一层的梁板是被放在"二层结构平面图或二层梁布置图"中的）。

表 10-1-6　所需蓝图与软件工作进度的关系

序号	蓝图内容	软件操作	备注
1	建施：典型剖面图一张	工程管理、系统设置、楼层层高设置	可能需要结构总说明，设置砼、砂浆的强度
2	建施：底层平面图	绘制轴网、墙体、阳台、雨篷	配合使用剖面图、墙身节点详图、其他节点详图
3	结施：二层结构平面图	梁、柱、圈梁、板	布置梁时，可考虑按纵向、横向布置，这样不易遗漏构件
4	建施：门窗表	属性定义：抄写门窗尺寸	为下一步布置门窗做准备
5	建施：底层平面图、设计说明	在平面图上布置门窗、过梁	由于门窗的尺寸直接影响平面图的外观，在抄写完门窗尺寸以后，再布置到平面图中比较恰当
6	建施：说明、剖面图	设置房间装饰，包括墙面、柱面	
7	建筑剖面、结构详图	调整构件的高度	与当前楼层高度、默认设置高度不相符的构件高度

10.1.5　天工算量 2015 新增项目及变化

1. 新增项目

（1）工程设置。包括砼强度、砂浆等级、楼层设置。对砼的强度与砌筑砂浆等级可事前定义好，定义好的参数对各层中的所有构件均起作用而无须再单独定义构件的砼的强度及砂浆等级。

（2）构件属性工具栏。它相当于一个看得见的、可以同步操作的属性定义对话框（见本章10.14 节）。在此工具栏中可直接进行构件属性的编辑，每次布置构件时还可在此工具栏中直接选择要布置的构件。

（3）构件属性分层定义。对构件属性可分不同的层进行定义，从而减少了构件数。同时，还可进行"不同楼层间的构件复制"、"同层构件定额、计算规则复制"、"不同层同名构件的属性复制"等操作。

（4）构件定义细化。该版本对构件按其性质进行了细化，不同种类构件的计算规则也各不相同。对砼外墙与砼内墙而言，布置墙体时若是外墙则必须使用砼外墙而不能用砼内墙，若是内墙要使用砼内墙而不能使用砼外墙，因两者的计算规则不同、错误使用会带来错误的结果。"墙"细化为电梯井墙、砼外墙、砼内墙、砖外墙、砖内墙、填充墙、间壁墙；"柱"细化为砼柱、暗柱、构造柱、砖柱；"梁"细化为框架梁、次梁、独立梁、圈梁、过梁；"板、楼梯"细化为现浇板、预制板、楼梯；"门窗"细化为门、窗、飘窗、转角飘窗、墙洞；"装饰"细化为房间、楼地面、天棚、踢脚线、墙裙、外墙面、内墙面、柱踢脚、柱裙、柱面、屋面；"基础"细化为满基、独基、柱状独基、砖石条基、砼条基、基础梁、集水井、人工挖孔桩、其他桩；"零星构件"细化为阳台、雨篷、排水沟、散水、自定义线性构件；"多义构件"细化为点实体、线实体、面实体、实体。

（5）转化 CAD 文件中的门窗、提高了墙梁转化的成功率。可将建筑图中的门窗转化过来，使墙梁转化工作得到进一步的完善并大大提高其转化的成功率。

（6）单项构件。增加了飘窗、转角飘窗、墙洞、排水沟、散水、自定义线性构件。

（7）多义构件。增加了多义构件，从而可计算点的个数、线的长度、面的面积、实体的体积等。

（8）搜索功能。借助该功能可在图中进行简单的搜索以统计某个构件的个数。

（9）自动修复功能。借助该功能可对建模过程中出现的异常进行自动修复。

2．更改项目

（1）构件属性模板选择。新建工程时添加了调用"系统属性模板"的功能，用户可自由创建这个文件且它与原来的构件属性导入功能相似。

（2）构件计算规则选择。借助该功能，无论是新建工程还是已建工程均可调用设置好的清单或定额的计算规则。

（3）楼层复制。借助该功能，可按细化的构件进行楼层构件复制，同时还可保留目标层需要留下的构件。

（4）整体与本层三维显示。借助该功能，可按细化的构件进行整体或本楼层的三维显示。

（5）构件显示控制。借助该功能，可按细化的构件来控制构件显示，同时还可加入构件尺寸控制及 CAD 图层控制。

（6）构件布置方式。借助该功能，可连续布置同类不同属性的构件，从而不必再进入同类构件选择框中选择不同的构件。

（7）房间装饰定义方式。借助该功能，可以像以前版本一样布置房间装饰，也可将不同的天棚、地面、墙面分配到不同的房间。

（8）构件名称更换。弹出新的名称更换对话框，只有可以互换的构件出现，只有构件的名称且可同时进入属性定义中。

（9）构件高度调整。由于该版本将高度归类到构件的属性中，因此，借助它可对个别构件进行高度调整。

（10）工程量计算。借助该功能，可按细化的构件类型进行计算。

（11）其他项目计算。计算项目增加了 4 项内容，使套清单与定额的方式有所变化。

（12）形成与打开工程量标注图。工程量标注的内容可按细化的构件进行处理并使用新的"计算结果标注显示控制"对话框来控制显示内容。

（13）计算规则修改。借助该功能，使用新的"清单、定额计算规则设置"对话框来设置构件的计算规则。

（14）构件属性查询。借助该功能可很方便地查询构件名称类型、构件属性参数、构件断面尺寸和所套清单及定额。

10.1.6　天工软件安装及应用中的其他问题

天工软件产品可进行网上正版验证，方法是在确定能够进行网络访问的情况下，插上加密锁、打开软件并单击软件"帮助"中的"关于天工软件"后出现的"正版验证"按钮；软件会自动连接到天工软件网上正版验证的界面，使用者可按界面所显示的项目填写好用户信息；信息填写完整后单击下方的"验证"按钮进行验证。产品序列号是在单击软件"帮助"中的"关于天工软件"后出现的产品序列号，产品序列号前的大写字母为"R"的情况下需将 R 改成 F 再验证，产品序列号前的大写字母为"F"和"C"时可直接验证。

若打开软件时没有出现设置对话框而是出现图形界面并弹出"未处理的异常，E06D763 地址 77E69B01H"，则意味着构件属性的设置有问题。若使用者没有装 XLM 解析器就会出现这种情况，XLM 解析器在 CAD2004 的安装盘中（里面有 XML 文件夹，安装 msxml3 就可以了），也可到 http://www.lubansoft.com/html/cpjs.htm 网站下载工具包（先进行软件工具包下载，下载完毕后应解压并应先阅读"常见问题解决.txt"文件）。

清单、定额计算规则通常是可以互相换用的，在安装目录下直接复制一个清单计算规则至定额库计算规则的文件夹下，然后在"工程设置"的定额库计算规则栏中调用这个清单计算规则就可以了。在"工程设置"的定额库计算规则栏中选用清单计算规则，各项定额子目的工程量计算能按清单的计算规则来算了。

10.2　新建工程与界面的特点

10.2.1　软件启动与退出方法

双击天工算量的图标进入天工算量的界面（见图 10-2-1），若狗没有插好或狗的接口有问题，则界面右下角会给出提示"当前版本为试用版，您需要检查一下您的狗或接口"；然后选择"新建工程"、单击右上角的"确认"按钮，如何新建工程可参考 10.2.2 节。若想退出系统，可选择菜单中的"工程"→"退出系统"或直接单击右上角的"×"按钮退出系统。软件在退出时会检查用户是否将对图形的修改存盘，用户可以保存图形或者放弃修改内容直接退出天工算量。

图 10-2-1　进入天工算量的界面

10.2.2 创立新建工程的方法

1. 新建工程

双击桌面的天工算量图标，在出现的对话框中选择"新建工程"，出现如图 10-2-2 所示的对话框，具体操作过程应遵守以下 3 条规定。（1）新建一个工程时，必须在"文件名"框中输入新工程的名称，这个名称可以是汉字或英文字母，比如"A 小区 3 楼"、"school-1"等。（2）新工程名称设置好之后单击"保存"按钮，软件会将此工程保存在默认的天工算量中的"userdata"文件夹内（若需要保存在别的文件夹下则应单击图 10-2-2 中的"保存在："文件夹 userdata 右边的下拉箭头，选择要保存此工程文件的位置，之后再单击"保存"按钮，会将此工程文件保存在所选择的位置）。（3）同时，单击"保存"按钮后，软件会自动进入"选择属性模板"对话框，如图 10-2-3 所示。属性模板见表 10-2-1。属性模板的保存参见本章 10.14.2 节中构件属性的定义。新工程的"工程概况"对话框如图 10-2-4 所示。

图 10-2-2 "新建工程"对话框

图 10-2-3 "选择属性模板"对话框

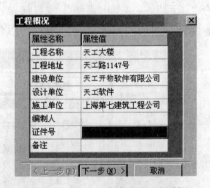

图 10-2-4 "工程概况"对话框

表 10-2-1 属性模板

默认模板	说明
系统默认模板	软件默认构件的属性，要按实际工程重新定义构件属性
华海大厦（等）	利用已做工程构件的属性，省去属性定义、套清单、计算规则调整的时间

2. 工程设置

在图 10-2-4 中输入相关信息以做封面打印之用。单击"下一步"按钮进入"计算规则"对话框，见图 10-2-5。

　　单击右边的▦按钮选择清单库。单击右边的▦按钮选择定额库。定额计算规则既可选择系统中已有的计算规则，也可选择修改过的且保存为模板的计算规则（计算规则保存参见 10.15 节中的"定额计算规则修改"）。清单计算规则的形式、方法与定额计算规则相同，参见 10.15 节中的"定额计算规则修改"。单击"下一步"按钮进入"楼层设置"对话框，见图 10-2-6。需要使用者修改完成的项目有"楼层名称"、"层高"、"楼层性质"、"层数"、"楼地面标高"、"砼编号"、"砌筑砂浆"、"图形文件名"、"室外地坪设计标高"、"室外地坪自然标高"等。

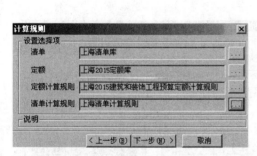

图 10-2-5　"计算规则"对话框　　　　　　　　　　图 10-2-6　"楼层设置"对话框

　　设置"楼层名称"时应用数字表示楼层的编号，其中，"0"表示基础层；"–1"表示地下室楼层；"1"表示地上第一层；"1.5"表示架空层或技术层，"2，6"表示 2～6 层为标准层，"7/9/11"表示表示隔层的 7、9、11 相同。所谓"标准层"是指结构、建筑装饰完全相同（包括材料）的楼层，部分不同的楼层不能按标准层处理。在构件属性中的"0"层构件的底标高和顶标高都是相对于±0.000 的绝对标高，而其他层的构件的底标高和顶标高则为相对于本层地面的相对标高。

　　"层高"是指每一层的高度，此处输入的是建筑高度，此处与 2013 版本的区别详见 10.2.2（3）节中的"取层高与取标高的区别"。"楼层性质"共有普通层、标准层、基础层、地下室、技术层、架空层、顶层、其他这 8 种，具体可参考前述楼层名称中的各种表示。需要说明的是，一层外墙（砼外墙、砖外墙、电梯井墙）、柱的超高模板、脚手架、外墙面装饰的高度会因有无地下室而不同，故需要在相应的计算项目中的"附件尺寸"中加以调整，详见本书后续"属性定义-附件尺寸"部分（见 10.14 节）。天工软件会随楼层名称自动生成层数，故"层数"不需要修改。关于"楼地面标高"问题，天工软件会根据当前层下的楼层所设定的楼层层高自动累计楼层地面标高，此处与 2013 版本的区别详见 10.2.2（3）节中的"取层高与取标高的区别"。关于"砼编号"问题，天工软件会按结构总说明输入各层砼的等级，数据对各个楼层的属性起作用。关于"砌筑砂浆"问题，天工软件会按结构总说明输入各层砂浆的等级，数据对各个楼层的属性起作用。"图形文件名"的作用是表示各楼层对应的算量平面图的图形文件（DWG 文件）的名称，单击此按钮可以进入"选择图形文件"对话框，若不修改图形文件的名称，则系统会自动设定图形文件的名称。应重视"增加"、"删除"功能的应用，若要增加楼层则应单击"增加"按钮（此时，软件会自动增加一个楼层）；若要删除某一楼层，则应先选中此楼层（选中后，楼层中的相关信息变蓝）后再单击图 10-2-6 中的"删除"按钮（单击后会弹出一个"警告"对话框提示"是否要删除楼层？"选择"是"，软件删除此楼层；选择"否"，软件不会删除此楼层）。"室外地坪设计标高"应为蓝图上标注出来的室外设计标高（其与一层外墙装饰和外墙脚手架有关）。"室外地坪自然标高"应为施工现场的地坪标高（其与土方计算有关）。

3．取层高与取标高的区别

天工算量 2015 版本在构件布置完成以后，若修改了层高则所有顶标高默认为"取层高"的构件将随着层高的变化自动变化，但经过人为修改过标高的构件的高度将不会随着层高的变化而自动变化，图 10-2-7 砼外墙的顶标高不是默认的"取层高"，即使层高变化了，此砼外墙的高度也不会变化。"楼地面标高"这个数据只有在"0"层起作用，图 10-2-8 中的基础底标高的"取标高"实际是读取图 10-2-9 中的楼地面标高–3600，若人为改动了基础底标高的状态则道理与上述"取层高"一样。

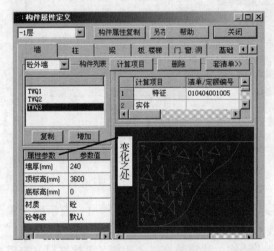

图 10-2-7　砼外墙的顶标高

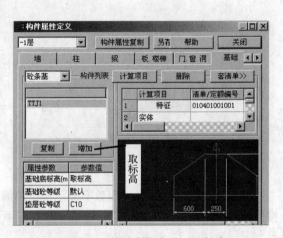

图 10-2-8　基础底标高的"取标高"

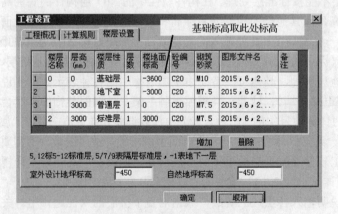

图 10-2-9　楼地面标高–3600

10.2.3　软件界面的特点

1．操作界面

使用任何软件一定要熟悉软件的操作界面及功能按钮位置，熟练的操作才会带来工作效率的提高。在正式进行天工算量 2015 软件图形输入前，操作者同样必须先熟悉软件的操作界面（见

图 10-2-10）。标题栏主要显示软件的名称、工程名称、保存位置及当前操作的平面图名称。菜单栏是 Windows 应用程序标准的菜单形式，包括"工程"、"视图"、"轴网"、"构件布置"、"构件编辑"、"构件属性"、"工程量"、"CAD 转化"、"工具"等。工具栏为形象而又直观的图标形式，操作者只需单击相应的图标就可执行相应的操作从而提高绘图效率，在实际绘图中非常有用。属性工具栏是天工算量 2015 新增加的功能，在此界面上可直接复制、增加构件，还可修改构件的标高、断面尺寸、砼的等级等各个属性。中文工具栏中的中文命令与工具栏中的图标命令作用一致，它用中文显示出来更便于操作者的操作，比如单击"轴网"就会出现所有与轴网有关的命令。命令行是屏幕下端的文本窗口，它包括命令行和命令历史记录两部分，命令行用于接收从键盘输入的命令和命令参数、显示命令运行状态（画线等 CAD 中的绝大部分命令均可在此输入；命令历史记录记录着曾经执行的命令和运行情况，也可通过滚动条的上下滚动以显示更多的历史记录。若命令行显示的命令执行结果行数过多，则可通过按 F2 功能键激活命令文本窗口的方法来帮助用户查找更多的信息，再次按 F2 功能键，则命令文本窗口消失。状态栏的作用不容小觑，在执行"构件名称更换"、"构件删除"等命令时，状态栏中的坐标会变为"已选 0 个构件>>增加〈按 Tab 键切换"增加/移除"状态；按 S 键选择相同名称的构件〉"，按键名"Tab"在增加与删除间切换，按键名"S"可以选择相同名称的构件。应重视"功能开关栏"的应用，在图形绘制或编辑时，状态栏显示光标处的三维坐标和代表"捕捉"（SNAP）、"正交"（ORTHO）等功能开关按钮，按钮凹下去表示开关已打开、正在执行该命令，按钮凸出来表示开关已关闭、退出该命令。

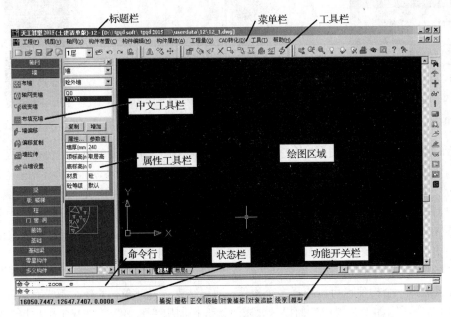

图 10-2-10　天工算量 2015 软件的操作界面

2．用户界面分解

天工算量 2015（土建清单版）最重要的改动在于增加了"构件属性工具栏"对话框，对构件属性的定义、修改可在与绘图区的同一界面内完成。

（1）下拉菜单。见图 10-2-11，天工算量 2015 的所有功能调用都可在下拉菜单上找到，若有多级子菜单，则可以树状结构调用多级子菜单，" ▶ "表示有子级菜单，要布置墙体则选择"构件布置"→"墙"→"布置墙"。

（2）快捷图标。见图 10-2-12，快捷图标一般在绘图区的上边及右边，主要有"常用"、"构件编辑"、"显示控制"、"CAD 常用"、"工程量"等，左键单击图标即可执行该图标命令。对屏幕分辨率小于 1024 像素×768 像素的用户，有些快捷图标可能排列不下而被隐藏了一部分，这时可将鼠标放到工具栏上端部有明显突出的部位上双击鼠标左键，工具栏即可落到绘图区域中，再双击工具栏上端的标题栏，则工具栏就会自动回到原位。若某个工具栏不见了，则可将光标放在任意一个快捷图标上单击右键便会出现天工工具栏，然后将想要弹出的工具栏勾选即可。

（3）中文工具栏。见图 10-2-13，中文工具栏是天工算量 2015 所特有的，在绘图区左边单击一级图标（比如"墙"就会显示墙下面的所有命令），再单击二级图标（比如"布置墙"即可以执行该命令了）。

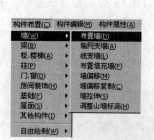

图 10-2-11　下拉菜单

图 10-2-12　快捷图标

图 10-2-13　中文工具栏

（4）命令行。应重视命令行的中文提示，天工算量 2015（土建清单版）的命令行提示与以前版本相同。比如，选择设置出挑构件的墙，布置在中线（M）/<外边线>，出挑构件距基点距离"C-变换参考点/<0>"，请选择出挑构件形状"1-矩形或弧形，2-任意形状<1>"，输入挑出距离"1500"，输入出挑构件的宽度"600"。"<***>"为当前的操作提示，若回车则执行"<***>"中的命令，比如"布置在"、"回车"则表示出挑构件布置在墙的外边线；若布置在墙的中线，则<按键名 M>、"回车"则出挑构件布置在墙的中线；输入挑出距离、宽度时也要回车加以确认。

应遵守选择对象的规则，选择对象时若执行"名称更换"，则要求"请选择需要编辑属性的构件"，既可以选择一个构件也可以选择多个构件、回车结束选择对象。若什么都没有选择，则一般是退出当前命令，比如"布置门"的提示要求"请选择加构件的墙"，"选择定位位置"中的"F-精确定位"，可以多次选择，每次选择结束均提示重复出现、直到回车结束选择。

3．天工算量的右键菜单

天工算量的右键菜单有以下 8 种情况，见图 10-2-14。图 10-2-14(a)为绘图区域内，在没有选中任何构件的条件下，单击右键。图 10-2-14(b)为绘图区域内，在选中构件的条件下，单击右键。图 10-2-14(c)为执行某个命令后要临时捕捉某个点，按 Ctrl 键+鼠标右键。以上 3 个右键菜单为CAD 的自有特性。图 10-2-14(d)为没有执行任何命令，光标放到组成构件线条或文字上按 Ctrl 键+鼠标右键。图 10-2-14(e)为自定义断面中，单击某个断面，单击右键。图 10-2-14(f)为属性定义中，单击某个构件的名称，单击右键。图 10-2-14(g)为属性定义中，单击构件的断面编辑框，单击右键。图 10-2-14(h)为执行布置墙、梁等具有参考点功能的命令时，单击右键。

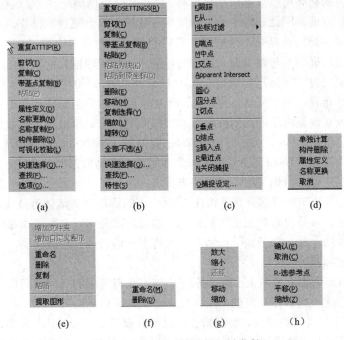

图 10-2-14　天工算量的右键菜单

10.2.4　保存工程

执行菜单中的"工程"→"保存工程"命令，可以保存工程的内容。天工算量 2015 及以后的版本支持清单工程和定额工程的互存功能，执行菜单中的"工程"→"另存为"命令，可以将工程的内容存储为其他名称的工程或者存为定额版的工程但不包括属性界面所套用清单与定额（在"保存类型"的下拉框中选择另存为清单版还是定额版）。"另存为"命令是指将整个工程另存为，而不只是图形文件。"另存为"命令与其他软件的同名称命令有区别，该命令执行后不打开另存后的工程、保留在界面中的还是原文件。天工算量 2015 及以后的版本提供了工程加密功能，以防止客户的工作成果被他人修改或窃取可执行菜单中"工程"→"设置密码"命令。若是第一次输入密码，则只输入两次新密码后单击"确认"按钮就可以了。若要修改密码，则需先输入旧密码、再输入新密码就可以了。

10.2.5　工程设置容易出现的问题及解决方法

使用软件时，碰到突然断电会使正在处理的数据丢失、不能正常打开天工算量工程文件，其原因是 lubanproj.xml 数据链接被损坏。修复方法是，将工程文件夹的 lubanproj.xml 文件更换名称，然后将工程文件夹中的 lubanprojback.xml 文件名改成 lubanproj.xml 即可。若仍然不能解决问题可利用工程文件夹中的 lubanprojback1.xml 对它进行重复操作，因为工程文件夹中的 lubanprojback1.xml 是更早一次的属性数据备份文件。

画图的时候单击"保存"按钮有时会弹出一个提示框提示"文件写保护"，原因有两种可能：一是在网络上共享了文件、被别人访问而导致不能保存；二是同时打开了两次这个工程且一个没有关闭，在第二次打开的文件中做的工程是只读文件、保存不了。解决办法是切换到 CAD 另存为，然后把另存为的文件改名替换旧的文件即可。

天工算量软件中的标高可以理解成结构标高，这样算会更精确一些。建筑标高一般都是整数，设置和计算起来比较方便，因此软件中的标高倾向于建筑标高会更便利操作。其实，软件用的是相对标高，建筑标高与结构标高是不矛盾的，它们的起点均为室内地坪±0.000，区别仅在于结构图上构件的标高（梁顶标高）与建筑图上构件的标高（比如楼地面）而已。

当一个工程首层室内地坪标高分别是 0m、0.15m 和 0.95m（0.95m 的多）时，软件算量可以考虑按较多部分进行布置，布置完毕后再根据图纸的实际情况调整墙体；在定义装饰的属性时，要利用后面的附件尺寸调整内墙面的附件尺寸的扣减高度（正数量减少、负数量增加）。

假设某工程首层层高为 5m，首层前面进深 5m 是商铺、高度为 5m，后面部分进深 6m，中间有一个夹层、高度为 2.5m，夹层下面是车房、上面是前面商铺放东西的空间。这样结构的建层，建模可仍按平常方式进行，可把夹层当成一层来处理，那么另外一部分在该层就是空的（不要布置板等没有的构件，只是在夹层部分布置构件）；对于高的那部分的墙体可分成两层来做，也就是把夹层也当成有一层、只是没有板或梁构件；个别高出部分可以在高度调整中进行调整。若一片墙有一部分属于外墙，另一部分属于内墙，则可将整片墙当成外墙或内墙，另一部分用填充墙替代套成相应墙的定额即可。

若整个楼层只有一间内有夹层（比如设备层），则可在有夹层的房间画两块板再调整标高或者单独设置一层且应把这一层放在最高的一层（以免影响各层标高）。

一个建筑若第 1、2 层层高相同，而到第 3 层以后分成两个区段、各不相同，则可以把每层分成两层来做（即 3 层以上层数增加 1 倍，这样就不用分别调整了）。天工算量软件计算时是分层计算的，各个楼层间的构件没有任何扣减关系。也可先按主要部分层高设层高，其他部分再用构件高度成批调整解决。

10.3　轴 网 绘 制

10.3.1　建直线轴网

单击左边中文工具栏中的 ✛ 建直线轴网 图标，设置直线轴网的界面 1（见图 10-3-1）。单击"高级"选项，设置直线轴网的界面 2（见图 10-3-2）。相关的操作见表 10-3-1。需要说明的是，若将"自动排轴号"前面的"√"去掉，则软件将不会自动排列轴号名称，此时，操作者可以任意定义轴的名称。

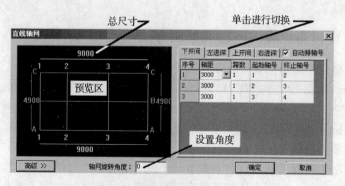

图 10-3-1　直线轴网设置界面 1

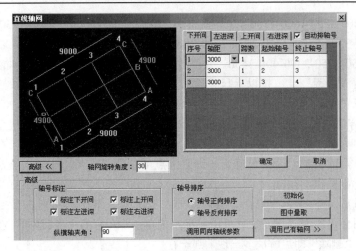

图 10-3-2　直线轴网设置界面 2

表 10-3-1　建直线轴网的相关操作

预览区	显示直线轴网，随输入数据的改变而改变，"所见即所得"
上开间	图纸上方标注轴线的开间尺寸
下开间	图纸下方标注轴线的开间尺寸
左进深	图纸左方标注轴线的进深尺寸
右进深	图纸右方标注轴线的进深尺寸
自动排轴号	根据起始轴号的名称，自动排列其他轴号的名称。 比如上开间起始轴号为 s1，上开间其他轴号依次为 s2, s3，…
高级	轴网布置进一步操作的相关命令
轴网旋转角度	输入正值，轴网以下开间与左进深第一条轴线交点逆时针旋转； 输入负值，轴网以下开间与左进深第一条轴线交点顺时针旋转
确定	各个参数输入完成后，可以单击"确定"按钮退出直线轴网设置界面
取消	取消直线轴网设置命令，退出该界面

　　"高级>>"菜单中的相关命令包括"轴号标注"、"轴号排序"、"纵横轴夹角"、"调用同向轴线参数"、"初始化"、"图中量取"、"调用已有轴网"等。"轴号标注"共有四个选项，当不需要某一部分的标注时，用鼠标左键将其前面的"√"去掉即可。借助"轴号排序"可使轴号正向或反向排序。"纵横轴夹角"是指轴网纵轴方向和横坐标之间的夹角，系统的默认值为 90°。应正确使用"调用同向轴线参数"功能，若上下开间（左右进深）的尺寸相同，输入下开间（左进深）的尺寸后，切换到上开间（右进深），单击"调用同向轴线参数"，上开间（右进深）的尺寸将复制下开间（左进深）的尺寸。"初始化"的作用是使目前正在进行设置的轴网操作重新开始（相当于删除本次设置的轴网），执行该命令后，轴网绘制图形窗口中的内容全部清空。"图中量取"的作用是量取 CAD 图形中轴线的尺寸。应正确使用"调用已有轴网"功能，单击后出现功能界面（见图 10-3-3），然后可以调用以前的轴网进行再编辑。

　　以下为一个操作实例，相关数据为下开间 1100-

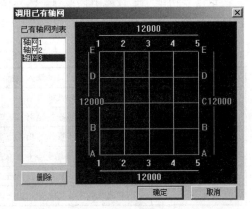

图 10-3-3　"调用已有轴网"功能界面

3600-4200-1600-3600-4200-1600-4200-4200；左进深 1700-1500-2700-300-2200-1250-1750-4500-2650；上开间 1100-1600-3300-2100-2400-2550-2450-2800-2400-2100-3600-1600-300；右进深 1700-1500-2700-300-2200-1250-1750-3300-400-3450。操作过程依次为：①执行"建直线轴网"命令；②光标会自动落在下开间"轴距"上，按以上尺寸输入下开间尺寸，输入完一跨后按回车键会自动增加一行、光标仍落在"轴距"上，依次输入各个数据；③单击"左进深"按钮，方法同①；④单击"上开间"按钮，方法同①；⑤单击"右进深"按钮，方法同①；⑥轴网各个尺寸输入完成后（见图 10-3-4）单击"确定"按钮，回到软件主界面，命令行提示"请确定位置"，在"绘图区"中选择一个点作为定位点的位置，若回车确定，则定位点可以确定在（0，0，0）位置（即原点）上。需要注意的是第⑤步操作，在输入上、下开间或左、右进深的尺寸时要确保第一根轴线从同一位置开始（比如同时从 A 轴或 1 轴开始，有时需要人工计算）；输入尺寸时，最后一行结束时若多按了一次回车键则会再出现一行，此时可用鼠标左键单击那一行的序号后再单击鼠标右键，继而在出现的菜单中选中"删除"即可解决多出现的那一行。

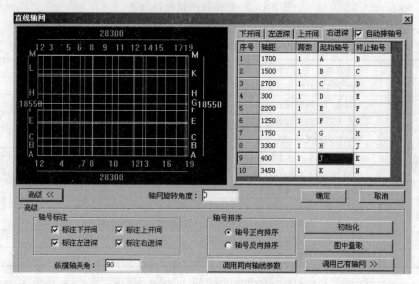

图 10-3-4　轴网各个尺寸输入完成后的界面

10.3.2　建弧线轴网

单击左边中文工具栏中的 建弧线轴网 图标，出现如图 10-3-5 所示的弧形轴网设置界面。建弧形轴网的相关操作见表 10-3-2。

表 10-3-2　建弧形轴网的相关操作

预览区	显示弧线轴网，其随输入数据的改变而改变，实现"所见即所得"
圆心角	图纸上某两条轴线的夹角
进深	图纸上某两条轴线的距离
高级<<	轴网布置进一步操作的相关命令
内圆弧半径	坐标 X 轴与 Y 轴的交点 O 与从左向右遇到的第一条轴线的距离
确定	各个参数输入完成后可以单击"确定"按钮退出弧线轴网设置界面
取消	取消弧线轴网设置命令，退出该界面

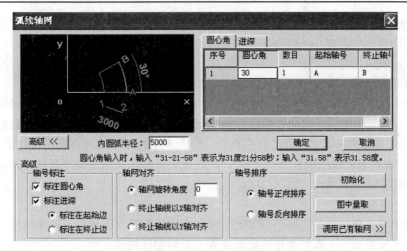

图 10-3-5　弧形轴网设置界面

　　"高级<<"菜单中的相关命令包括"轴号标注"、"轴网对齐"、"轴号排序"、"初始化"、"图中量取"、"调用已有轴网"等。"轴号标注"功能共有两个选项，若不需要某一部分的标注可用鼠标左键将其前面的"√"去掉。应正确使用"轴网对齐"功能，轴网旋转角度是以坐标 X 轴与 Y 轴的交点 0 为中心按起始边 A 轴旋转的；终止轴线以 X 轴对齐（即 B 轴与 X 轴对齐）；终止轴线以 Y 轴对齐（即 B 轴与 Y 轴对齐）。"轴号排序"功能可使轴号正向或反向排序。"初始化"的作用是使目前正在进行设置的轴网操作重新开始（相当于删除本次设置的轴网），执行该命令后，轴网绘制图形窗口中的内容全部被清空。"图中量取"的作用是量取 CAD 图形中轴线的尺寸。"调用已有轴网"功能的操作步骤与直线轴网相同。

10.3.3　轴网再编辑

　　建立轴网的过程可分以下两步完成：输入基本数据生成轴网，本章 10.3.2 节和 10.3.3 节完成的就是第一步工作；对轴网进行编辑和修改（即轴网再编辑）。轴网再编辑的操作包括移动轴网、删除轴网、轴网对齐、增加一条轴线、删除一条轴线、轴线伸缩、旋转轴线、更换轴名、尺寸标注、轴网整理等。

　　（1）移动轴网

　　单击左边中文工具栏中的　移动轴网　图标。该命令既适用于一个轴网移动，也适用于两个或两个以上的轴网的移动合并。操作过程依次为左键选取轴网中的一条轴线或者轴线标注（系统将找到整组轴网）；左键单击选中确定要移动的基点；左键单击选中确定要移动到的位置点。

　　（2）删除轴网

　　单击左边中文工具栏中的　轴网删除　图标。该命令用于删除轴网。用左键单击选取轴网中的一条轴线或轴线标注后，系统将找到整组轴网将其删除。

　　（3）轴网对齐

　　单击左边中文工具栏中的　轴网对齐　图标可将指定的两组轴网对齐拼接。操作过程依次为：将光标变为小方框正向或反向框选轴网，选中后再单击一次左键，被选中的轴网变成虚线，单击鼠标右键确认，此轴网为原轴网；用左键选取原轴网中的一个相交点（该点应与目标轴网中的一点重合）；用左键选取指定目标轴网中要与原轴网相交的一点；用左键选取指定原轴网中的另一个相交点（该点应与目标轴网中的另一点重合）；用左键选取指定目标轴网中要与原轴网相交的另一点；

单击鼠标右键确认；再单击鼠标右键确认完成该命令。需要强调的是，确认在对齐的过程中是否按照两个目标位置之间距离与两个原始位置之间距离的比值缩放所选择到对象（即操作步骤的最后一步）时，一般应选择"N"。

（4）增加一条轴线

单击左边中文工具栏中的 ⊥ 增加一条轴线 图标。操作过程依次为：选择一根参考轴线（用左键选取一条参考轴线，参考轴线与插入的目标轴线相互平行）；输入偏移距离（输入目标轴线与参考轴线的距离，单击右键确认。应请注意正负号，"+"表示新增的轴线在原来轴线的右方或上方，"−"则相反）；输入新轴线的编号"<*/*>："，此时既可以输入新轴线编号再回车确认，也可以使用软件右键确认默认的轴线编号。

（5）删除一条轴线

单击左边中文工具栏中的 ✕ 删除一条轴线 图标。方法是选择一条轴线或轴线标注，左键选取要删除的轴线或者轴线标注，系统会删除此轴线并重新标注轴线间尺寸。

（6）轴线伸缩

单击左边中文工具栏中的 ✒ 轴线伸缩 图标。操作过程依次为：左键选取一条轴线（可以是直线，也可以是弧线，轴线会自动随光标的走动变化）；移动光标移至所需的位置，用鼠标左键在窗口中单击确定目标点；回车确认。

（7）旋转轴线

单击左边中文工具栏中的 ∠ 旋转轴线 图标。操作过程依次为：左键选取轴网中要求旋转的一条轴线，回车确认；左键选取轴网上的一点作为旋转的基准点；输入旋转角度（输入正值则轴网逆时针旋转，输入负值则轴网顺时针旋转），回车确认。

（8）更换轴名

单击左边中文工具栏中的 ⟲ 更换轴名 图标。操作过程依次为：选择一条轴线或轴线标注（左键选取一条轴线或轴线标注）；输入新轴线的编号，回车确认。需要说明的是，更换轴名只能一次修改一根轴线，因此对于有上、下开间或左、右进深的就需要依次地修改而不要遗漏，为此，最好是在刚生成轴网时就按图纸修改相应的轴线名称。

（9）尺寸标注

单击左边中文工具栏中的 ⊐⊏ 尺寸标注 图标。操作过程依次为：左键选取第一条尺寸界线原点；左键选取第二条尺寸界线原点；左键选取尺寸线位置或"多行文字（M）/文字（T）/角度（A）"，取默认的标注文字。

（10）轴网整理

单击左边中文工具栏中的 ⊞ 轴网整理 图标。方法是选择待整理的轴网（左键选取整理的轴网中任一轴线或轴线标注）。需要强调的是，该命令的作用是在轴网使用 CAD 命令，以及镜像、复制等命令后对新增加的轴网需进行整理，只有借助该命令才可进行轴网的其他命令操作，但用户最好不要对轴网进行镜像、复制。

10.3.4　注意事项

若用天工算量软件已经完成一项工程建模，突然接到通知有设计变更且改变了轴线之间的距离，比如原来 *A* 轴、*B* 轴、*C* 轴、*D* 轴四条轴线之间的距离是 4800、1800、3900，现在要求改成 4800、1600、3900，也就是 B 轴和 C 轴之间的距离由 1800 改成 1600。修改方法是首先切换到 CAD 界面，输入 stretch 或单击工具栏中的 ▯ 命令，用从右向左的框选方式选中 *A*、*B*（或 *C*、*D*）轴上所有的构件（包括轴网）后单击右键，然后随便选中一个基点（此时，正交应是打开的，正交开关为 F8），同时鼠标方向在基点的上（下）方，在命令行中输入 200 就大功告成了，然后运行构件整理，装饰要重新生成布置。

若有时要外挑构件，则移动轴网四周的尺寸标注线可借助 CAD 的"move"功能实现。

10.4 墙 绘 制

10.4.1 布置墙

单击左边中文工具栏中的 布置墙 图标。墙的详细定义可参考本书前述墙属性的定义。需要说明的是，天工算量 2015 构件布置成功后将不再出现选择构件的对话框，而是在属性工具栏中直接选择需要的构件；在平面的同一位置上只能布置一道墙体，若在已有墙体的位置上再布置一道墙体则新布置的墙体将会替代原有墙体。

布置墙的操作过程依次为：①启动"命令行提示"中的"第一点【R-选参考点】"（会同时弹出一个浮动式对话框，见图 10-4-1）；②左键选取左边"属性工具栏"（见图 10-4-2）中要布置的墙的种类（也可以绘制好墙体后再到属性工具栏中选取要布置的墙的名称），此时墙的种类一定要选择正确（否则计算结果可能有误），双击构件名称或构件的图形可直接进入"构件属性定义"（所有构件都通用）；③在绘图区域内左键依次选取墙体的第一点、第二点等（也可用光标控制方向，用数字控制长度的方法来绘制墙体）；④在绘制过程中发现前面长度或位置错了，可在命令行中输入 U 后回车从而退回至上一步，或左键单击 ↶ 退回至上一步；⑤绘制完一段墙体后，命令不退出可再重复第②～④的步骤；⑥布置完毕后右键单击，弹出右键菜单，选择"取消"并退出命令。

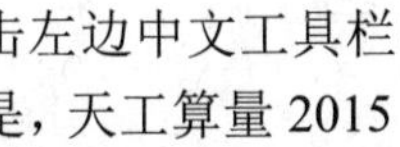

图 10-4-1 浮动式对话框

图 10-4-2 属性工具栏

需要指出的是，绘制墙时，有些点可能不好捕捉，为此可以将墙多绘制一些，在墙相交处，软件会自动将墙分段，最后只需将多余的墙删除即可。

图 10-4-2 属性工具栏中的"构件种类"是指墙、柱、梁、板.楼梯、门窗洞、装饰基础、零星构件、多义构件；"细化构件"是对构件的细分，比如"墙"划分为电梯井墙、砼外墙、砼内墙、砖外墙、砖内墙、填充墙、间壁墙；"构件列表"是指每一种不同属性的细化构件的列表；"复制"是指复制某一个构件，其属性与复制构件完全相同，再修改；"增加"是指增加一个构件，属性为软件默认，没有定额或清单；"属性参数"是指不同种类的构件，出现不同的属性，可以直接修改；"构件断面"是指修改不同构件断面的尺寸。相关菜单的含义见表 10-4-1。图 10-4-3 显示的是绘制弧形墙体 TWQ1，使用参考点 R 方法布置的 TNQ1。

表 10-4-1 布置墙时相关菜单的含义

R-选参考点	适用于没有交点但知道与某点距离的墙体。方法是按键名 R、回车确认，左键选取一个参考点，光标控制方向，键盘输入数值控制长度、回车确认
C-闭合/A-圆弧	绘制两点以上时按键名 C、回车确认形成闭合区域。按键名 A、回车确认，左键选取弧墙中线上的某一点绘制弧形墙体
左边宽度	墙体若是偏心的，绘制过程中可输入左边宽度（所谓左边宽度指布置构件时前进方向的左边）完成偏心过程。要想一次布置多段偏心墙体，绘制方向必须保持一致，即同为顺时针或逆时针

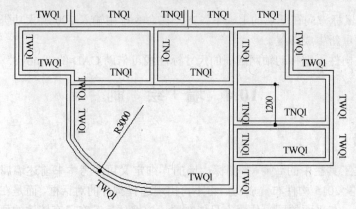

图 10-4-3　绘制弧形墙体 TWQ1

10.4.2　轴网变墙

单击左边中文工具栏中的 [图标] **轴网变墙** 图标。该命令适用于至少由纵、横各两根轴线组成的轴网。操作过程依次为以下 2 步，即正向框选或反向框选轴网，选中的轴线会变虚，选好后回车确认并在左边属性工具栏中选择墙体名称；确定裁减区域〈回车则不裁减〉，需要时可直接用鼠标左键反向框选剔除不需要形成墙的红色的线段并可以多次选择，选中线段变虚（若选错则应按住 Shift 键后再用鼠标左键反向框选错选的线），选择完毕回车确认。图 10-4-4 为轴网变墙的过程。

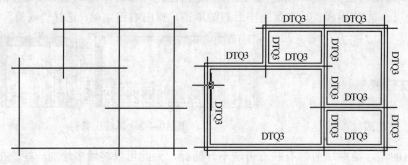

图 10-4-4　轴网变墙的过程

10.4.3　线变墙

单击左边中文工具栏中的 [图标] **线变墙** 图标。该命令的作用是将直线、弧线变成墙体，这些线应该是事先使用 AutoCAD 命令绘制出来的。其操作过程有 2 步，即鼠标左键框选目标或选取目标（必须是直线或弧线，可以是一根或多根线），目标选择好后在左边属性工具栏中选择墙体名称、回车确认；命令不结束重复前一步骤，完毕后回车退出命令，见图 10-4-5。需要说明的是，使用这种方法要变成墙的线最好位于墙的中心上，这样就不用再偏移墙了。

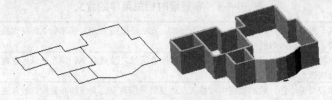

图 10-4-5　线变墙

10.4.4 布置填充墙

单击左边中文工具栏中的 🖼️**布置填充墙**图标。相关操作过程依次为：①左键选取需加构件的墙体的名称；②输入填充墙与墙体起点的距离；③输入填充墙与墙体端点的距离；④在左边的属性工具栏中调整填充墙的顶标高与底标高及相关属性；⑤命令不结束，重复第②~④步骤，布置完毕后，回车退出命令。

需要说明的是，卫生间、厨房间部分的素混凝土防水墙可用填充墙绘制。墙体上壁龛可以用填充墙绘制，填充墙不用套清单或定额，将填充墙用移动的命令移动到墙体的内边线即可，见图 10-4-6。

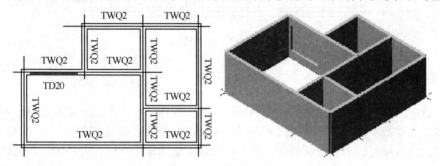

图 10-4-6 布置填充墙

10.4.5 墙偏移

单击左边中文工具栏中的 🔲**墙偏移**图标。相关操作过程依次为：①左键选取需偏移的墙的名称，选中的墙变虚，回车确认（一次可以选择同个方向偏移的多个同类构件）；②在命令行输入偏移距离，也可鼠标左键在算量平面图中选取两点为偏移长度，再回车确认；③用鼠标左键在所选择的构件的某一侧（即偏移的一侧）单击；④命令不结束，重复第①~③步骤，完毕后，回车退出命令。

需要注意的是，使用该命令时，与偏移构件有一定角度相交的同类构件会随之变动；偏心值的计算以中线为基准位置，比如若对 370mm 墙体使中线两侧分别为 120mm 和 250mm，则偏心值为 65mm。

10.4.6 墙偏移复制

单击左边中文工具栏中的 🔲**墙偏移复制**图标。该命令的特点是，利用已经绘制好的墙体偏移产生另一条平行的墙且保留原有墙体，这与 AutoCAD 的偏移（OFFSET）类似。相关操作过程依次为：左键直接选取参考的墙体名称，选中后回车确认；在命令行直接输入新墙体与参考墙体的距离或在图中选取任意两点、两点间的距离作为偏移的距离；鼠标左键在参考墙的一侧单击以表明复制的方向，系统会产生一条与参考线属性相同的墙体。需要注意的是，墙偏移复制时只能一段墙体一段墙体地操作。

10.4.7 墙拉伸

单击左边中文工具栏中的 🔲**墙拉伸**图标。相关操作过程依次为：鼠标左键选取需要拉伸的墙体名称；左键选取选构件需要拉伸的一端；输入增减长度，回车确认，正值表示墙体延长、负值表示墙体缩短；不输入数值可以直接用鼠标左键确定长度即从某点拉到另一点，墙体延长见图 10-4-7。

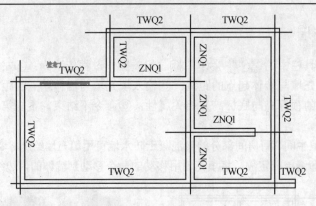

图 10-4-7　墙体延长

10.4.8　调整山墙标高

单击左边中文工具栏中的 调整山墙标高 图标。相关操作过程依次为：鼠标左键选取两端高度不同的墙体，可以是多段墙体（墙体的名称可以不同，但必须是在同一直线上），回车表示确认；输入第一点的墙顶标高，回车表示确认；输入第二点的墙顶标高，回车表示确认，见图 10-4-8。

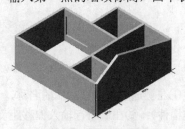

图 10-4-8　调整山墙标高

需要提醒的是，应重视"Q_0"墙的运用，在墙体构件中，每个分类的墙体中的系统都有一个默认 0 墙，此墙不计算任何工程量而只起到分隔墙或封闭房间的作用。若图 10-4-8 山墙的顶点位于中间位置，由于中间没有墙的端点，此时需要在中间加一 0 墙来把墙分成两段，这时就可以很方便地调整标高了（用 0 墙分隔墙体时，分隔完毕后要整理一下构件，此时墙体才显示为被分隔成两端墙）。

10.4.9　其他相关问题

不同的墙体是具有优先级的，电梯井墙＞砼外墙＞砼内墙＞砖外墙＞砖内墙＞间壁墙。若电梯井墙遇到砼外墙，则电梯井墙会拉通计算，而砼外墙扣减电梯井墙，以下同理。需要说明的是，同一种类型的墙的计算方式为横向拉通计算，纵向扣减横向交叉的同类型的墙体。由于天工算量 2015 版计算规则中没有扣减交叉这一项，故系统是按它们的默认级别自动进行扣减的。天工算量 2015 版的系统为提高运算速度，不自动进行构件整理，单个构件进行可视化校验时为正确显示应进行一次构件整理。

若布置外砖墙时错将内砖墙布置在外墙上，尽管计算规则好像都一样但仍会存在一些问题，此时利用"编辑其他项目"中提取外墙外边线或外墙中心线的数据就是错的。另外，在使用形成建筑面积线命令时会无法形成建筑面积。

同一堵墙上下厚度不一致时，应按相关规则进行布置。可以先画一堵墙，比如厚度为 240mm，调整顶标高，然后在此墙上布置一个填充墙，比如厚度为 120mm，调整底标高就可以了。需要注意的是，同一个轴线上不可以布置两个一样的墙，但可以通过布置填充墙来代替。

应注意砖墙与压顶的扣减问题。若压顶是通过套压顶定额来做的，则画女儿墙时给出的高度应该是砖墙高度而不要把压顶高度也算在里面（二者是相邻关系，本来就没有相交的部分，因此也就不存在扣减关系）。若是用圈梁来做压顶的话，墙体和圈梁到底有没有扣减取决于操作者对圈梁高度的调整方法。

计算剪力墙脚手架的时候要扣除楼板和柱子，此时只需在计算墙体时，在模板计算项目下套一个脚手架定额即可，另外，还应将量值调整乘以 0.5。

用平面图画出来的墙三维显示时，在墙与墙的交汇处会有一个小方块无法显示，原因是外墙的计算规则是中线到中线，因此，软件就显示中线到中线了，但算出来的量是完全正确的（因为阴角算了 2 次、阳角没算，正好抵消），完全符合计算规则。

在填充墙上增加门窗及其过梁、圈梁、构造柱等应遵守软件规定，方法是在填充墙所依附的墙上布置门窗和过梁，然后再进行高度调整就大功告成了。

房间里有一面墙，其 1/2 为 200mm 厚，另 1/2 为 100mm 厚，它们的外边线是齐平的但墙中线不是连在一起的，无法形成一个房间。因为中线只要是不闭合的，则形成房间时就会有问题，遇到此种情况时用 0 墙封闭墙体即可解决。检查中线是否闭合的办法是关掉其他图形，只把墙中线层打开，就可以方便地进行修改了。

外墙构件（砼外墙、砖外墙、电梯井墙）超高模板、脚手架、外墙面装饰的室外设计地坪高度的设置应遵守软件规则。在工程设置中可先设置设计室外地坪标高，当一个外墙构件（砼外墙、砖外墙、电梯井墙）超高模板、脚手架、外墙面装饰的高度与其他墙不同时，可以在附件尺寸中增设一项"底层底标高"并可以下拉选择或输入相应的数据。在附件尺寸中增设选项的好处是，可以圆满解决计算建筑物周边室外设计标高不同的情况。

外墙综合脚手架、满堂脚手架的设置应遵守软件规则。套外墙定额时应同时给它一个外墙脚手架的定额；同理，在套天棚定额时可以同时给它一个满堂脚手架的定额。

墙梁柱偏中心线时应按软件规则进行处理。绘制墙梁时会提示左边的宽度，这时输入左边距操作者定位点的距离就可以了（默认为左右平分），左边宽度指的是操作者布置构件时前进方向的左边。柱子偏心时，若柱子与墙体有一边对齐，则可用柱墙对齐来完成，其他偏心情况可借助移动命令精确定位。若很多柱子相对于轴线交点的位置一致，则可以先布置并调整好一根柱子，然后选中这个柱子，右键复制选择，在命令行中输入 m 后回车，选中那个交点后就可以进行多重复制了。

把一段墙体分成上、中、下三部分计算时应遵守软件规则，应使用墙与斜板相交的方法，计算部位可选择上部、下部、整体这一功能布置一块厚度为"0"的板来分割墙体，斜板的高低差可设为 0.01 或者更小，板的长宽同墙的长宽，一定要布置斜板。另外，斜板的高低差越小，精确度越高，这样就把墙体分成两部分，第三部分使用填充墙布置即可。若一段墙体下部变斜，则可采用上述方法布置，即根据标高布置一块斜板并在附件尺寸中选择计算上部。

在天工算量 2015 中，墙体脚手架的计算长度按墙名考虑，外墙按边线计算（有绿边线的按绿边线计算），内墙按墙中线计算，电梯井墙按内墙考虑。高度考虑从底层（1 层）起算，无地下室时，软件默认从"设计室外地坪"起算；有地下室时，软件默认从"±0.000"起算；可在附件尺寸中设置起算高度。

10.5　梁　绘　制

10.5.1　布置梁

布置梁、轴网变梁、线变梁、梁偏移、梁偏移复制、梁拉伸与墙的操作方法完全相同。单击左边中文工具栏中的 ![布置梁] 图标。梁的详细定义参考本章 10.14 节中属性定义中的"梁"。需要强调的是，在平面同一位置上只能布置一道梁，若在已有梁的位置上再布置一道梁，则新布置的梁将会替代原有的梁。相关操作过程依次为：①启动命令行提示"第一点【R-选参考点】"，同时弹出一个浮动式对话框（见图10-5-1）；②左键选取左边属性工具栏（见图10-5-2）中要布置的梁的种类（也可以布置好梁后再到属性工具栏中选取要布置的梁）；③在绘图区域内左键依次选取梁的第一点、第二点等（也可用光标控制方向，用数字控制长度的方法来绘制梁）；④绘制过程中若发现前面长度或位置错了，则可在命令行中输入 U、回车退回至上一步，或左键单击 ↰ 退回至上一步；⑤绘制完一段梁后命令不退出，可以再重复第②～④的步骤；⑥布置完毕后，右键单击，弹出右键菜单，选择"取消"并退出命令。

图10-5-2属性工具栏中的"构件种类"是指墙、柱、梁、板.楼梯、门窗洞、装饰基础、零星构件、多义构件；"细化构件"是指对构件的细分，比如梁划分为框架梁、独立梁、次梁、圈梁、过梁；"构件列表"是指每一种不同属性的细化构件的列表；"复制"是指复制某一个构件，其属性与原构件完全相同，再修改；"增加"是指增加一个构件，属性为软件默认，没有定额或清单；"属性参数"是指不同种类的构件，出现不同的属性，可以直接修改；"构件断面"是指修改不同构件断面的尺寸。布置梁时相关菜单的含义见表10-5-1。

图10-5-1　浮动式对话框

图10-5-2　属性工具栏

表 10-5-1　布置梁时相关菜单的含义

R-选参考点	适用于没有交点，但知道与某点距离的梁。方法是按键名 R，回车确认，左键选取一个参考点，光标控制方向，键盘输入数值控制长度，回车确认
C-闭合/A-圆弧	绘制两点以上时按键名 C，回车确认，形成闭合区域。按键名 A，回车确认，左键选取弧形梁中线上的某一点，绘制弧形梁
左边宽度	梁若是偏心的，在绘制过程中可以输入左边宽度，完成偏心过程。要想一次布置多段偏心梁，绘制方向必须保持一致，即同为顺时针或逆时针

10.5.2　轴网变梁

单击左边中文工具栏中的 轴网变梁 图标。该命令适用于至少由纵横各两根轴线组成的轴网。相关操作过程依次为：正向框选或反向框选轴网，选中的轴线会变虚，选好后回车确认并在左边属性工具栏中选择梁名称；确定裁减区域〈回车则不裁减〉，需要时可直接用鼠标左键反向框选剔除不需要形成梁的红色的线段（可以多次选择，选中线段变虚。若选错，可按住 Shift 键，再用鼠标左键反向框选错选的线，选择完毕回车确认）。

10.5.3　线变梁

单击左边中文工具栏中的 线变梁 图标。该命令的作用是将直线、弧线变成梁，这些线应该是事先使用 AutoCAD 命令绘制出来的。相关操作过程依次为：鼠标左键框选目标或选取目标（必须是直线或弧线，可以是一根或多根线），目标选择好后在左边属性工具栏中选择梁名称、回车确认；命令不结束，重复前述步骤，完毕后回车退出命令。

需要说明的是，使用这种方法变成梁的线应该位于梁的中心上，这样就不用再偏移梁了。

10.5.4 梁偏移

单击左边中文工具栏中的 梁偏移 图标。相关操作过程依次为：①左键选取需偏移的梁的名称，选中的梁变虚，回车确认（一次可以选择同个方向偏移的多个同类构件）；②在命令行中输入偏移距离，也可鼠标左键在算量平面图中选取两点为偏移长度，再回车确认；③用鼠标左键在所选择的构件的某一侧（即偏移的一侧）单击；④命令不结束，重复第①～③步骤，完毕后，回车退出命令。

需要强调的是，使用该命令时，与偏移构件有一定角度相交的同类构件会随之变动；偏心值的计算以中线为基准位置，比如对 370mm 梁若使中线两侧分别为 120mm 和 250mm，则偏心值为 65mm。

10.5.5 梁偏移复制

单击左边中文工具栏中的 梁偏移复制 图标。该命令的作用是利用已经绘制好的梁偏移产生另一条平行的梁且保留原有梁，这与 AutoCAD 的偏移（OFFSET）类似。相关操作过程依次为：左键直接选取参考的梁体名称，选中后回车确认；在命令行中直接输入新梁与参考梁的距离（或可以图中选取任意两点，两点间的距离作为偏移的距离）；鼠标左键在参考梁的一侧单击表明复制的方向，系统会产生一条与参考线属性相同的梁。

需要说明的是，梁偏移复制目前只能一段梁一段梁地操作。

10.5.6 梁拉伸

单击左边中文工具栏中的 梁拉伸 图标。相关操作过程依次为：鼠标左键选取需要拉伸的梁的名称；左键选取选构件需要拉伸的一端；输入增减长度，回车确认，正值时梁延长；负值时梁缩短；不输入数值可直接用鼠标左键确定长度（即从某点拉到另一点）。

10.5.7 布置过梁

过梁布置在门窗洞口上，因此必须存在门窗洞口。单击左边中文工具栏中的 布置过梁 图标。相关操作过程依次为：左键选取门窗名称，选中的门或窗或洞口变虚，在左边属性工具栏中选择过梁名称，回车确认；命令不结束，重复前述步骤，完毕后回车退出命令（见图 10-5-3）。

需要注意的是，门的过梁和窗的过梁要分两次布置；若删除门窗，则软件会自动删除该门窗上的过梁。

10.5.8 布置圈梁

圈梁要布置在墙体上，因此必须存在墙体。单击左边中文工具栏中的 布置圈梁 图标。方法是在左边属性工具栏中选择圈梁名称，左键选取设置圈梁的墙的名称（也可以鼠标左键框选需布置圈梁的墙体），选中的墙体会变虚，回车确认（见图 10-5-4）。

需要说明的是，若同一位置上有两根梁，则系统不允许一起布置，这样就可以布置一根圈梁来代替梁。

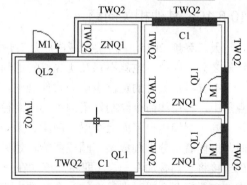

图 10-5-3 过梁布置

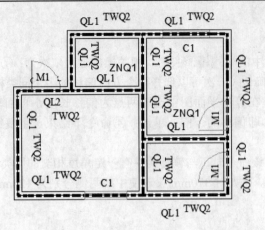

图 10-5-4　布置圈梁

10.5.9　调整斜梁标高

单击左边中文工具栏中的 调整斜梁标高 图标。相关操作过程依次为：鼠标左键选取两端高度不同的梁（可以是多段梁。梁的名称可以不同，但必须是在同一直线上），回车表示确认；输入第一点的梁顶标高，回车表示确认；输入第二点的梁顶标高，回车表示确认（见图 10-5-5）。

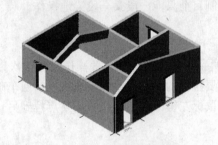

图 10-5-5　调整斜梁标高

10.5.10　其他相关问题

天工算量 2015 中的梁扣减次序是有规律的，即独立梁>主梁>次梁，梁没有不同材质和不同性质之分，因此，也就不存在优先级别的问题。梁扣纵不扣横，不可以调整为扣横不扣纵。

布置异形梁时的定位应遵守软件规则，即先自定义一个断面绘制好异型梁，插入点一定要顶点居中，再用线命令绘制好梁的中心线路径，然后将线变梁就行了（也可以直接布置）。

同一层墙中自下而上有梁、圈梁、梁三道梁时的布置应遵守软件规则。在一层墙里有多根梁时，操作者可分别画成梁、画成圈梁，然后再进行高度调整。若两根梁套的定额相同，则可以考虑直接将它们叠加在一起（即将高度加在一起）；若需要在一个位置布置不同高度的梁，则可以考虑在布置好两个梁时把其中的一个梁的中线移动 5mm，然后再调整标高，这样布置后再进行构件整理就不会变成一根梁了。

花篮梁的计算应遵守规范规则。有其他异形梁时可借助自定义断面设计断面，然后在定义时引用即可。

天工算量软件的计算是分层的，上翻梁不能与上层的墙扣减。解决办法是，在上层的墙体下部画填充墙，填充墙的高度为多出的翻梁的高度，在墙体里的计算规则选择"扣墙洞"同时填充墙不套定额。在"高度调整"里选中有翻梁的墙，然后在"墙下伸高度"中把它设置为梁多出的高度（但高度应设置为负数，比如梁高出 500 应输入–500），这样这些墙就会被提起来，从而空出与梁相交的部分。

镜像一些工程构件时应遵守软件规则，一定要将梁的中心线选上、把其他构件都关闭而只开梁的中心线和其他线（指事先自由绘制的参考直线），再整理一下构件即可，对对称型的工程先画好一半会事半功倍。

拱形梁布置应遵守软件规则。方法是用 CAD 里的命令画出拱形梁的剖面，然后自定义断面（一定要用工具栏上的"构件属性-自定义端面"，不能用快捷图标定义属性里的那个绘制异形断面），提取图形、保存，然后定义梁，选择你所绘制的异形断面拱形梁。需要指出的是，绘制时不像画矩形梁那样画的是长度 L，所要给的长度应是梁的 B。另外，断面编辑的时候要选择"上面、下面、侧面"，这在计算梁粉刷和模板时有用。

用自定义线性构件的方法画悬壁梁应遵守软件规则。悬臂梁采用自定义梁可以满足模板的要求，悬臂梁的宽为异型梁的长，异型梁计算规则里设置为加端部模板。若梁大头与框架梁连接，则应注意在自定义时大边不能设置为侧边，否则会计算模板。

屋面圈梁与屋面板一样，斜设应遵守软件规则。圈梁不可变斜，用梁属性，套上圈梁子日，修改计算规则，布置，变斜即可。

高层建筑中梁柱变截面比较常见，在这种情况下可分段绘制梁，然后在属性定义中把梁的属性和截面尺寸定义好，用名称更换即可。

做有梁板时，画梁及套定额应遵守软件规则。应该各画各的（即板画板的，梁画梁的），在计算规则里进行自由设置，然后在计算工程量后进行梁板折算（这是最后一步操作，进行折算后不能再进行其他操作，若要操作，则梁板折算要重新进行），要折算到板里去的梁在定义属性时要把它选择为次梁（进行梁板折算时可让其自动选择且把框梁关掉只显示次梁，这样就会只自动把次梁折算进去）。

10.6　板、楼梯绘制

10.6.1　自动生成板

生成楼板前可以在左边的属性工具栏中定义好不同属性的楼板，参考本章 10.14 节中"属性定义"中的"楼板"。单击左边中文工具栏中的 ⚡自动形成板 图标。相关操作过程依次为：自动弹出"自动形成板选项"对话框，板可按墙、梁形成，不同的生成方式显示在图 10-6-1 和图 10-6-2 中，然后在对话框中选择相应的选项；选择好构件类型与基线方式后单击"确定"按钮，算量平面图中会按所选择的形成方式形成现浇楼板，见图 10-6-3；使用 🔲 "名称更换"功能键按图纸选取所形成的板进行替换（详见本书后续的构件编辑）。

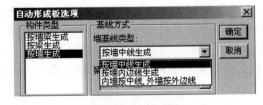

图 10-6-1　生成方式之 1

图 10-6-2　生成方式之 2

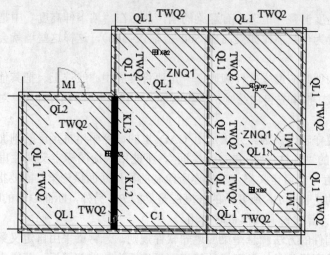

图 10-6-3　形成现浇楼板

10.6.2　布置板

布置楼板前可在左边的属性工具栏中定义好不同属性的楼板，参考本章 10.14 节中"属性定义"中的"楼板"。方法是单击左边中文工具栏中的 ▱布置板.楼梯 图标，弹出"请选择布置方式"对话框（见图 10-6-4）。布置板时，相关菜单的含义见表 10-6-1。

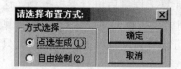

图 10-6-4　"请选择布置方式"对话框

表 10-6-1　布置板时，相关菜单的含义

点选生成	含义是寻找某个封闭的区域，按此区域生成楼板。方法是软件提示："请选择隐藏不需要的线条"，回车确认；软件提示："请单击边界内某点，确定构件边界"，在要布置楼板的封闭的区域内部左键单击
自由绘制	含义是按照形成楼板的各个边界点依次绘制楼板。方法是软件提示："请选择板的第一点【R-选择参考点】"，左键选取一点，软件提示："下一点【A-弧线，U-退回】<回车闭合>"，依次选取下一点，最后一点可以回车表示闭合。其中，"R"选参考点、"A"圆弧、"U"退回的含义与布置墙时的含义完全相同

10.6.3　绘制预制板

单击左边中文工具栏中的 ▱布置预制板 图标，在左边的属性工具栏中选取要布置的预制板。相关操作过程依次为：选择参考边界（墙/梁），当预制板从墙或梁的边开始布板且板的搁置长度为墙、梁的中心线时，用鼠标左键选取目标墙或梁的名称（选取的墙或梁应与板平行）；若有别于上述情况，则按键名"2"用鼠标左键选取边界的第一点及第二点（两点的连线平行于板边）；输入板的块数，回车确认；图形中会出现一个箭头及方形框，左键选取布板方向（见图 10-6-5）。

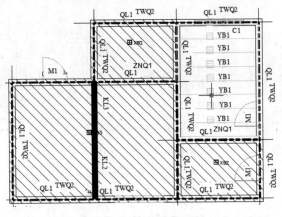

图 10-6-5　绘制预制板

10.6.4　板上洞口

单击左边中文工具栏中的 板上开洞 图标。相关操作过程依次为：自动弹出"请选择洞的种类"对话框（见图 10-6-6）；选择一种方式布置洞口。布置板上洞口时，相关菜单的含义见表 10-6-2。"R"选参考点、"A"圆弧、"U"退回的含义与自由绘制楼板时的含义完全相同。

表 10-6-2　布置板上洞口时，相关菜单的含义

矩形	方法是左键选取矩形洞口的左下角点的位置，输入旋转角度，一般为 0 或 90，输入洞的长度，输入洞的宽度
圆	方法是左键选取圆形洞口圆心的位置，输入半径
异型	方法是左键选取第一点，依次选取其他的点，与自由绘制楼板方法相同

需要注意的是，洞口的图形必须闭合；楼板、楼地面、天棚位置图中虽然有洞口，但楼板、楼地面、天棚是否扣除洞口与楼板、楼地面、天棚所套定额的计算规则定义中是否扣洞口有关。图 10-6-7 为板扣掉艺术图案形状的洞口。

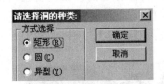

图 10-6-6　"请选择洞的种类"对话框

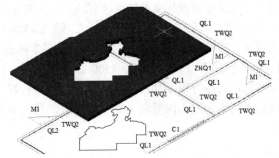

图 10-6-7　板扣掉艺术图案形状的洞口

10.6.5　增加板调整点

单击左边中文工具栏中的 增加板调整点 图标。假设图 10-6-8 为第一个图形，外墙的板要调整板边线至外墙边线缺少一个夹点。相关操作过程依次为：执行"增加板调整点"命令，图形中只剩下楼板图形，左键选取要增加点的板的边线，该板变为虚线；在某条边上左键选取一下，会增加一个夹点，形成如图 10-6-9 所示的第二个图形；拖动第三个图形（见图 10-6-10）中的夹点与外墙的边点重合。

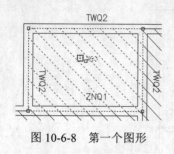

图 10-6-8　第一个图形

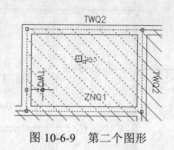

图 10-6-9　第二个图形

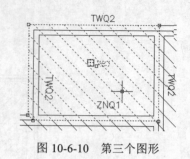

图 10-6-10　第三个图形

10.6.6　平板变斜

下面以图 10-6-11 为例讲解如何布置斜板。注意带有颜色的三块板，其余的楼板使用"自动形成板"生成。首先使用"直线"命令将带有颜色的楼板的边确定好；再使用"布置板"的命令将带有颜色的三块楼板绘制出来；然后单击左边中文工具栏中的 平板变斜 图标，命令行提示"请选择要设置为斜面的构件："，左键选取图 10-6-11 中红色的楼板（图 10-6-11 中 1 所指的板）回车确认；自动弹出"请选择设置斜面方式"对话框（见图 10-6-12）；这里选择"三点确定"，左键单击"确定"按钮；命令行提示"请选择要设置标高的第 1 支撑点："，左键选取有"1"标志的点，回车确认；命令行提示"请确定该点标高【P-提取标高】<P>："，输入 3000（绝对标高），回车确认；命令行提

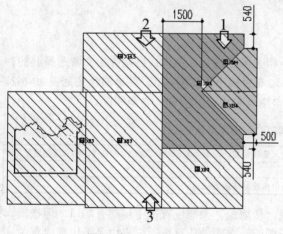

图 10-6-11　平板变斜

示"请选择要设置标高的第 2 支撑点："，左键选取有"2"标志的点，回车确认；命令行提示"请确定该点标高【P-提取标高】<P>："，输入 4500（绝对标高），回车确认；命令行提示"请选择要设置标高的第 3 支撑点："，左键选取有"3"标志的点，回车确认；命令行提示"请确定该点标高【P-提取标高】<P>："，输入 4500（绝对标高），回车确认；这样深颜色的楼板高度就调整好了，重复前述命令行提示动作将余下楼板高度调整好（见图 10-6-13）。此时，平面图中已经调整为斜板的楼板颜色变为深蓝色。布置斜板时，相关菜单的含义见表 10-6-3。

图 10-6-12　"请选择设置斜面方式"对话框

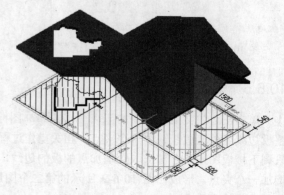

图 10-6-13　楼板高度调整完毕

表 10-6-3　布置斜板时，相关菜单的含义

三点确定	含义为通过楼板上的三个不同位置的点的绝对标高来控制楼板的倾斜程度。方法是左键依次选取楼板上的三个点输入各自的标高；借助"P"提取标高可以提取相邻楼板的已知标高，选取相应楼板，再选取楼板上的某个提取点，若认为不正则则按键名 R 回车后重新提取
基线角度确定	含义为通过基线以及斜板角度来控制楼板的倾斜程度。方法是左键依次选取楼板上基线的起、终点，输入基线的标高，回车确认，输入楼板的倾斜角度（范围为–90/+90），回车确认

10.6.7　布置楼梯

单击左边中文工具栏中的  图标。软件提示"输入插入点（中心点）"，左键选取图中一个点作为插入点；软件提示"指定旋转角度或【参照（R）】:"，指定旋转角度（输入正值，楼梯逆时针旋转；输入负值，楼梯顺时针旋转），参照（R）（比如输入 10 回车确认表示以逆时针的 10°作为参考，再输入 90°回车确认即楼梯只旋转了 80°，即 90−10）。可以在楼板的区域内布置楼梯，楼梯各个参数在属性定义对话框中完成，具体可参考本章 10.14 节中"属性定义"中的"楼梯"，楼板会自动扣减楼梯（见图 10-6-14）。

图 10-6-14 布置楼梯

10.6.8　其他相关问题

用天工算量软件做一个别墅工程的算量时，若别墅屋顶是球形的，则在软件里绘制时应参考以下方法进行。首先自定义如图 10-6-15 所示的断面并取右下角为插入点，其中外圆的半径为弧形屋顶的半径，两个圆之间的距离为板厚，然后画一个以弧形屋顶半径为半径的圆，再执行线变梁命令即可布置成功梁（此时软件界面显示图形为图 10-6-16）。

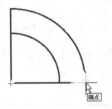

图 10-6-15　自定义断面

图 10-6-16　软件界面显示图形

若一根梁一侧支撑现浇板，另一侧支撑预制板，则可将梁断面设置成"L"形，L 形缺口向预制板一边，将此梁计算规则设置成扣现浇板。若一根梁一侧支撑现浇板，另一侧平行布置预制板，则可将梁断面设置成"L"形，L 形缺口向现浇板一边，将此梁计算规则设置成不扣现浇板。若一根梁两侧均支撑于预制板上，则可将此梁设置成扣现浇板。若一根梁两侧是预制板平行布置，则可将此梁设置成不扣现浇板。若预制板按实面积计算，用现浇板代替根据布置方向，手工绘制范围，可将梁设置成扣现浇板，板的不支撑边画到墙梁的内侧边。

天工算量 2015（土建清单版）楼梯单边靠墙只有一边（比如右边），靠另一边（比如左边）的处理应遵守软件规则。为此，操作者可在布置楼梯时使用移动、镜像、旋转等命令通过三维显示来调整是左边靠墙还是右边靠墙。

板上开的"异形洞"在"单独可视化校验"中看不到的原因是，画的洞可能太小了（小于 0.3m²），由于软件计算规则中不扣除小于 0.3m² 的面积，因此在单个校验里是看不到的，但三维显示还是能看得到的。

定额规定不考虑小于 500mm 的梯井，天工算量软件中也可进行相应的设置。方法是在天工

算量软件的楼梯属性栏中最下面的一条注示"注：楼梯按水平投影面积计算时不扣除 200 的楼梯井"中的"200"修改为"500"即可。

10.7　柱　绘　制

10.7.1　布置柱

单击左边中文工具栏中的 ⫟布置柱 图标，柱子定义参考本章 10.14 节中"属性定义"中的"柱子"。操作时，系统会自动跳出一个"请选择布置柱子基点方式"对话框（见图 10-7-1）。布置柱时相关菜单的含义见表 10-7-1。通过图 10-7-1 中三种方法布置的柱子见图 10-7-2。

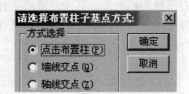

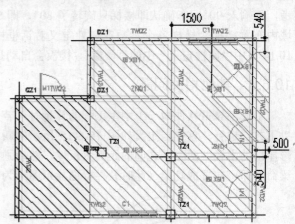

图 10-7-1　"请选择布置柱子基点方式"对话框　　　　图 10-7-2　三种方法布置的柱子

表 10-7-1　布置柱时，相关菜单的含义

单击布置柱	左键在图中选取柱的定位点，相当于一个一个地布置柱子。适用于柱子较少且清楚柱的位置
墙线交点	左键在图中框选墙，在墙与墙的交点处布置上柱子。适用于布置构造柱
轴线交点	左键在图中框选轴线，在轴线与轴线的交点处布置上柱子。适用于布置框架柱

10.7.2　布暗柱

单击左边中文工具栏中的 ⊓布置暗柱 图标。相关操作过程依次为：①在图中用鼠标左键框选墙体的交点，选取暗柱的位置，最少要包含一个墙体交点，见图 10-7-3、图 10-7-4；②被框中墙体有一段变虚，输入该墙上暗柱的长度后回车确认，再输入其余各段墙体上暗柱的长度，输入完成后回车确认（需要强调的是，该交点有多少段墙体就应该有多少个连续的该命令）；③重复步骤①、②可以输入多个暗柱。需要说明的是，若在已经有柱的墙体位置上布置暗柱，输入完数据后，软件会提示"暗柱与现有的柱相交，是否合并？N/<Y>"，回车表示暗柱与现有的柱合并为同一个柱，若不想合并则应按键名 N、回车确认。图 10-7-5 为布置的暗柱与合并后的暗柱的情况。

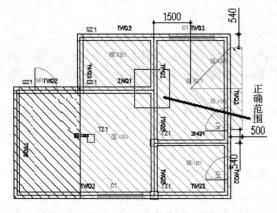
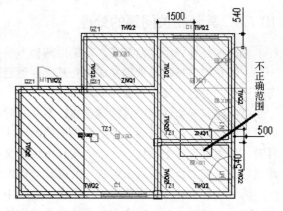

图 10-7-3　选取暗柱位置正确　　　　　　　图 10-7-4　选取暗柱位置不正确

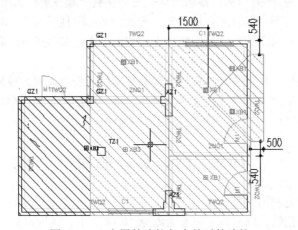

图 10-7-5　布置的暗柱与合并后的暗柱

10.7.3　柱墙对齐

单击左边中文工具栏中的 柱墙对齐 图标。操作时应以墙体中心线、边线为参考线，使柱子与墙体以不同的方式对齐。相关操作过程依次为：左键选取要对齐的柱子，若为同一方向则可一次选取多个柱子；选择对齐方式，按默认方式，回车，柱子边线与墙体边线对齐；左键选取相应的墙线；左键选取对齐方向，即柱向墙的那一边对齐。需要注意的是，在执行"墙柱对齐"命令将柱对齐外墙时应先执行"显示控制"命令以将墙外包线、内墙中的天棚、地面关掉，因执行"墙柱对齐"命令时要选择的外墙线与墙外包线、内墙中的天棚、地面与内墙线在同一位置，不关掉操作起来容易引起混淆。

10.7.4　改变柱转角

单击左边中文工具栏中的 改变柱子转角 图标。相关操作过程依次为：左键选取要旋转的柱子，相同一个方向转动时可以选择多个柱子；输入柱子的转角"90"，转角单位是角度（负值时顺时针旋转，正值时逆时针旋转），柱子将以其自身的中心为轴旋转。以上命令也适用于独基与桩基。操作时应灵活，布置完一根柱后可通过"移动"、"复制"中的多重复制、"旋转"等命令对柱进行布置和调整，熟练运用这些命令会出现意想不到的效果。

10.7.5 其他相关问题的处理

应合理处理异型柱帽算量，可采用两种方法解决：一种方法是放在其他项目中补充计算；另一种方法是可将柱帽属性定义成独立基础，然后套用相应定额画于 0 层，在变通为独立柱基后即可有更多类型选择及异形截面编辑。

高层建筑异型柱很多且标准层往往不左右对称，提供绘图速度非常关键。若柱是随墙变化的，则可把柱用暗柱命令来画，但必须先把墙画好才可以用暗柱画，当柱截面形式一样只是方向不一样时，可用旋转命令把柱转一个方向且不用定义好多截面；若用墙来布置柱并套柱的定额，则应通过修改它们的计算规则来解决（前提是必须保证墙用计算规则匹配柱的计算规则）。

同一楼层中柱子上下截面不同（比如层高 4m，2.4m 以下为 400mm×2500mm，而 2.4~4m 段为 400mm×600mm）时应合理定义并合理确定柱子砼的工程量。方法是定义两个柱，即在同一楼层不同位置布置这两个柱,然后用构件移动命令把它们移到一起并调整相应的标高即可大功告成。

在基础层里柱子高度不一样时应合理调节。若同一名称的柱子高度一致，则只需在属性里调整顶标高和底标高即可；对个别构件可借助高度调整命令选中那些底标高和顶标高一致的柱子统一进行调整。

柱超高模板、脚手架、柱面装饰的室外设计地坪高度应合理设置。柱超高模板、脚手架、柱面装饰的高度方面计算可以借助附件尺寸中增设的一项"底层底标高"解决（可以下拉选择或输入相应的数据），默认高度取值为工程设置中的室外地坪标高。

10.8 门、窗、洞绘制

布置门（窗）前应先利用门窗表在属性定义中将门（窗）全部输入好，然后再布置门（窗），这样操作快捷且不容易出错。门（窗）可参考本章 10.14 节中"属性定义"中的"门窗"。

10.8.1 布置门

单击左边中文工具栏中的 布置门 图标，可在左边的属性工具栏中选择要布置的门。相关操作过程依次为：左键选取加构件的一段墙体的名称，命令行提示"选择定位位置：F-精确定位"（无论使用哪种定位方法，布置一道门后，只要命令不结束就可以再到属性工具栏中选择门、再布置，要想结束命令，回车即可）；框选部分或所有墙体，系统会自动在所有墙体的中间位置布置你选择的门，再使用"名称变换"命令更换不同的门。布置门时相关菜单的含义见表 10-8-1。需要注意的是，当门的宽度大于所选墙体长度时，系统将拒绝布置门；通常情况下，用户可以随意定位门；在填充墙内布置门时，一定要注意门的边界线不能超出填充墙的边界线，否则填充墙与相关的墙体的扣减量会不正确（见图 10-8-1，TWQ2 扣减了部分的门，填充墙也扣减了部分的门）。

表 10-8-1　布置门时相关菜单的含义

随意定位	用鼠标左键在相应位置拾取一点
精确定位	输入"F"，回车确认，输入相关距离，回车确认

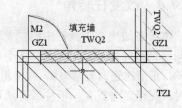

图 10-8-1　填充墙内布置门失误的后果

10.8.2　布置窗

单击左边中文工具栏中的 田**布置窗** 图标，方法与"布置门"完全相同。需要注意的是，有时窗的底标高可能会与软件默认的高度不同，此时需要在属性工具栏中调整（见图 10-8-2，C1 的底标高调整为 600）。

10.8.3　修改门的开启方向

单击左边中文工具栏中的 **门开启方向** 图标。该命令启动后的操作步骤依次为：命令行提示"请选择门"，左键选取门，可以选中多个门，回车确认；命令行提示"按鼠标左键-改变左右开启方向，按鼠标右键-改变前后开

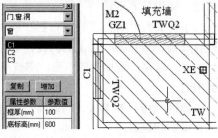

图 10-8-2　窗底标高的调整

启方向"，单击鼠标左键改变门的左右开启方向（单击右键则可改变门的前后开启方向）。

10.8.4　布置飘窗

应先在属性定义中将飘窗全部输入好后再布置，飘窗可参考本章 10.14 节中"属性定义"中的"飘窗"。单击左边中文工具栏中的 **布置飘窗** 图标，方法与"布置门"完全相同（限于篇幅，不再赘述）。

10.8.5　布置转角飘窗

应首先在属性定义中将转角飘窗全部输入好，飘窗可参考本书前述"属性定义"中的"转角飘窗"。单击左边中文工具栏中的 **布置转角窗** 图标，相关操作过程依次为：选择两道外墙的交角（内边线、中线、外边线的交角均可采用）；输入一端转角洞口尺寸；输入另一端转角洞口尺寸；命令不结束就可以继续再布置其他的转角飘窗，回车结束命令。布置好的飘窗、转角飘窗见图 10-8-3。

图 10-8-3　布置好的飘窗、转角飘窗

10.8.6　布置洞

单击左边中文工具栏中的 **布置洞** 图标，方法与"布置门"完全相同。

10.8.7　其他问题的处理

折线形窗的布置应合理进行，可用画填充墙的方法代替窗（目的只是将填充墙改套窗定额，幕墙也可用同样的方法处理）。

不能直接建老虎窗的模时可以变通建模，建模方法是将老虎窗的顶部用屋面变斜，有侧墙的，其侧墙用异形梁来代替，然后再进行高度调整。需要注意的是，异形梁的插入点宜设在梁顶中点处。

工程有很多弧形窗时应巧妙处理，弧形窗的布置与矩形窗的布置方法相同，只是在定义窗的截面时要定义成弧形长度（即窗宽为弧长），布置好后，软件就会自动按弧形给予布置。

阴角阳台布置应遵守软件规则，可以到自定义断面里定义各个阳台形状，在画面编辑里双击线条软件会让用户选择这个边是阳台还是靠墙，通过这种设置就可以只得到两面的栏板。

布置圈梁时，若遇一堵墙内有大窗且窗一直开到梁底时应合理布置。若原来的墙是横向的，则只要在原墙上布置纵向的 0 墙即可（0 墙可以把圈梁打断）。若为三段墙，则圈梁也自动成为三

段，再把窗上的要扣减的圈梁删除即可。若圈梁不是完全被打断，只是与窗在纵向上相交一部分，则只能在量值调整中进行增减值的调整。

碰到上下 3 层共用的通窗且通窗比层高高时应合理布置，此时可以将其分开定义成 3 个窗，然后分别进行布置。

不计算尺寸将门窗快速布置在墙体中间（即仅利用 CAD 命令实现墙体中间定位）时应遵守软件规则。若是多个墙上的门窗，则可以连续点选要布置的墙，然后直接回车，门窗会默认布置到中间；若是一道墙上的门窗，则按其下面的提示输入一个 f，然后直接回车，门窗也会默认布置到中间。

楼梯间窗户和本层房间的窗户不在一个标高上时，不用按实际调整楼梯间窗户标高，不影响工程量的扣减。

10.9　装饰的绘制

每套图纸都会有相应的房间装饰表，为此，应对各个不同部位进行定义，可利用房间装饰表来定义装饰属性，房间定义，楼地面、天棚、墙面、墙裙、踢脚等定义可参考本书 10.14 节中"属性定义"中的"装饰"。

10.9.1　布置房间装饰（形成房间装饰的符号）

单击左边中文工具栏中的 布置房间装饰 图标。相关操作过程依次为：软件自动弹出如图 10-9-1 所示的对话框，选择楼地面、天棚的生成方式，单击"确定"按钮；软件自动产生房间、天棚、楼地面、墙面装饰的符号且在命令行提示"总共有 36 间房间"、有 36 块天棚、有 36 块楼地面。（框形符号为房间的装饰符号，向上三角符号表示天棚，向下三角符号表示楼地面、位于房间的中部。实心三角符号表示墙面、踢脚、墙裙，位于内墙线的两侧）；使用"名称更换"命令，按图纸用已经定义好的房间替换刚生成的房间（见图 10-9-2）。

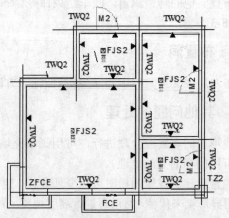

图 10-9-1　布置房间装饰　　　　　　　　　图 10-9-2　刚生成的房间

10.9.2　布置外墙装饰

单击左边中文工具栏中的 布置外墙装饰 图标，出现如图 10-9-3 所示的对话框。只需选择外墙装饰的名称（包括墙面、墙裙和踢脚的名称）即可，若外墙装饰有不同的可使用"名称更换命令修改。需要注意的是，外墙面与内墙面的计算规则是不一样的，外墙装饰应该选用外墙面的内容。

图 10-9-3　布置外墙装饰

10.9.3　布置柱面装饰

单击左边中文工具栏中的 图标，出现如图 10-9-4 所示的对话框，在对话框中选择柱面、柱裙、柱踢脚的名称即可。

图 10-9-4　布置柱面装饰

10.9.4　布置楼地面

单击左边中文工具栏中的 布置楼地面 图标，相当于自由绘制楼地面。有时没有生成房间的地面也需装饰，这时就可以布置楼地面了。其方法与本书前述"布置楼板"完全相同。

10.9.5　布置天棚

单击左边中文工具栏中的 布置天棚 图标，方法与"布置楼板"完全相同。布置天棚时应灵活应用软件规则。当一个房间地面或者天棚有不同的做法时，在按照一种装饰布置完房间（此时用自动形成房间装饰布置）后，用布置地面或天棚在装饰不同的地方布置就可以了，软件会自动进行正确扣减。

10.9.6　平天棚变斜

单击左边中文工具栏中的 平天棚变斜 图标，方法与"平板变斜"完全相同。在楼板已经变斜后可使用第二种方法，即左键单击"屋面、天棚随板调整高度" 图标，左键选取某块斜板上的天棚的符号，这块斜板会变为虚线且软件会提示"确定提取默认选择的板面吗?【R-重新选择】<回车确定>"（若确认"是"，回车即可），软件提示"天棚提取板下底面成功"。

10.9.7　增加楼地面调整点

单击左边中文工具栏中的 增加楼地面调整点 图标，方法与"增加板调整点"完全相同。

10.9.8　增加天棚调整点

单击左边中文工具栏中的 增加天棚调整点 图标，方法与"增加板调整点"完全相同。

10.9.9　房间符号移动

单击左边中文工具栏中的 房间符号移动 图标，命令行提示"选择需要调整的楼板或者房间符号位置:"，鼠标左键选取需调整位置的房间的符号，命令行提示"移动到"，鼠标左键在目的地单击，任务即完成。

10.9.10   布置屋面

单击左边中文工具栏中的 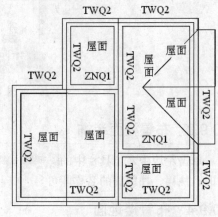布置屋面 图标，这里的屋面主要是指屋面的构造层，屋面的结构层可使用"自动生成板"、"布置楼板"命令生成。布置屋面与布置楼板的方法完全相同，可依次按墙的边线绘制出屋面（见图10-9-5）。

图 10-9-5   布置屋面

10.9.11   屋面变斜

单击左边中文工具栏中的 屋面变斜 图标，方法与"平板变斜"完全相同。在楼板已经变斜后可以使用第二种方法，即左键单击"屋面、天棚随板调整高度" 图标，后续操作方法与"平天棚变斜"第二种方法完全一致。

10.9.12   设置防水屋面卷起高度

单击左边中文工具栏中的 设置防水屋面卷起高度 图标。相关操作过程依次为：命令行提示"请选择设置卷起高度的对象："，算量平面图形只显示屋面，其余构件被隐藏，左键选取要设置卷起高度的屋面，被选中屋面的边线变为红色；命令行提示"请选择要设置卷起高度的边："，左键框选此屋面要卷起的边（可以多选），选好后回车确认；命令行提示"请输入卷起高度或点选两点获得距离<?>："，在命令行输入此边卷起的新的高度值，回车确认；命令不结束，命令行依然提示"请选择要设置卷起高度的边："，可以继续选择其他屋面要卷起的边，如无须再选择则可直接回车退出设置卷起高度的命令；设置卷起高度的屋面的边上有相应的卷起高度值（见图10-9-6）。

图 10-9-6   设置防水屋面卷起高度

10.9.13   增加屋面调整点

单击左边中文工具栏中的 增加屋面调整点 图标，方法与"增加板调整点"完全相同。

10.9.14   其他相关问题

错层结构中不同标高交接处的墙在一侧被楼板分成上、下两段，上段是一种装饰，下段是另一种装饰，绘制时应遵守软件规则。为此，可通过两种方法进行处理：一是分成若干层处理；二是通过墙裙及墙面用高度区分。

若房间的墙体是用不同的材质来做的（比如一个房间有四堵墙，其中有砼材质的、有空心砖的、还有加气砼砖和页岩砖的），在布置房间装饰时应遵守软件规则。天工算量软件中，墙装饰没有自动按墙识别的功能，若各个墙面的粉刷做法都一样，则不必管墙体采用何种材料（做法同一般房间装饰的做法）。若四堵墙的粉刷做法各不一样，就应定义4种墙面装饰并应分别各套相应的定额（在房间装饰中先选择其中一种墙面装饰，然后布置房间，之后利用"构件名称更换"单击布置后的墙面装饰符号，把那堵墙的墙面装饰改成相应的材料）。

阳台立面有装饰（比如一半是栏板，另一半是栏杆）时应遵守软件规则设置，即应在套好定额后再在量值调整里调整工程量系数（按需要各填写0.5即可）。

若一工程已经布置好了墙面装饰并单击了"自动修复"命令，此时有些墙面装饰会丢掉且单个构件检查时会显示本构件未套定额，原因是没有彻底掌握软件规则。布置构件时，有些没有捕捉好的地方使用"自动修复"后，软件会自动整理，但当做完装饰后使用"自动修复"就会经常发生装饰丢失现象，因此，应在做装饰之前就单击"自动修复"然后再布置装饰，这样就不会出现上述情况了。因此，应切记不要急于布置装饰。

单独设置每一面墙的装饰应遵守软件规则，若不是单独一面墙，则应先形成房间装饰，然后运行"构件名称更换"选取房间装饰内粉红的三角形的图标，然后就可以设置想要布置的每一面墙了。利用天工算量软件可以单独进行内墙装饰（不是房间装饰），不过还是要形成房间装饰。因此，可以先画 0 墙去闭合一个很小的空间作为房间，然后只需在这堵墙上布置装饰即可。

布置房间装饰时，有的房间天棚是吊顶的，有吊顶的房间内墙装饰应算到吊顶处，快捷解决墙装饰高度问题的方法是，套上定额后在属性定义的附件尺寸中输入扣减高度。

若柱和墙相交但粉刷材料却不一样，在算柱粉刷时扣除墙体所占面积时应用计算规则调整（即墙规整时应扣除柱，柱单独布置装饰）。

柱面处理是有区别的，独立柱按柱面粉刷计算，靠墙的柱面粉刷并入墙体。天工算量软件用外墙装饰的功能可以实现柱侧的粉刷（在计算规则要选择加柱侧），完全独立的柱用布置柱面装饰实现。

在同一轴线上同一层外墙用不同装饰材料时的绘制应遵守软件规则，即长度方向用 0 墙隔断；高度方向用墙裙和墙面来解决问题。

室内独立的梁（和板不连）的装饰应根据软件规则计算（工业厂房里经常有这种单梁连续梁出现），方法是自定义断面，然后双击边选择是否需要粉刷。

天工算量软件布置房间装饰时，外墙面也一同布置上了，尽管界面显示了外墙面也布置了，但实际上是没有工程量的。

单独布置地面、天棚后，房间的墙面装饰应按软件规则布置，即单独布置了地面、天棚后，房间的墙面装饰可以在房间的属性定义时只选择墙面，地面和天棚处不要选择（保留空白）。

在工程中布置房间装饰时，若两个房间中间没有分隔墙但其装饰做法不同，处理时应遵守软件规则，即用 0 墙把这个房间一分为二，形成房间装饰时就会自动生成两个房间，然后分别定义就行了，0 墙是不参加工程量计算的。

楼梯间可以定义为房间，除顶层外，其他房间中不定义天棚装饰，但底层要定义楼地面。

梁侧抹灰的处理应遵守软件规则。方法是梁中套梁侧粉刷时，内墙面计算规则选择扣梁（适合于梁侧面粉刷单独计算）；梁中不套梁侧粉刷时，内墙面计算规则选择不扣梁（适合于梁侧面粉刷同墙面粉刷）。

在生成房间装饰时只能形成一个大房间而分隔好的房间却不形成房间的原因是，房间没有封闭。解决办法是关闭所有图层，只显示墙中线图层，可看到房间没有闭合，然后将没有闭合的墙用 0 墙闭合就可以了。布置墙时不要只布置到柱边，墙会被扣减掉的。

装饰计算规则中，地砖和水泥砂浆面层的计算规则不同，地砖按实贴面积计算，而水泥砂浆则按中心线面积计算。利用天工算量 2015 布置楼地面装饰时是按墙体的中心线进行布置的，在构件属性定义中可这样定义楼地面，但地砖和水泥砂浆应分别套用相应的定额（面层和基层）然后再修改计算规则的扣减关系，地砖（面层）计算规则中选择扣主墙，水泥砂浆（基层）计算规则中不选择扣主墙即可满足要求。对整个工程楼地面计算规则的修改可在工具菜单里打开定额计算规则进行全局的修改，即分别修改基层和面层的计算规则。若要扣除墙面抹灰厚度，则只计算地砖净面积。为此，可先使用 offset 命令输入抹灰厚度，选择墙体内线重复一下地面，套上相应的定额即可，当然，也可以通过在属性定义中对计算结果进行编辑再乘上相应的系数（净地砖面积）实现。

电梯间内装和户内一样时，布置电梯间装修应遵守软件规则。方法是定义电梯间或楼梯间的房间，天棚和楼地面不要定义，形成房间装饰时，图形上会显示天棚和楼地面的符号（虽然显示但却没有量。操作者可借助小眼镜检验一下，界面会提示你所选构件没套定额，所以量是不会增加的）。

10.10 基础绘制

10.10.1 布置砖基础

单击左边中文工具栏中的 布置砖基 图标可绘制砖基础。相关操作过程依次为：左键选取布置砖基的墙的名称（也可以左键框选），选中的墙体变虚，回车确认；砖基会自动布置在墙体上，再根据实际情况使用"名称更换"命令更换不同的砖基。布置的砖基（青色）的三维图形见图 10-10-1。

图 10-10-1 布置的砖基（青色）的三维图形

10.10.2 布置条形基础

单击左边中文工具栏中的 布置条基 图标可绘制条形基础。相关操作过程依次为：左键选取布置条基的墙的名称（也可以左键框选），选中的墙体变虚，回车确认；条基会自动布置在墙体上，再根据实际情况使用"名称更换"命令更换不同的条基。布置的条基（灰色）的三维图形见图 10-10-2。

图 10-10-2 布置的条基（灰色）的三维图形

10.10.3 布置独立基础

单击左边中文工具栏中的 布置独基 图标可绘制独立基础、承台。相关操作过程依次为：自动弹出"选择布置方式"对话框（见图 10-10-3）；软件默认为"图中选择柱"，单击"确定"按钮，选择图中相应的柱（可以选择一个柱，也可以选择多个柱），选择好后回车确认，软件自动布置好独基。需要强调的是，暗柱上布置独基只能选用"选择插入点"的方式，布置的独基（灰色）的三维图形见图 10-10-4。布置独立基础时相关菜单的含义见表 10-10-1。

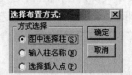

图 10-10-3 "选择布置方式"对话框

图 10-10-4 布置的独基（灰色）的三维图形

表 10-10-1 布置独立基础时相关菜单的含义

图中选择柱	若独基、承台上有柱，可以在图中选相关的柱
输入柱名称	输入要布置的独基、承台上的柱的名称，软件会自动布置上独基、承台
选择插入点	若要布置的独基、承台上没有柱，直接由相应的点来确定其位置

10.10.4 布置其他桩基

单击左边中文工具栏中的 布置其他桩 图标可布置其他种类的桩基，方法与布置独基完全相同，限于篇幅不再赘述。需要强调的是构件"其他桩"是不能三维显示的。

10.10.5　布置人工挖孔桩

单击左边中文工具栏中的 ![]布置人工挖孔桩 图标可布置人工挖孔桩，方法与布置独基完全相同。限于篇幅不再赘述。需要强调的是构件"人工挖孔桩"、"其他桩"是不能三维显示的。

10.10.6　布置满堂基础

单击左边中文工具栏中的 ![]布置满堂基础 图标。相关操作过程依次为：自动弹出"请选择布置满基方式"对话框（见图 10-10-5）；选择"自由绘制"这种方式依次捕捉交点，最后一点回车闭合。布置的满堂基础（粉色）的三维图形见图 10-10-6。布置满堂基础时相关菜单的含义见表 10-10-2。

图 10-10-5　"请选择布置满基方式"对话框　　　　图 10-10-6　布置的满堂基础（粉色）的三维图形

表 10-10-2　布置满堂基础时相关菜单的含义

自动形成	从墙体的中心线向外偏移一定距离后自动形成满堂基础。方法是软件提示"请选择包围成满基的墙"时回车确认；软件提示"满堂基础的向外偏移量<120>"时输入数值、回车确认
自由绘制	按照确定的满堂基础各个边界点，依次绘制。方法与"布置板-自由绘制"方法完全相同

10.10.7　满堂基础变斜

单击左边中文工具栏中的 ![]满堂基础变斜 图标，方法与"平板变斜"的方法完全相同，限于篇幅不再赘述。

10.10.8　修改满基边界剖面形状

单击左边中文工具栏中的 ![]修改满基边界剖面形状 图标，主要是解决有些满堂基础的边界成梯形或三角形状或相邻的满堂基础有高差而需要底边变大放坡的问题。相关操作过程依次为：图形中除满堂基础外，其他构件被隐藏掉，左键选取要设置放坡的满基；被选择的满堂基础变为红色，左键选取要设置放坡的边（可以选择多条边）回车确认；弹出"定义满基边界形式"对话框（见图 10-10-7）；单击"添加"按钮添加"放坡"形式，输入 a、b 值（见图 10-10-8）；设置好的满堂基础放坡的三维图形见图 10-10-9。修改满基边界剖面形状时相关菜单的含义见表 10-10-3。

图 10-10-7　"定义满基边界　　　　图 10-10-8　添加"放坡"形式　　　　图 10-10-9　设置好的满堂基础
　　　　　　　形式"对话框　　　　　　　　　　后输入 a、b 值　　　　　　　　　　放坡的三维图形

表 10-10-3　修改满基边界剖面形状时相关菜单的含义

添加	在"已定义的满基边界形式"中增加一个"放坡"
修改	修改在"已定义的满基边界形式"所选中的放坡/无放坡的名称
删除	删除在"已定义的满基边界形式"所选中的放坡/无放坡

10.10.9　增加满堂基础调整点

单击左边中文工具栏中的 增加满基调整点 图标，其方法与"增加板调整点"的方法完全相同，限于篇幅不再赘述。

10.10.10　布置井

单击左边中文工具栏中的 布置井 图标可绘制集水井、电梯井等。相关操作过程依次为：命令行提示"输入插入点（中心点）"，直接用鼠标左键选取井的插入点；命令行提示"输入旋转角度"，直接输入角度后回车确认即可。需要说明的是，构件"井"是不能三维显示的。

10.10.11　修改不对称条基左右方向

单击左边中文工具栏中的 改不对称条基左右方向 图标可改变不对称条基的左右方向。图 10-10-10 和图 10-10-11 中不对称条基较长一边的方向是不一样的。

图 10-10-10　修改前的条基　　　　　　图 10-10-11　修改后的条基

10.10.12　布置基础梁

单击左边中文工具栏中的 布置基础梁 图标，方法与"布置梁"的方法完全相同，限于篇幅不再赘述。

10.10.13　轴网变基础梁

单击左边中文工具栏中的 轴网变基础梁 图标，方法与"轴网变梁"的方法完全相同，限于篇幅不再赘述。

10.10.14　线变基础梁

单击左边中文工具栏中的 线变基础梁 图标，方法与"线变梁"的方法完全相同，限于篇幅不再赘述。

10.10.15　基础梁拉伸

单击左边中文工具栏中的 基础梁拉伸 图标，方法与"梁拉伸"的方法完全相同，限于篇幅不再赘述。

10.10.16　基础梁偏移

单击左边中文工具栏中的 🖋·基础梁偏移 图标，方法与"梁偏移"的方法完全相同，限于篇幅不再赘述。

10.10.17　其他相关问题

在绘制一个工程时，若砖基础既不扣减框架柱也不扣减构造柱且地圈梁也没有扣减框架柱，则应查明原因。应检查砖基础的标高，看其到底有没有和柱相交，若没相交，当然也就不会扣减了。

当基础上部是砖基、下面是钢筋砼时，应根据软件规则布置构件，即应先布置钢砼条基，再布置砖基，再分别调整它们的标高。

在绘制时，基础承台与柱不连在一起时应查明原因。若承台和基础柱子没连在一起显示，则应该是层高设置问题，基础层高设置为 0、楼地面标高也设置为 0，然后各种基础的底标高在属性定义中设置，由于墙和柱是不会自动降到基础顶面上的，所以一层的墙和柱的底标高也要在属性定义中特别设置为相应基础顶面的标高，个别基础和墙、柱的标高可用"个别构件高度调整"命令来单独调整，这样调整后，柱应可降到承台上。

圆台形的砼满堂基础或者圆台形的独立基础应根据软件规则设置，即先画一个圆，然后用线变墙，再用布置异型断面的方法布置基础就可以了。

垫层的上中下是有用处的。天工算量软件对基础垫层支持多道（目前支持三道垫层），若基础下面有数道垫层，则应在附件尺寸中设置垫层之间的位置，以便于与其相交的构件进行扣减。

10.11　零星构件绘制

10.11.1　布置出挑构件

下面以阳台为基础进行讲解，雨篷的布置方法与阳台完全一样，空调板的布置可使用布置板的命令来完成。在生成阳台前，可在左边的属性工具栏中定义好不同属性的阳台并选择一个。具体可参考本章 10.14 节中"属性定义"中的"阳台"。

1．布置常规凸阳台

单击左边中文工具栏中的 🖋布置出挑构件 图标，然后在左边属性栏中的下拉栏中选择阳台。相关操作过程依次为：按软件提示左键选取设置出挑构件的墙的名称，被选中的墙体变虚线；命令行提示"墙体布置在：中线（M）/<外边线>"，回车确认，按外边线开始；弹出如图 10-11-1 所示的"请选择布置阳台方式"对话框，默认为"自由绘制"，单击"确定"按钮；命令行提示"出挑构件距基点距离"C-变换参考点"/<0>"；命令行提示"请选择出挑构件形状"1-矩形，2-任意形状"<1>"，回车确认默认矩形；输入阳台的宽度，回车确认；输入阳台的长度，回车确认，相关过程见图 10-11-2。布置常规凸阳台时相关菜单的含义见表 10-11-1～表 10-11-3。

表 10-11-1　布置常规凸阳台时相关菜单的含义

中线（M）	若从外墙的中线开始布置出挑构件，则在命令行中输入 M，回车确认
外边线	回车确认，默认为外墙外边线，即从墙的外边线开始布置出挑构件

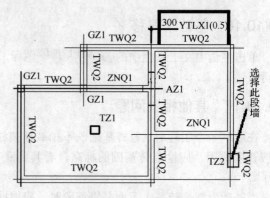

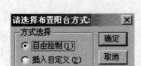

图 10-11-1 "请选择布置阳台方式"对话框　　　　　图 10-11-2 布置常规凸阳台

表 10-11-2 出挑构件距基点距离相关菜单的含义

出挑构件距基点距离	是指阳台栏板中心到外墙外边线的距离。方法是键盘输入数值，回车确认
C-变换参考点	若知道另一个端点距阳台栏板中心线的距离，需要变化一下参考点。方法是按键名 C，回车确认，键盘输入数值，回车确认

表 10-11-3 选择出挑构件形状相关菜单的含义

1-矩形	生成正方形或长方形阳台
2-任意形状	可以自由绘制的任意形状的阳台

2. 布置常规凹阳台

布置方法详见下面的"自定义阳台"，此时在设置阳台时只需把三面设为靠墙、另外一面设置为栏杆。

3. 自定义阳台

实际生活中的阳台形状并不都是矩形或正方形的，因此需要时应自定义阳台断面。可执行菜单"构件属性"中的"自定义断面"，会弹出如图 10-11-3 所示的对话框，单击"阳台"前面的"+"，软件默认设置好的阳台就会显示出来，单击鼠标右键出现右键菜单，选择"增加自定义图形"，见图 10-11-4；会增加一个有 4 个节点的图形，由于要布置的阳台的断面有 8 个，因此需要增加节点，左键单击"在边上增加点"按钮，依次增加 4 个点（见图 10-11-5）；单击"编辑"按钮，图形中间会出现一个蓝色夹点（见图 10-11-5，这是定位点），将光标放到黄色夹点内后光标变为"十"字形，按住鼠标左键拖动黄色夹点大致拖出断面的形状，并将蓝色定位点与转角点重合（见图 10-11-6）；单击"标注"按钮，输入各边的尺寸，再单击"编辑"按钮回到编辑状态；单击"边属性编辑"按钮出现一个方框，方框放到那条边上后，该边变为黄颜色，左键单击，出现如图 10-11-7所示的对话框，然后对各边进行编辑（需要注意的是，若某条边为弧形，则可按"半径"、"拱高"、"角度"输入相关尺寸；若边类型选择为靠墙，则表示没有栏板或栏杆）；编辑完的图形如图 10-11-8所示，单击"保存"按钮，单击右上角的"X"按钮，退出。

编辑过程中应巧妙利用软件规则。若用户可以用 CAD 绘制出自定义断面，则直接单击"提取图形"，然后界面会自动切换到 CAD 绘图区，这时就可以提取用户以前绘制的 CAD 断面了（需要强调的是，所提取的断面必须是一个封闭区域），然后再设置哪边靠墙和栏杆就可以了，若尺寸需要更改，则再单击标注标签进行编辑即可。

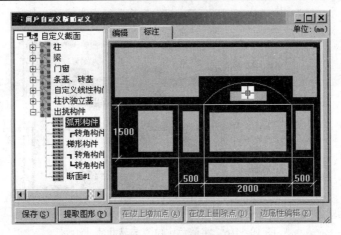

图 10-11-3　自定义断面

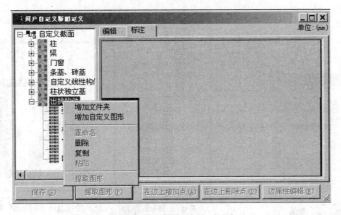

图 10-11-4　增加自定义图形

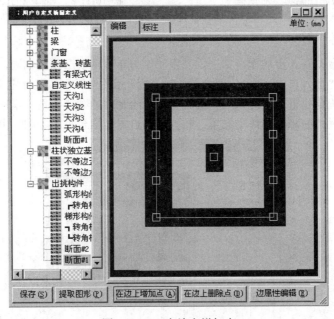

图 10-11-5　在边上增加点

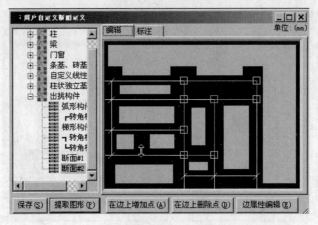

图 10-11-6　将蓝色定位点与转角点重合

图 10-11-7　"当前边属性编辑"对话框

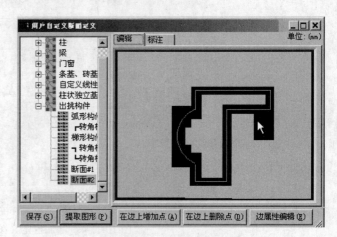

图 10-11-8　编辑完的图形

4．布置自定义阳台

布置自定义阳台共有 5 步动作，第一、二步动作与布置常规凸阳台相同，后续动作依次为：在"步骤"中选择"插入自定义"；出现如图 10-11-9 所示的对话框，选择定义好"断面 2"后确定，左键选取点以确定位置；有时，阳台的布置与墙绘制时的顺序有关，当出现旋转不正确等情况时可以试着选择另外的相邻墙体来布置，布置好的自定义阳台见图 10-11-10。

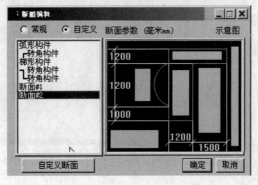

图 10-11-9　自定义断面

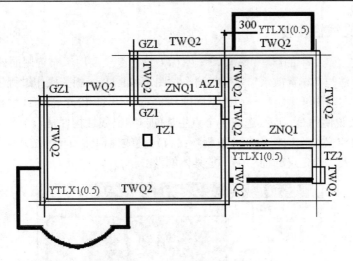

图 10-11-10　布置好的自定义阳台

10.11.2　布置天井

单击左边中文工具栏中的 布天井 图标，该命令用于屋面有天井或开洞口或扣建筑面积时的情况。布置天井的方法与"板上开洞"相同。限于篇幅不再赘述。

10.11.3　形成建筑面积计算范围

单击左边中文工具栏中的 形成建筑面积计算范围 图标，启动该命令后，图形中会自动根据外墙的外边线形成图形的墙外包线，形成后可以使用"构件显示"命令查看墙外包线的形成情况。需要说明的是，该命令主要是为简便计算建筑面积而设置的，计算建筑面积之前均要形成墙外包线。

10.11.4　增加建筑面积调整点

单击左边中文工具栏中的 增加建筑面积调整点 图标，该命令主要用于调整建筑面积线，方法与"增加板调整点"完全相同，限于篇幅不再赘述。

10.11.5　布置散水

单击左边中文工具栏中的 布置散水 图标，该命令主要用于布置一层外墙处的散水，可在属性定义中完成并定义好散水的属性，具体可参考本章 10.14 节中"属性定义"中的"散水"。相关操作过程依次为：左键选取散水第一点；左键选取散水下一点；命令不结束即可继续左键选取散水下一点，回车则结束命令。需要说明的是，连续选取各个点生成的散水是一个整体，一旦删除其中的某一段，则整个散水将全部被删除。

10.11.6　布置排水沟

单击左边中文工具栏中的 布置排水沟 图标，该命令主要用于布置地面排水用的排水沟。布置排水沟的方法与"布置散水"完全相同，具体可参考本章 10.14 节中"属性定义"中的"排水沟"。需要说明的是，连续选取各个点生成的排水沟是一个整体，一旦删除其中的某一段，则整个排水沟将全部被删除。

10.11.7　自定义线性构件

单击左边中文工具栏中的 自定义线性构件 图标，该命令主要用于布置屋面处天沟或檐口。自定义线性构件的方法与"布置散水"完全相同（见图 10-11-11）。相关操作过程依次为：定义好线性构件的断面；按实际图纸规定每一边的不同做法（见图 10-11-12）；获得线性构件的三维图（见图 10-11-13）。需要说明的是，连续选取各个点生成的自定义线性构件是一个整体，一旦删除其中的某一段则整个自定义线性构件将全部被删除；自定义线性构件的每一边均可以在"属性定义-自定义线性构件"及"自定义断面"中规定具体的做法。

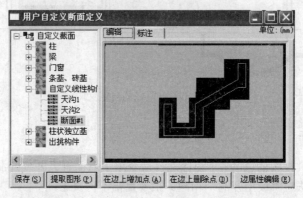

图 10-11-11　布置散水

图 10-11-12　边属性编辑

图 10-11-13　线性构件的三维图

10.11.8　其他相关问题

若用算量软件计算后，建筑面积的显示只有一张空表且表格里计算面积没有量，则说明没有遵守软件规则。解决办法是，应先在表格法计算里增加一个计算项目，再在计算项目里选择建筑面积，然后即可自动出现结果，单击"保存"按钮后就大功告成了。

出挑构件可以采用自由绘制的方法进行绘制，虽然是斜的但可以算出斜长，这样按照正常的出挑构件布置方法便可以布置了。另外，还可以在"量值调整"里乘以一个系数（系数值=斜长/水平投影长）。

天工算量中形成建筑面积的线是沿外墙体的外边沿形成的，对有柱的走廊应进行变通处理。具体有两种方法：增加 0 墙；调整建筑面积线的编辑点。

　　檐沟的内侧为水泥砂浆、外侧为外墙面砖时的属性定义方法应遵守规范规则。方法是借助自定义线性构件功能，双击内侧设为做法一（定额套用水泥砂浆），双击外侧为做法二（套用外墙面砖），设置好之后便会在报表中显示（但定义的截面上不显示）。

　　在一堵砖墙上测试布置阳台时，软件会提示"您所选的墙无法布置出挑构件"，原因是一堵墙不能布置出挑构件，只有封闭的房间外墙才能布置，若只有一堵墙，则可以用 0 墙进行封闭。

10.12　多义构件绘制

10.12.1　点构件

　　单击左边中文工具栏中的 · 点构件 图标可用于计算个数，方法是左键选取实体点的插入点；命令不结束即可继续选择，回车则结束命令。

10.12.2　线构件

　　单击左边中文工具栏中的 —线构件 图标可用于计算水平方向的长度，其方法与布置散水完全相同，限于篇幅不再赘述。

10.12.3　面构件

　　单击左边中文工具栏中的 □面构件 图标可用于计算形成封闭区域的面积，其方法与布置板-自由绘制完全相同，限于篇幅不再赘述。需要强调的是，布置砖石条基时应按一定的顺序进行，比如先横轴（由上到下）再纵轴（由左到右）。

10.12.4　体构件

　　单击左边中文工具栏中的 ▱体构件 图标可用于计算体积和表面积，其方法与点构件完全相同，限于篇幅不再赘述。

10.13　楼层选择与复制

10.13.1　选择楼层

　　执行 2层 ▾ "选择楼层"命令，保存本楼层工程就可以切换到需要的楼层了。

10.13.2　复制楼层

　　执行 ✍ "复制楼层"命令，弹出如图 10-13-1 所示的对话框。复制楼层相关菜单的含义见表 10-13-1。如图 10-13-1 所示，该状态时只复制源层的构件，不复制构件的属性，复制到目标层构件的属性要重新定义。如图 10-13-2 所示，该状态时复制源层的构件，也复制构件的属性；若目标层中构件已有属性，则将目标层中的构件属性覆盖掉而将已经套用的清单重新编号；若不勾选"属性覆盖"、"清单重新编号"，则只是在目标层中追加构件属性、清单不重新编号。

图 10-13-1 "楼层复制"对话框

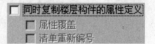

图 10-13-2 状态 1

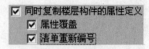

图 10-13-3 状态 2

表 10-13-1 复制楼层相关菜单的含义

源层	原始层，即要将哪一层进行复制
目标层	要将源层复制到的楼层
图形预览区	楼层中有图形的将在图形预览区中显示出来
所选构件目标层清空	含义是指被选中的构件进行覆盖复制，比如在"可选构件"中选中了"框架梁"，即使目标层中有框架梁，也将被清空并由源层中的框架梁取代
可选构件	选择要复制到目标层的构件

10.14 构 件 属 性

10.14.1 构件属性定义

1. 构件属性定义界面

"构件属性定义"对话框如图 10-14-1 所示，它与属性工具栏相比，功能更集中、更强大。构件属性定义中相关菜单的含义见表 10-14-1，构件分类按钮中相关菜单的含义见表 10-14-2。

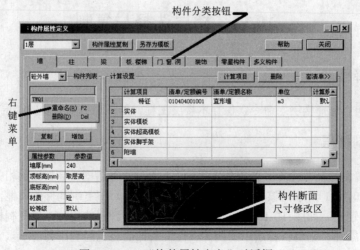

图 10-14-1 "构件属性定义"对话框

表 10-14-1　构件属性定义中相关菜单的含义

0层 ▼	指定对哪一层的构件属性进行编辑，左键单击下拉按钮，可以选择
构件属性复制	"构件属性复制"按钮，对构件属性进行复制
另存为模板	参见另存为属性模板
帮助	需要时弹出帮助文件
关闭	对话框的内容完成后，退出，与右上角的"×"按钮的作用相同

表 10-14-2　构件分类按钮中相关菜单的含义

构件分类按钮	分为墙、柱、梁、基础等九大类构件
框架梁 ▼	每一大类构件中的小类构件，左键单击下拉按钮，可以选择
构件列表	小类构件的详细列表，构件个数多时，支持鼠标滚轮的上下翻动功能
右键菜单	单击右键，弹出右键菜单，对小类构件中的每一种构件重命名或删除，也可按 F2 键进行重命名或按 Del 键删除构件
复制	对小类构件复制，复制的新构件与原构件属性完全相同
增加	增加一个新的小类构件，属性要重新定义
属性参数、属性值	对应每一个小类构件的属性值，对应构件不同，属性项目会有所不同
构件断面尺寸修改区	对应每一个小类构件的断面尺寸
计算设置	主要是套清单的设置，可以对其中的计算规则、计算项目等进行设置

2．构件属性复制

相关操作过程依次为：单击"构件属性复制"按钮，弹出"构件属性复制向导"对话框（见图 10-14-2）；楼层间构件复制，单击"下一步"按钮，弹出如图 10-14-3 所示的对话框；定额、计算规则复制（同层），单击"下一步"按钮，弹出如图 10-14-4 所示的对话框；同名构件属性复制（不同层），单击"下一步"按钮，弹出如图 10-14-5 所示的对话框。需要强调的是，复制方案中必须选择一项，否则"同名构件属性复制"操作将没有意义。楼层间构件复制中相关菜单的含义见表 10-14-3，源楼层中相关菜单的含义见表 10-14-4，源构件中相关菜单的含义见表 10-14-5。

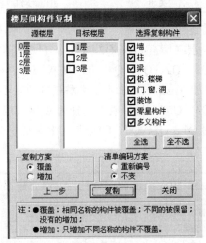

图 10-14-2　"构件属性复制向导"对话框　　　　图 10-14-3　"楼层间构件复制"对话框

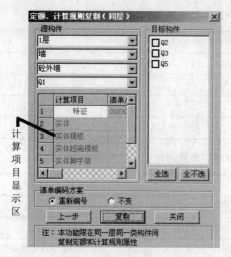
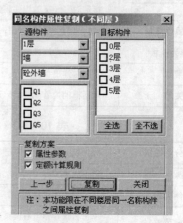

图 10-14-4 　"定额、计算规则复制（同层）"对话框　图 10-14-5 　"同名构件属性复制（不同层）"对话框

表 10-14-3 　楼层间构件复制中相关菜单的含义

楼层间构件复制	不同楼层间的构件属性的复制
定额、计算规则复制（同层）	同一楼层上，同类构件定额、计算规则的复制
同名构件属性复制（不同层）	不同楼层间的同一名称构件之间的属性的复制

表 10-14-4 　源楼层中相关菜单的含义

源楼层	选择哪一层的构件属性进行复制
目标楼层	将源楼层构件属性复制到哪一层，可以多选
选择复制构件	选择源楼层的哪些构件进行复制，可以多选
复制方案	选有"覆盖"、"增加"两个单选项，下面有各项具体含义
清单编码方案	选有"重新编号"、"不变"两个单选项，清单编码可重新编号也可不变
上一步	单击此按钮，可以回到"构件属性复制向导"对话框
复制	单击此按钮，开始复制
关闭	退出此对话框，与右上角的"×"按钮的作用相同

前述所谓"覆盖"是指相同名称的构件被覆盖、不同的被保留、没有的增加，比如源楼层选择为 1 层（墙有 Q1、Q2、Q3）、目标楼层选择为 2 层（墙有 Q1、Q4），覆盖后则 2 层中的墙体变为 Q1、Q2、Q3、Q4（即 Q1 被覆盖、Q4 被保留、原来没有的 Q2、Q3 为新增构件）。前述所谓"增加"是指只增加不同名称的构件、不覆盖原有构件属性，比如源楼层选择为 1 层（墙有 Q1、Q2、Q3、Q5）、目标楼层选择为 2 层（墙有 Q1，该 Q1 与 1 层 Q1 不同），增加后则 2 层中的墙体变为 Q1、Q2、Q3、Q5（即 Q1 保持不变、原来没有的 Q2、Q3、Q5 为新增构件）。

表 10-14-5 　源构件中相关菜单的含义

源构件	可以选择到某楼层中的大类构件中的小类构件的具体哪一个
目标构件	要将源构件属性复制到哪一个构件中，可以多选
计算项目显示区	显示已选中源构件的计算项目、清单编号、清单内容、计算规则等
清单编码方案	选"重新编号"、"不变"两个单选项，清单编码可重新编号也可不变
上一步	单击此按钮，可以回到"构件属性复制向导"对话框
复制	单击此按钮，开始复制
关闭	退出此对话框，与右上角的"×"按钮的作用相同

3．构件大类与小类

天工算量软件对构件按其性质进行了细化，不同种类构件的计算规则也不相同。比如砼外墙与砼内墙，布置墙体时，若是外墙则要使用砼外墙而不能用砼内墙，若是内墙则要使用砼内墙而不能用砼外墙，因两者的计算规则不相同，错误使用会带来错误结果。大类构件中相关菜单的含义见表 10-14-6。

表 10-14-6　大类构件中相关菜单的含义

大类构件	小类构件
墙	电梯井墙、砼外墙、砼内墙、砖外墙、砖内墙、填充墙、间壁墙
柱	砼柱、暗柱、构造柱、砖柱
梁	框架梁、次梁、独立梁、圈梁、过梁
板、楼梯	现浇板、预制板、楼梯
门窗洞	门、窗、飘窗、转角飘窗、墙洞
基础	满基、独基、柱状独基、砖石条基、砼条基、基础梁、集水井、人工挖孔桩、其他桩
装饰	房间、楼地面、天棚、踢脚线、墙裙、外墙面、内墙面、柱踢脚、柱裙、柱面、屋面
零星构件	阳台、雨篷、排水沟、散水、自定义线性构件
多义构件	点实体、线实体、面实体、实体

4．构件断面尺寸修改区

可以在构件断面尺寸修改区内直接修改构件断面的尺寸，左键单击相关断面的尺寸数据弹出"修改变量值"对话框，输入新的数据即可（见图 10-14-6）；也可左键单击该区域弹出"断面编辑"对话框（见图 10-14-7）；构件断面可以选择常规与自定义两大类，没有的断面可以通过"自定义断面"添加，具体方法可参考本章 10.14.3 节的"自定义断面"。

图 10-14-6　"修改变量值"对话框

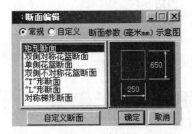

图 10-14-7　"断面编辑"对话框

5．计算设置

下面以砼外墙为例解释"计算设置"中各项的含义（见图 10-14-8）。"计算项目"的功能在于计算项目的显示控制，也可隐藏构件的部分计算项目，但若计算项目已经套有定额子目，则该计算项目是不能隐藏的，"计算项目显示"控制框见图 10-14-9。"删除"的功能在于删除已经套用的清单或定额子目，左键单击清单或定额子目呈深蓝色，左键再单击"删除"按钮即可。"套清单"的功能在于套用清单或定额子目，对要选择的清单或定额子目双击左键即可，见图 10-14-10。需要注意的是，若套用的清单已经使用过，则会弹出如图 10-14-11 所示的对话框，此时可以选用已有的清单编号，若构件的计算项目相同，则清单中相应的已套好的定额子目会自动跟进到新的构件上（否则定额子目不会出现）。

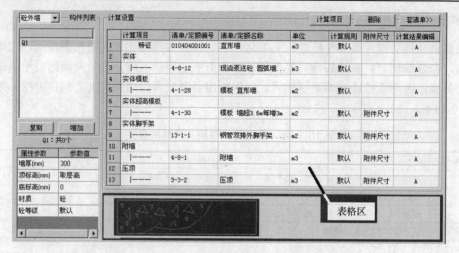

图 10-14-8　计算设置中各项的含义

图 10-14-9　"计算项目显示"控制框

图 10-14-10　套用清单或定额子目

图 10-14-11　选用已有的清单编号

"表格区"的功能在于构件计算的详细设置,表格区内带有浅黄颜色的均是可以弹出对话框的按钮。"特征"的功能在于每一个构件的项目特征,因构件不同,内容会有所不同,构件项目特征中的部分内容由属性参数直接得到而不需要再输入(见图 10-14-12)。"清单/定额编号"的功能在于套用清单的编码和定额的编号,在定额的编号空白处可以直接输入所套定额编号,输入完毕回车即可。"清单/定额名称"的功能在于说明套用的清单和定额的名称,左键双击清单/定额名称就可以修改。"单位"的功能在于说明构件计算的单位,它会随清单或定额自动产生,也可以修改(需要强调的是,构件的计算项目并不支持所有的单位,若单位错误,则单个构件可视化校验或计算日志中将会有提示。每一项计算规则中都有该计算项目所支持的单位,见图 10-14-13~图 10-14-15,用户使用前应全面了解清楚)。"计算规则"是针对构件的每一个计算项目的,每个项目都有一个具体的计算规则,砼外墙的实体模板的计算规则见图 10-14-13,计算规则中包括"计算方法"、"增加项目"、"扣减项目",其中"增加项目"、"扣减项目"的内容是可以调整的(需要强调的是,有的构件因计算项目的不同可能会没有"计算规则",有的计算规则可能也会没有"增加项目"或"扣减项目")。"附件尺寸"的功能在于处理构件计算项目的不同，有时需要附件尺寸加以辅助计算，构件不同，其附件尺寸的内容也会有所不同，比如砼外墙的压顶的附件尺寸（见图 10-14-16，需要强调的是，若压顶要计算面积则可不用输入"压顶断面宽度"这一参数）。

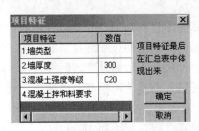

图 10-14-12　项目特征

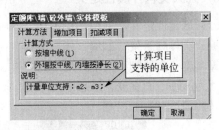

图 10-14-13　计算方法

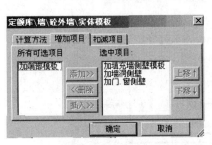

图 10-14-14　增加项目

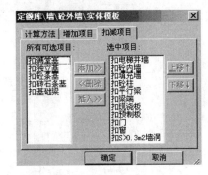

图 10-14-15　扣减项目

"计算结果编辑"的功能在于构件计算结果的量值调整，下面以墙的计算项目为实体进行举例说明（见图 10-14-17）。A 表示按图形计算得到的结果，若用数值来代替 A，比如输入 5 则表示此墙的计算结果均按 5m³ 得出，相当于直接输入工程量。A*1.2+3 表示此墙的计算结果均是按 A 乘以 1.2 加 3m³ 得出的，相当于对工程量进行了调整。"表达式显示"中若不输入任何数值或字母，则软件强制默认为 A。

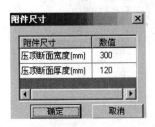

图 10-14-16　附件尺寸

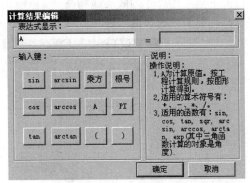

图 10-14-17　计算结果编辑

应重视一些技巧的应用。一个构件工程量的多少和计算方法、扣减关系有直接关系，用户在验证每个构件的工程量时一定要注意计算方法，即你的结果是怎样计算出来的以及相应的扣减关系，见图 10-14-13，应通过设置相应的扣减关系得到你所要的结果。另一个应该注意的问题是，当你想输入一些参数时却发现不知道在什么地方输入，这时不妨看一下套完清单或定额后表格区中的"附件尺寸"（见图 10-14-18），也许你所需要输入的参数都已在此输入并得到了你所想要的结果。

6．九大类构件属性定义

（1）墙属性定义，见图 10-14-18。砖质墙体可以计算的项目有四项，砼墙体有六项。实体超高模板、实体脚手架、附墙、压顶带有附件尺寸，实体超高模板附件尺寸为底层底标高、超高模板起算高度；实体脚手架附件尺寸为底层底标高；附墙附件尺寸为附墙厚度、附墙高度；压顶附件尺寸为压顶断面宽度、压顶断面厚度。墙体其他属性还包括墙厚、顶标高、底标高、材质、砼等级（砖墙没有）。

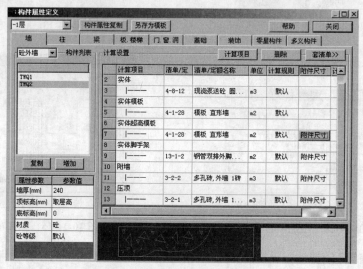

图 10-14-18　构件属性定义—墙

（2）柱属性定义，见图 10-14-19。砖柱可以计算的项目有三项，砼柱有五项。实体超高模板、实体脚手架、实体粉刷有附件尺寸，实体超高模板附件尺寸为底层底标高、超高模板起算高度；实体脚手架附件尺寸为底层底标高；实体粉刷附件尺寸为底层底标高。柱其他属性还包括顶标高、底标高、材质、砼等级（砖柱没有）、断面尺寸。

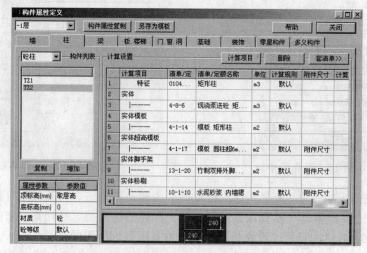

图 10-14-19　构件属性定义—柱

（3）梁属性定义，见图 10-14-20。圈梁、过梁可以计算的项目有两项，框架梁、次梁、独立梁有四项。梁其他属性还包括顶标高、砼等级、断面尺寸。

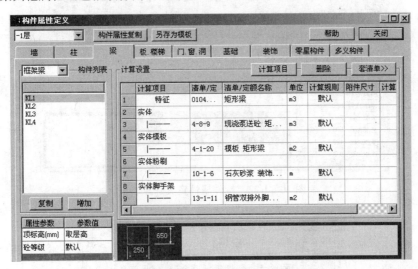

图 10-14-20　构件属性定义—梁

（4）板、楼梯属性定义。板见图 10-14-21，现浇板、预制板可以计算的项目有两项，现浇板、预制板其他属性还包括板厚度、顶标高，砼等级。预制板见图 10-14-22，预制板可以计算的项目有两项（见图 10-14-23），预制板属性参数在图集名称中，若已经套用了相应的预制板的编号，则再修改长度、宽度、厚度这三个数值对结果是不起作用的，因为在计算规则中，计算方法默认为"直接调用图集标准体积"。楼梯见图 10-14-24，楼梯的计算项目有实体、实体模板、展开面层装饰、踢脚、楼梯底面粉刷、楼梯井侧面粉刷、栏杆、靠墙扶手八项，单击楼梯的断面编辑处会出现具体形式（见图 10-14-24），楼梯的布置方法应重视天工算量软件规则（参见本书前述的"布置楼梯"内容），图 10-14-24 中的楼梯定位点是供布置楼梯定位使用的，梁板搁置长度是指楼梯梁板深入两边墙的长度，楼梯的断面编辑框中的任何绿颜色的数值都是可以修改的（修改后，软件自动计算，只要保存数据，即可退出），楼梯能够三维显示。

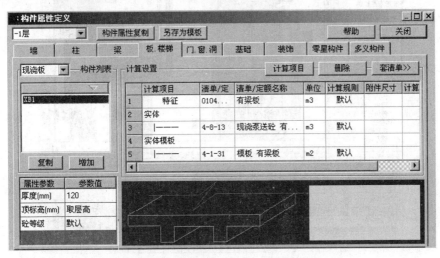

图 10-14-21　构件属性定义—板、楼梯

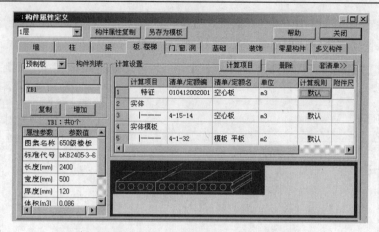

图 10-14-22　构件属性定义—预制板

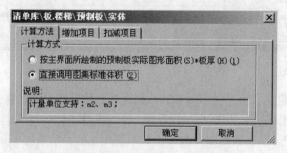

图 10-14-23　预制板计算项目

图 10-14-24　楼梯计算项目

（5）门、窗、洞属性定义，见图 10-14-25 和图 10-14-26。门可以计算的项目有五项，窗可以计算的项目有六项。门的计算项目均有附件尺寸，实体、门窗框附件尺寸为门窗框扣减宽度、门槛缝扣减高度；门窗内、外侧粉刷附件尺寸为门窗内、外侧计算粉刷宽度；筒子板附件尺寸为筒子板计算宽度。窗的计算项目均有附件尺寸，实体附件尺寸为门窗框扣减宽度；门窗内、外侧粉刷附件尺寸为门窗内、外侧计算粉刷宽度；窗台附件尺寸为窗台计算长度、窗台计算宽度；窗帘盒附件尺寸为窗帘盒长度；筒子板附件尺寸为筒子板计算宽度。门窗的其他属性还包括门窗框厚、底标高，断面尺寸。飘窗、转角飘窗属性定义见图 10-14-27，飘窗、转角飘窗可以计算的项目有实体、上挑板实体、下挑板实体、上挑板上表面粉刷、上挑板下表面粉刷、下挑板上表面粉刷、下挑板下表面粉刷、上下挑板侧面粉刷、墙洞壁粉刷、窗帘盒、筒子板 11 项，窗帘盒、筒子板计算项目有附件尺寸，窗帘盒附件尺寸为窗帘盒长度，筒子板附件尺寸为筒子板计算宽度，飘窗、转角飘窗的其他属性还包括框厚、底标高，砼等级、断面尺寸。

图 10-14-25　门、窗、洞属性定义之 1

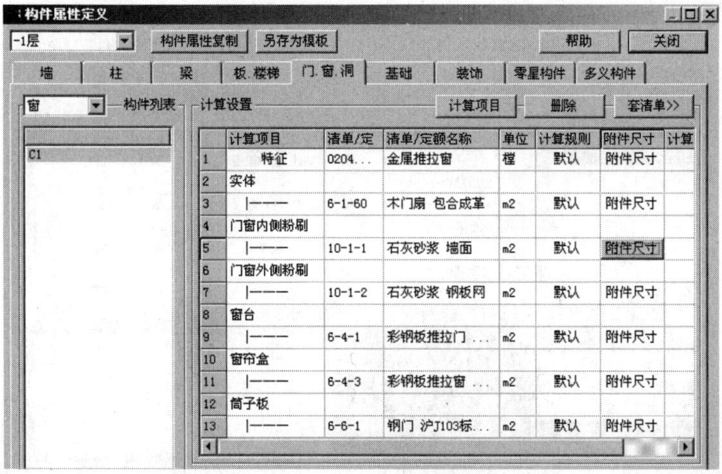

图 10-14-26　门、窗、洞属性定义之 2

（6）基础属性定义，见图 10-14-28。砼条基、独立基、柱状独立基、基础梁可以计算的项目有实体、实体模板、垫层、垫层模板、挖土方、土方支护六项。满堂基多一项满堂脚手架。集水井只有实体、垫层、挖土方三项。其他桩有实体、送截桩、泥浆外运三项。垫层、垫层模板、挖土方、土方支护、送截桩计算项目有附件尺寸，垫层、垫层模板附件尺寸为垫层厚度、垫层外伸宽度、垫层相对位置；挖土方附件尺寸为土方工作面宽度、土方放坡系数；土方支护附件尺寸为土方工作面宽度、土方放坡系数、厚度（应注意垫层、垫层模板附件尺寸中"垫层相对位置"的含义，天工算量软件目前不能自动判断垫层所处的空间位置，因而需要设置垫层相对的空间位置，进而完成垫层实体与模板的扣减）；送截桩附件尺寸为计算长度。其他属性还包括基础底标高、砼等级、垫层砼等级、断面尺寸。人工挖孔桩可以计算的项目有桩心砼、桩成孔、护壁砼、凿护壁、挖土方、挖中风化岩、挖微风化岩、挖淤泥八项，在人工挖孔桩断面编辑处输入各种参数后提取即可。基础的底（顶）标高"取标高"的具体含义应明确，应注意取层高与取标高的区别。

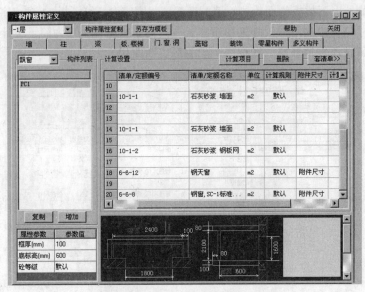

图 10-14-27　飘窗、转角飘窗属性定义

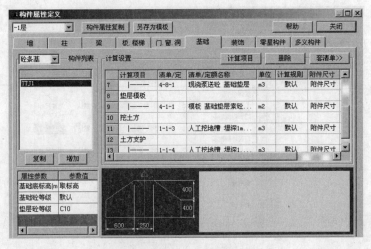

图 10-14-28　基础属性定义

（7）装饰属性定义。房间定义见图 10-14-29，房间不需要套用任何清单或定额；在图 10-14-29左下角中依次选用已经定义好的踢脚线、墙裙、内墙面、楼地面、天棚，方法与天工算量 2013版本相同；若想删除已经选择好的楼地面、天棚等，则单击图 10-14-29 左下角的"内墙面"的下

拉按钮，选择里边的空白处即可（见图 10-14-30）。楼地面、天棚、内墙面、踢脚线、墙裙、外墙面、柱面、柱裙、柱脚线定义见图 10-14-31。楼地面计算项目有基层、面层、楼地面防潮层；天棚有基层、面层、满堂脚手架；内墙面、外墙面、柱面有基层、面层、装饰脚手架；墙裙、踢脚线、柱裙、柱脚线有面层。脚手架已经有计算规则，可以根据需要设置。基层、面层、楼地面防潮层计算项目有附件尺寸，基层、面层附件尺寸为厚度；楼地面防潮层附件尺寸为厚度、卷起高度（应注意的是，楼地面防潮层起卷部分可以扣减门、洞）。楼地面、天棚、内墙面、踢脚线、墙裙指定对应的房间，单击图 10-14-31 左下角"对应房间"空白处，出现"选择对应房间"对话框（见图 10-14-32），这样可提高房间定义的速度，这是天工算量 2015 定义装饰中的一个变化。需要强调的是，已经选择好楼地面的房间的名称是不会出现在"选择对应房间"对话框中的，天棚、内墙面、踢脚线、墙裙道理一样（即楼地面、天棚、内墙面、踢脚线、墙裙只能去对应那些没有相应名称的房间）。屋面定义时，屋面计算项目有实体、屋面防水层、屋面保温、隔热层，实体、屋面防水层、屋面保温、隔热层计算项目有附件尺寸且均为厚度，屋面结构层用楼板来代替。

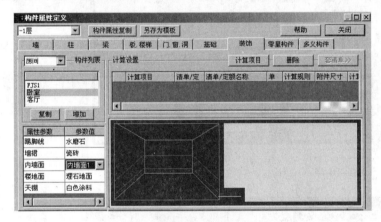

图 10-14-29　房间定义

图 10-14-30　删除内墙面

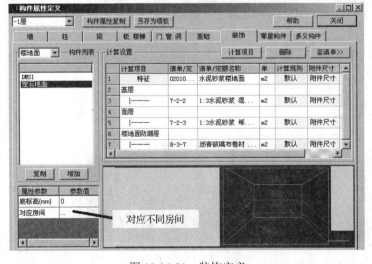

图 10-14-31　装饰定义

图 10-14-32　"选择对应房间"对话框

（8）零星构件属性定义。阳台、雨篷定义见图 10-14-33。阳台、雨篷计算项目有出挑板、栏板、栏杆。需要强调的是，出挑板外边线应按输入的尺寸计算，栏板、栏杆应按出挑板外边线向内偏移一半栏板厚度的距离计算。阳台可以自定义断面，具体参见本章前述的"自定义阳台"内容。排水沟、散水定义应遵守软件规则，排水沟计算项目有实体、实体模板、垫层、垫层模板、盖板、实体粉刷、挖土方，散水计算项目有实体、实体模板、垫层、垫层模板、投影面积、展开面层装饰。自定义线性构件定义应遵守软件规则（见图 10-14-34），自定义线性构件计算项目除实体外还可以根据图形具体计算每一条边的装饰做法，具体定义的方法参见本章前述的"自定义断面"内容。

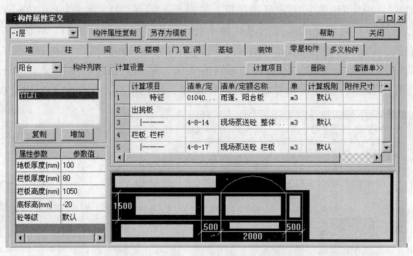

图 10-14-33　阳台、雨篷定义

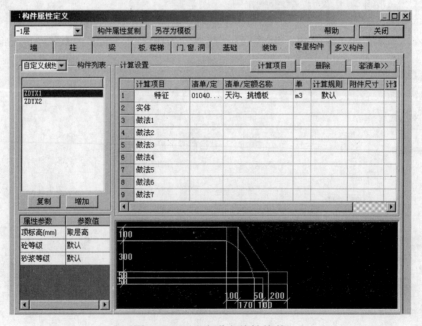

图 10-14-34　自定义线性构件

（9）多义构件属性定义，见图 10-14-35。应包括点实体计算个数、线实体计算长度、面实体计算面积。实体应计算体积、构件个数、构件表面面积。

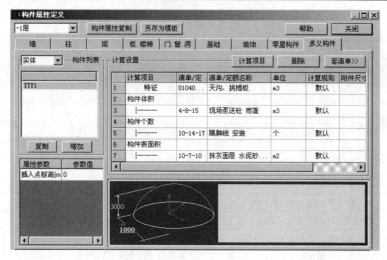

图 10-14-35　多义构件属性定义

10.14.2　另存为属性模板

选择下拉菜单"构件属性"→"另存为属性模板"会弹出"属性参数模板另存为"对话框，见
图 10-14-36。它一般用在源工程项目与目标工程项目之间的结构形式、所用定额相同的情况下，以及源工程项目与目标工程项目所套用定额子目差不多，一般只存在构件名称与断面大小不同的情况。目标工程可以调用其他工程的属性参数模板，只需修改构件名称及断面大小即可，可节约大量时间。

图 10-14-36　"属性参数模板
另存为"对话框

10.14.3　自定义断面

选择下拉菜单"构件属性"→"自定义断面"，自定义断面主要解决软件中所设定的一些固定断面有时不满足用户的
需要这种问题，可以让用户根据需要自由设计构件的截面形式，"用户自定义断面定义"对话框见
图 10-14-37。自定义断面中相关菜单的含义见表 10-14-7。

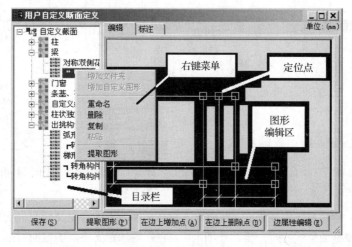

图 10-14-37　"用户自定义断面定义"对话框

表 10-14-7　自定义断面中相关菜单的含义

目录栏	以树状结构表示可以自定义断面的构件的种类，共有九大类
右键菜单	左键选取某一个构件或构件的某一个断面，变为深蓝色，单击右键，出现右键菜单，针对所选项目，菜单命令内容会有所不同
编辑	在图形编辑区内拖动图形，执行"在边上增加点"、"在边上删除点"、"边属性编辑"命令必须在编辑状态下才有效
标注	编辑出的图形只是大概的形状，要靠标注的尺寸使其精确
图形编辑区	编辑图形、标注图形的地方
定位点	青色的方框点，主要用以定位，如构件断面的中心及标高点，阳台的插入点
保存	保存编辑、标注好的图形
提取图形	断面图形可以用 CAD 的命令绘制出来，使用该命令可以提取绘制好的断面
在边上增加点	编辑图形时，若图形的边点不够用，则可以增加点
在边上删除点	编辑图形时，若图形的边点多时，则可以删除多余的点
边属性编辑	对编辑好的断面图形的边进行编辑，针对不同构件，内容会有所不同

需要注意的是，边的类型选择与构件的计算有关系，比如自定义梁的断面，要计算梁的模板，就需要定义此断面哪一边线为侧边、是底边还是上边，计算时会根据用户定义的边的类型（侧边、底边）来计算模板（上边则不计算模板）；若阳台边选为靠墙则表示此边没有栏板（栏杆）。

提取图形应遵守软件规则，可以提取电子文档中的线段，只要这些线段能够形成一个封闭的区域就可以提取出一个断面作为阳台或其他构件的断面；也可以使用 CAD 基本绘图命令来绘制一些构件的断面后再提取。相关操作方法依次为：单击"提取图形"按钮，退出"用户自定义断面定义"对话框，光标由十字行变为方框；左键选取电子文档中的线段（注意要选择能够形成封闭区域的线段）；回车确认，左键在图中点取一点作为断面的定位点；回到"用户自定义断面定义"对话框，保存退出即可。

边属性编辑应遵守软件规则。针对不同构件，其内容会有所不同，常见有以下几种：柱、独基（承台）可以变边为弧形（见图 10-14-38）；梁可以变边为弧形及是否计算边的模板与粉刷（见图 10-14-39）；阳台可以变边为弧形及是否计算栏板（栏杆），见图 10-14-40；门窗可以变边为弧形及计算门龛、门窗侧面粉刷（见图 10-14-41）；条基、砖基可以变边为弧形或及边是否计算模板（见图 10-14-42）；自定义线性构件可以变边为弧形及每条边的具体做法（有无模板、装饰做法）、见图 10-14-43。

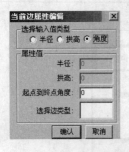

图 10-14-38　柱、独基（承台）变边为弧形

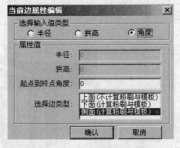

图 10-14-39　计算边的模板与粉刷

图 10-14-40　阳台变边为弧形

需要注意的是，应用自定义图形时，目前天工算量软件版本的自定义断面只支持一个截面对应一个具体的尺寸，即使截面形式完全一样，若尺寸不同也需增加定义不同的截面否则在改变截面的尺寸后，所有引用此截面的自定义断面的尺寸都会改为最后一个定义的尺寸，这一点务必引起注意。

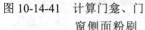

图 10-14-41　计算门龛、门　　　图 10-14-42　条基、砖基变边为弧形　　图 10-14-43　每条边的具体做法
　　　窗侧面粉刷

10.14.4　自定义断面导入

选择下拉菜单"构件属性"→"自定义断面导入"，可以将其他工程中绘制的自定义断面导入到本工程中，"自定义断面导入"对话框见图 10-14-44。左边选择要导入的构件，右边单击 ... 按钮，出现"选取自定义断面文件"对话框，选择要导入一个文件的自定义断面（见图 10-14-45）。需要强调的是，若构件自定义断面的名称相同，则不能导入，因此若有同一名称的断面，就需要修改断面名称。

图 10-14-44　"自定义断面导入"对话框　　　图 10-14-45　"选取自定义断面文件"对话框

10.14.5　自定义断面导出

选择下拉菜单"构件属性"→"自定义断面导出"，可以将本工程中正在绘制的自定义断面导入到其他工程中，方法与自定义断面导入完全相同，限于篇幅不再赘述。

10.14.6　构件属性导入

天工算量 2015 版本以后增加了属性导入功能，可以分层、分构件导入从而合并不同工程的属性。这样就可以很方便地把以前工程定义的属性导入到另一个工程中，从而充分利用用户的工作成果，大大提高了工作效率。选择下拉菜单"构件属性"→"属性导入"会出现如图 10-14-46 所示的对话框，单击右上角带有三个虚点的突出的按钮可选择你所要导入的工程属性对话框，选择你要导入的工程后单击"确定"按钮，然后单击"增加"按钮，出现如图 10-14-47 所示的对话框，然后选择源工程楼层和当前工程楼层并选择所需导入的构件（导入方案也分为覆盖和添加。具体含义参见楼层间构件属性复制），最后单击"确定"按钮即可。如需再增加导入其他楼层的属性则重复以上步骤；如需对导入的楼层进行修改或删除则选中所要修改的一行后单击"修改"或"删除"按钮即可，最后单击"确定"按钮完成属性导入。

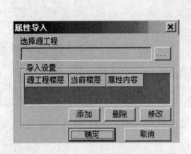

图 10-14-46 "属性导入"对话框

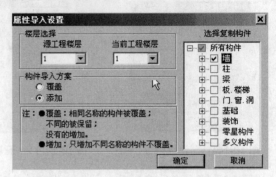

图 10-14-47 "属性导入设置"对话框

10.14.7 其他相关问题

计算项目的增加和删除应遵守软件规则。方法是在属性定义中单击"计算项目"按钮，在需要的项目上打"√"，对不需要的项目去掉"√"。

提取截面应遵守软件规则，若"提取图形"按钮是灰色，则表示不可用。提取自定义截面必须在菜单下的"构件属性"→"自定义断面"中提取，不可以在属性定义中进入提取图形，具体步骤有4步，即绘制截面图形；构件属性→自定义断面；单击要添加的构件→右击增加自定义图形；提取即可。需要强调的是，应从菜单"构件属性"→"自定义断面"进入，因为属性定义是模式对话框（即窗口在完成操作前是不可关闭的）但图中提取需从主界面中提取图形，故天工软件程序暂定从属性定义中进入不可提取图形。

提取圆形自定义断面应遵守软件规则。在提取自定义图形断面时，若提取的为圆形自定义断面则会提示不封闭的错误，相应的解决办法是首先用 CAD 画一个圆，然后再用线变墙（用 0 墙来实现），变成墙后就可以提取了。

属性模板的创建应遵守软件规则。单击菜单"构件属性"→另存为属性模板（软件自动把文件保存至：Sysdata\属性模板\）。若是由另外的计算机创建的属性模板，则可直接复制粘贴至 Sysdata\属性模板\下（这样做的优点是，可以在空闲时事先定制不同类结构型的属性模板；可以利用已做工程的属性）。第二步是构件属性复制（软件会自动读取与属性参数相同的项目特征参数）。

10.15 计算规则维护

10.15.1 界面

计算规则设置分为清单与定额两块，修改只对本工程起作用。单击"工具"→"定额计算规则修改"（清单计算规则修改），弹出定额计算规则设置界面（见图 10-15-1）。定额计算规则中相关菜单的含义见表 10-15-1。若再想回到本工程的计算规则设置界面，可使用"打开"命令，也可以退出。"应用退出"功能的使用方法是在本工程中修改计算规则后，单击"应用退出"按钮，出现如图 10-15-3 所示的对话框，然后进行相关操作，"取消"则不保存退出该界面。

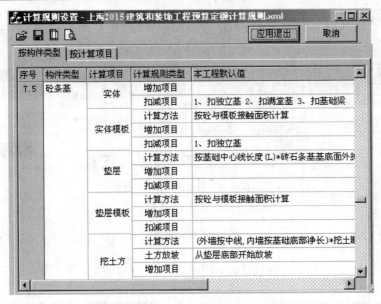

图 10-15-1　定额计算规则设置界面

表 10-15-1　定额计算规则中相关菜单的含义

图标	含义
📂	可打开其他工程的计算规则并进行修改。打开的是哪一个工程,修改的就是那一个工程的计算规则,应注意图 10-15-2 中的"应用退出"按钮变成"保存"按钮
💾	可将修改好的计算规则保存为标准的模板,遇到类似工程可以调用以节省建模时间
🗋	可将计算规则打印出来并进行打印设置
🔍	打印前预览结果

文件路径的变化　　　　　　　　　　　　　　状态的变化

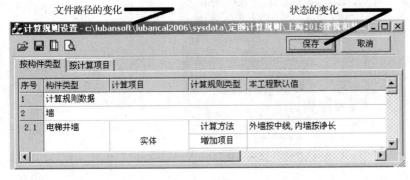

图 10-15-2　"应用退出"按钮变成"保存"按钮　　　　图 10-15-3　应用退出

以图 10-15-4 所示的砼基础为例,该基础套两个清单,计算规则不一样,进行了调整,调整后的清单计算规则状态由"默认"变为"自定义"。在定额计算规则设置界面中修改了砼基础的计算规则,单击"应用退出"按钮,如选择"覆盖全部"则系统会将"构件属性定义"中砼基础的"默认"与"自定义"计算规则统一按"定额计算规则设置"界面中的设定修改。若只覆盖"默认",则系统只会将"构件属性定义"中砼基础的"默认"的计算规则按"定额计算规则设置"界面中的设定修改,而不改变"自定义"中计算规则的设置。

图 10-15-4　砼基础套两个清单

10.15.2　修改

应根据不同的构件、出现不同的情况选择相应的"计算方法"、"增加项目"、"扣减项目",见图 10-15-5~图 10-15-7。

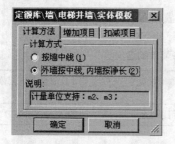

图 10-15-5　"计算方法"

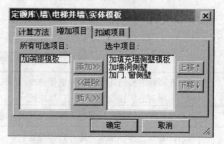

图 10-15-6　"增加项目"

图 10-15-7　"扣减项目"

10.15.3　其他相关问题

工具栏里的"清单、定额计算规则修改"分为保存和应用退出,它们的功能不一样。改变保存路径的保存是作为新的计算规则模板保存的。应用中分为覆盖全部和覆盖默认,覆盖全部表示对以前在属性定义中调整过的及今后属性中默认出现的计算规则全部修改并应用;覆盖默认表示对今后属性中默认出现的计算规则全部修改并应用。属性中的修改计算规则只是默认的计算规则在模板的基础上的修改且修改后的计算规则只针对所修改的构件。

10.16　构　件　编　辑

10.16.1　构件名称更换

左键单击 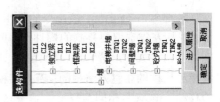 图标后，除了更换了构件的名称外，其他相应的属性也随之更改，比如构件所套的清单、计算规则、标高、砼等级等。相关操作过程依次为：左键选取要编辑属性的对象，被选中的构件变虚（可以选择单个，也可以选择多个。若第一个构件选定以后再框选所有图形，则此时所选择到的构件与第一个构件是同类型的构件。同时，可以看到如图 10-16-1 所示的状态栏显示。按键名 TAB 可由增加状态变为删除状态，在删除状态下左键再次选取或框选已经被选中的构件可以将此构件变为未被选中状态。再按键名 TAB 可由删除状态变回增加状态。按键名 S 先选中一个构件如"M1"，再框选图形中所有的门，则软件会自动选择所有的 M1，即为选择同大类构件中同名称的小类构件）；选择好要更名的构件后，按回车键确认；软件系统会自动弹出如图 10-16-2 所示的"选构件"对话框；左键双击需要的构件的名称，若没有则左键单击"进入属性"按钮进入到"构件属性定义"界面再增加新的构件即可。需要强调的是，可以互换的构件有墙与梁、门与窗。

已选0个构件<-<-增加<按TAB键切换[增加/移除]状态；按S键选择相同名称的构件>

图 10-16-1　状态栏显示　　　　　　　　　　图 10-16-2　"选构件"对话框

10.16.2　构件名称复制

左键单击 图标可把一个构件改成另外一个同类构件，这个构件与另外一个构件的属性完全相同（包括调整后的高度）。相关操作过程依次为：左键选取算量图形中的一个构件作为参考构件（或称原始构件）；左键选取要变成原始构件的其他的同类构件；单击右键确认结束，所选择的构件将变为与原始构件相同的构件。

10.16.3　删除构件

左键单击 ✕ 图标，该命令的主要作用是删除已经生成的构件。相关操作过程依次为：左键选取要删除的构件（一次能选取图形中大类构件中的多个小类构件）；回车结束。需要强调的是，在使用该命令时，状态栏的作用与构件名称更换中状态栏的作用相同；使用 AutoCAD 的删除命令删除构件可能会漏掉某些内容，因此应尽量使用本命令。

10.16.4　移动构件

左键单击 图标，该命令的主要作用是移动已经生成的构件。选择构件只允许单选。分为以下 3 类构件，不同类型的构件操作方法不同。第一类构件墙（墙上寄生构件—砖基、条基、圈梁）、梁、基础梁相关操作过程依次为：鼠标左键选取要移动的构件名称；命令提示"从点……"，用鼠标左键选择移动基点；命令行提示"从点……到……"，可以直接用鼠标左键确定终点（也可直接在命令行中输入需要移动的距离），回车确认。需要强调的是，使用该命令时，与移动构件相关联的构件会随之移动，比如移动墙体、构件整理时，墙体上的寄生构件会随之移动；移动圈梁时，墙体会随之移动；条基、圈梁是依附于墙体的构件，移动了该类构件后需用"构件整理"进行处理。第二类构件柱、楼板、天棚、地面、屋面、零星构件、满堂基础、独基相关操作过程依次为：鼠标左键选取要移动的构件名称；命令行提示"选择起始参考点【Z-直接输入偏移值】"；然后按表 10-16-1 进行后续操作。第三类构件门、窗（门窗上寄生构件—过梁）、飘窗、洞相关操作过程依次为：鼠标左键选取要移动的构件名称；命令行提示"请选择加构件的墙"，鼠标左键选取需放置构件的墙体的名称；命令行提示"选择定位位置：F-精确定位"，方法与布置门相同。

表 10-16-1　选择起始参考点中相关菜单的含义

选择起始参考点	鼠标左键在算量平面图中确定起始参考点，再选取终点。鼠标左键单击要偏移方向的一侧，在命令行中输入移动的距离，回车确认
Z-直接输入偏移值	在命令行中输入"Z"后回车确认，退出"输入偏移值"对话框，输入相应的数值即可，见图 15-16-3

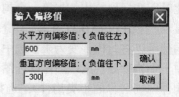

图 10-16-3　"输入偏移值"对话框

10.16.5　构件复制

左键单击 图标，该命令的作用是利用算量平面图中已有的构件，绘制一个新的同名称的构件。鼠标左键选取要复制的构件（房间除外），所选构件种类不同时，其操作方式也不一样，主要有以下两种方式：若为墙、梁、柱、基础梁、门窗、砖基、条基、满基构件，则其操作方式与布置相应构件的布置方法相同；若为楼板、天棚、地面、零星构件、多义构件，则其操作方式与 CAD 的移动（move）相同。

10.16.6　墙梁延伸

天工算量 2015 之后支持墙梁延伸功能，下面以图 10-16-4 为例来进行说明。左键单击 图标（或选择菜单"构件编辑"→"墙梁延伸"），命令行提示选择延伸的边界，此时左键选择 TWQ1（可以选择多个墙梁构件）后单击右键，命令行提示选择要延伸的构件，此时选择 TWQ2，TWQ2 会自动延伸到 TWQ1，如有其他墙梁需要延伸到 TWQ1，则分别选取即可。相关结果见图 10-16-5。

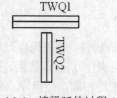

图 10-16-4　墙梁延伸过程 1

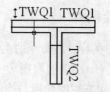

图 10-16-5　墙梁延伸过程 2

10.16.7　墙梁倒角

天工算量 2015 之后支持墙梁倒角功能，下面以图 10-16-6 为例来进行说明。左键单击 图标（或选择菜单"构件编辑"→"墙梁倒角"），命令行提示选择第一个和第二个构件，分别选择这两个构件后，命令行提示选择方向，按箭头指示方向根据你的需要选择一个方向就可以了。相关结果见图 10-16-7。

图 10-16-6　墙梁倒角过程 1　　　　　　　图 10-16-7　墙梁倒角过程 2

10.16.8　个别构件高度调整

左键单击 图标可对个别构件进行高度调整，可调整的构件是指属性中带有标高的构件。会弹出如图 10-16-8 所示的"高度调整"对话框。"构件选择"的使用方法是单击此按钮，左键选取要调整高度的构件；"标高"使用时根据构件的不同会有顶标高、低标高的不同，应输入新的数值；"高度随属性一起调整"的使用方法是选取此项，构件的高度取构件属性默认值。需要说明的是，构件经过高度调整，在算量平面中，构件名称颜色会变为深蓝色。

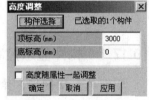

图 10-16-8　"高度调整"
对话框

10.16.9　墙柱梁随板调整高度

左键单击 图标，该命令用以自动调整斜板下面的墙、柱、梁的标高，使其构件高度到斜板底。相关操作过程依次为：左键选取要提取的墙或梁或柱；左键选取相关的斜板；提示"柱或墙或梁提取板面成功！"需要强调的是，每一次只能调整同一类别的构件；斜板交界处连通的墙体应在交界处用 0 墙断开，斜板交界处每侧的连通梁要分开绘制并取不同的名称。

10.16.10　屋面天棚随板调整高度

左键单击 图标，该命令用以自动调整斜板下面的天棚及整斜板上面的屋面的标高。其操作方法与墙柱梁随板调整高度相同。需要强调的是，有斜屋面的结构的天棚是随斜屋面板变化的，因此绘制天棚要以屋面的水平投影作为参考。

10.16.11　构件整理

左键单击 图标的作用是为了快速显示，在一些构件发生变更以后，系统不自动更新图形，当用户认为图形显示不正常时可以执行该命令。比如执行墙体移动命令后，圈梁可能没有随墙体一起移动，使用该命令后，圈梁会自动移动到原来的墙体上。再比如，墙体移动后，房间的范围未随之改变，使用该命令后，房间的区域范围会随之改变。需要强调的是，"构件整理"功能不能整理楼板、天棚和楼地面，即墙体移动了，原有楼板、天棚和楼地面并不随之改变。

10.16.12　其他相关问题

修改和定制计算规则的方法是选择"工具"→"定额计算规则修改"（清单计算规则修改）。

高度调整的逻辑关系体现在以下 4 点，即属性中的高度默认取层高；在属性中可以成批地调整高度；单个构件的高度调整可以使用个别构件高度调整命令，调整后，构件颜色变蓝，可以单击"随属性"→"起调整"恢复到属性高度；在修改了工程设置中的层高后，所绘制的构件高度发生相应的改变，但通过个别构件高度调整命令、墙梁柱随板提升以及属性中将取层高修改过的构件均不会改变高度。

　　天棚、楼地面、屋面调整点的作用不容小觑。天棚、楼地面、屋面的调整点起修改、编辑的作用。在绘图过程中如发现有一个小角没有布置上天棚或楼地面或屋面便可以使用本命名了。相关操作过程依次为单击该命令，选择要修改的天棚或楼地面或屋面，命令行提示插入的点的位置，然后在边线上任意单击，此时图形全部出现，然后再单击天棚或楼地面或屋面的边线，你会发现击点增加了，这时便可以进行任意编辑了。

10.17　显 示 控 制

10.17.1　构件显示控制

　　左键单击 💡 图标，弹出如图 10-17-1 所示的对话框。构件显示控制中相关菜单的含义见表 10-17-1。

图 10-17-1　"构件显示控制"对话框

表 10-17-1　构件显示控制中相关菜单的含义

构件显示控制	控制显示九大类构件中的每一小类构件，有的构件会有边线控制
构件尺寸显示控制	控制显示九大类构件中的每一小类构件的一些属性值，如断面尺寸、底标高、顶标高等
CAD 图层	控制显示 CAD 图纸中的一些图层，主要在 CAD 转化时使用

10.17.2　隐藏指定图层

　　左键单击 ✖ 图标可用以隐藏图层，该命令在 CAD 的转化时经常使用，当然也可利用它很方便地控制各个构件的显示与关闭。单击该命令后，十字光标变为方框，左键选取要隐藏的图层即可，可以多选。

10.17.3　打开指定图层

　　左键单击 💡 图标可用以打开被隐藏的图层，该命令在 CAD 的转化时经常使用，当然也可利用它很方便地控制各个构件的显示与关闭。单击该命令后，十字光标变为方框，左键选取要打开的图层即可，可以多选。

10.17.4　三维显示

　　执行下拉菜单"视图"→"三维显示"，弹出如图 10-17-2 所示的对话框，可以将整个工程三维显示。需要说明的是，整体三维显示是在一个虚拟的楼层中生成的，因此取消整体三维显示以后需要重新选择楼层；标准层也可以拆分后单独三维显示。

图 10-17-2　"三维显示"对话框

10.17.5　本层三维显示

左键单击 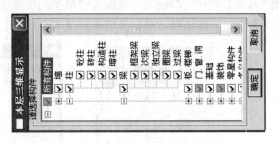 图标，弹出如图 10-17-3 所示的对话框，然后可按需要选择本层三维显示的项目。需要说明的是，本层三维显示时默认不显示板，如想显示只需在板上面打钩即可。

图 10-17-3　"本层三维显示"对话框

10.17.6　三维动态观察

左键单击 ❖ 图标，可使用该命令从不同方向观察三维图形，使用户可以看到当前楼层所建模型的三维图形，并可依此三维图形检查图形绘制的准确性。出现一个包住三维图形的圆，按住鼠标左键可以自由旋转三维图形，见图 10-17-4。

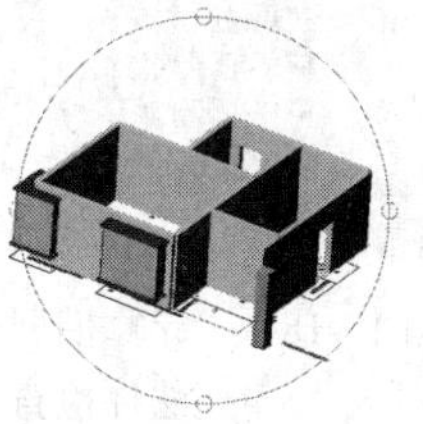

10.17.7　全平面显示

左键单击 回 图标，可用以取消本层三维显示或将算量平面图最大化显示，使用户可以恢复原来平面图的视角。需要说明的是，有时绘制图形时或调入 CAD 图纸时可能会存在一个距离算量平面图很远的点，执行"全平面显示"后，算量平面图变得很小，一般沿着屏幕的四边寻找即可找到那个点，左键点选这个点的按键名 Delete 删除即可。

图 10-17-4　三维动态观察

10.17.8　实时平移

左键单击 ✋ 图标，算量平面图区域内出现移屏符号（类似于手的形状），按住鼠标左键，可以左右、上下移动图形。其作用与按住鼠标中间滚轮作用一致。

10.17.9 实时缩放

左键单击 $\oplus$ 图标，算量平面图区域内出现移动符号，按住鼠标左键上下移动可以放大或缩小图形。其作用与上下滚动鼠标中间滚轮作用一致。

10.17.10 窗口缩放

左键单击 $\oplus$ 图标。若"指定第一角点"，则按住鼠标左键，框选一部分图形，这部分图形可以被放大。

10.18 构 件 计 算

10.18.1 搜索

左键单击 $\boxed{}$ 图标，该命令主要用来搜索算量平面图中的构件并统计构件的个数。相关操作过程依次为：在如图 10-18-1 所示的"搜索引擎"对话框中输入要搜索的构件的名称（可以不用区分大小写）；单击"搜索"按钮，软件自动搜索并将搜索结果罗列出来（见图 10-18-2）；单击"保存"按钮，出现如图 10-18-3 所示的对话框，可以将结果保存为 txt 文本文件。

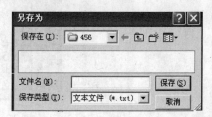

图 10-18-1 "搜索引擎"对话框   图 10-18-2 搜索结果   图 10-18-3 将结果以 txt 文本保存

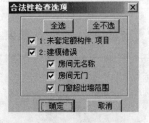

图 10-18-4 计算模型合法性检查

10.18.2 计算模型合法性检查

左键单击 $\spadesuit$ 图标，该命令主要用来检查计算模型中存在的对计算结果产生错误影响的情况。目前能够检查的项目见图 10-18-4，出现以上问题时，系统会以日志形式给予提示。

10.18.3 自动修复

左键单击 $\clubsuit$ 图标，该命令主要用来自动修复断电、死机等异常情况对计算模型产生的损坏。

10.18.4 单个构件可视化校验（单独计算）

左键单击 $\sigma\!\sigma$ 图标，可对单独计算算量平面图中已经设置好清单或定额子目的构件进行可视化的工程量计算校核。相关操作过程依次为：选取一个构件（只能单选）；该构件套用了两个或两个以上的清单或定额，则软件会自动跳出一个对话框让用户选择所选构件的清单或定额子目，系统将在图形操作区中显示出工程量计算的图像，命令行中会出现此计算项的计算结果和计算公式，图 10-18-5 显示的是墙体的单独校验及计算公式与结果。若要保留图形则按键名 Y、回车确认并在命令行中输入 shade，就可以执行三维动态观察命令自由旋转三维图形了。

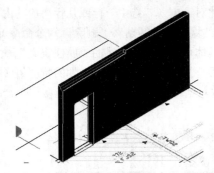

<实体计算公式>:(实体 0.432-现浇板 {0.0043}-门 {0.0454})(10m³)
<实体计算结果>:0.382300(10m3)
<实体详细计算公式>:((0.24*3)*6-现浇板{0.043}-门{0.454})/10
是否保留图形显示结果?<Y/N>:

图 10-18-5　墙体的单独校验及计算公式与结果

10.18.5　工程量计算

左键单击 ▮ 图标出现如图 10-18-6 所示的对话框，选择要计算的楼层及楼层中的构件。工程量计算时可以选择不同的楼层和不同的构件计算，计算过程是自动进行的，进程在状态栏上可以显示出来，计算完成以后，图形会回复到初始状态。同一层构件进行第二次计算时，软件只会重新计算第二次要计算的构件，第二次不计算的其他的构件的计算结果不自动清空。比如第一次对 1 层的全部构件进行计算后发现平面图中的有一根梁绘制错了进行了修改，这时必须进行"构件整理"查看相关构件是否产生影响再进行"工程量计算"，但这时只需要选择 1 层的梁及与梁存在扣减关系的构件进行计算即可，不需对 1 层的全部构件进行计算。

10.18.6　编辑其他项目

左键单击 ▦ 图标，出现如图 10-18-7 所示的对话框。相关操作过程依次为：单击"增加"按钮会增加一行，鼠标双击自定

图 10-18-6　工程量计算

义所在的单元格会出现一下拉箭头，单击箭头会出现下拉菜单（可以选择其中的一项），软件会自动根据所绘制的图形计算出结果；场地面积按该楼层的外墙外边线每边各加 2m 围成的面积计算或按建筑面积乘以 1.4 倍的系数计算；土方、总基础回填土、总房心回填土、余土；在基础层适用，总挖土方量是依据图形以及属性定义所套定额的计算规则、附件参数汇总的，余土=总挖土方-总基础回填土-总房心回填土，总基础回填土=总挖土方-基础构件埋没体积-地下室埋没体积（地下室设计地坪以下体积），总房心回填土=房间总面积×房心回填土厚度（会自动弹出"房心回填土厚度"对话框），软件内设有地下室时，无房心回填土；外包长度、外墙中心长度、内墙中心长度、外墙窗的面积、外墙窗的周长、外墙门的面积、外墙门侧的长度、内墙窗的面积、内墙窗的周长、内墙门的面积、内墙门侧的长度、填充墙的周长、建筑面积只计算出当前所在楼层平面图中的相应内容；单击"计算公式"空白处会出现一个按钮，单击后，光标由十字形变为方形即可进入在图中读取数据的状态，根据所选的图形出现长度、面积或体积（见图 10-18-8 和图 10-18-9）；可以在"计算公式"空白处输入数据，回车，软件会自动计算好计算结果，"清单主体"套用了清单编号处于勾选状态时，"天工算量计算书"清单汇总表中才会出现我们在"编辑其

他项目"中输入的相关数据，即便套用了定额编号，消耗量汇总表中也不会出现相关数据；处于未勾选状态时，结果相反）；单击"打印报表"按钮会进入"天工算量计算书"中；单击"保存"按钮会将此项保存在汇总表中，单击"退出"按钮会关闭此对话框（若选中一行或几行增加的内容可以执行右键菜单的命令，有"增加"、"插入"、"剪贴"、"复制"、"粘贴"、"删除"六个命令）；单击"套清单"按钮，弹出"清单、定额查套"对话框，具体可参考本书前述的"属性定义"→"计算设置套清单"的操作过程，清单套好后左键单击"项目特征"空白处可输入构件的特征值（操作中，"编辑其他项目"对话框为浮动状态，可以不关闭本对话框，而直接执行"切换楼层"命令，切换到其他楼层提取数据）。

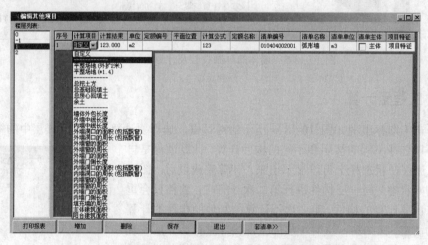

图 10-18-7 "编辑其他项目"对话框

图 10-18-8 面积与体积

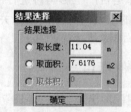

图 10-18-9 长度与面积

10.18.7 属性查询

首先，选择菜单"工具"→"属性查询显示设置"设置操作者想观察显示的内容，设置好后左键单击 图标把鼠标移到想查询的构件边上或名称上，就可以显示该构件的属性（见图 10-18-10）。显示构件属性时单击该构件，则属性工具栏会自动切换到相应构件属性并可批量修改其功能。

图 10-18-10 属性显示

10.18.8　查看本层建筑面积

左键单击 ⬚ 图标可以查看本楼层的建筑面积（见图 10-18-11）。查看本层建筑面积前，应先执行"形成建筑面积计算范围"命令，生成建筑面积线。

图 10-18-11　查看本层建筑面积

10.18.9　阳台建筑面积系数调整

左键单击 ⬚ 图标，软件默认状态是，出挑构件的建筑面积系数为 0.5。相关操作过程依次为：左键选取图中需调整系数的出挑构件名称（可以多选）、回车确认；命令行提示"建筑面积的计算系数"，直接在命令行中输入新的系数，回车确认。

10.18.10　梁→板折算

左键单击 ⬚ 图标，该功能适用所在省现行综合定额。其主要功能是把板下次梁（计算规则调整为扣板）的工程量折算到板的工程量中。在梁板折算之前应先计算楼板与梁的工程量，计算完毕后方可进行梁板折算。梁板折算时，选择梁的方法是用户手工自由选择。

需要强调的是，定义板的定额编号及名称时，若有梁板则应定义成有梁板的定额，否则在梁板折算时是无法更换定额编号及名称的；梁仍旧定义梁的定额名称及编号，折算之前，梁的工程量记录在梁的数据库中，折算之后，折算的梁在梁的数据库中的数据变成 0，其工程量以不同的方式加入楼板中；梁板折算后，操作者最好不要再次计算整个项目或整个楼层的工程量，若操作者再次进行该楼层或该项目的工程量计算，则会导致上次梁板折算的操作失效而需重新进行一次梁板折算的操作。

10.18.11　工程量计算书

具体可参考本章 10.19 节中的天工算量计算书。

10.18.12　形成计算结果标注图纸

左键单击 ⬚ 图标，把计算好的工程量结果标注到平面图中（见图 10-18-12）。相关操作过程依次为：根据实际情况选择字体颜色、高度；选择相应的构件并对子项的详细信息进行设置，右边选择标注的内容；单击"确定"按钮出现"计算结果标注显示控制"对话框（见图 10-18-13），结合"构件显示控制"命令，选择显示的内容。

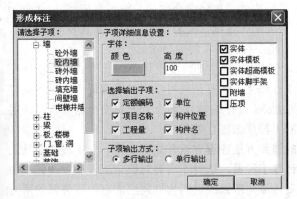

图 10-18-12　形成计算结果标注图纸　　　　　图 10-18-13　"计算结果标注显示控制"对话框

10.18.13 预览计算结果标注图纸

左键单击 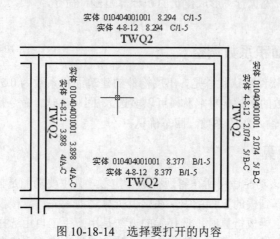 图标出现"计算结果标注显示控制"对话框,选择要打开的内容即可(见图 10-18-14)。

图 10-18-14 选择要打开的内容

10.18.14 图形输出到天工钢筋

左键单击 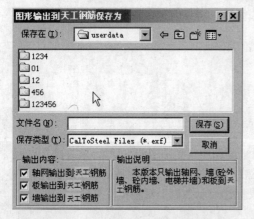 图标可将天工算量平面图中的轴网、楼板的边线输出到天工钢筋软件中,会出现如图 10-18-15 所示的对话框,选择保存的路径、输入文件的名称、选择输出的内容,目前版本只支持轴网、板和墙的输出。需要说明的是,输出文件的格式是以 exf 为后缀名的文件;exf 文件的使用请参见天工钢筋的使用手册。

图 10-18-15 将图形输出到天工钢筋软件中

10.18.15 其他相关问题

布置完工程后可能会有一些输入错误,应该把它们找出来并应进行复核。解决办法有以下 4 个,即计算规则的检查(根据当地的定额规定对某些构件进行抽查复核);对构件的位置(包括相对高度)进行检查(可采用构件可视化命令生成三维后复核,常用命令为 list 和 shade);平时多做总结、积累(可在工作台旁贴一张纸,写着哪些用软件算量时可能漏算、错算的点,以防再犯);导出 Excel 分层对比(有错误时就可以发现异常)。

建模计算工程量对做施工图预算很有作用,但若用于合同价+变更调整结算方式时做设计变更部分计算工程量时应遵守天工计算规则。解决办法是,计算结果可以用报表编辑命令进行调整或在属性中由计算结果编辑器调整(也可导出到 Excel 进行编辑),若工程发生变更则可以对楼层重新设置或进行个别调整并用实际工程量减合同工程量来进行处理。

工程量计算后,个别构件修改后的工程量的计算方法应遵守软件规则。当一个工程完成且工程量计算完成后又调整了某些构件就需要重新计算工程量,这时不需要对整个工程进行计算,由于构件之间只在同层内有扣减关系,所以只需要计算与所修改的构件同层的有扣减关系的所有构件即可,天工算量软件会自动更新重新计算过的项目,这样就会大大节省计算时间。比如修改了 1 层的门窗尺寸或增加/减少了 1 层的门窗，那么在工程量计算中只需要选择 1 层的门窗、墙体和装饰项目即可。

地下室布置完后无法计算，软件提示“出现未处理异常或者是致命错误”时，应根据软件规则进行处理。出现问题的原因之一是，柱状独立基础的尺寸没有标注（软件默认尺寸为零，这样是没有量的），整个工程量计算时会出现未处理异常的提示；另一个原因是独立基础的尺寸没有对上，中间柱子的尺寸由于操作失误比整个独立基础的底部尺寸要大，比如中间柱子尺寸 240mm、底部为 1500mm，结果操作时将中间柱子改为 2400mm，这样在整个工程量计算时就会出现致命错误而无法计算。

在天工算量软件表格法中，外墙长度没有扣除门洞，墙垛的长度无论是多少厘米都包含在内外墙长度中，若要扣门洞则可以把门洞的长度也提取出来，然后两者相减。

10.19 计　算　书

10.19.1 报表编辑

选择下拉菜单“工程量”→“报表编辑”，出现原始的工程量的结算结果（见图 10-19-1），报表编辑中相关菜单的含义见表 10-19-1。需要注意的是，若重新进行“工程量计算”，则软件不保存操作者在“打印结果”界面中修改过的数据。因此，若要修改数据，则可以使用插入数据这一选项。

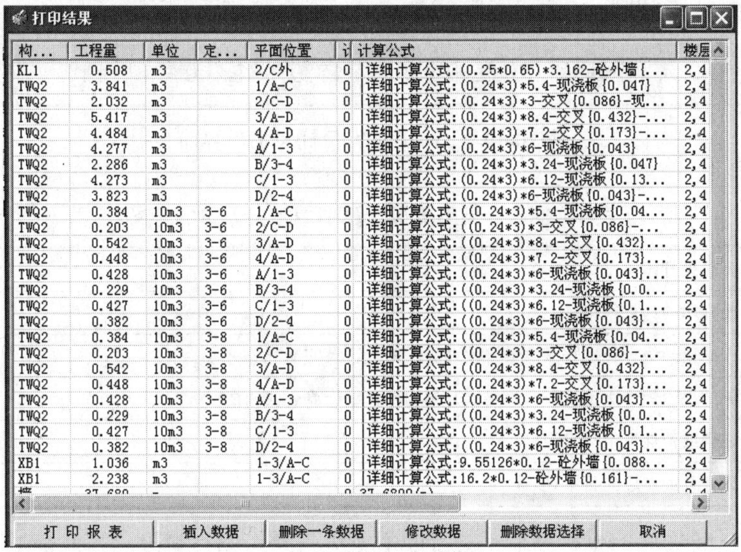

构...	工程量	单位	定...	平面位置	讠	计算公式	楼层
KL1	0.508	m3		2/C外	0	详细计算公式:(0.25*0.65)*3.162-砼外墙{...	2,4
TWQ2	3.841	m3		1/A-C	0	详细计算公式:(0.24*3)*5.4-现浇板{0.047}	2,4
TWQ2	2.032	m3		2/C-D	0	详细计算公式:(0.24*3)*3-交叉{0.086}-现...	2,4
TWQ2	5.417	m3		3/A-D	0	详细计算公式:(0.24*3)*8.4-交叉{0.432}-...	2,4
TWQ2	4.484	m3		4/A-D	0	详细计算公式:(0.24*3)*7.2-交叉{0.173}-...	2,4
TWQ2	4.277	m3		A/1-3	0	详细计算公式:(0.24*3)*6-现浇板{0.043}	2,4
TWQ2	2.286	m3		B/3-4	0	详细计算公式:(0.24*3)*3.24-现浇板{0.047}	2,4
TWQ2	4.273	m3		C/1-3	0	详细计算公式:(0.24*3)*6.12-现浇板{0.13...	2,4
TWQ2	3.823	m3		D/2-4	0	详细计算公式:(0.24*3)*6-现浇板{0.043}-...	2,4
TWQ2	0.384	10m3	3-6	1/A-C	0	详细计算公式:((0.24*3)*5.4-现浇板{0.04...	2,4
TWQ2	0.203	10m3	3-6	2/C-D	0	详细计算公式:((0.24*3)*3-交叉{0.086}-...	2,4
TWQ2	0.542	10m3	3-6	3/A-D	0	详细计算公式:((0.24*3)*8.4-交叉{0.432}...	2,4
TWQ2	0.448	10m3	3-6	4/A-D	0	详细计算公式:((0.24*3)*7.2-交叉{0.173}...	2,4
TWQ2	0.428	10m3	3-6	A/1-3	0	详细计算公式:((0.24*3)*6-现浇板{0.043}...	2,4
TWQ2	0.229	10m3	3-6	B/3-4	0	详细计算公式:((0.24*3)*3.24-现浇板{0.0...	2,4
TWQ2	0.427	10m3	3-6	C/1-3	0	详细计算公式:((0.24*3)*6.12-现浇板{0.1...	2,4
TWQ2	0.382	10m3	3-6	D/2-4	0	详细计算公式:((0.24*3)*6-现浇板{0.043}...	2,4
TWQ2	0.384	10m3	3-8	1/A-C	0	详细计算公式:((0.24*3)*5.4-现浇板{0.04...	2,4
TWQ2	0.203	10m3	3-8	2/C-D	0	详细计算公式:((0.24*3)*3-交叉{0.086}-...	2,4
TWQ2	0.542	10m3	3-8	3/A-D	0	详细计算公式:((0.24*3)*8.4-交叉{0.432}...	2,4
TWQ2	0.448	10m3	3-8	4/A-D	0	详细计算公式:((0.24*3)*7.2-交叉{0.173}...	2,4
TWQ2	0.428	10m3	3-8	A/1-3	0	详细计算公式:((0.24*3)*6-现浇板{0.043}...	2,4
TWQ2	0.229	10m3	3-8	B/3-4	0	详细计算公式:((0.24*3)*3.24-现浇板{0.0...	2,4
TWQ2	0.427	10m3	3-8	C/1-3	0	详细计算公式:((0.24*3)*6.12-现浇板{0.1...	2,4
TWQ2	0.382	10m3	3-8	D/2-4	0	详细计算公式:((0.24*3)*6-现浇板{0.043}...	2,4
XB1	1.036	m3		1-3/A-C	0	详细计算公式:9.55126*0.12-砼外墙{0.088...	2,4
XB1	2.238	m3		1-3/A-C	0	详细计算公式:16.2*0.12-砼外墙{0.161}-...	2,4

图 10-19-1　报表编辑

表 10-19-1　报表编辑中相关菜单的含义

打印报表	进入“天工算量计算书”界面
插入数据	可以插入一条新的数据
删除一条数据	可以删除一条已有的数据
修改数据	可以修改一条已有的数据
删除数据选择	清空“报表编辑”中的所有数据时，可选择是删除自动计算的数据还是自定义项目的数据
取消	退出本对话框，与右上角的“×”按钮的作用相同

10.19.2 天工算量计算书

左键单击 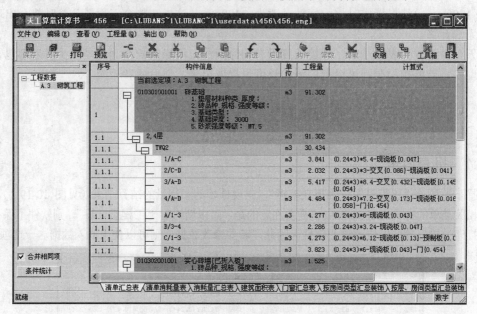 图标进入到"天工算量计算书"界面（见图 10-19-2）。天工算量计算书中相关菜单的含义见表 10-19-2。通过"合并相同项"可以合并一些完全相同的计算结果，节省打印纸张。应合理利用"条件统计"功能，正常情况下，软件是按所套清单或定额中的章节统计工程量计算结果的（见图 10-19-3），可以改变统计条件并按楼层、楼层中的构件进行统计。

图 10-19-2 "天工算量计算书"界面

表 10-19-2 天工算量计算书中相关菜单的含义

图标	含义
打印	将计算结果打印出来
预览	预览要打印的计算结果
收缩	将计算结果一级一级地收缩，最终收缩到清单总目录的情况
展开	将计算结果一级一级地展开，最终展开到构件详细计算公式的情况
工具箱	出现定额或消耗量定额查询框
目录	隐藏或打开最左边的目录栏

计算结果汇总的类型主要有以下 7 种，即汇总表，清单消耗量表，消耗量汇总表，建筑面积表，门窗汇总表，按房间类型汇总装饰，按层、房间类型汇总装饰。需要强调的是，需要执行计算命令，可以计算任何构件，门窗汇总表中才能出现计算结果。选择"查看"→"查看计算日志"出现一个文本文件，里面有计算过程中出问题的构件所在楼层、定额编码、构件名称、位置、出错信息的描述，依据此信息可以找到出问题的构件（见图 10-19-4）。选择"输出"→"输出到" txt 文件、Excel 文件，清单消耗量表可以输出到广联达和神机套价软件中。需要指出的是，由于生成打印预览需要在打印机设置中提供纸张的尺寸，用户在计算前应该先安装打印机程序，若用户没有安装程序会给用户提示。

图 10-19-3　统计条件界面

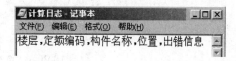

图 10-19-4　找到出问题的构件

10.20　电子文档转化

10.20.1　电子文档转化的特点

　　CAD 电子义档指的是从设计部门复制过来的设计文件（磁盘文件），这些文件应该是 DWG 格式的文件（AutoCAD 的图形文件），天工算量软件可采用自动转化或交互式转换两种方式把它们转化为算量平面图。

　　自动转化方式非常卓越。若拿到的 CAD 文件是使用 ABD 5.0 绘制的建筑平面图，天工算量系统可自动将它转换成算量平面图，转换以后的算量平面图中包含轴网、墙体、柱、门窗，从而形成了基本的平面构架，以后的交互补充工作所剩无几，因而可极大地提高建模速度。

　　交互式转换方式非常灵活。若拿到的 CAD 文件不是由 ABD 5.0 产生的，天工算量软件有两种方法提高效率：第一种方法是使用本系统提供的交互转换工具将它们转换成算量平面图，交互转换以后的算量平面图中包含轴网、墙体、柱、梁、门窗，尽管这种转换需要人工干预但与完全的交互绘图相比，其建模效率明显提高且建模难度会明显降低；第二种方法是调入 CAD 文件后用天工算量的绘构件工具直接在调入的图中描图。

　　天工算量软件支持 CAD 数据转换且提倡用户使用此功能。同时，天工算量软件提醒用户在以下问题上应有一个正确的认识，即正确的计算工程量应该使用具有法定依据的以纸介质提供的施工蓝图，用磁盘文件方式提供的施工图纸只是设计部门设计过程中的中间数据文件，它可能与蓝图存在差异，找出这种差异是从事量算工作必须进行的工作。以下 3 个因素可能导致差异存在，即在设计部门，从磁盘文件到蓝图要经过校对、审核、整改；交付到甲方以后要经过多方的图纸会审（会审产生的对图纸的变更会直接反映到图纸上）；其他因素的影响（比如，现阶段各设计单位甚至同一单位不同的设计人员表达设计思想和设计内容的习惯相差很大，设计的图纸千差万别，因此，转化过程中会遇到各种不同的问题，这就需要灵活运用并将转化与描图融为一体）。

　　DWG 文件转化等工具的使用应遵守软件规则，天工算量软件在下拉菜单的"CAD 转化"栏目中设置了一些工具以增强软件的功能。

10.20.2　电子文档调入

　　执行菜单"CAD 转化"→"文件调入"命令，打开需转换的.dwg 文件，调入的是建筑图还是结构图由用户根据实际情况自行选择（见图 10-20-1），然后单击"打开"按钮回到算量的绘图区，左键在算量图形绘图区单击以确定图形插入点，图形调入完成。

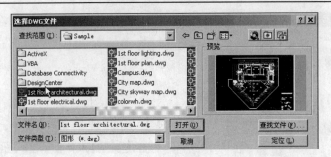

图 10-20-1　选择 dwg 文件

10.20.3　转化轴网

转化轴网的操作方法依次为：执行菜单"CAD 转化"→"转化轴网"命令，出现如图 10-20-2 所示的对话框；用鼠标左键单击提取轴线，选择 CAD 图纸上的轴线，再用左键单击提取标注，选择 CAD 图纸上的标注，提取完毕后单击"转化"按钮。上述方法转化轴网方便且高效，基本能解决所有的轴网转化问题。

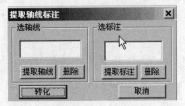

图 10-20-2　转化轴网

10.20.4　转化墙体

转化墙体的操作方法依次为：①执行 💡、关掉 CAD 图层，然后执行 💡 "打开指定图层"命令，将墙的线条打开，直到再单击该命令时不再显示墙的图层（此步骤目的是为了方便转化及显示，也可不进行此步操作）；②执行菜单"CAD 转化"→"转化墙体"命令；③弹出对话框（见图 10-20-3。需要说明的是，一般电子文档中，墙与墙之间的门窗是用不同于墙体的图层绘制的，因此转化过来的墙体是一段一段的。在"合并断开墙体的最大距离"空白处输入墙体断开的最大距离，也可以从图中量取。这样转化的墙体就是连续的）；④单击"添加"按钮，弹出如图 10-20-4 所示的对话框；⑤先在类型选择中选择你需要转化成的墙体，再选择与之相对应的边线层和颜色及与之相对应的宽度，宽度可以通过直接输入数值后单击"添加"按钮实现，也可以通过"图中量取"命令来量取其宽度并添加，也可以直接双击墙厚设置中的数值把其移到右边，最后单击"确定"按钮（此种类型墙体添加完毕）；⑥重复步骤④、⑤，直到添加完毕所有类型的墙体；⑦最后单击图 10-20-3 中的"转化"按钮，这样就会按照要求将墙体自动转化完毕。

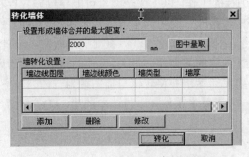

图 10-20-3　"转化墙体"对话框

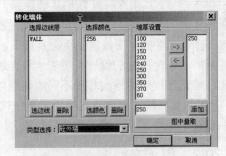

图 10-20-4　添加

要善于使用小技巧，比如有墙体转化时，由于图层关系而内外墙没有分清楚则可单击"名称更换"命令更换转化过来的墙体，名称更换时选中一段墙体后按 S 键后，框选相同名称的墙体并进行更换，若误选择则先按 Tab 键到移除状态移出误选择的墙体。

10.20.5　转化多个柱

转化多个柱的操作方法依次为：执行 💡关掉 CAD 图层，然后执行 💡"打开指定图层"命令将柱的线条打开，直到再单击该命令时不再显示柱的图层（此步骤的目的是为了方便转化及显示，也可不进行此步操作）；执行菜单"CAD 转化"→"转化多个柱"命令；弹出如图 10-20-5 所示的对话框；单击"选取柱边线"按钮，对话框消失，在图形操作区中，在已调入的 dwg 图中左键选取一个柱的边线，若选择错误可再选取（以最后一次选择为准），选择好后回车确认，对话框再次弹出；单击"选取柱编号"按钮，对话框又消失，在图形操作区中左键选择已调入的 dwg 图中选取一个柱的编号或名称，没有编号时可再次选择柱的边线，若选择错误可再选取（以最后一次选择为准），选择好后回车确认，对话框再次弹出；单击"柱转化界面"中的"确定"按钮完成柱的转化，此时软件已对原 dwg 文件中的柱重新编号（名称），相同截面尺寸编号相同，同时"柱属性定义"中会列入已转化的柱的名称，"自定义断面-柱"中会保存异型柱的断面的图形；转化的柱构件套用定额或清单（方法详见本章 10.14 节中的"构件属性定义"→"构件属性复制"命令）。

图 10-20-5　转化多个柱

10.20.6　转化单个柱

转化单个柱的操作方法依次为：执行菜单"CAD 转化"→"转化单个柱"命令；光标由"十"字执行变为方框，左键选择电子文档中的柱的边线；转化的柱构件套用定额或清单（方法详见本章 10.14 节中的"构件属性定义"→"构件属性复制"命令）。

10.20.7　转化梁

转化梁的操作方法依次为：执行 💡关掉 CAD 图层，然后执行 💡"打开指定图层"命令将梁的线条打开，直到再单击该命令时不再显示梁的图层（此步骤的目的是为了方便转化及显示，也可不进行此步操作）；执行菜单"CAD 转化"→"转化梁"命令；弹出如图 10-20-6 所示的对话框（相关菜单的含义见表 10-20-1。当转化出的梁只有横向截面的信息时，梁显示为红色以提醒用户该部分梁没有转化好。此时，用户应根据实际图纸要求进行梁的名称更换）；单击"下一步"按钮，出现如图 10-20-7 所示的界面（下面仅以第一种方式转化为例进行说明，另外两种转化方式与此相同），左键单击"图中选取"分别选取梁的标注层和梁的边线层，选择完毕后单击"下一步"按钮（"需要合并的最大距离"的意义同墙）；给出图纸上梁标注的名称，然后单击"转化"按钮就可以了（见图 10-20-8）。

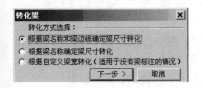

图 10-20-6　"转化梁"对话框

图 10-20-7　需要合并的最大距离

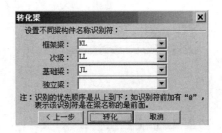

图 10-20-8　启动转化

表 10-20-1   转化梁中相关菜单的含义

根据梁名称和梁边线确定梁尺寸转化	计算机会读取标注的尺寸并自动测量离标注尺寸最近的梁线的距离且和标注的尺寸一致时，按照所标的尺寸和梁边线转化。一般情况下用此种方式进行转化且转化精确
根据梁名称确定梁尺寸转化	根据梁名称的尺寸进行转化，而不去测量最近梁线之间的距离
根据自定义梁宽转化	此时不转化梁的高度信息，只根据梁线间的宽度转化，只有梁的宽度信息

需要强调的是，由于墙体和梁的图纸不在同一张设计图纸上，这时需要分别调入和转化，等转化成功后可再进行合并。下面以把转化好的梁移到转化好的墙上去为例介绍其操作过程，先单击💡只打开梁，全部框选后在命令行中输入 m，然后单击💡打开轴网，选择任意两个轴线的交点（如 1-A）作为移动的基点，最后再单击墙的位置处的 1 轴和 A 轴的交点，这样就完成了合并。

10.20.8   转化出挑构件

转化出挑构件的操作方法依次为：执行"隐藏指定图层"命令，将除梁边线外的所有线条隐藏掉；执行菜单"CAD 转化"→"转化出挑构件"命令；光标由十字形变为方框，方法与本书前述的"提取图形"步骤相同；完成后，软件会自动将提取的图形保存到"自定义断面"中的阳台的断面中。

10.20.9   转化门窗表、门窗

转化门窗表、门窗的操作方法依次为：调入门窗表；执行菜单"CAD 转化"→"转化门窗表"命令；出现如图 10-20-9 所示的对话框，单击"框选提取"按钮，框选门窗表的名称和尺寸列后，门窗名称及尺寸会自动添加到门窗表中并会自动添加到属性定义中，其中门窗识别符号可以根据门窗表的具体内容而进行更改（提取门窗表时，若门窗的宽和高的尺寸间有竖线分割，则要先删除分割线，然后再提取）；选取的门窗见图 10-20-10，如需删除某个门窗，则左键选中后单击"删除选中"按钮即可，选取完毕后单击"确定"按钮，门窗即提取完毕；执行菜单"CAD 转化"→"转化门窗"命令，出现如图 10-20-11 所示的对话框；选择提取，此时在 CAD 图中选取门窗的图层，如需进一步详细设置，则单击"高级"按钮（见图 10-20-12），在"高级"设置中可以选择未定义属性的门窗是否要转化和墙洞是否要转化；选取完图层后单击"转化"按钮，就完成了门窗的转化；转化的门窗构件套用定额或清单（方法详见本章 10.14 节中的"构件属性定义"→"构件属性复制"命令）。需要注意的是，门窗转化之前，必须转化墙体和门窗表。

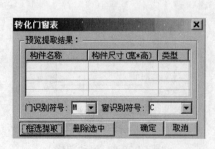

图 10-20-9   提取门窗

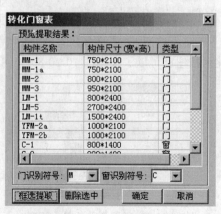

图 10-20-10   选取的门窗

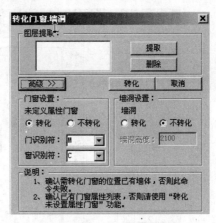

图 10-20-11　转化门窗　　　　　　　　　图 10-20-12　选取门窗的图层

10.20.10　转化墙洞

转化墙洞的方法与转化门窗表、门窗相同，转化时应注意对话框中的两个提示（见图 10-20-13）。

10.20.11　清除多余图形

执行菜单"CAD 转化"→"清除多余图形"命令，使用该命令可以将调入的 DWG 文件图形删除掉。需要注意的是，应充分利用 DWG 文件，确认不再需要时再给予清除。

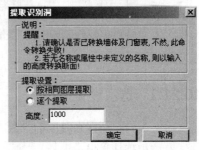

图 10-20-13　对话框中的两个提示

10.20.12　其他相关问题

转化梁时，若没有梁的名称，则应灵活应用软件规则。若遇到有的梁没有标注梁名和截面信息（这种情况一般是此种梁较多且在施工说明中统一说明了此种梁的尺寸和界面），则只需用梁的标注层给其加上梁名和截面尺寸就可以了（当然，只需一个梁有截面尺寸就可以了，其他只需梁名称）。当命名好一个位置的梁名称后，其他的只需按着 Ctrl 键把梁名称拖过去就可以了。

10.21　与天工算量软件联系紧密的几个 AutoCAD 软件基本操作

10.21.1　AutoCAD 界面的特点

启动天工算量软件后，单击图标就可以切换到 CAD 的界面，然后在此界面上执行各个命令。当然，若操作者熟悉 CAD 的各个命令，则可在天工算量界面的命令行中直接输入 CAD 的各个操作命令（切换的 CAD 界面见图 10-21-1），CAD 设置好后再单击图标就可以切换到天工算量的界面。应重视软件规则中的技巧，有时在 CAD 和天工之间切换时只出现了一个工具栏，这时只要在命令栏里输入 chi 来进行 CAD 和天工之间的切换就可以了。下面只介绍一些有助于提高操作者绘图速度的 CAD 命令，若操作者对 CAD 感兴趣，其他具体的 CAD 操作可以借助 CAD 的帮助命令了解。

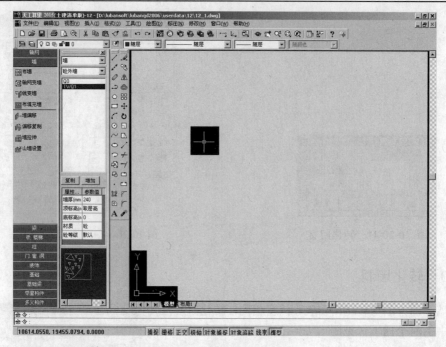

图 10-21-1　切换的 CAD 界面

10.21.2　选项设置

（1）工程自动保存时间的设置

方法是选择菜单"工具"→"选项"命令，选择"打开和保存"选项卡（见图 10-21-2），选择"自动保存"选项将时间改为操作者需要的即可。

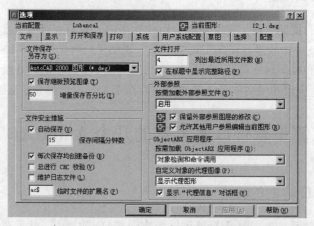

图 10-21-2　工程自动保存时间的设置

需要注意的是，若自动保存时间设置得太短，频繁地保存图形会影响操作者的绘图速度；若自动保存时间太长，一旦出现死机等意外情况则会给操作者造成一定的损失，通常认为将时间设置成 15 分钟为最佳。

（2）控制对象的显示分辨率设置

选择菜单"工具"→"选项"命令，选择"显示"选项卡（见图 10-21-3），此时就可以设置圆弧和圆的平滑度了。当圆或圆弧显示很粗糙时，可通过修改此参数来使圆或圆弧显示平滑（比如在圆弧墙显示为由多段线组成的时候）。

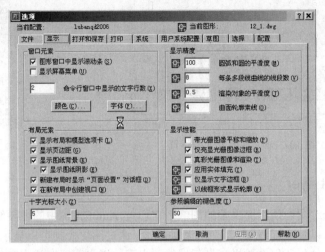

图 10-21-3　控制对象的显示分辨率设置

（3）鼠标右键操作习惯的设置

单击"用户系统配置"按钮，在打开的"自定义右键单击"对话框中进行符合自己操作习惯的选择，完成后单击"应用并关闭"按钮（见图 10-21-4）。

需要说明的是，按照图 10-21-4 的设置项进行设置可以减少操作者操作过程中的一些步骤、提高绘图速度。

图 10-21-4　鼠标右键操作习惯的设置

操作时应重视软件技巧的应用，若操作者使用的是中间带有滚轴的鼠标，则在绘图区域内单击一下后再滚动滚轴，图形会随之放大或缩小（相当于实时放缩）；按住滚轴，出现一个"手形"的小图标，左右移动，图形会随之左右移动（相当于平移）。

10.21.3　实体捕捉

对象捕捉将指定点限制在现有对象的确切位置上，例如中点或交点。使用对象捕捉可以迅速地定位对象上的精确位置，而不必知道坐标或绘制构造线，是输出精确图形的一个必要手段，也是提高绘图速度的一个途径。

（1）捕捉方式的设置（见图 10-21-5）

选择"工具"→"草图设置"或者把鼠标指针移动到功能开关栏上的"对象捕捉"处单击右键。根据经验，工程图绘制过程中最常用的是交点与垂点，选择这两点后单击"确定"按钮。

（2）临时捕捉方式的设置（见图 10-21-6）

绘图过程中会遇到一些临时点（比如圆心点、中点）的捕捉，此时可以使用以下方法，即按住 Ctrl 键、单击右键会弹出捕捉点的快捷对话框，可以根据操作者的需要对要捕捉的点进行设置。若操作者要捕捉圆心，则可用鼠标左键单击图 10-21-6 中的"圆心（C）"。需要说明的是，此项命令的操作在本章 10.5 节的命令操作中经常用到。

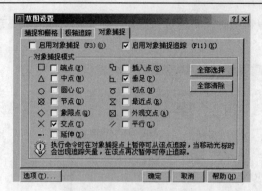

图 10-21-5　捕捉方式的设置　　　　　图 10-21-6　临时捕捉方式的设置

10.21.4　图层（Layer）

图层相当于图纸绘图中使用的重叠的图纸。它们是 AutoCAD 中的主要组织工具，可以使用它们按功能编组信息以及执行线型、颜色和其他标准。通过图层控制可以显示或隐藏对象的数量，可以降低图形视觉上的复杂程度并提高显示性能，也可以锁定图层以防止意外选定和修改该图层上的对象，见图 10-21-7，新图层的建立方法是选择菜单"格式"→"图层"命令。

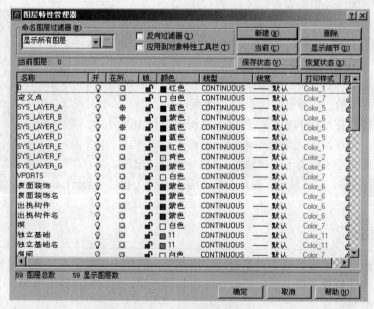

图 10-21-7　图层控制

10.21.5　基础绘图方法

（1）直线（LINE）

该功能可通过在命令行输入简写字母"L"实现。常规操作过程依次为：选择菜单"绘图"→"直线"命令；指定起点（可以使用定点设备，比如捕捉中心点、交点等，也可在命令行输入坐标）；指定端点以完成第一条线段；要在使用 LINE 命令时撤销前面绘制的线段应输入"u"或者在工具栏上单击"撤销"按钮；指定其他所有线段的端点；按 Enter 键结束或按 C 键闭合一系列线段。

　　需要说明的是，绘制直线主要是为了确定辅助点，或与线变墙、梁有关，且经常与 10.21.3 节之（2）的临时捕捉方式设置一起使用。

　　（2）多段线（PLINE）

　　该功能可通过在命令行输入简写字母"PL"实现。多段线是作为单个对象创建的相互连接的序列线段。可以创建直线段、弧线段或两者的组合线段。绘制由直线段组成的多段线的步骤依次为：选择菜单"绘图"→"多段线"命令；指定多段线的起点；指定第一条多段线线段的端点；根据需要继续指定线段端点；按 Enter 键结束，或者输入"c"闭合多段线。绘制直线和圆弧组合多段线的步骤依次为：选择菜单"绘图"→"多段线"命令；指定多段线线段的起点；指定多段线线段的端点；在命令行输入 A（圆弧）切换到"圆弧"模式；输入"s"，指定圆弧上的某一点，再指定圆弧的端点；输入 L（直线）返回到"直线"模式；根据需要指定其他多段线线段；按 Enter 键结束或按 C 键闭合多段线。

　　（3）圆（CIRCLE）

　　该功能可通过在命令行输入简写字母"C"实现。常规操作过程依次为：选择菜单"绘图"→"圆"命令，选择"圆心、半径"或"圆心、直径"；指定圆心；指定半径或直径。需要说明的是，绘制圆的主要目的是确定辅助点（比如圆弧状的墙、梁等需要定位时）。

　　（4）圆弧（ARC）

　　该功能可通过在命令行输入简写字母"A"实现。常规操作过程依次为：选择菜单"绘图"→"圆"命令，选择"起点、端点、半径"；指定起点；指定端点；输入圆弧半径。需要说明的是，工程中一般都是以这种方式生成圆弧的，圆弧主要用在"线变墙梁"等功能中。

10.21.6　图形基本编辑方法

　　（1）复制（COPY）

　　该功能可通过在命令行输入简写字母"Co"实现。常规操作过程依次为：选择菜单"修改"→"复制"命令；选择要复制的对象；需要复制多个对象，输入 m（多个），回车确认；指定基点；指定位移的第二点；指定下一个位移点；继续插入副本或按 Enter 键结束命令。

　　（2）镜像（MIRROR）

　　该功能可通过在命令行输入简写字母"MI"实现。常规操作过程依次为：选择菜单"修改"→"镜像"命令；选择要创建镜像的对象；指定镜像直线的第一点；指定第二点；按 Enter 键保留原始对象，或按 Y 键将其删除。

　　（3）移动（MOVE）

　　该功能可通过在命令行输入简写字母"M"实现。常规操作过程依次为：选择菜单"修改"→"移动"命令；选择要移动的对象；指定移动基点；指定第二点（即位移点）。

　　（4）缩放（SCALE）

　　该功能可通过在命令行输入简写字母"SC"实现。常规操作过程依次为：选择菜单"修改"→"缩放"命令；选择要缩放的对象；指定基点；输入比例因子。需要注意的是，有的 DWG 电子文档中图形的比例并不是 1:1，因此，需要调整图形的比例。

　　（5）偏移（OFFSET）

　　该功能可通过在命令行输入简写字母"O"实现。常规操作过程依次为：选择菜单"修改"→"偏移"命令；输入偏移距离；选择要偏移的对象；指定要放置新对象的一侧上的一点；选择另一个要偏移的对象或按 Enter 键结束命令。

（6）修剪（TRIM）

该功能可通过在命令行输入简写字母"TR"实现。常规操作过程依次为：选择菜单"修改"→"修剪"命令；选择作为剪切边的对象（一般为线段）；选择要修剪的对象。需要说明的是，修剪命令多与绘制直线、线变墙梁等有关。

（7）延伸（EXTEND）

该功能可通过在命令行输入简写字母"EX"实现。常规操作过程依次为：选择菜单"修改"→"延伸"命令；选择作为边界边的对象；选择要延伸的对象。需要说明的是，使用该命令能保证要延伸的对象按原来的方向进行延伸。

（8）分解（EXPLODE）

该功能可通过在命令行输入简写字母"X"实现。常规操作过程依次为：选择菜单"修改"→"分解"命令；选择要分解的对象。需要说明的是，该命令经常在"电子文档转化"、"描图"过程中使用以分解图中的块，比如在转化墙时，钢筋混凝土墙一般是用填充色填充的且与墙边线合为一个块，因此需要将填充色与墙边线分解开。

应灵活运用以上简单介绍的一部分 CAD 命令，这些命令在以后的工程建模过程中对提高操作者的操作速度有很大帮助，应仔细体会，加以琢磨。

（9）mbuttonpan

该命令用于中间滚轮键快捷菜单与平移之间的切换。键值"0"显示快捷菜单；"1"按住中间轮可以进行平移。

10.21.7　其他工程设置问题

某个工程共有四个单元，四个单元均一样且为一整体，平移（均为 A+B，A+B，A+B，A+B 四个单元）应遵守软件规则。操作步骤依次为：单击"复制"命令，选择要复制的图形，单击右键，选择插入点（确定以哪一个点作为重合点），拖动图形至另一个插入点（与前一点重合的那个点），第一点为 A 的左下角点、第二个点为 B 的右下角点，这两个点是复制后要重合的那个点，找到 B 的那个点后单击左键即大功告成。需要注意的是，操作过程中要将捕捉命令中的交点命令打开，最后还要进行构件整理。

有时，右键不能正常使用，此时应切换到 CAD 界面选择菜单"工具"→"选项"→"用户系统配置"进行设置，通常可以将"编辑模式"设置为"重复上一个命令"，"命令模式"设置为"确认"，"草图"中的"自动捕捉"设置为"标记"。

若操作界面中的 CAD 命令行不见了，则应查明原因。软件界面中的命令行是不能关闭的，但可以拖动。在绘图或布置构件时，有时由于操作不注意会将下部的命令行弄没了，这种情况往往是命令行被拖动到 Windows 窗口中的任务栏下面而被任务栏遮盖住了，此时只要把鼠标移动到任务栏的空白处按住鼠标左键将任务栏拖动到屏幕侧面就可以看到 CAD 的命令行在下面了。

打开 CAD 图纸缺少字体库时，应根据相关规则解决。操作者在打开 CAD 图纸时经常会出现"未找到字体，×××"的提示，针对这种情况可通过以下步骤来解决这个问题。首先打开 C:/lubansoft/lubande2006/font（默认路径），里面有一个天工 HZTXT.SHX 字体文件，这个是天工提供的一个中文字体文件，用鼠标左键按住这个文件同时按住键盘上的 Ctrl 键拖动就会复制出一个复制件 HZTXT.SHX；然后将复制件 HZTXT.SHX 重新命名为 KTK.SHX 即可，最后将这个 KTK.SHX 文件复制到 C:/ Program Files/ AutoCAD 2004/ Fonts（默认路径）字体文件夹里，这样在 CAD 程序和天工的程序里都不会出现乱码了。此后，再打开这个 CAD 图纸就不会再出现这样的提示了。若碰到几个未能找到的字体，则可以重复以上步骤修改解决。

10.22　天工清单算量 2015 蓝图建模实例

本节以梁溪某置业集团开发的一栋小型砖混结构别墅为编制工程量计算对象介绍天工清单算量 2015 蓝图建模方法，对其他量算软件可融通理解。该工程全套施工图纸很多，限于篇幅，本书仅选用了部分主要图纸（见图 10-22-1～图 10-22-10），其他图纸从略。主要图纸包括设计说明、门窗统计表（表 10-22-1）、钢筋混凝土构件统计表（表 10-22-2）。

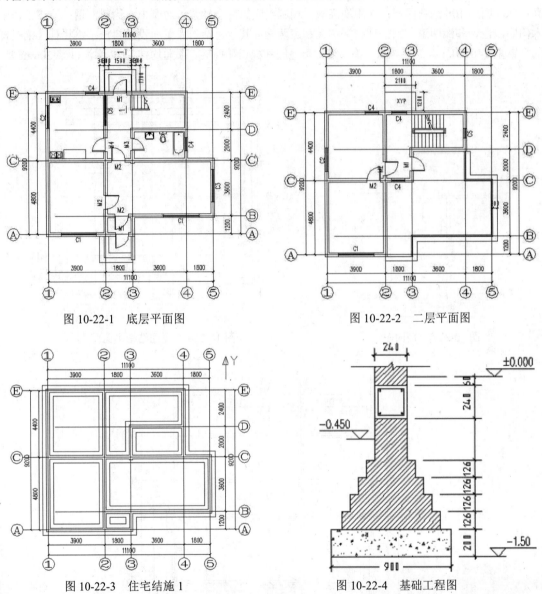

图 10-22-1　底层平面图　　　　　　　　　　图 10-22-2　二层平面图

图 10-22-3　住宅结施 1　　　　　　　　　　图 10-22-4　基础工程图

设计说明（附图纸）如下：本工程为别墅式小住宅、二层，砖混结构，室内地坪相对标高±0.000，室外地坪相对标高−0.450m；基础为 C15 混凝土基础，地面垫层为 200mm 厚，M5 水泥砂浆砌砖基础，−0.060m 处设置钢筋混凝土地梁一道，尺寸详见结施 1；墙身为 M2.5 混合砂浆砌 240mm 厚标准砖内外墙，内墙砖垛尺寸为 180mm×240mm；楼地面为 C10 混凝土地面，垫层为 100mm 厚，厨房、卫生间采用防滑地砖地面，其余为彩色水磨石楼地面；楼梯为现浇 C20 钢筋混凝土整体楼梯，水磨石面层，钢栏杆、木扶手，楼梯栏杆型钢重 69.20kg、楼梯倾斜角为 32°、休息平台宽 1200mm，混合砂浆抹楼梯斜顶棚；屋面为现浇钢筋混凝土层面板（上人屋面为空心板），1∶8 水泥砂浆找坡、平均厚 50mm，1∶2 防水砂浆防水层 20mm 厚，上人屋面不做找坡层而做防滑地砖面层，非上人屋面做通风隔热小平板；散水为 C15 混凝土散水 80mm 厚，3%坡度，转角和墙根处设沥青砂浆伸缩缝；踢脚线为棕色瓷砖踢脚线、150mm 高；台阶为混凝土台阶，彩色水磨石面，砖台阶挡板砖砌 240mm 厚，贴面砖；墙面为奶油色外墙面砖，内墙混合砂浆抹面，厨房、卫生间瓷砖墙裙 1800mm 高，抹灰面刷 106 涂料两遍；采用现浇板，预制板底抹混合砂浆，面刷 106 涂料两遍；油漆工程中木门刷浅色调和漆两遍，钢栏杆刷深色调和漆两遍；其他包括上人屋面设塑料扶手钢栏杆（钢栏杆的型钢重 146.61kg），遮阳板底、檐口底、雨篷底和檐口贴面砖，顶面均抹 1∶2 水泥砂浆 20mm 厚。

图 10-22-5　剖面图 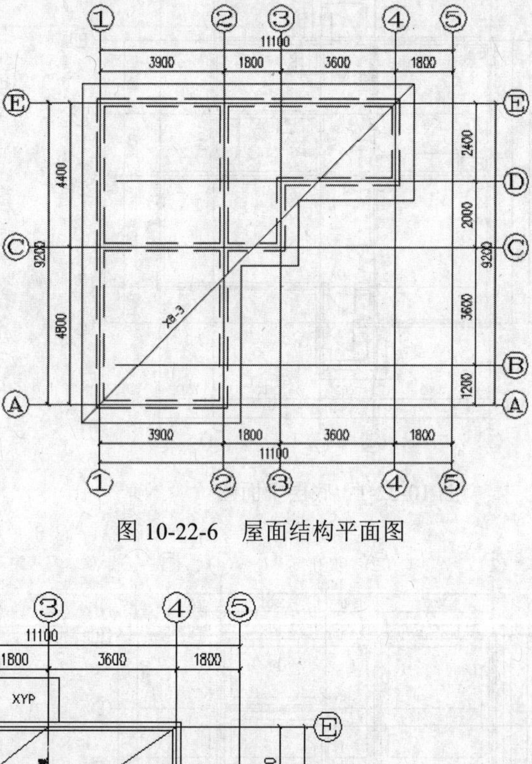　　　　　　图 10-22-6　屋面结构平面图

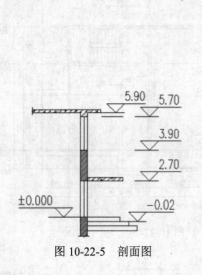

图 10-22-7　二层结构平面图

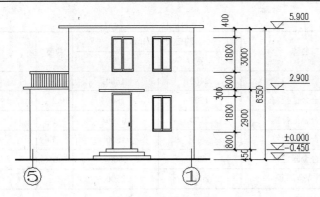

图 10-22-8　背立面图

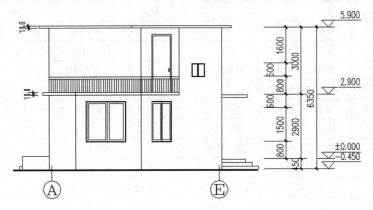

图 10-22-9　侧立面图

图 10-22-10　正立面图

表 10-22-1　门窗统计表

序号	代号	名称	洞口尺寸（mm）		数量	说明
			宽	高		
1	M1	金属防盗门	900	2700	3	
2	M2	胶合板门	900	2400	5	
3	M3	百叶胶合板门	800	2000	1	
4	M4	半玻胶合板门	900	2400	1	

续表

序号	代号	名称	洞口尺寸（mm）		数量	说明
			宽	高		
5	C1	铝合金推拉窗	2400	1800	3	12.96
6	C2	铝合金推拉窗	1500	1800	2	5.40
7	C3	铝合金推拉窗	2100	1800	1	3.78
8	C4	铝合金推拉窗	900	1800	5	8.1
9	C5	铝合金固定窗	600	600	3	
10	C6	铝合金隔断	2000	2500	1	距地面400mm

表 10-22-2　钢筋混凝土构件统计表

序号	代号	名称	数量	说明
1	XB-1	现浇 C20 钢筋混凝土平板	1	长 4400mm、厚 100mm、宽 3900mm
2	XB-2	现浇 C20 钢筋混凝土平板	1	长 3600mm、厚 100mm、宽 2000mm
3	XB-3	现浇 C20 钢筋混凝土有梁板	1	尺寸见结施2、建施3，板厚 100mm
4	XB-4	现浇 C20 钢筋混凝土遮阳板	1	尺寸见结施2、建施1，板厚 50mm
5	QL1	现浇 C20 钢筋混凝土圈梁	1	断面尺寸 240mm×240mm
6	DQL	现浇 C20 钢筋混凝土地圈梁	1	断面尺寸 240mm×240mm
7	XTB	现浇 C20 钢筋混凝土整体楼梯	1	水平长 3600mm，包括休息平台
8	XYP	现浇 C20 钢筋混凝土雨篷板	1	长 2100mm、宽 1200mm
9	YKB3953	预应力 C30 钢筋混凝土空心板	9	V=0.142m³/块
10	YKB3653	预应力 C30 钢筋混凝土空心板	14	V=0.131m³/块
11	B1260	预制 C20 钢筋混凝土平板		长 1180mm、厚 100mm、宽 580mm

10.22.1　建模前准备工作

在拿到一套完整图纸后需要对图纸进行分析，首先应了解本工程的一些基本特征，比如设计地坪标高和楼层相关信息等；然后必须了解软件建模的计算原理。推荐的建模操作步骤见图 10-22-11，本节将围绕该顺序进行详细讲解以使操作者能熟悉使用软件建模计算工程量的整个操作流程。

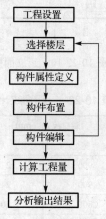

图 10-22-11　推荐的建模操作步骤

10.22.2　新建工程

双击桌面"■天工算量 2015（土建清单版）"图标进入该软件界面（见图 10-22-12）。在出现的对话框中选择"新建工程"，出现如图 10-22-13 所示的对话框。后续相关操作过程依次为：新建一个工程，必须在"文件名"栏中输入新工程的名称，这个名称可以是汉字，也可以是英文字母或数字，本书输入"Amazon 公寓"；新工程名称设置好之后，单击"保存"按钮，软件会将此工程保存在默认的天工算量中的"userdata"文件夹内，若需要保存在其他文件夹下，则单击图 10-22-13 中的"保存在："文件夹 userdata 右边的下拉箭头，选择要保存此工程文件的位置，之后再单击"保存"按钮，会将此工程文件保存在所选择的位置；单击"保存"按钮后，软件自动进入"选择属性模板"对话框，见图 10-22-14（选择属性模板中相关菜单的含义见表 10-22-3），属性模板的保存参见本书前述的构件属性定义，这里本书选择"清单版软件默认属性模板"，单击"确认"按钮，进入新工程的"工程概况"对话框（见图 10-22-15）；在图 10-22-15 中输入相关信息以做封面打印之用，左键单击"下一步"按钮，进入"计算规则"对话框（见图 10-22-16）；选择相应的清单、定额库及清单、定额计算规则，左键单击"下一步"按钮，进入"楼层设置"对话框（见图 10-22-17）；在图 10-22-17 中，本书根据图纸输入各楼层层高及相关参数，即"楼层名称"（用数字表示楼层的编号。其中 0 层表示基础层（不可改）；1 表示地上第一层；2 表示地上第二层；在这里我们根据要求将±0 以下构件算至基础层中）、"层高"（每一层的高度，在这里我们输入的是建筑高度，根据立面图，输入每层层高（本层板顶面至上一层板顶面的高度），在这里我们均输入 3000mm）、"楼层性质"（共有 8 种，即普通层、标准层、基础层、地下室、技术层、架空层、顶层、其他，如楼层名称中的各种表示。应注意一层砖外墙脚手架、外墙面装饰的高度，底标高默认取室外设计地坪标高。详见本章 10.14 节中的"构件属性"中的"附件尺寸"）、"层数"（随楼层名称自动生成层数，不需要修改）、"楼层地面标高"（软件会根据当前层下的楼层所设定的楼层层高自动累计楼层地面标高）、"砼编号"（按结构总说明输入各层砼的等级，数据对各个楼层的属性起作用，在这里我们输入 C20）、"砌筑砂浆"（按结构总说明输入各层砂浆的等级，数据对各个楼层的属性起作用，在这里我们根据图纸进行输入）、"图形文件名"（表示各楼层对应的算量平面图的图形文件（DWG 文件）的名称。单击此按钮可以进入"选择图形文件"对话框，若不修改图形文件的名称，系统会自动设定图形文件的名称。可通过"增加"、"删除"按钮增删楼层。若要增加楼层，则单击"增加"按钮，软件会自动增加一个楼层；若要删除某一楼层，则先选中此楼层，楼层中的相关信息变蓝，再单击图 10-22-17 中的"删除"按钮，会弹出一个"警告"对话框，提示"是否要删除楼层...？"，选择"是"，软件删除此楼层；选择"否"，软件不会删除此楼层）、"室外地坪设计标高"（蓝图上标注出来的室外设计标高（与外墙装饰有关），在这里我们根据图纸取−450）、"室外地坪自然标高"（施工现场的地坪标高（与土方有关），在这里我们根据图纸取−450），完成上述操作后左键单击"完成"按钮进入软件绘图建模界面（见图 10-22-18）。

初次使用软件，在完成新建工程后还需要对软件进行一些设置（这些设置可使操作者的算量建模更加流畅），即工程自动保存时间、鼠标右键操作习惯的设置、实体捕捉。上述步骤的详细操作方法可参考本章 10.21 节。至此，工程前期设置工作完成。

表 10-22-3　选择属性模板中相关菜单的含义

系统默认模板	软件默认构件的属性，要按实际工程重新定义构件属性
××省框架结构等	利用已做工程构件的属性，省去属性定义、套清单、计算规则的时间

图 10-22-12 软件界面

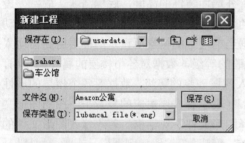

图 10-22-13 "新建工程"对话框

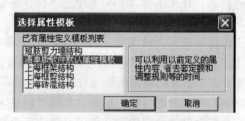

图 10-22-14 "选择属性模板"对话框

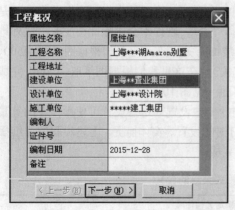

图 10-22-15 "工程概况"对话框

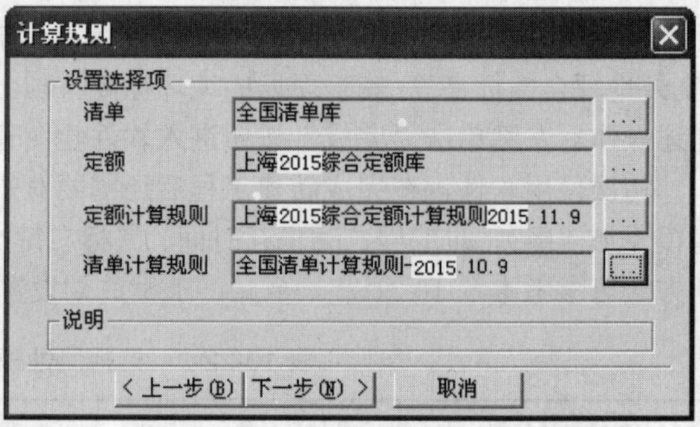

图 10-22-16 "计算规则"对话框

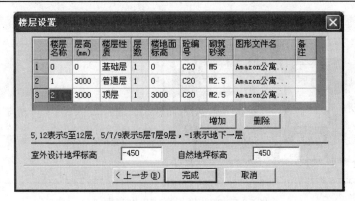

图 10-22-17　"楼层设置"对话框

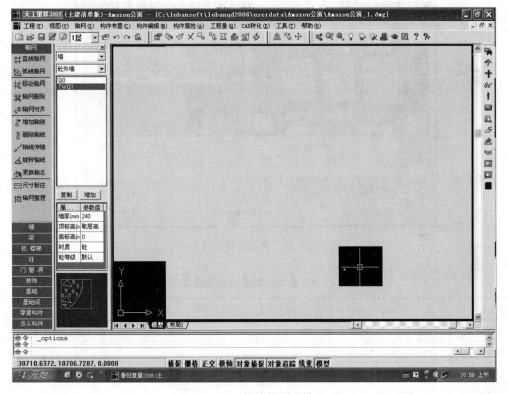

图 10-22-18　软件绘图建模界面

10.22.3　轴网

在无 CAD 电子文档的情况下，首先必须依据蓝图建立轴网，轴网在整个工程建模过程及计算报表输出时起到定位作用，故在建立时必须保证其准确性。单击左边中文工具栏中的 建直线轴网 图标，设置直线轴网界面 1（见图 10-22-19）；左键单击"高级"选项，设置直线轴网界面 2（见图 10-22-20）（相关菜单的含义见表 10-22-4。将"自动排轴号"前面的"√"去掉，软件将不会自动排列轴号名称，此时可以任意定义轴号的名称）。

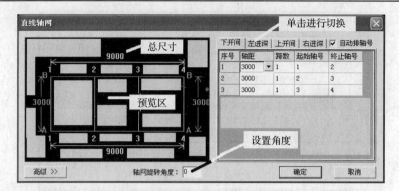

图 10-22-19　设置直线轴网界面 1

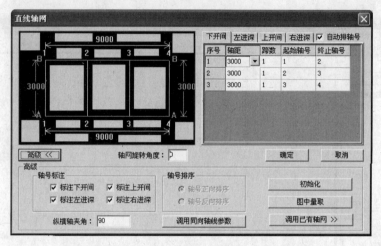

图 10-22-20　设置直线轴网界面 2

表 10-22-4　直线轴网设置相关菜单的含义

预览区	显示直线轴网，随输入数据的改变而改变，"所见即所得"
上开间	图纸上方标注轴线的开间尺寸
下开间	图纸下方标注轴线的开间尺寸
左进深	图纸左方标注轴线的进深尺寸
右进深	图纸右方标注轴线的进深尺寸
自动排轴号	根据起始轴号的名称，自动排列其他轴号的名称。例如：上开间起始轴号为 s1，上开间其他轴号依次为 s2, s3, …
高级	轴网布置进一步操作的相关命令
轴网旋转角度	输入正值，轴网以下开间与左进深第一条轴线交点逆时针旋转 输入负值，轴网以下开间与左进深第一条轴线交点顺时针旋转
确定	各个参数输入完成后可以单击"确定"按钮退出直线轴网设置界面
取消	取消直线轴网设置命令，退出该界面

应重视"高级>>"菜单的应用。"轴号标注"有四个选项，若不需要某一部分的标注，用鼠标左键将其前面的"√"去掉即可。"轴号排序"可使轴号正向或反向排序。"纵横轴夹角"是指轴网纵轴方向和横坐标之间的夹角，系统的默认值为 90°。应重视"调用同向轴线参数"的作用，

若上下开间（左右进深）的尺寸相同，输入下开间（左进深）的尺寸后切换到上开间（右进深），左键单击"调用同向轴线参数"按钮，上开间（右进深）的尺寸将复制下开间（左进深）的尺寸。"初始化"的作用是使目前正在进行设置的轴网操作重新开始（相当于删除本次设置的轴网），执行该命令后，轴网绘制图形窗口中的内容全部清空。"图中量取"的作用是量取 CAD 图形中轴线的尺寸。应重视"调用已有轴网"的作用，左键单击该按钮出现图 10-22-21，可以调用以前的轴网，进行再编辑。

　　下面介绍以图纸输入轴网尺寸的方法，下开间 3900-1800-3600-1800；左进深 4800-4400；上开间 3900-1800-3600-1800；右进深 1200-3600-2000-2400。相关操作过程依次为：①执行"建直线轴网"命令；②光标会自动落在下开间"轴距"上，按以上尺寸输入下开间尺寸，输入完一跨按回车键会自动增加一行，光标仍落在"轴距"上，依次输入各个数据；③单击"左进深"按钮（方法同①）；④单击"上开间"按钮（方法同①）；⑤单击"右进深"按钮（方法同①）。需要说明的是，输入上、下开间或左、右进深的尺寸时要确保第一根轴线从同一位置开始，比如同时从 A 轴或 1 轴开始，有时需要人工计算一下；输入尺寸时，最后一行结束时若多按了一次回车键会再出现一行，鼠标左键单击那一行的序号，单击鼠标右键，再在出现的菜单中选择"删除"即可）；⑥轴网各个尺寸输入完成后，单击"确定"按钮，回到软件主界面，命令行提示"请确定位置"，在"绘图区"中选择一个点作为定位点的位置，若回车确定，则定位点可以确定在（0, 0, 0）点上（即原点上），至此，轴网完成（见图 10-22-22）。

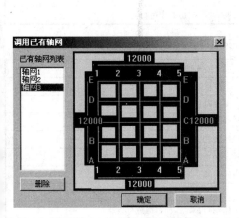

图 10-22-21　调用已有轴网

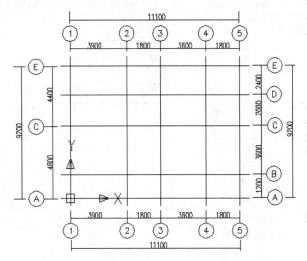

图 10-22-22　轴网完成

10.22.4　构件属性定义

　　完成轴网后即可开始对构件属性进行定义，由于本工程构件较少，所以这里按照采用先定义构件属性再进行图形建模的方法进行介绍。

1. 构件属性定义的特点

　　"构件属性定义"对话框见图 10-22-23，与属性工具栏相比，其功能更集中、更强大，在此对话框中必须根据图纸对构件属性进行定义并套上相应的清单定额。构件属性定义中相关菜单的含义见表 10-22-5 和表 10-22-6。

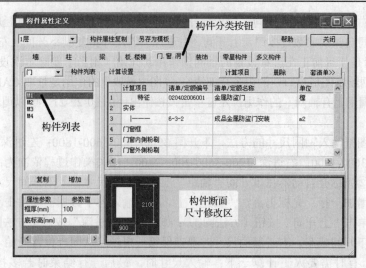

图 10-22-23　"构件属性定义"对话框

表 10-22-5　构件属性定义中相关菜单的含义之一

1层 ▼	指定对哪一层的构件属性进行编辑，左键单击下拉按钮，可以选择
构件属性复制	构件属性复制按钮，对构件属性进行复制
另存为模板	参见另存为属性模板
帮助	需要时弹出帮助文件
关闭	对话框的内容完成后，退出，与右上角的"×"按钮的作用相同

表 10-22-6　构件属性定义中相关菜单的含义之二

构件分类按钮	分为墙、柱、梁、基础等九大类构件
门 ▼	每一大类构件中的小类构件，左键单击下拉按钮，可以选择
构件列表	小类构件的详细列表，构件个数多时，支持鼠标滚轮的上下翻动功能
右键菜单	单击右键，弹出右键菜单，对小类构件中的每一种构件重命名或删除
复制	对小类构件复制，复制的新构件与原构件属性完全相同
增加	增加一个新的小类构件，对属性要重新定义
属性参数、属性值	对应每一个小类构件的属性值，对应构件不同，属性项会有所不同
构件断面尺寸修改区	对应每一个小类构件的断面尺寸
计算设置	主要是套清单的设置，可以对其中的计算规则、计算项目等进行设置

2．墙、梁、柱、板等构件属性定义

构件按其性质进行了细化（见表 10-22-7），不同种类的构件，其计算规则也不相同。比如砼外墙与砼内墙，布置墙体时，若是外墙就要使用砼外墙而不能用砼内墙，若是内墙就要使用砼内墙而不能用砼外墙，因两者的计算规则不同，错误使用会带来错误的结果。

表 10-22-7　构件按其性质进行的细化

大类构件	小类构件
墙	电梯井墙、砼外墙、砼内墙、砖外墙、砖内墙、填充墙、间壁墙
柱	砼柱、暗柱、构造柱、砖柱
梁	框架梁、次梁、独立梁、圈梁、过梁
板、楼梯	现浇板、预制板、楼梯

续表

大类构件	小类构件
门窗洞	门、窗、飘窗、转角飘窗、墙洞
基础	满基、独基、柱状独基、砖石条基、砼条基、基础梁、集水井、人工挖孔桩、其他桩
装饰	房间、楼地面、天棚、踢脚线、墙裙、外墙面、内墙面、柱踢脚、柱裙、柱面、屋面
零星构件	阳台、雨篷、排水沟、散水、自定义线性构件
多义构件	点实体、线实体、面实体、实体
大类构件	小类构件
墙	电梯井墙、砼外墙、砼内墙、砖外墙、砖内墙、填充墙、间壁墙
柱	砼柱、暗柱、构造柱、砖柱
梁	框架梁、次梁、独立梁、圈梁、过梁
板、楼梯	现浇板、预制板、楼梯
门窗洞	门、窗、飘窗、转角飘窗、墙洞
基础	满基、独基、柱状独基、砖石条基、砼条基、基础梁、集水井、人工挖孔桩、其他桩
装饰	房间、楼地面、天棚、踢脚线、墙裙、外墙面、内墙面、柱踢脚、柱裙、柱面、屋面
零星构件	阳台、雨篷、排水沟、散水、自定义线性构件
多义构件	点实体、线实体、面实体、实体

（1）墙。M2.5 混合砂浆砌 240mm 厚标准砖内外墙。套清单时单击"构件属性定义"，进入构件属性对话框，进入"墙-砖外墙"项中，选择 ZWQ240，单击"套清单"进入套"清单、定额"对话框，双击"空斗墙"项，弹出"添加清单编号"对话框，选择 ⊙ 新建清单号，单击"确定"按钮即可。套定额时，在实体-清单/定额编号中直接输入 3002 定额编号，软件就自动在消耗量项目中套"标准砖外墙 1 砖"，单击"确定"按钮，至此，ZWQ240 就套好了清单及定额。以上方法也适用于 240mm 厚标准砖内墙。

（2）梁。现浇 C20 钢筋混凝土圈梁断面尺寸 240mm×240mm，现浇 C20 钢筋混凝土地圈梁断面尺寸 240mm×240mm。其方法可参考墙。

（3）柱。本工程无柱。柱的具体操作方法可参考本章 10.23 节。

（4）板、楼梯。现浇 C20 钢筋混凝土平板（厚 100mm），现浇 C20 钢筋混凝土遮阳板（厚 50mm），预制 C20 钢筋混凝土平板（厚 100mm），预应力 C30 钢筋混凝土空心板；现浇 C20 钢筋混凝土整体楼梯。套用方法参考墙；预制板属性定义见图 10-22-24，天工算量软件内置图集，可直接选用。

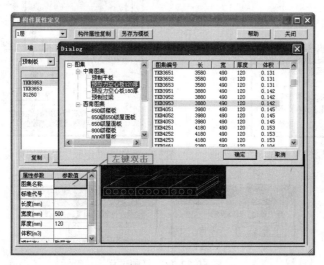

图 10-22-24　预制板属性定义

（5）门窗。门窗尺寸参见门窗统计表，套用方法参考墙。

（6）其他构件。现浇 C20 钢筋混凝土雨篷板、散水、混凝土台阶、二层上人屋面塑料扶手钢栏杆。"雨篷板、散水"在"零星构件-雨篷板、散水"中进行定义，套用方法参考墙。室外台阶在清单计算规则中按平面投影面积计算，这里可在面实体中进行定义，套用方法参考墙。栏杆在清单计算规则中按延长米计算，这里可在线实体中进行定义，套用方法参考墙。

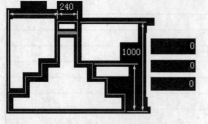

图 10-22-25　砖条基 ZSJ2 断面尺寸

（7）装饰。根据图纸定义好相应房间装饰，具体做法详见图纸（限于篇幅，本书略）。

（8）基础。砖条基中的 ZSJ1 尺寸详见图纸（住宅结施 1）；ZSJ2 断面尺寸为 1000mm×240mm、无大放脚（见图 10-22-25）。地圈梁中的 DQL 断面尺寸为 240mm×240mm，在"梁-圈梁"中进行定义。

3. 构件属性复制

单击"构件属性定义"对话框中的"构件属性复制"按钮，弹出如图 10-22-26 所示的对话框，相关菜单的含义见表 10-22-8；选择"定额、计算规则复制（同层）"，单击"下一步"按钮，弹出如图 10-22-27 所示的对话框，相关菜单的含义见表 10-22-9，复制过程见图 10-22-28；选择"楼层间构件复制"，单击"下一步"按钮，弹出如图 10-22-29 所示的对话框，楼层间构件复制中相关菜单的含义见表 10-22-10；至此，构件属性定义工作已全部完成（见图 10-22-30）。更多详细操作可参考本章 10.14 节中构件属性中的相关内容。

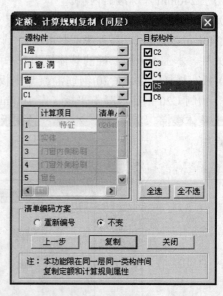

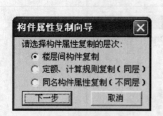

图 10-22-26　"构件属性复制向导"对话框　　　图 10-22-27　"定额、计算规则复制（同层）"对话框

图 10-22-28　复制过程

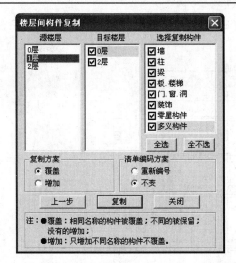

图 10-22-29　"楼层间构件复制"对话框　　　　　

图 10-22-30　构件属性定义结束

表 10-22-8　构件属性复制中相关菜单的含义

楼层间构件复制	不同楼层间的构件属性的复制
定额、计算规则复制（同层）	同一楼层，同类构件定额、计算规则的复制
同名构件属性复制（不同层）	不同楼层，同一名称构件之间属性的复制

表 10-22-9　定额、计算规则复制中相关菜单的含义

源构件	可以选择到某楼层中的大类构件中的小类构件的具体哪一个
目标构件	要将源构件属性复制到哪一个构件中，可以多选
计算项目显示区	显示已选中源构件的计算项目、清单编号、清单内容、计算规则等
清单编码方案	具有"重新编号"、"不变"两个单选项，清单编码可重新编号，也可不变
上一步	单击此按钮，可以回到"构件属性复制向导"对话框
复制	单击此按钮，开始复制（见图 10-22-28）
关闭	退出此对话框，与右上角的"×"按钮的作用相同（见图 10-22-27）

表 10-22-10　楼层间构件复制中相关菜单的含义

源楼层	选择哪一层的构件属性进行复制
目标楼层	将源楼层构件属性复制到哪一层，可以多选
选择复制构件	选择源楼层的哪些构件进行复制，可以多选
复制方案	具有"覆盖"、"增加"两个单选项，下面有各项的具体含义
清单编码方案	具有"重新编号"、"不变"两个单选项，清单编码可重新编号也可不变
上一步	单击此按钮，可以回到"构件属性复制向导"对话框
复制	单击此按钮，开始复制
关闭	退出此对话框，与右上角的"×"按钮的作用相同

10.22.5　图形建模

完成构件属性定义后即可开始对构件进行建模，以下为示例工程所有构件的建模过程及操作方法。

1. 墙

单击中文工具栏中的"布墙"████布墙████命令，选择砖外墙 ZWQ240，根据图纸在绘图区域轴网上绘制墙体，完成后单击右键确认；选择砖内墙 ZNQ240，操作同外墙。完成后的效果如图 10-22-31 所示。

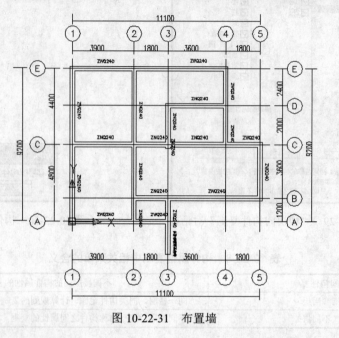

图 10-22-31　布置墙

2. 门窗、洞口

执行"布门" [布门] 命令，选择相应的门，根据图纸选择有门的墙体，单击右键确认。窗、洞口同理。完成后如图 10-22-32 所示。需要强调的是，当平面图形门窗种类个数较多时，可以在执行布置门命令时先选择型号较多的一种门进行布置，然后再进行构件名称更换，通过这种方法能有效地提高建模速度。

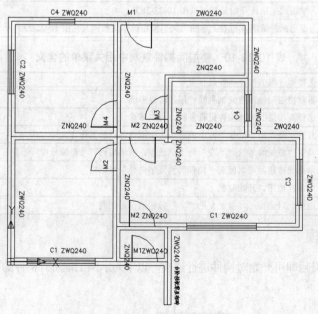

图 10-22-32　布门

3. 圈梁

执行"布圈梁"  命令，选择定义好的圈梁，框选相应墙体，单击右键确认。这里可以选择所有墙体，按"Tab"键切换至移除状态，将内墙砖垛剔出，见图10-22-33。单击右键确认，圈梁布置完成。效果见图10-22-34。

图 10-22-33　将内墙砖垛剔出

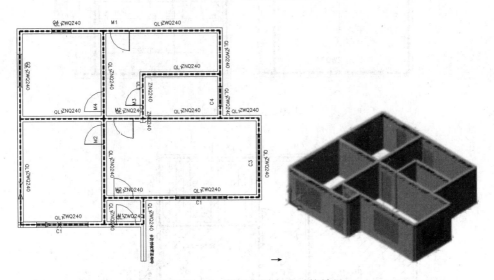

图 10-22-34　圈梁布置完成后的效果

4. 板

执行"布预制板" 命令，选择属性工具栏中相应的预制板，选择参考边界（板的边界/墙/梁）→输入板的块数→确认，鼠标控制布置方向，单击左键结束命令。操作过程（见图 10-22-35）依次为执行"布现浇板" 命令，根据本工程的特点（现浇板少），选择"自由绘制"，根据结构图板区域进行绘制；执行"布楼梯" 命令，选择定义好的楼梯 XTB，根据命令行提示输入（指定）插入点即可（见图 10-22-36）。

需要说明的是，天工算量软件提供的构件布置机制十分灵活，使用者可根据工程不同情况选择相应的方法。比如现浇板的布置的方式可选择"自动生成"、"点选生成"、"自由绘制"等。另外，若楼梯计算规则与板一致，均按平面投影面积计算，此时可以用板（套楼梯定额）来代替楼梯。

5. 其他构件

（1）雨篷板。见图10-22-37，执行"布出挑件" 命令，根据命令行提示"请选择设置出挑构件的墙："左键选中墙，"墙线布置在：中线（M）/<外边线>"确认，"出挑构件距基点距离："C-变换参考点/<0>"指定终边点，"请选择出挑构件形状"1-矩形或弧形，2-任意形状"<1>"输入 1，"输入挑出距离"1200，"输入出挑构件的宽度"2100。

（2）室外台阶、散水。对室外台阶，清单计算规则中按平面投影面积计算，执行"布面构件" 命令布置面实体，根据图纸尺寸输入，完成后见图 10-22-38。对散水可执行

![布散水] 命令，根据蓝图进行布置，布置顺序为"从上至下，从左至右"，完成后的效果见图 10-22-38。

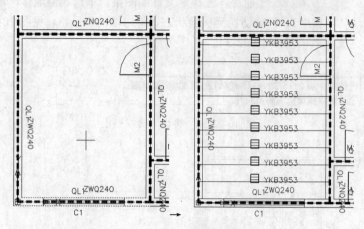

图 10-22-35　布预制板

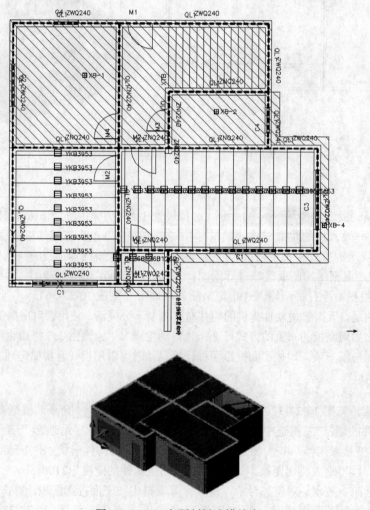

图 10-22-36　布预制板建模结束

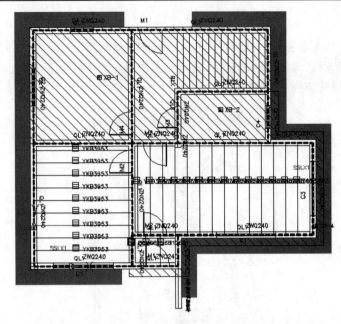

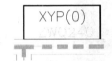

图 10-22-37　布雨篷板　　　　　　　　　　图 10-22-38　布室外台阶、散水

（3）二层上人屋面塑料扶手钢栏杆。对栏杆，清单计算规则中按延长米计算，执行 **布线构件** 命令，按图纸所示位置进行布置，完成后的效果见图 10-22-39。

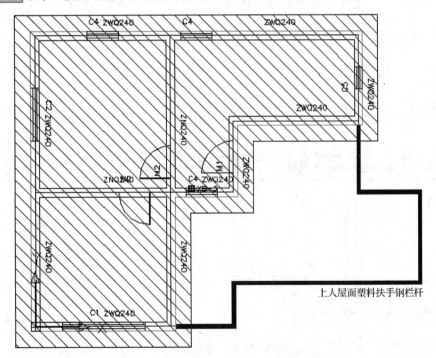

图 10-22-39　布二层上人屋面塑料扶手钢栏杆

6．复制楼层

执行工具栏中"复制楼层" 命令，将墙体复制至 0 层，见图 10-22-40。

7. 基础

（1）布置砖条基，见图10-22-41。执行 命令，在属性工具栏中选择定义好的 ZSJ1，框选所有的墙体，确认即可。需要注意的是，内墙砖垛下砖基础无大放脚，执行"构件名称更换"命令将其更换为 ZSJ2。

图 10-22-40　复制楼层

图 10-22-41　布置砖条基

（2）布置地圈梁，见图10-22-42。执行 □布圈梁 命令，在属性工具栏中选择 DQL，框选所有墙体，确认即可。因为 DQL 顶标高默认取层高，砖条基扣地圈梁，故不需调整 DQL 标高。

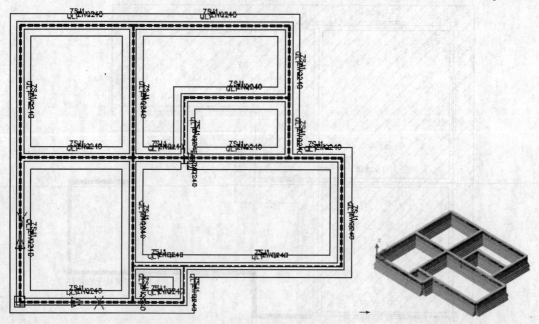

图 10-22-42　布置地圈梁

8. 装饰

执行中文菜单栏中的 房间装饰 命令，楼地面、天棚均选"内墙按中线，外墙按外边线"的生成方式，见图10-22-43，确定后自动生成房间。完成后用"构件名称更换"命令进行相应调整。需要说明的是，生成房间前应先在属性工具栏中选中一种最多的房间（比如卧室）后再执行"房间装饰"命令，这样所有形成的房间均为卧室。

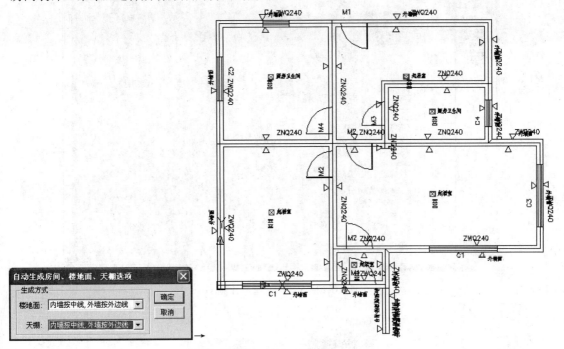

图 10-22-43　布置装饰

9．其他项目

执行工程量计算栏中"编辑其他项目" 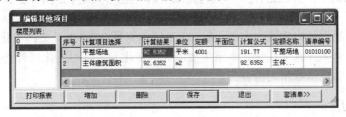 命令，弹出如图 10-22-44 所示的对话框，在该对话框中可以提取任何操作者想要得到的数据（比如长度、面积、体积、等）。在此，根据需要在计算项目选择中选取平整场地，在其后套上相应清单、定额。

图 10-22-44　"编辑其他项目"对话框

需要强调的是，在计算项目选择中选取相应项目时，应注意与所选项目相关的数据有无形成，比如提取平整场地前，应先确认已形成建筑面积线（一般应在整个工程计算完成后再在"编辑其他项目"中对计算项目进行选择）。在"编辑其他项目"中添加的项目会在再次打开报表时自动添加。

10.22.6　报表输出及结果分析

单击工具栏中的 🔍（预览打印）图标，进入天工算量计算书（见图 10-22-45）。报表的详细介绍见本章 10.19 节中的计算书。对报表中数据可以进行输出，单击报表菜单栏中的"输出"菜单，选择需要输出文件格式即可，见图 10-22-46。限于篇幅，工程文件、图纸及详细计算结果略。

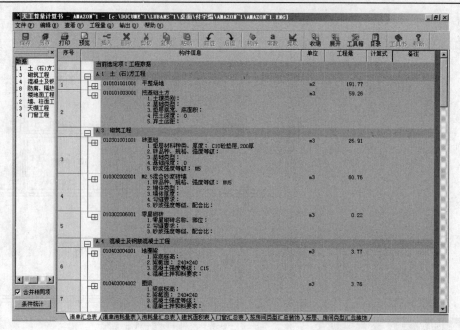

图 10-22-45　天工算量计算书

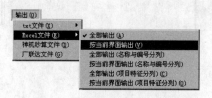

图 10-22-46　选择需要输出的文件格式

10.23　天工清单算量 2015 电子文档转化实例

本节以一栋框架型结构建筑为实例，介绍天工清单算量 2015 电子文档转化方法，以及如何充分利用现有电子文档来计算工程量。本节主要以介绍转化为主，对转化以外的操作步骤不做详细讲解，具体方法可参见本章相关内容。

10.23.1　准备工作

在拿到电子文档（以下简称 CAD 文档）时不要急于将其转化，而是应充分做好准备工作。首先应先了解工程的基本特征（比如设计地坪、层数、层高、做法等），对整个工程要有全面的了解。其次要非常明确地知道建筑与结构图的一一对应关系（比如某层层高为 2900mm，在转化该层的墙时应选用该层的建筑平面图，在转化梁时应选用标高为 2870mm 标高的结构图搭配）。最后应对图纸进行审查（比如图纸的绘图比例、图形和数据是否吻合、图层的分配情况等）。

调用电子文档时，相对于建筑施工图而言，结构施工图会更精确一些，所以在图纸相对完整的条件下应尽可能选用结构图。另外，还必须了解 CAD 文档是哪个版本的。目前，CAD 分为三种版本：R14 格式、2000 格式、2004 格式。天工算量软件可调用 CAD-R14、CAD-2000 及 CAD-2004 格式文件。若甲方提供的是高版本文件，则可以先用高版本软件打开后另存为低版本文件。

CAD 文档转化的操作步骤为"新建工程"→"工程设置"→"CAD 文档转化"→"构件布置、编辑"→"构件属性定义"→"计算工程量"→"报表输出"。CAD 转化的基本顺序为"文件调入"→"转化轴网"→"转化墙体"→"转化多个柱"→"转化单个柱"→"转化梁"→"转化出挑构件"→"转化门窗表"→"转化门窗"→"清除多余图形"。

1．工程分析

在转化之前应首先了解天工算量软件目前主要可转化部分（见表 10-23-1）。

表 10-23-1　天工算量软件目前主要可转化部分

	墙	柱	梁	板	楼梯	门、窗	零星项目	备注
基础层（0）	—	—	—	—	—	—	—	
地下室一层（−1）	转化	转化	转化	自动生成	布置	转化	布置	
底层（1）	转化	转化	转化	自动生成	布置	转化	布置	
二层（2）	转化	转化	转化	自动生成	布置	转化	布置	
标准层（3，11）	转化	转化	转化	自动生成	布置	转化	布置	
顶层（12）	转化	转化	转化	自动生成	布置	转化	布置	

2．新建工程

双击桌面上的"▉天工算量 2015（土建清单版）"图标，新建工程名称为"天工员工宿舍"。参见图 10-23-1。

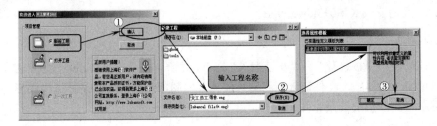

图 10-23-1　新建工程

3．工程设置

根据施工说明及施工图纸对工程进行初始设置，设置参数见图 10-23-2。

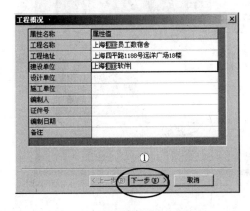

(a) 工程概况

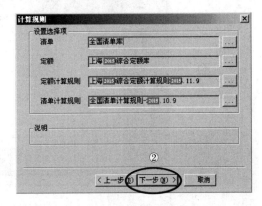

(b) 定额及计算规则选择

图 10-23-2　楼层参数设置

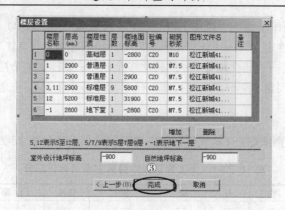

(c) 完成

图 10-23-2 楼层参数设置（续）

10.23.2 转化地下室一层

本节主要讲解 CAD 文件调入、转化轴网、转化墙体、转化梁、构建转化门窗表、门窗转化、清除多余图形、构件编辑、布置等。根据图纸从地下室一层开始由下往上逐层进行 CAD 转换，转化前应仔细观察 CAD 图纸情况及本层特点。从本层特点可见，需转化的有该层的砼墙、柱、梁、门及换气窗，需要用到的 CAD 图为地下室一层建筑图（JS001.dwg）、−0.030 底层梁配筋图（GS007.dwg）及门窗表（JS013.dwg）。

1. 文件调入

首先执行菜单 "CAD 转化" → "文件调入" 命令，选择光盘内 JS001.dwg 文件，左键单击 "打开" 按钮（见图 10-23-3）。文件调入后将与该层无关的图形删除，方法是框选中图形、单击键盘上的 Delete 键（删除后的效果见图 10-23-4）。

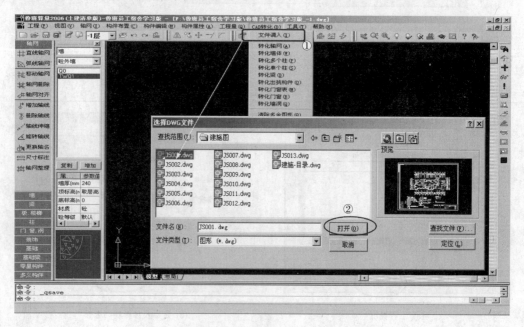

图 10-23-3 选择 "CAD 转化" → "文件调入" 命令

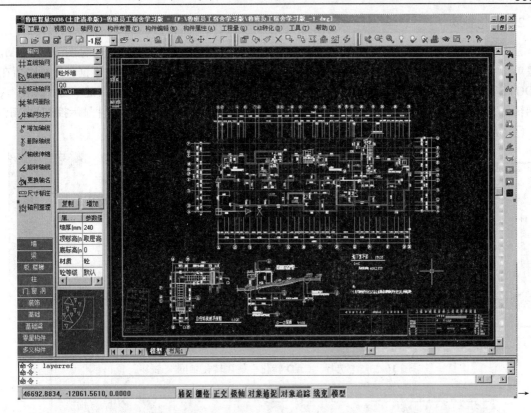

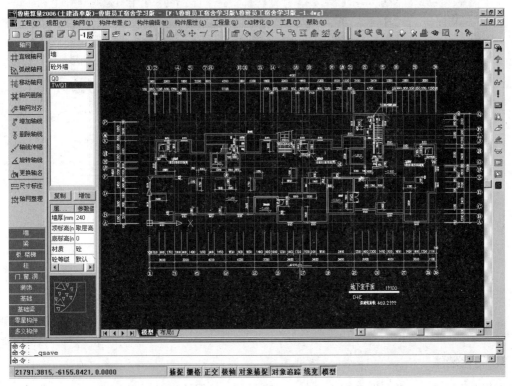

图 10-23-4　将与该层无关的图形删除

2. 转化轴网

首先执行菜单"CAD 转化"→"转化轴网"命令,弹出"提取轴线标注"对话框,见图 10-23-5(a),左键单击"提取轴线"进入图形,左键点选其中一轴线,单击右键确认返回对话框(即轴线所在的 DOTE 层输入对话框),同此方法提取标注,完成操作,见图 10-23-5(b),左键单击"转化",轴网转化完毕。转化完毕后还应观察转化结果,左键单击常用工具栏的 💡(构件显示控制)按钮,将"□ CAD图层"关闭,见图 10-23-6。

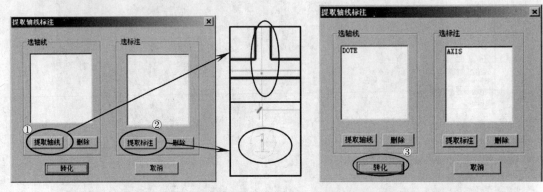

(a) "提取轴线标注"对话框　　　　　　　　　　　　　　　　　(b) 完成操作

图 10-23-5　选择"CAD 转化"→"转化轴网"命令

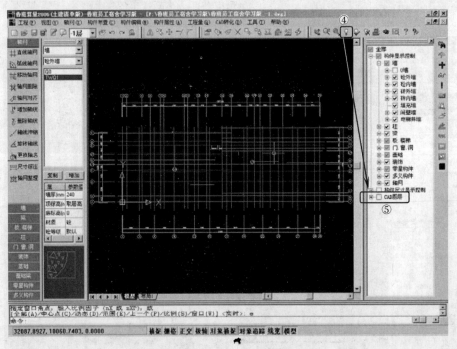

图 10-23-6　将"□ CAD图层"关闭

3. 转化墙体

相关操作过程依次为:打开所有 CAD 图层"☑ CAD图层"、执行菜单"CAD 转化"→"转化墙体"命令、弹出"转化墙体"对话框,左键单击"图中量取"按钮,量取图中 9 轴/D 轴处,量出该处最大合并距离为 3100mm（过程见图 10-23-7）；左键单击"添加"按钮出现"转化墙体"参数对话框（见图 10-23-8），从左往右依次根据提示录入（选择边线层→颜色层→墙体厚度设置），左键分别单击"选边线"按钮，"选颜色"按钮，进入图形界面选择相应墙边线；在墙厚参数中，若用户已知道墙的厚度则可直接输入厚度值（左键单击"添加"即可），若用户不知道墙厚则应左键单击"图中量取"按钮进入图中根据提示量出该墙厚（继而单击右键确认回到对话框并将量出的数值添加进入即可。需要强调的是，在同类型中应尽可能多地把墙厚都添加进去）；最后在类型选择中选取希望转化出的墙体类型（软件默认为"砼内墙"），左键单击"确定"按钮回到"转化墙体"对话框，这样一种类型的墙就添加到"墙转化设置"中了；左键单击"转化"按钮将墙体转化为天工图形，转化完毕应仔细观察转化结果，单击构件显示控制 💡 按钮，将"□ CAD图层"关闭（见图 10-23-9）。

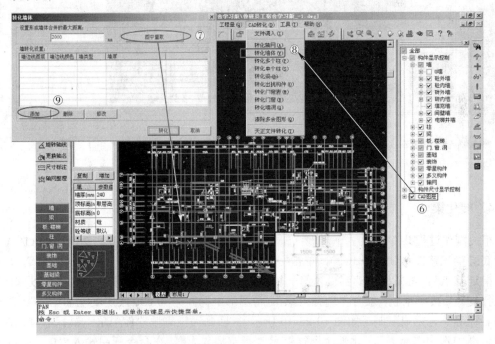

图 10-23-7　CAD 转化→转化墙体

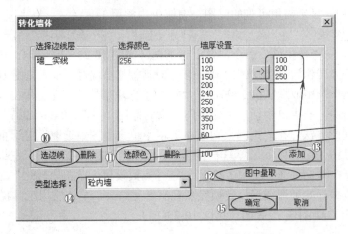

图 10-23-8　"转化墙体"参数对话框

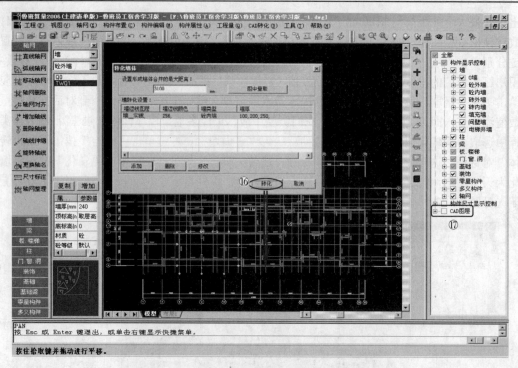

图 10-23-9　将 "□ CAD 图层" 关闭

4. 转化梁

相关操作过程共有以下 7 个步骤，即首先完成带基点复制工作，方法是用 AutoCAD 2004 打开底层梁配筋图（GS007.dwg），单击右键弹出快捷命令菜单，选择"带基点复制"，软件提示"指定基点"，将鼠标移动到横轴第一轴及纵轴第一轴交点处单击左键，这样就以该点为基点进行复制，接下来软件提示"选择对象"，将图形中标高为–0.030 底层梁配筋图图形框选中，单击右键确认，完成复制（如图 10-23-10 所示）。回到天工算量软件中单击鼠标右键，在弹出的对话框中选中"粘贴"，此时命令行提示"指定插入点"，在命令行中输入"0，0，0"，按回车键（键盘上的 Enter 键）或单击右键，这样就将电子文档中的梁图调入并与原图形对应上了（见图 10-23-11）。显示需用可见的梁图，左键单击常用工具栏💡，将"□ CAD 图层"关闭并只打开"☑ 梁_实线"、"☑ 梁_虚线"、"☑ 水平标注"、"☑ 垂直标注"图层（见图 10-23-12）。执行"CAD 转化"→"转化梁"命令，弹出对话框（如图 10-23-13 所示），选择"根据梁名称和梁边线确定梁尺寸转化"，左键单击"下一步"对话框。出现对话框（见图 10-23-14），在"需要合并的最大距离"项中取默认值 3000，在"选择梁标注层"项中左键单击"图中选取"对话框，进入图形界面中，选中集中标注中的横向及纵向标注（见图 10-23-15(a)），单击右键确认，回到对话框中，同此方法，在"选择梁边线层"项中单击"图中选取"对话框，进入图形界面中选取梁边线（见图 10-23-15(b)），单击右键确认返回（见图 10-23-16）。左键单击"下一步"对话框，进入下一个对话框（见图 10-23-16）进行参数设置。单击"转化"对话框，软件根据用户所有输入的数据开始处理图形，转换完后观察转化结果，单击常用工具栏💡（构件显示控制）按钮，将"□ CAD 图层"关闭（见图 10-23-17）。

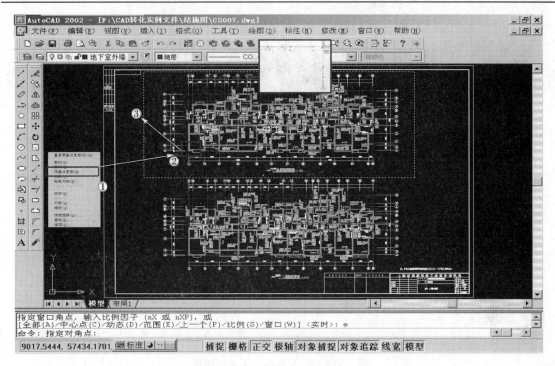

图 10-23-10　完成带基点复制工作

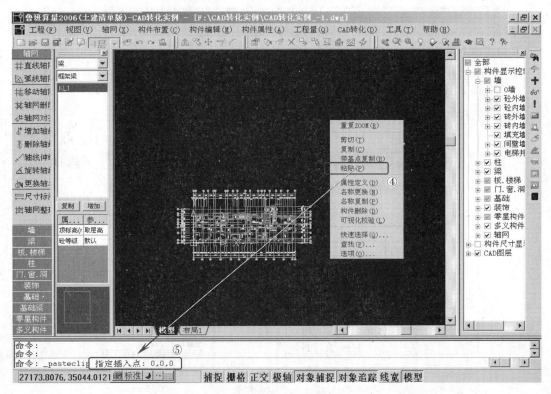

图 10-23-11　电子文档中的梁图调入并与原图形对应

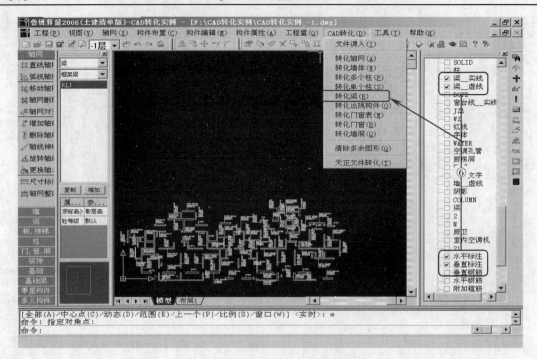

图 10-23-12　显示需用可见的梁图

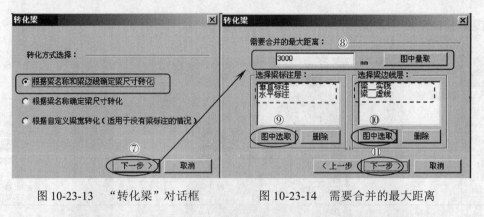

图 10-23-13　"转化梁"对话框　　　　图 10-23-14　需要合并的最大距离

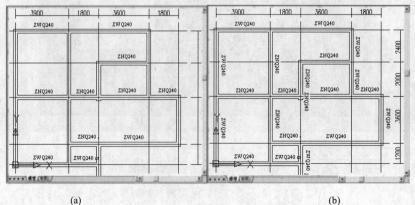

(a)　　　　　　　　　　　　　　(b)

图 10-23-15　横向及纵向标注

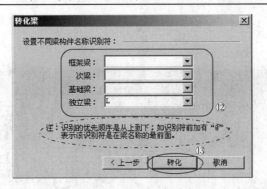

图 10-23-16　确认返回

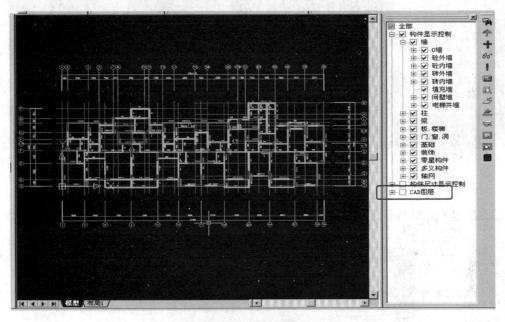

图 10-23-17　进行参数设置

5. 构建转化门窗表

相关操作过程共有以下 4 个步骤，即带基点复制，用 AutoCAD 2004 打开 JS013.dwg 文件（复制方法同梁），指定门窗表的角点作为基点将门窗表选中复制，详细操作步骤同梁（见图 10-23-18）。进入天工算量软件界面中，单击右键选择"粘贴"，将图形放置在原有图形的边上（见图 10-23-19）。执行"CAD 转化"→"转化门窗表"菜单命令，弹出对话框图（见图 10-23-20(a)），在"门识别符号"及"窗识别符号"中取默认识别字母"M"、"C"，左键单击"框选提取"对话框进入图形界面，将所有门和窗框选中，见图 10-23-20(c)。单击右键回到对话框，如图 10-23-20(b)，同时框选中的门窗表就自动添加进来了，完成操作左键单击确定门窗属性就进入构件属性中了。

6. 门窗转化

相关操作过程共有以下 3 个步骤，即执行"CAD 转化"→"转化门窗表"菜单命令，弹出"转化门，窗，墙洞"对话框（见图 10-23-21）。在"高级"设置中取默认值，左键单击"提取"按钮进入图形界面，选择门窗图层，单击右键确认返回，门窗图层进入提取框内，左键单击"转化"按钮,操作完成。结果对比,可使用构件显示控制,关闭所有图行显示,打开门窗 windows 图层进行详细对比。

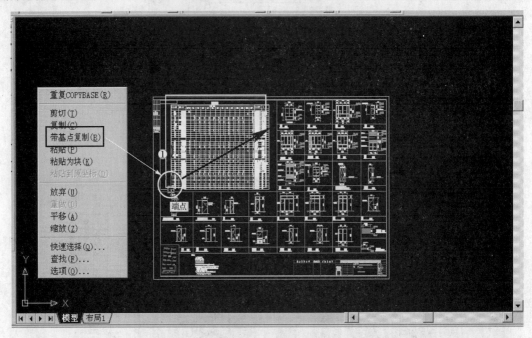

图 10-23-18　带基点复制

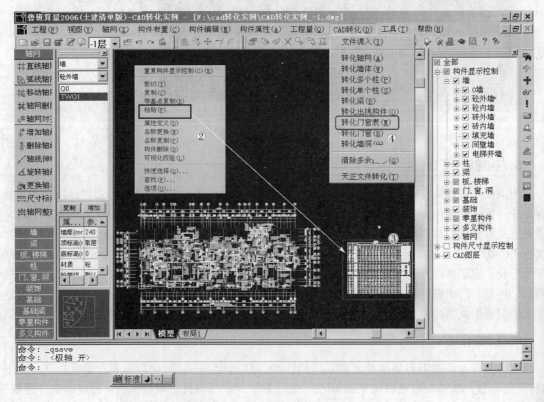

图 10-23-19　进入天工算量软件界面中粘贴

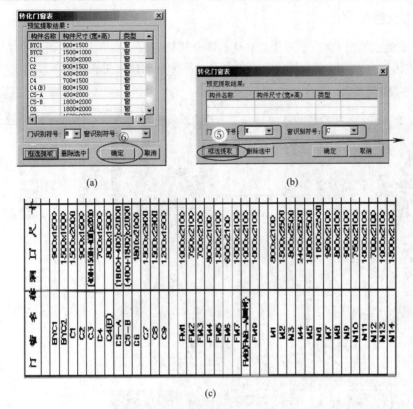

图 10-23-20　CAD 转化→转化门窗表

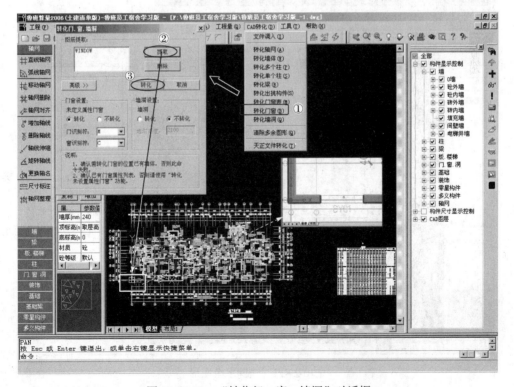

图 10-23-21　"转化门，窗，墙洞"对话框

7. 清除多余图形

转化到这里就已经把 CAD 图形中能转化的部分转化完成，接下来是将调入的 CAD 图清除，执行"CAD 转化"→"清除多余图形"菜单命令，清除后的情况见图 10-23-22。

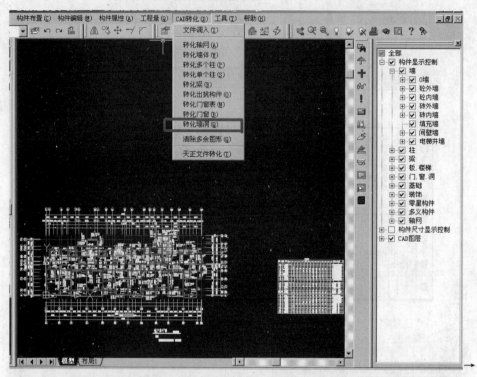

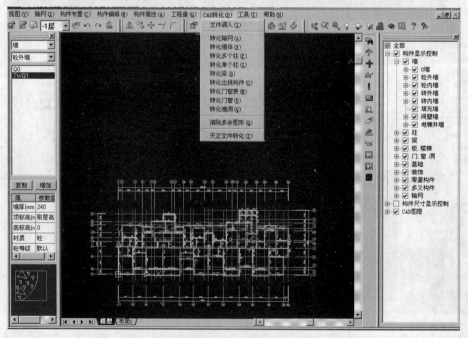

图 10-23-22 清除多余图形

8．构件编辑、布置

在转化完成以后还需要对转化过来的图形进行一些修改和校对并将图中不能转化部分补充上。

（1）砼外墙。左键单击 💡 将墙体以外的其他图层关闭，左键单击常用工具栏上的 🖎（构件名称更换），软件提示"请选择需要编辑属性的构件"，选中所有的外墙（见图 10-23-23），单击鼠标右键确认，弹出"选构件"对话框，这时属性中没有可选的砼外墙参数，单击"进入属性"按钮添加一项砼外墙参数，完成后单击"关闭"按钮回到"选构件"对话框中，这时选择刚才添加进去的砼外墙，单击"确定"按钮就完成操作了（这时可以看到，被选中的墙体已经替换为正确的砼外墙了，见图 10-23-24(d)）。

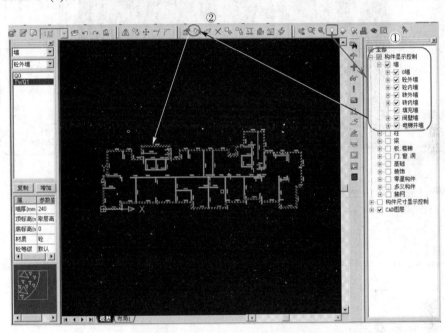

图 10-23-23　选中所有的外墙

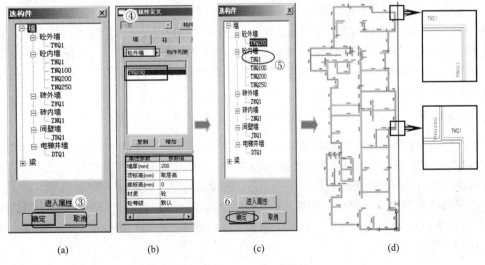

(a)　　　　　　(b)　　　　　　(c)　　　　　　(d)

图 10-23-24　添加砼外墙

（2）本层顶板。左键单击命令栏中的 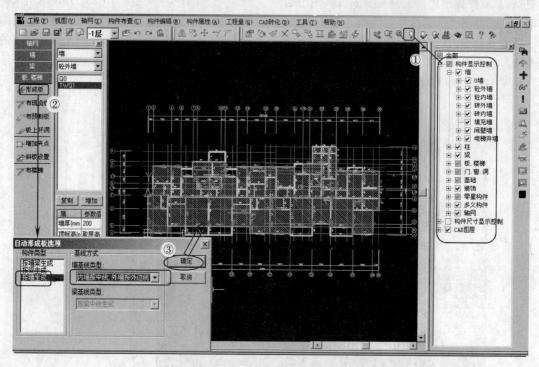 形成板 命令，弹出"自动形成板选项"对话框，在"构件类型"中选择"按墙生成"，在"墙基线类型"中选择"内墙按中线，外墙按外边线"，再单击"确定"按钮，软件自动搜索图上有封闭的空间生成板。生成后的情况见图 10-23-25。

图 10-23-25　生成本层顶板

10.23.3　转化标准层

下面主要讲解转化轴网、转化墙体，转化门窗表、转化梁、门窗，转化阳台，清除多余图形，构件编辑、布置等，其他重复部分及未提及部分可参考本书其他章节。以下介绍的是转化标准层 3～11 层，转化前仍应先看看 CAD 图纸情况及本层特点，从本层特点可以看出，需要转化该层的轴网、短支墙、填充墙、柱、梁、门、窗、阳台，需要用到的 CAD 图为 3～11 层建筑图（JS004.dwg）、标高 5.770～28.970 剪力墙平面布置图（GS003.dwg）及 4～11 层梁配筋图（GS008.dwg）。

1．转化轴网

建筑工程的性质决定了一栋建筑的轴网是唯一的，因此，只需将地下室轴网复制到该层即可。方法是执行"工程"→"复制楼层"命令或单击常用工具栏中的 图，弹出如图 10-23-26(b)所示的对话框，在"源层"中选择 源层 -1 ，在"目标层"中选择 目标层 3,11 ，在要复制的图形中只勾选 ☑ 轴网，左键单击"确定"按钮，软件提示"所选构件目标层将被清空！"（见图 10-23-26(c)），再单击"确定"按钮，软件开始将地下室一层中的轴网复制到第 3～11 层中（见图 10-23-26(a)）。

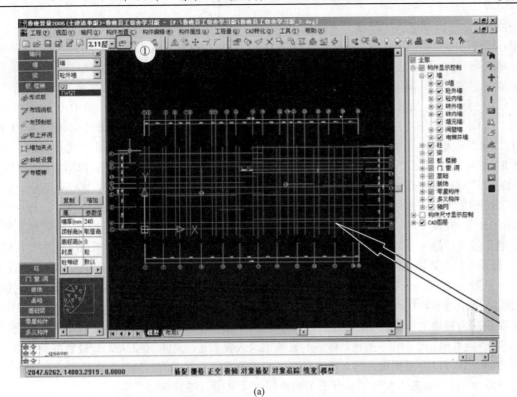

(a)

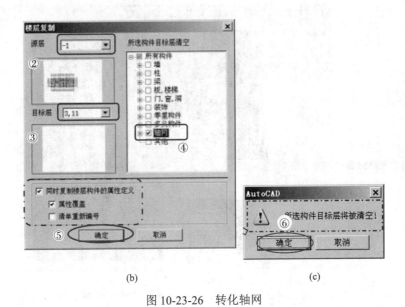

(b)　　　　　　　　　　　　　　　　(c)

图 10-23-26　转化轴网

2. 转化墙体

本层中的墙为短支剪力墙结构,因此需要调用建筑图和墙结构图两张图纸。建筑图采用"文件调入"的方法完成,结构图使用"带基点复制"的方法调入。具体可参考前面已详细介绍过的这两种方法,限于篇幅不再赘述。后续相关操作过程共有以下 7 个步骤,即执行菜单"CAD 转化"→"文件调入"命令,打开光盘内的 JS004.dwg 文件,单击"打开"按钮,相关操作见图 10-23-27。

带基点复制，用 AutoCAD 2004 打开结构图 5.770～28.970 剪力墙（GS003.dwg）文件，单击鼠标右键，在弹出的对话框中选择"带基点复制"，软件提示"指定基点"，将光标移动到 5.770～28.970 剪力墙图形横轴和纵轴的交点处，单击左键，软件提示"选择对象"，从左往右框选图行，单击左键完成图形复制（见图 10-23-28）。进入天工算量软件图形界面中，单击鼠标右键，在弹出的对话框中选中"粘贴"，此时命令行中提示"指定插入点"，同时在命令行中输入"0,0,0"，按回车键就将结构图与建筑图对应上了（见图 10-23-29）。转化，打开所有"☑ CAD图层"，执行菜单"CAD转化"→"转化墙体"命令，弹出"转化墙体"对话框（见图 10-23-30），单击"图中量取"按钮后量取 B 轴/20～21 轴（量取出 2400mm）。编辑砼墙参数，左键单击"添加"按钮，弹出如图 10-23-31 所示的对话框，左键单击"选边线"按钮，进入图形选择砼墙的边线，单击右键确认返回，左键单击"选颜色"按钮，进入图形选择砼墙边线，再单击右键确认返回，在墙厚设置中，分别输入"200、250"，左键单击"添加"按钮，将这两种厚度的墙添加进去（若不知道墙厚，则单击"图中量取"按钮，进入图形界面中量出墙的厚度，单击右键确认返回，再左键单击"添加"按钮即可），最后，在"类型选择"里选择砼内墙并左键单击"确定"按钮，该类墙就进入"墙转化设置"中了（见图 10-23-31）。编辑砖墙参数，方法和砼墙基本一样，左键单击"添加"按钮，弹出如图 10-23-32 所示的对话框，单击"选边线"按钮进入图形选择砖墙的边线（具体步骤见图 10-23-32。注意在该层中砖墙的厚度有 100、200、250 三种，不要把 100 的遗漏了，否则 100 厚的墙就不会转出来），接着单击"确定"按钮，砖墙的参数也录入完成了（见图 10-23-32）。最后左键单击"转化"按钮，软件就会根据录入的参数自动判断识别短支剪力墙并将其转化为软件可计算图形，转化完后将"□ CAD图层"关闭，打开天工构件即可（见图 10-23-33）。

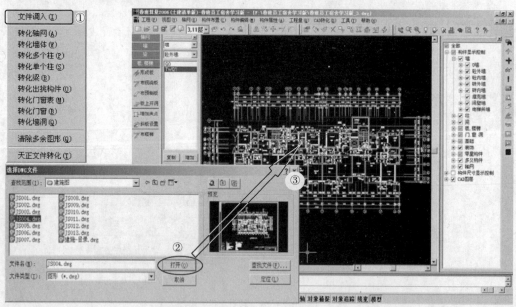

图 10-23-27   CAD 转化→文件调入

3. 转化门窗表

由于在之前的楼层中已将所有的楼层的门窗表都转入底层属性中，在这里只需要将门窗表的属性复制过来即可。相关操作过程（见图 10-23-34）主要有以下 2 步，即左键单击 📷（构件属性定义）弹出相应对话框；左键单击"构件属性复制"，弹出"构件属性复制向导"对话框，选择"楼层间构件复制"进入下一步，根据提示分别在源楼层选"−1 层"、目标楼层只勾选"☑3,11层"、构件中只勾选"☑门.窗.洞"，复制方案及清单编码方案取默认，完成后左键单击"复制"按钮。

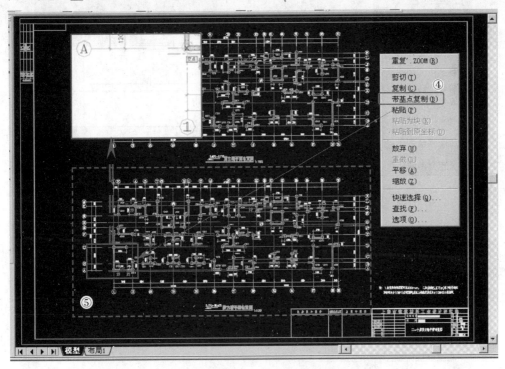

图 10-23-28　带基点复制

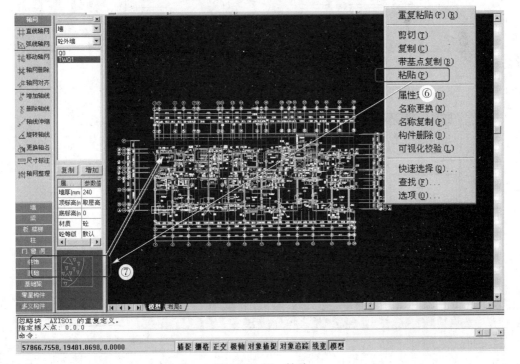

图 10-23-29　粘贴

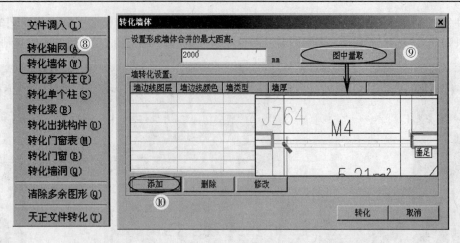

图 10-23-30　转化

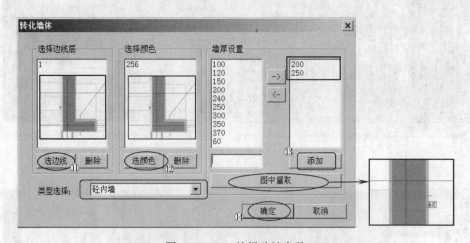

图 10-23-31　编辑砼墙参数

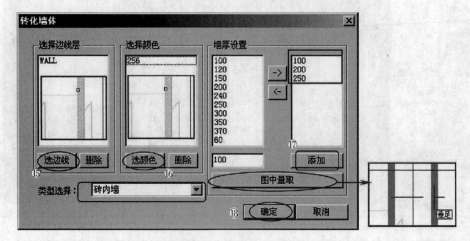

图 10-23-32　编辑砖墙参数

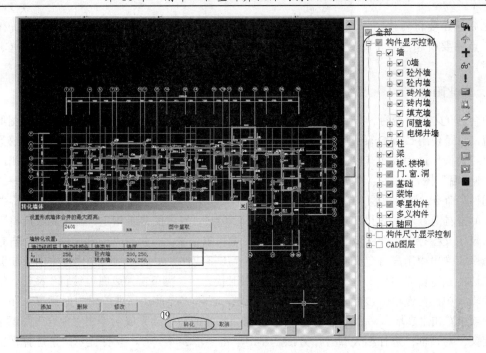

图 10-23-33　转化完成

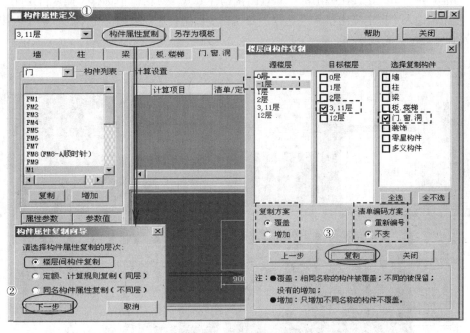

图 10-23-34　转化门窗表

4. 转化梁、门窗

梁、门窗转化方法和前面介绍的转化方法完全一样，限于篇幅不再赘述。以下着重介绍转化本层梁、门窗表及门窗时应注意的地方。在转化梁的过程中，本层梁图的选用非常重要，一旦选择错误就会导致工量不正确，在本层中应选用 4～11 层梁配筋图（GS008.dwg），另外，梁转化完后还要将转化结果与 CAD 图进行对比校对。转化门窗时，门窗的转化相对比较简单，但有 3 点需要引起注意，即应确认墙是否转化、门窗表是否转化，转化完后还应与原 CAD 对比校对。

5. 转化阳台

阳台转化方法有两种：一种是用户使用"自定义断面"中的"提取"功能布置出与图形一样的阳台，二是使用"CAD 转化"中的"转化出挑构件"方法来转换图中的阳台。以下介绍第二种方法。相关操作过程依次有以下 4 步，即完成显示设置，应将所有图形"□ 全部 "关闭，打开所有"☑ 墙"图形、"☑ 轴网"及 CAD 图层中的"☑ WINDOW"；执行"CAD 转化"→"转化出挑构件"命令，软件提示"请选择要转换出挑构件的边界对象"，在图中找到阳台的边界并将其选中，单击右键，软件提示"请输入靠墙边的插入基点"，根据图显示指定，指定完成后将平面形式存入自定义图行中（操作步骤见图 10-23-35）；编辑阳台平面，执行"构件属性"→"自定义断面"命令，弹出"用户自定义断面"对话框，在"出挑构件"中选择刚刚转化过来的"断面#1"，再在左边的预览窗口中单击"编辑"，进入编辑图形状态后，再单击"边属性编辑"按钮，将鼠标移至编辑窗中，左键单击边界阳台上非栏杆的线段，进入"当前边属性编辑"对话框，在"选择类型"项中单击"靠墙"，完成后单击确定，把需要修改的边修改完成后单击"保存"并退出"用户自定义"对话框；进行相关布置，方法是左键单击" 布出挑件"，软件提示"请选择设置出挑构件的墙"，进入图形将阳台对应的墙选中后，软件提示布置阳台位置，在命令行中输入"M"（以"中线"为准）并回车确定，在弹出的"布置出挑构件方式"对话框中选择"插入自定义"并单击"确定"按钮，进入"自定义出挑构件选择"对话框中，选择"断面#1"并单击"确定"按钮，将阳台插入到相应位置完成操作。

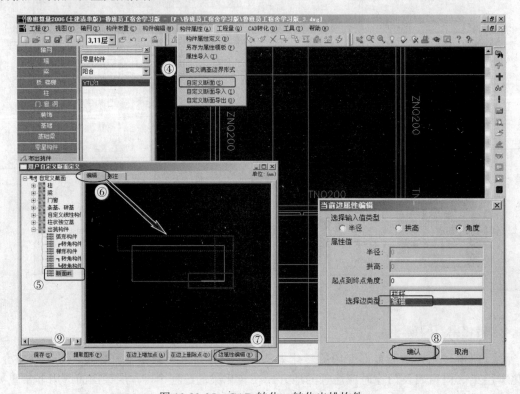

图 10-23-35　CAD 转化→转化出挑构件

6. 构件编辑、布置

转化完成所有的构件后，还需要对转化过来的图形进行一些修改和校对并将图中不能转化部分补充上。

（1）砼外墙及砖外墙替换。在墙的转换中将砼内墙及外墙一次转化出来，但外墙还是没有区分开，所以需要使用"构件名称更换"命令来进行替换。这里要强调注意的是，因外墙上并非只有砼外墙，还有砖外墙，故需要分别替换。操作方法依次为以下 4 步，即进入属性定义对话框，在砼外墙及砖外墙属性中添加"TWQ200"、"TWQ250"、"ZWQ200"、"ZWQ250"；将所有图形"□ 全部"关闭，打开所有"☑ 墙"图形；左键单击"🖉（构件名称更换）"，将外墙上的"TNQ200"全部选中，单击右键确认，选择 TWQ200，左键单击"确定"按钮，砼外墙替换完成（同此方法将外墙的 TNQ250 更换为 TWQ250）；左键单击"🖉（构件名称更换）"，将外墙上的"ZNQ200"全部选中，单击右键确认，选择 ZWQ200，左键单击"确定"按钮，砖外墙替换完成（同此方法将外墙的 ZNQ250 更换为 ZWQ250）。

（2）布置墙。CAD 转化完后，有些地方是软件识别不出来的，对所有这些地方需要手工添加，添加方法各种各样，可酌情采用"▦布墙"布墙、"▥墙拉伸"拉伸墙、"━╱"延伸墙梁及"╱"墙梁倒角，相关命令的具体使用方法可参考本书前述相关介绍（限于篇幅不再赘述）。本层中需要布置容易遗漏位置及在转化墙体时遗漏参数的地方见图 10-23-36。

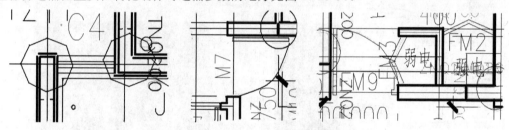

图 10-23-36　需要布置的容易遗漏位置

（3）布置飘窗。目前，天工算量软件尚不能自动识别飘窗，必须进行手工布置。相关操作过程依次有以下 3 步，即属性定义，方法是左键单击🖉构件属性定义，进入属性对话框，根据门窗表设置"C3"、"C5-A"、"C5-B"飘窗参数，设置好单击关闭；完成显示设置，即为方便识图而将不需要的图形隐藏，将所有图形"□ 全部"关闭，打开所有"☑ 墙"图形及 CAD 图层中的"☑ WINDOW"；完成布置工作，方法是左键单击"🔳布飘窗"并选择已经设置好的"C3"，根据软件提示选择有飘窗的墙体，左键单击"确定"按钮，将"C3"放置在相应的位置上（同此方法将其他的飘窗布置上去）。

（4）本层顶板形成。相关操作过程依次有以下 2 步，即检查图中墙体是否封闭；左键单击命令栏中的"◈形成板"命令，在弹出的"自动形成板选项"对话框中，根据图纸进行选择（具体步骤可参考本书前述相关介绍）。

7. 清除多余图形

完成所有的操作后就不再需要使用 CAD 图，执行菜单"CAD 转化"→"清除多余图形"命令将多余的图形清除。

10.23.4　顶层转化

以下主要讲解文件调入，转化墙体，转化柱，布置雨篷，清除多余图形，构件编辑、布置等，其他重复部分及未提及部分可参考本书其他章节的相关讲解。

转化顶层应遵守软件规则。该层中高度分几种且有不同层面集中在这里。转化前仍应仔细观察 CAD 图纸情况及该层的特点。从该层特点可以看出，需要转化该层的轴网、砼墙、砖墙、柱、梁、门、窗、阳台，需要用到的 CAD 图为 3～11 层建筑图（JS004.dwg）、门窗表（JS013.dwg）、标高 5.770～28.970 剪力墙平面布置图（GS003.dwg）及 4～11 层梁配筋图（GS008.dwg）。

1．文件调入

执行菜单"CAD 转化"→"文件调入"命令，调入 JS005.dwg，具体操作同前，再将导入的图形中不需要的删除即可。

2．转化墙体

由于本层以砖墙为主，因此这里只介绍转化砖墙，转化方法和前面的砼墙转化基本相同，即执行"CAD 转化"→"文件调入"命令，在"设置形成墙体合并的最大距离"中取默认项，单击"添加"按钮，进入"转化墙体"参数对话框，根据提示从左往右依次录入后，选择"砖内墙"，单击"确定"按钮就添加一种类型的墙体，同样的操作，单击"添加"按钮增加一种砖外墙类型。完成后单击"转化"按钮，墙体就转化成功了。见图 10-23-37 和图 10-23-38。

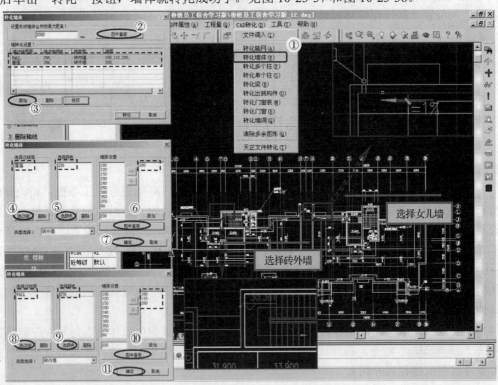

图 10-23-37　CAD 转化→文件调入

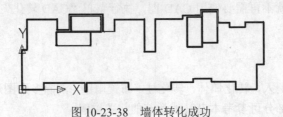

图 10-23-38　墙体转化成功

3. 转化柱

相关操作过程（见图 10-23-39）依次为执行菜单"CAD 转化"→"转化多个柱"命令，弹出"转化柱设置"对话框，根据提示单击"选取柱边线"进入图形界面，选择其中一个柱的边界，单击右键确认返回，再单击"选取柱编号"，单击右键确认返回，单击"确定"按钮，操作完成。然后进入图中看看，此时柱就已经转化好了。

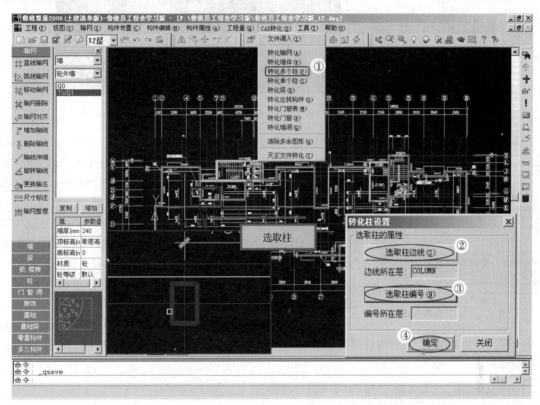

图 10-23-39　转化柱

4. 布置雨篷

相关操作过程依次有以下 3 步，即完成显示设置，将所有图形"□ 全部"关闭，打开"☑ CAD图层"、"☑ 零星构件"及"☑ 墙"；完成相关布置，执行命令栏中的"🖉布出挑件"，在构件属性栏中选择"零星构件 ▼-雨篷 ▼-YTLX1"，软件提示"请选择设置出挑构件的墙"，在图中找到雨篷的所在的墙并将其选中，单击"确定"按钮，弹出"请选择布置出挑构件方式"对话框（见图 10-23-40）；选择"自由绘制"并单击"确定"按钮，软件提示"出挑构件距基点距离"，左键单击雨篷距基点的一边，软件提示雨篷布置的形状，直接单击右键取"矩形"，接下来在命令行中输入出挑距离"1500"，单击"确定"按钮，再在命令行中输入宽度"4200"，单击"确定"按钮后，操作完成。

5. 构件编辑、布置

转化完成所有构件后，还需对转化过来的图形进行一些修改和校对并将图中不能转化部分补充上，在进行操作前应先将"□ CAD图层"关闭以便识图。

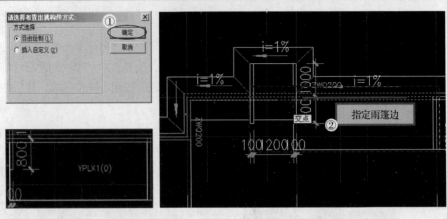

图 10-23-40　布置雨篷

（1）女儿墙高度调整。根据立面图"标高"得出女儿墙标高为 33.1m，相对本层标高为 1.2m，软件默认高度为"取层高"，在快速属性栏中选择"墙-砖外墙-ZWQ200"，将属性参数中的"顶标高"项改为 顶标高(mm) 1200 ，女儿墙调整工作就完成了。

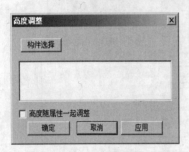

图 10-23-41　"高度调整"对话框

（2）机房墙高度调整。单击常用工具栏的" h↕ （个别构件高度调整）"，弹出"高度调整"对话框（见图 10-23-41），单击"构件选择"按钮进入图形界面（见图 10-23-42）选择需要调整为高度 35.3m 的墙，右键确认返回对话框，修改顶标高为 2200mm，单击"确定"按钮，高度就调整好了。

（3）柱高度调整。柱的高度都为 38.9m，相对高度为 5.8m，方法一样，使用" h↕ （个别构件高度调整）"命令，最后在顶标高处输入 5800mm，单击"确定"按钮完成操作（见图 10-23-43）。

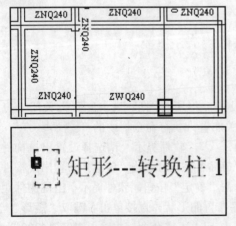

图 10-23-42　构件选择图形界面

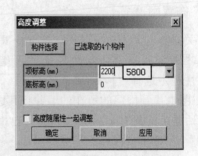

图 10-23-43　柱高度调整

6．清除多余图形

完成所有的操作后就不再需要使用 CAD 图，执行菜单"CAD 转化"→"清除多余图形"命令将多余图形清除。

10.23.5　基础层的处理

以下主要讲解楼层复制、布置地基、布置底板等，其他基础零星构件及未提及部分可参考本书前述相关介绍。前面介绍的都是 CAD 转化部分，而基础可转化的图形几乎为零，因此，应充分利用已经转化好且最为接近基础的这一层图形来完成基础层的布置。

1．楼层复制

方法是执行菜单"工程"→"复制楼层"命令或单击常用工具栏中的"⬚"，弹出对话框，在"源层"中选择"源层 -1 ▾"，在"目标层"中选择"目标层 0 ▾"，在要复制的图形中只勾选中"☑ 墙☑ 轴网"，将地下室一层的轴网复制到基础层中。单击"确定"按钮，软件提示"所选构件目标层将被清空！"，再单击"确定"按钮，软件开始将地下室一层中的轴网及墙复制到基础层中。需要强调的是，为避免用户在选择楼层复制时，源层与目标层选择错误，在操作前应做一次工程备份。

2．布置地基

限于篇幅，这里用一种比较快的方法完成布置，具体高度的调整因前已述及故不再介绍。相关操作过程依次为以下 4 步，即执行"⬚布砼条基"命令，软件提示"请选择布置条形基础的墙"；将墙全部选中，单击右键确认，砼条基布置上了；进入"属性定义"中，根据图纸，在条基中新建构件，将图纸上地梁截面参数输入，录入完毕单击"关闭"按钮退出"属性定义"对话框；使用"⬚构件名称更换"，按图纸分布情况进行替换即可。

3．布置底板

布置地下室底板的方法很多，下面介绍使用布置满堂基的方法的布置过程。相关操作过程依次为以下 3 步，即执行"⬚布满堂基"命令，弹出"请选择布置满堂基形式"；选择"◉ 自动形成（1）"，单击"确定"按钮后进入图形界面，软件提示"请选择包围成满基的墙"，将墙体一次全部选中，单击右键确认；软件提示"满堂基础向外偏移距离"，由于图纸不明确，从图中直接量到的距离为500mm，在命令行中输入 500mm，单击右键确认，满基就布置上了。

10.23.6　套工程项目

以下着重讲解模型建立完成后如何快速套工程项目的方法，讲解的主要内容包括墙体工程、柱（梁、板）、基础工程、编辑其他项目，未提及部分可参考本书前述相关介绍。前面已经非常详细地介绍了 CAD 转化的方法及后期加工方法，图形全部建好后的最重要工作内容就是套工程项目。根据甲方提供的资料，该工程为招标项目、采用清单模式，消耗量使用 2015 定额，有了相应的计算规则后，接下来要做的就是套项。

1．墙体工程

墙体工程中有砖外墙、砖内墙、砼外墙、砼内墙。限于篇幅，以下仅介绍砼墙套项的方法，砖墙的套用可以此作为参考。

（1）套清单。还是应从底层开始套，进入地下室一层，单击"构件属性定义"，进入"构件属性定义"对话框，进入墙-砼内墙项中，选择 TNQ100，单击"套清单"，进入套"清单、定额"对话框，双击"直行墙"项，弹出"添加清单编号"对话框，选择"◉ 新建清单号"，单击"确定"按钮清单套入成功。

（2）套定额。在实体"-清单/定额编号"中直接输入 3055 定额编号，软件就会自动把"钢砼直墙 18cm 内墙 C20"套入消耗量项目中，接着在实体项上继续输入 3059，套上"钢砼直墙 18cm 每增减 1cmC20"项目，由于该墙为 100 厚，单击 3059 项的"计算结果编辑"的"A"，弹出编辑对话框，在计算式中输入 A*（-8），单击"确定"按钮，这样这堵 TNQ100 就套好了清单及定额。

（3）本楼层其他墙套清单、定额。方法同上，分别给 TNQ200、TNQ250 套上清单，注意 TNQ200 在修改 3059 项的计算结果编辑应分别为 A*2、A*7，完成后，内墙就套好了。

（4）其他楼层墙套清单、定额。对与前面相同的构件可使用构件属性复制功能，单击"构件属性复制"，在弹出的对话框中选择"⊙ 同名构件属性复制（不同层）"，单击"下一步"按钮进入对话框，将"源构件"中的构件选中，在目标楼层中单击"全选"、单击"复制"，操作完成。这样就把整栋工程中的 TNQ100、TNQ200、TNQ250 清单及定额都套完了。

2．柱（梁、板）工程

限于篇幅，以下仅介绍柱的工程套项的方法，梁及板的套用可依此方法操作（不再做详细介绍）。

（1）套清单及定额。具体方法同墙体工程，可参见前述墙体工程操作，柱清单编号为 010402001001，定额编号为 2015。

（2）定额复制。因为本工程中的砼柱有两种截面（300×200 及 300×300），这两种柱所套的清单号及定额号都为同一子目，因此，可使用软件的复制功能来完成操作。在"构件属性定义"对话框中，左键单击"构件属性复制"，在弹出的对话框中选择"⊙ 定额、计算规则复制（同层）"进入下一步，将"源构件"中的构件选中，在目标楼层中，单击"全选"，再单击"复制"，操作完成。

3．基础工程

地基及底板工程中实体清单套用及定额方法相同，括号内为底板参数。

（1）地基（底板）套清单。左键单击"🔲 构件属性定义"，进入基础项目中，左键单击"套清单"，双击"010401001 带形基础 （010405003 平板 ）"套入。

（2）地基（底板）套定额。2015 综合定额中包括垫层模板项，因此，只需在实体项目中套入 1020（1131）子项即可，在下方套定额中双击"1020 无梁式钢砼带形基础埋深1.5m以内C30（·1131 地下室钢砼无梁底板2.5m以内C30）"子目添加定额即可。

4．编辑其他项目

（1）建筑面积。左键单击命令栏零星项目中的"M²形成建筑面积"命令，执行该命令后，软件会自动根据外墙边线形成建筑面积线并在命令栏中提示"形成 1 个建筑面积线"。左键单击工程量计算栏中的"🔳 编辑其他项目"，打开对话框（见图 10-23-44）。左键单击"增加"并在增加的项目中选择"主体建筑面积"项，操作完成，软件会自动将结果调入。需要说明的是，建筑面积必须每层都生成一次且需要添加到编辑其他项目中。

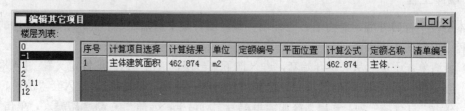

图 10-23-44　"编辑其他项目"对话框

（2）挖土方及回填土。执行"￼"工程量计算，将工程基础中的挖土方工程量计算出来。左键单击工程量计算栏中的"￼编辑其他项目"，打开对话框（见图 10-23-44）。左键单击"增加"并在增加的项目中选择"挖土方"项，操作完成，软件会自动将结果调入。需要说明的是，在计算挖土方时应确认挖土方已套用定额。

10.23.7　工程量计算、报表输出

工程量计算前应做好相关准备工作，比如计算模型合法性检查、自动修复、工程量计算等，其他未提及部分可参考本书前述相关介绍。工程量计算、报表输出是工程最后一个环节，一个工程到了这里就已经完成了从图形到数据的过程了。

1．计算模型合法性检查

左键单击￼图标，该命令主要用来检查计算模型中存在的对计算结果产生错误影响情况，目前天工算量软件能够检查的项目见图 10-23-45，若出现了以上问题，则系统会以日志形式给予提示。

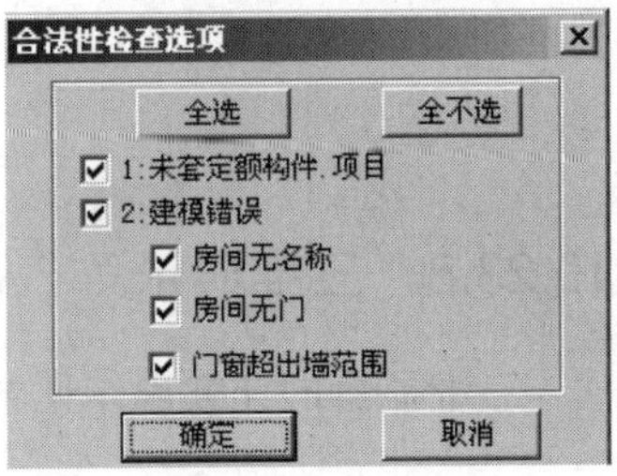

2．自动修复

左键选取图标，该命令主要用来自动修复断电、死机等异常情况对计算模型产生的损坏。

图 10-23-45　能够检查的项目

3．工程量计算

左键单击￼图标出现相应的对话框，选择要计算的楼层及楼层中的构件。工程量计算时可选择不同的楼层和不同的构件计算，计算过程是自动进行的，进程在状态栏上可以显示出来，计算完成后，图形会恢复到初始状态。

对同一层构件进行第二次计算时，软件只会重新计算第二次要计算的构件，第二次不计算的其他构件的计算结果不自动清空。比如第一次对 1 层的全部构件进行计算后发现平面图中的有一根梁绘制错了，进行了修改，这时必须进行"构件整理"，查看相关构件是否产生影响，再进行"工程量计算"，但这时只需要选择 1 层的梁及与梁存在扣减关系的构件进行计算即可，不需对 1 层的全部构件进行计算。

4．预览打印

左键单击￼图标进入"天工算量计算书"界面（见图 10-23-46）。因本工程是用户招标，故选择"清单汇总表"。左键单击图 10-23-46 中的￼预览，预览输出的报表情况，确认准确后单击打印就可将工程量计算书打印出来了。

5．输出到 Excel

目前，市面上有许多套价软件且大多都支持 Excel 表格导入工程量的功能，因此，以下仅介绍如何将计算书输出到 Excel 表格中的方法。相关操作过程为以下 2 步，即左键单击￼图标，进入"天工算量计算书"界面；执行菜单"输出"→"Excel 文件"→"全部输出"命令。

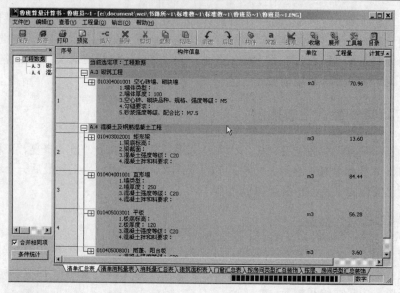

图 10-23-46 "天工算量计算书"界面

10.23.8 三维显示

三维显示的详细操作见本章 10.17 节中的相关内容，本工程的整体三维显示见图 10-23-47。

图 10-23-47 工程的整体三维显示

10.24 天工算量软件操作流程中的相关技巧

10.24.1 定额调整系数功能的使用技巧

软件是死的，使用软件的人是活的，细细推敲就会领会天工算量软件的精髓。使用手工算量时，一些量表面看似复杂、不易计算或算起来非常烦琐的量，在用天工算量软件计算时就会变得非常简单，天工算量软件的特点就是"化繁杂为简单，大幅度降低造价师、预算员们的工作强度"。

（1）对柱子四面装饰都有不同的处理。可以套柱装饰四个定额，然后将每一个定额量值调整为 25%即可。

（2）墙面装饰局部不同时的处理（比如黑板）。方法是，黑板位置布置填充墙；填充墙套上和墙体同样的定额，同时套上黑板的定额（用一个不常用定额代替，或者定额修改成另一个名字），定额调整系数调整为 50%，还应套上黑板另外一面墙面装饰的定额，量值调整为 50%；正常生成房间和装饰。

（3）墙体有两种材质时的处理。比如，一半是混凝土，另一半是砖时只需两个定额都套，系数都改成 50%即可。

（4）3m 高的墙面有两种装饰时的处理。若 2m 以下是瓷砖、2m 以上是乳胶漆，则可分别套上两个定额，然后将定额调整系数分别改成 0.67 和 0.33 即可。

采用这些计算结果和技巧时，应新建一个空白工程，建一面墙，分别试验，体验计算结果是否符合要求，然后再大面积地在实际工程中使用，这样心里就会有数。

10.24.2　表格法应用技巧

天工算量软件的操作者一定要抛弃这样一个误区：在使用图形算量软件时，一定要通过画图算出所有的量。其实，可以利用软件得到我们想要的长度或面积等数值，然后利用类似于手工习惯的表格法来计算。天工算量软件提供了类似于工程量计算稿的表格全过程算量法、参数全过程算量法以适应特殊复杂构件的计算。利用好表格法就能够取得操作者想要的数值。下面以计算整体式底板防水面积为例介绍表格法的使用技巧。相关操作步骤依次为以下 8 步，即打开表格法，增加一条项目；双击计算公式的空格；进入图形，单击整体阀板基础边线，选择提取底板基础一圈的面积；回到表格法，双击定额，找到相应定额套上即可；若防水有上卷则应打开表格法，增加一条项目；双击计算公式的空格；进入图形，单击整体阀板基础边线，选择提取底板基础一圈的长度；回到表格法，把长度后面乘以起卷高度，双击定额空格，找到相应定额套上即可。

表格法特别适用于零星构件的计算。

10.24.3　天工算量实战中的瞒天过海技巧

图形画完后发现轴线尺寸输错了，用瞒天过海技巧可以随意拉伸变形，所有构件会同时变形。工程发生重大尺寸变更，工作成果不需推倒重来，使用瞒天过海技巧稍做变动即可免除重新画图之苦。

相关操作步骤依次为以下 12 步，即打开灯泡，所有构件全部显示；切换到 CAD 界面，单击"拉伸"按钮（提示为"以交叉窗口或交叉多边形选择要拉伸的对象...选择对象："）；输入 c，回车；提示"指定第一个角点："；画一个方框，圈住要拉伸的那一半；提示"指定第一个角点：指定对角点：找到 374 个选择对象："；回车，结束选择（若选错了，则可以按住 Shift 键，再增减）；提示"指定基点或位移："，在屏幕上指定第一个点（在空白地方随便单击一下）；提示"指定位移的第二个点或<用第一个点做位移>："，把正交模式打开，然后移动光标到要偏移的方向，可以看到图形已经发生了变化）；输入"2000"（根据实际数据输入），回车，所有构件均全部发生了变化；最后记得删减一下，装饰若生成了，则要重新生成指定一下。瞒天过海技巧可以运用于多个地方，比如一批墙、梁收缩；或中间尺寸偏移而总长不变化等。需要强调的是，填充墙、预制板、门窗洞口属于块，使用瞒天过海技巧不能实现拉伸变形。

10.24.4　天工算量实战中的偷梁换柱技巧

有时会碰到许多构件没有按照延长米计算或没按平方米计算的情况。采用偷梁换柱技巧即可得到想要的结果。下面是圈梁按延长米计算的过程，相关操作过程有以下 6 步，即属性定义，圈梁按照实际情况定义（比如 200*200 的截面）；套上混凝土定额单位为 m^3；单击量值调整，输入"1/0.2/0.2=25"，输入 25；确定、关闭；单个校验圈梁，虽然单位还是 m^3 但结果却是延长米正确的值；套价时就可以放心地按这个结果进行了。需要强调的是，计算规则要调整好，不要扣减了板等，若墙不扣，圈梁则可以设置简单的值（随便给个断面，比如 100*100，量值调整输入 100）。偷梁换柱技巧适用于各种需要按照延长米计算或平方米计算但目前软件不支持的地方，比如构造柱、防潮层等。

10.24.5　天工算量实战中的以逸待劳技巧

经常总结一些快捷键的定义方案能使工作提速。这些快捷键和软件默认的定义有所不同，主要是为了保证一手操作鼠标、另一手操作键盘方便及画完图后的模型快速编辑。定义快捷键时可能会调用一些 CAD 的快捷方式。若操作者不知道这些命令的使用，则可查看 CAD 的帮助。

定义快捷键的方法依次为以下 8 步，即单击菜单"工具"；单击"CAD 工具条"；单击"键盘"；在"分类"中选择"工具条"名称；在其下面的图框中选择"命令"的名称；在其右边"请按新快捷键"空格中定位鼠标，然后按下快捷键（方法是先按住功能键不放，再按字母键）；单击"指定到"按钮即可（可以把不需要的原有命令删除）；重复以上操作逐个给出你最喜欢的快捷命令，比如"Ctrl+A"布置墙（系统原来默认的）、"Ctrl+1"布置梁（系统原来默认的）、"Ctrl+2"布置门（和右边中文菜单的顺序吻合）、"Ctrl+3"布置窗（和右边中文菜单的顺序吻合）、"Ctrl+4"布置板（和右边中文菜单的顺序吻合）、"Ctrl+5"布置柱（和右边中文菜单的顺序吻合）、"Ctrl+X"构件名称更换（最常用的命令，最方便的快捷操作）、"Ctrl+E"构件删除（英文名称的首字母）、"Ctrl+D"量距离（英文名称的首字母）、"Ctrl+F"构件显示（find，查找的首字母，打开灯泡查找要显示的）、"Ctrl+V"单个构件可视化计算（类似于 Microsoft Office 系列里面的快捷方式）、"Ctrl+Z"退回（类似于 Microsoft Office 系列里面的快捷方式）、"Ctrl+Q"偏移（系统原来默认的）、"Ctrl+Shift+Q"梁偏移（偏移的同类型命令）、"Ctrl+Alt+Q"基础偏移（偏移的同类型命令）、"Ctrl+W"墙拉伸（W 像弹簧一样弯弯的，当然可以拉伸了）、"Ctrl+Shift+W"梁拉伸（拉伸的同类型命令）、"Ctrl+Alt+W"基础梁拉伸（拉伸的同类型命令）、"Ctrl+C"构件名称复制（格式刷）（类似于 Microsoft Office 系列里面的快捷方式）、"Ctrl+Shift+C"构件复制（画同类门窗时特别好用）、"Ctrl+Alt+V"当前层三维显示、"Ctrl+Alt+B"合法性计算、"Ctrl+G"构件整理、"F4"CAD界面转化、"Ctrl+Alt+X"镜像，等等。需要强调的是，具体应用时应根据适应结构及个人操作习惯，每个人需要定义的快捷键各不相同，操作者可根据需要进行自定义。

10.24.6　快速掌握天工算量软件的秘诀

1．CAD 平台与天工算量

AutoCAD 凭其功能强大、易用性占据了绘图软件领域的大半河山。经过几十年的发展，AutoCAD 的功能已经发展到足以满足实际需要的阶段，AutoCAD 不仅仅是一个平面二维绘图的软件，而且可无缝集成三维模块，其中内置了强大的矢量计算模块、采用积分算法，用户可根据图形模型得出精确的点、线、面、体等相关数据。AutoCAD 最突出的亮点就是对于异型模块的处理，这也是我们日常工作中碰到的棘手问题。天工算量建立在 CAD 平台上应该说是继承了其突出的优点，尤其是在绘图和计算模块上采用了功能移植，这对于后续代码的维护和功能提升都至关重要，可以花较小的力气（代码编制）就完成了一个较大功能的创建及完善。天工算量软件和

CAD 在内核和实际操作习惯上都有着紧密的联系，操作者不必去了解内核的关系，重要的只是其操作习惯。一个从来没有接触过 CAD 的人学起来也不难，掌握以下几个要点就可以了，即图层、定位、捕捉、一些基本的命令、鼠标和键盘的使用，学习这几个要点完全可在 10min 内掌握，这几个要点正是决定能否运用好天工软件的关键。

（1）图层。图纸是一个成品，上面有各种各样的数据、文字、直线、点画线等，实际上这些不同的数据是绘制在不同层次里的，最后以某一个基点为定位就完成叠加而形成了图纸。有了这个图层就能更好地进行绘图的分类，对这些图层进行隐藏、显示。

（2）定位。画图需要定位，定位模式有直角坐标和极坐标之分，这是确定一个点位置的基本准绳。

（3）捕捉。画图需要定位，为能方便地进行定位，CAD 设置了这些功能。根据不同的情况分为端点、垂直、交叉、切点等捕捉，用户可根据这些不同情况做相应的选择。

（4）基本命令。基本命令是一些用户需要掌握的常用命令，比如直线（line）、圆弧（arc）、圆（circle）、复制（copy）、镜像（mirror）、删除（delete 或 erase）。这些命令不需要强记，只要记住相应命令单词的前一两个字母就可以了。实在记不住时，在 CAD 的工具按钮里可以按照示意形状查找到。

（5）鼠标和键盘的使用。鼠标有左、右及中键之分，左键选择、右键确定、中键缩放，有不少用户分不清楚左、右键，这不成为问题，可以在使用中体会它们，有时候就是一种感觉。键盘无非是为输入一些数据而使用的，应关注 Esc 键（位于键盘左上角）和回车键（Enter）。Esc 键的作用是在命令执行中强制中止，而回车键就是确定，功能类似鼠标右键。

掌握以上要点之后，天工算量软件的学习过程就完成一半了。

2．天工算量软件的操作关键点

掌握了 CAD 习惯，也就能掌握软件的基本绘制命令，关键就是熟悉的过程了，在此基础上完成一个小工程的绘制应该是没有问题的。以下是一些需要注意的事项。

（1）戒急戒躁。这一点对于比较细心的用户基本不是问题。操作过程中，软件在命令行中都会有相关的提示，一开始学习时一定要注意这些提示，可以慢一点。操作若出现问题可以按 Esc 键中止后再重新点选刚才练习的命令进行操作。若重试了三次还不会，就试第四次。克服了这个问题后，操作者就进入软件中级使用者的行列了。

（2）细节的调整。成图以后应对细节做相关的调整，比如标高、位置等，应切记劳动成果是没有这么容易得来的。实际工程中构件的关系往往都是非常复杂的，操作者需要根据这些信息做调整来得到正确的结果。

3．天工算量软件的游戏规则

用好天工算量软件就必须对其规则做充分的了解，了解这些规则会让操作者得到事半功倍的效果，反之则是事倍功半了。这些规则体现在以下 5 个方面。

（1）墙中心线相连。绘制墙体的时候必须保证墙中心线的闭合，这也是计算机不如人脑的方面，因后续工作中（比如生成板、房间装饰这些区域构件时），计算机必须判断生成区域的界限（墙不闭合就等于没有界限，因此也就出现了不想看到的结果）。对不同墙厚的墙体也要保证其中线相连，必要时可以用虚墙（Q_0）来连接。

（2）关系紧密的构件在同一层处理。天工算量软件是分层设置、分层绘制构件的，只有在同一层里才能完成构件相互关系的扣减，这也是由 CAD 模块化特性决定的。在没有完成最后一个构件的绘制后不用计算，修改其中某一构件必然会影响到其他相关的构件，所以最好是在整个楼层完成后再计算。

（3）计算规则设置。在工程初始设置时就应选择当地适用的定额，此时软件为操作者在后台挂接了该地区的计算规则，在做工程时为做到心中有数就必须对这些计算规则有一定的了解，并不是说默认了规则就不需要调整，为得到正确结果往往需要操作者经常调整这些规则，比如做某一工程的地下室时对其底板和基础梁（包括独基）都应做调整（其目的是确保结果正确）。

（4）灵活处理。通过天工算量的计算得到的是工程量计算结果，是量而非价，所以套用定额子目（包括子目的内容）就不显得非常重要。值得注意的是计算的单位，也就是计算的项目和套用定额的计算单位必须一致。掌握好这个原则后，各个构件都可以相互利用了（比如拱形板可以通过异型梁来处理；腰线可利用墙外包长度等）。事实证明，正是这些灵活性才造就了天工算量可以处理复杂构件计算的能力。

（5）自动与手动的完美结合。算量软件发展到今天已能处理大部分的工作量，但由于现实工程的复杂性，若所有的工作都想让计算机完成（特别是复杂的构件），则其成本会太高，此时就非常有必要和手工配合完成最终结果。

4. 提高软件效率的方法

提高软件效率的方法主要体现在以下 10 个方面。

（1）熟能生巧。只要多学、多练、多总结，就一定能够成为计算机自动算量的高手。对于初学者，不建议贪大求全，最好能做一个相对简单的单体工程（面积以不超过 $5000m^2$ 为界）。一个小工程通常也涵盖了普通建筑工程的各个特点，各种构件也都是齐全的。小工程做完后，对其一些构件的计算结果进行核对，了解了软件的计算的思路必然会提高操作者的操作精确性，这一点非常重要。

（2）楼层的绘制顺序。一般应采用标准层→普通楼层→底层→基础层→顶层。这个顺序是最为合理的，可以减少一些弯路。

（3）结构形式的影响。软件操作有一定的思路，不同的结构采用的绘制顺序也会有细微的差别，结构无非分砖混、框架、框剪等形式。操作者完全可以根据这些结构的建造顺序来进行绘图。图绘完了，这个工程的结构也就直观明确地反映在操作者的脑子里了。

（4）批量与零星处理。计算机与手工相比，突出优点在于其批量处理能力，图纸上不同的构件可按构件的类型批量绘制（比如墙体、梁、柱等构件）。这些构件往往有一定的共性，应充分利用这些共性，对局部不同的再逐个调整。绘制的思路是先解决宏观的，再解决微观的。这样就不容易混淆了。

（5）图纸的安排。合理安排图纸进行绘图能省却很多翻图的时间，切不可东一榔头西一棒子地工作（比如一会儿考虑结构的，一会儿考虑建筑做法）。有些图纸是常备的，应一眼就可以查到数据（比如建筑结构说明、剖面图等）。笔记本+小键盘是一个相当不错的配置。

（6）楼层的设置。软件的一些基本设置尽可能在绘制之前就设置好，以避免在工作过程中再调整。另外，尽管图纸中有标准层，但还是应该把它们分开考虑，这样可大大提高分层分构件汇总的功效。这样还可避免存在标准层微观区别不好调整的问题，且能确保在施工进度计划结果提交时也不会出现问题。

（7）软件的一些功能块。天工算量软件设置了一些功能块，灵活运用好这些功能块对绘图效率的提高很有帮助，这些功能块主要有自定义截面、表格法计算、CAD 导入功能等。其中的表格法计算是一个相当有用的工具，不仅是操作者手工添加数据的途径，而且里面还有相当完备的数据（包括查询功能）。

（8）CAD 文档的利用。软件自动导入是一个方面，但通常由于出图人员的绘图习惯差别使量算工作者无法得到一个非常规范的 CAD 文档。但是，操作者可运用软件的描图功能提高绘制的效率。可以运用打开和关闭图层的功能来得到一个清晰的绘图界面环境。另外，自定义截面和 CAD 文档也是息息相关的，异型图形（比如基础、阳台等）可运用自定义截面功能来导入 CAD 文档。

（9）汇总计算和计算机配置。为提高计算效率一般采用分层选择相关构件进行计算，而不要选择所有层次。另外，计算机的配置也是一个重要方面，CAD 计算是一个复杂的矢量积分计算过程，对内存要求比较高，好在现在的硬件的价格普遍不高，毋庸置疑，配置越高越好。使用算量之前应关掉一些不需要的程序，比如杀毒和一些自动启动的程序。

（10）要学会互相学习。互相学习是迅速提高水平的一条捷径。多向高手请教才能成为一名高手。

10.24.7　无锡小微企业创业孵化中心工程量算过程（SSCAC-MC 招标）

无锡小微企业创业孵化中心（见图 10-24-1）为框剪结构，地下部分建筑面积为 48600m²、分四个区，量算时按图纸区域划分将地下部分分为 6 个自然区，见表 10-24-1。拿到 CAD 图纸后，各个量算小组开始熟悉图纸讨论具体分工，你做柱、梁、板，我做墙、基础、装饰……以下介绍使用天工软件快速计算工程量的过程。

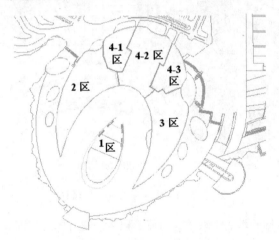

图 10-24-1　孵化中心总平面图

表 10-24-1　量算工作分区情况

区号	1 区 （商业中心）	2 区 （科技中心）	3 区 （电影世界）	4-1 区 （艺术中心）	4-2 区 （艺术中心）	4-3 区 （艺术中心）
地下一层面积（m²）	4187	9426	13308.5	21364	…	…
分区建筑面积（m²）	23178	28448	35610.2	35610.2	…	…
人数（个）	1	2	2	1	1	1

工程概况如下。建筑名称为"无锡小微企业创业孵化中心"；建设单位为"无锡小微企业创业孵化中心有限公司"；建设地点为"无锡新吴区光明路"；基地面积为"138787m²"；总建筑面积为"151302.7m²（其中地下部分为 48285.5m²）"；建筑等级为"一类公共建筑"；建筑防火等级为"一级防火"；结构类型为"框架"。

见图 10-24-2，"无锡小微企业创业孵化中心"拟建于无锡新吴区光明路，建成后将成为无锡重要的科技旅游场所及大众演艺影视中心，并成为新吴区突出的标志性建筑。它主要由"科技中心"、"艺术中心"、"电影世界"、"商业中心"4个区组成。这4个区设计成一个统一的建筑，内部功能相对独立又有机联系，能独立经营管理。1区为商业中心，主要功能为地面一～四层的餐饮娱乐、一层北面的儿童科技展览馆，五层的空调设备机房，其地下室为相应的辅助设施（比如车库、装卸区、设备机房等）。2区为科技中心，主要功能为地面一、二层的科技展览馆以及三层的空调设备机房，其地下室为相应的辅助设施（比如车库、装卸区、设备机房等）。3区为电影世界，主要功能为地面一层的商业区，二层的"电影城"（包括1座350人"IMAX巨幕"影厅，2座330人、6座100人35mm影厅和1座50人35mm VIP影厅）以及三层的空调设备机房，其地下室为相应的辅助设施（比如车库、装卸区、设备机房等）。4区为艺术中心，主要功能为一个可容纳约1200人的剧场、一个可容纳500人的观摩演艺餐厅以及观演类项目配套的化妆、排练、道具等设施，二～四层以西为商场，地下室为配套的车库、库房、设备机房等。1区附带1个辅助商业区，主要功能为6个相对独立的商业用房，1个联系主体建筑与地铁车站的地下连廊，局部地下室为设备机房。

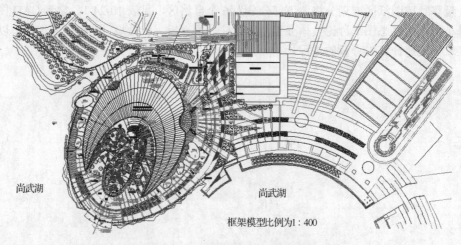

尚武湖　　　　　　　　　　　尚武湖

框架模型比例为1:400

图10-24-2　孵化中心周边环境图

　　需要计算的工程量包括砼墙、砌块墙、门窗工程量；室内房间装饰及外墙防水；梁、板、柱、楼梯等砼工程量；基础部分（挖土方、砼垫层、基础底板、集水井、桩承台、基础梁、外运土、回填土）；后浇带板、基础底板砼量。

　　天工软件算量计算过程见图10-24-3。由于是清单投标前对工程量核对，只要求核对相应构件的总量，招标方又提供了CAD电子文档。为省时间略去了建轴网步骤。

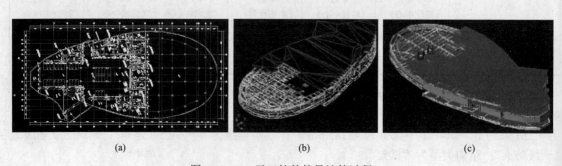

(a)　　　　　　　　　　　　　(b)　　　　　　　　　　　　　(c)

图10-24-3　天工软件算量计算过程

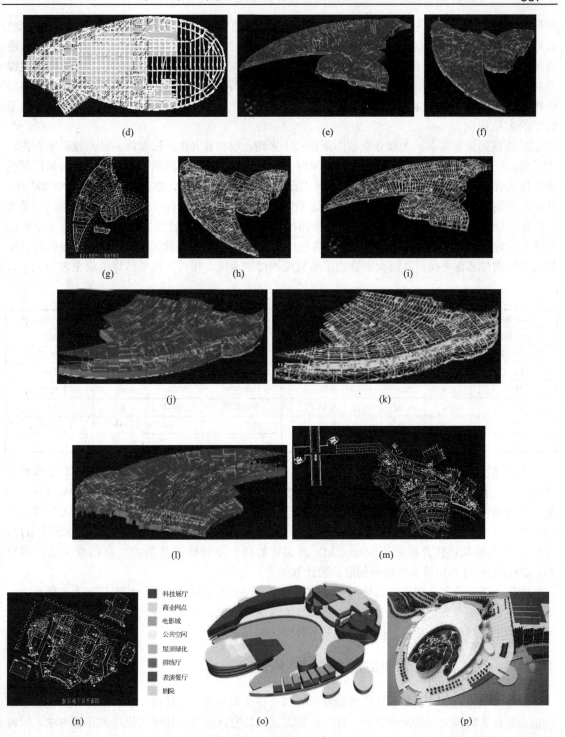

图 10-24-3　天工软件算量计算过程（续）

　　手算图纸设计中的弧形部分是最让人头痛的地方，计算砼时还需求出梁的弧长，非常烦琐，采用软件计算就可以轻松建模（布置墙、梁时输入 a）、快速得出工程量。另外，图纸设计中基础底板、顶板标高不一致存在高差且有后浇带，为此，采用自动形成板后再对后浇带部分进行处理的方法，利用板蓝色夹点进行拖曳到理想位置，最后用"墙柱梁随板调整高度"调整墙梁柱标高。2、3 区各由两人同时进行操作，其中一人建好工程后进行共享，另一人通过网络直接打开工程文件进行操作，从而实现网络数据共享、加快建模速度。生成房间装饰前对不同装饰做法的房间用零墙进行封闭，对电梯井等无装饰的地方的处理采取形成房间后用构件名称更换的方法将其更换为空房间（无装饰，定义房间时其对应天棚、楼地面等均不选）的方法解决。

　　2、3 区的梁非常多，大部分变截面梁都有十多跨，很容易弄混，按常规方法布置起来存在较大难度。经过协商决定另辟新路寻找其他简便方法，经讨论决定采用更换不同截面梁的标注颜色来进行区分。相关操作过程有以下 3 步，即在命令行中输入 la 回车，进入"图层特性管理器"中，新建几个图层，名称改为梁标注，分别选定不同颜色以进行区分；逐个选中 CAD 图中同一截面梁的集中标注，在其界面上单击右键，在弹出的快捷菜单中选择"特性"；将"基本"目录下的图层换为新建的"梁标注"图层（注意区分颜色）。这样每种截面的梁就区分开来了，再根据每种梁断面进行构件名称更换，从而大大加快了布置梁构件的速度。相关工程量计算结果见表 10-24-2。

表 10-24-2　相关工程量计算结果

工程量指标	数量	单位	每平方米含量	工程量指标	数量	单位	每平方米含量
砼满堂基础	37734	m^3	0.78	砼楼梯	158	m^3	0.00
砼独立基础	6260	m^3	0.13	楼地面	38000	m^2	0.78
砼基础梁	4827	m^3	0.10	内墙装饰	80590	m^2	1.66
柱	3123	m^3	0.06	外墙装饰	9300	m^2	0.19
梁	6300	m^3	0.13	天棚装饰	50577	m^2	1.04
砼墙	9151	m^3	0.19	防水工程	52560	m^2	1.08
板	7200	m^3	0.15				

　　天工算量软件基于 AutoCAD 平台，在 AutoCAD 基础上二次开发而成的快捷菜单和工具栏可使用户在没有任何 AutoCAD 基础的情况下，仍能快速完成整个工程的工程量计算。AutoCAD 的绝大部分命令在天工算量软件中都能使用，用户也可通过单击"切换天工算量/AutoCAD 界面"按钮直接切换到 AutoCAD 界面中对天工算量软件所绘制的工程图进行操作，极大地方便了用户。另外，天工算量软件直接采用 AutoCAD 的实体算法，不管如何复杂的三维扣减关系，利用 AutoCAD 的积分布尔算法均能得到准确的计算结果。

　　无锡小微企业创业孵化中心使用软件过程中也发现了天工算量软件一些不尽如人意的地方，比如，由于单层布置构件太多导致整体三维显示时速度过慢。建议：应在平面构件布置检查确认无误后再进行三维显示检查，以避免浪费不必要的时间。

10.24.8　天工算量应用中应注意的一些问题

　　随着建设工程工程量清单计价规范及各省市的计价表的推行与应用，我国工程计价模式正逐步由定额计价转向工程量清单计价。这一计价方式的转变，改变了传统工程量的计算方法，同时也增大了预算人员计算工程量的难度。一个工程项目既要有符合工程量清单规范的量，又要求有消耗量定额的工程量，甚至要有企业定额自己的工程量。这样，传统计算器加手工计算的模式在速度上是远远满足不了需求的。于是，如何快速准确地得到工程量便成为了许多造价人员的当务之急。天工算量就是一种既能计算清单项目工程量又能计算消耗量定额工程量的软件，天工算量是在 AutoCAD 平台上进行二次开发的，它有强大的 CAD 功能支持和人性化的界面，其计算规则

中提供了完整全面的扣减关系定义和设置，其结果采用布尔积分计算，能够确保计算结果 100%
的准确性。

使用天工算量前首先要认真阅读使用手册，熟悉各类菜单的组成和分类；其次才是对软件的
操作使用，在使用的过程中提高。其实，天工算量整个操作大体分为建立轴网、构件属性定义、
构件布置、构件编辑、工程量计算等几个步骤。每一步，天工算量都提供详尽的多媒体教学软件，
初学者可以从网站上下载进行学习。

（1）轴网建立。轴网分弧形、直形轴网，单个轴网的建立，按软件提示操作即可（非常直观）。
其重点是不同轴网之间的拼接，比如直形与弧形轴网可根据实际情况任意调整角度进行组合，可
利用轴网编辑及 CAD 命令进行拉伸、修剪以获得所需轴网，建好的轴网软件都会自动保存以备
下次可直接调用。

（2）属性定义。轴网建好后接下来就是对构件属性进行定义，这是整个工程构件工程量计算
的核心部分，涉及工程量计算的准确性问题。天工算量 2015 拥有强大的属性定义功能及完善的计
算规则，在这个版本的算量软件中，其构件属性实行分层定义，因而使得构件属性针对性更强、
更加清晰。该软件还增加了多种构件属性复制功能以方便在各楼层进行复制更改，从而大大地方
便了客户、缩短了构件属性定义时间。另外，操作者还可以将其所定义的构件属性另存为构件属
性模板上传至造价师论坛（www.eluban.com）供软友进行交流且可供下一工程重复利用。构件细
化分九大类构件，大类构件中又划分为不同性质的小类构件（见表 10-24-3），因而不再需要频繁
修改计算规则。

表 10-24-3　大类构件中划分的不同性质的小类构件

大类构件	小类构件
墙	电梯井墙、砼外墙、砼内墙、砖外墙、砖内墙、填充墙、间壁墙
柱	砼柱、暗柱、构造柱、砖柱
梁	框架梁、次梁、独立梁、圈梁、过梁
板、楼梯	现浇板、预制板、楼梯
门窗洞	门、窗、飘窗、转角飘窗、墙洞
基础	满基、独基、柱状独基、砖石条基、砼条基、基础梁、集水井、人工挖孔桩、其他桩
装饰	房间、楼地面、天棚、踢脚线、墙裙、外墙面、内墙面、柱踢脚、柱裙、柱面、屋面
零星构件	阳台、雨篷、排水沟、散水、自定义线性构件
多义构件	点实体、线实体、面实体、实体

（3）布置构件。使用工具栏中相应命令可快速进行构件布置，每种构件的布置软件都提供了
多种方式，根据工程的不同选择不同的建模方式可最快达到目的。比如，墙、梁不在轴线上需偏
移时，可在布置墙、梁时输入左边宽度命令一次成型、缩短建模时间。此外，初学者还应熟记天
工算量软件的各种命令及各项命令的功能，可先对每个命令操作一两遍做到心中有数，然后用于
实践，这样就能够避免走弯路。

（4）构件编辑。每种构件布置好后都可对其进行编辑，其中最常用的是构件名称更换。若构
件布置好后发现它并非是想要的，这时更换构件名称就派上用场了，利用它可以进行批量构件属
性的名称更换。构件布置完成确认无误后可以重复利用，通过楼层复制将本层图形及属性复制到
其他楼层中进行局部修改。在天工算量 2015 中，操作者可以对复制进行设置，选择单图形复制、
图形和属性一起复制、部分属性复制等，需要什么就可复制什么，真正做到随心所欲。

（5）工程量计算。建模完成后，操作者可通过软件中提供的"构件模型合法性检查"来进行
检查以发现有无漏套的定额等常规性错误。然后，就可以进行计算了。若操作者的工程较大，则

应按楼层分批进行计算，从而可避免计算过程中不可预知情况的发生、避免浪费不必要的时间。计算完成后应检查一下计算日志是否有错误提示并根据提示采取相应的措施。

天工算量软件的"表格法"（编辑其他项目）功能非常强大，它提取计算出来的数据可在计算报表中体现出来。利用天工算量软件的提取功能可提取得到面积、周长等数据，配合 CAD 中 list、len 等命令可用于一些零星项目的计算及任何复杂构件（非常实用）。

10.24.9　天工算量在太湖影视城项目中的应用

太湖影视城项目（A#、B#、C#楼）建筑面积为 30000m^2，地下室为 2500m^2，建筑等级为三类。应用工程为商场（框架结构）。

需计算清单和消耗量项目包括墙、梁、柱、板、回填土、砼垫、承台、底板、地砖地面、内外墙粉刷、局部外墙面砖。算量计算过程见图 10-24-4。通过上述操作方法能够很快建模并可将 A 楼建好的属性模板导到 B、C 楼进行利用，从而大大提高了建模速度，整个工程可在 20 天内由 1 个人独自完成。在整个建模过程中，操作者会充分体会到在 AutoCAD 基础上二次开发的快捷菜单及各项命令所带来的便利，极大地满足了工程量计算的基本需求。

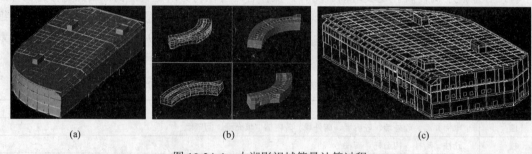

(a)　　　　　　　　(b)　　　　　　　　(c)

图 10-24-4　太湖影视城算量计算过程

天工算量软件是一款非常成熟的工程量计算软件，其最大的优点是计算结果准确性高。其缺点是计算速度不尽如人意，构件布置太多时，界面转换太慢，外墙面复杂装修处理起来还有些困难。

10.24.10　天工算量在马山花苑 3 期预算中的应用

马山花苑 3 期工程的结构类型为短肢剪力墙结构，地下 1 层，地上 25～28 层，最高建筑室外地面到檐口的高度为 93.4m，建筑面积为 17187.75m^2。主体工程以钢筋砼为主，由满堂基础、框架柱、剪力墙、有梁板等构成。

该工程采用天工算量 2015 定额版建模进行工程量计算（见图 10-24-5）。以下为计算过程，拿到一套完整的 CAD 图纸后一定要确认其是否为最终版本，即是否与蓝图相吻合，应主要检查出图日期及其比例因子。确定无误后依次将建筑及结构图调入到相应楼层中，应注意插入点的选择，一般选起始轴线的交点（1 轴与 A 轴交点）并应确保上下一致，这样第一步 CAD 图调入工作就完成了。接下来即可开始"建模"，在天工算量中，"建模"包含绘制算量平面图、定义每种构件的属性两部分内容。绘制算量平面图的目的主要是确定墙体、梁、柱、板、门窗、基础等骨架构件及寄生构件的平面位置。定义每种构件的属性应遵守软件规则，构件类别不同，其具体的属性不同，其对应的计算规则也不同，可根据实际情况进行查套、灵活运用。使用天工算量 2015 定额版"建模"之前，首先应对工程特点进行分析（不同工程的结构、面积、材料、使用功能也不同），以确定整体的建模思路。对墙、梁、门窗等构件较多的工程，在熟悉完图纸后可一次性将这些构件的尺寸在"属性定义"中加以定义并套好相应定额。对算量平面图一般应先建好标准层（包括图形及属性），然后通过"复制楼层"的方法复制到其他楼层再对不同建模构件进行修改，灵活运用这些功能可提高绘制"建模"的速度，同时也可保证不遗漏构件。

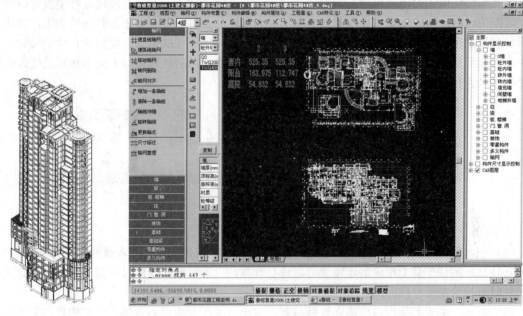

图 10-24-5　马山花苑 3 期工作量计算过程

（1）墙体。量算过程见图 10-24-6，此砌体工程按墙体材质及厚度划分有 100、200 厚 KM1 砖砌体、200 和 100 厚 ALC 砌块、100 厚 JMC 板。本工程中仅墙体需分类计算就有 7 种，对用手工计算墙体部分在计算墙高过程中要分别扣减不同的砼板厚、梁高等，计算工作量相当大，用天工算量 2015 定额版计算则较为方便且墙体分类清晰、便于查找复核。对厨、卫间 200 高的砼导墙可采用圈梁或填充墙来代替，并应根据不同工程类型灵活进行选择。算量过程中采用填充墙来代替，在计算规则中设置主墙不扣填充墙即可。天工算量软件的精髓在于准确。工程千姿百态，构件层次错综复杂，保证计算结果准确靠的就是计算规则中完整、全面的扣减关系定义和设置。天工算量软件提供了各种定额的计算规则，同时又不局限于计算规则，计算规则设置的权限完全向用户放开，用户怎样设置扣减关系，软件就怎样扣减，准不准完全取决于用户。

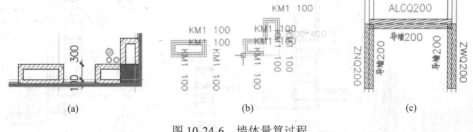

图 10-24-6　墙体量算过程

（2）梁。量算过程见图 10-24-7，梁的转化在天工算量土建定额版中已经相当成熟，转化成功率能保持在 90% 以上，软件提供了三种转化方式，可以根据已有的条件选择不同的转化方式。在

dwg 文件中的梁的标注断面尺寸与图形中梁边线距离相匹配时，可以选择第一种转化方式（根据梁名称和梁边线确定梁尺寸转化）；在 dwg 文件中的梁的标注断面尺寸与图形中梁边线距离不匹配且需以梁的标注尺寸为准时，可以选择第二种转化方式（根据梁名称确定梁尺寸转化）；在需直接以图形中梁边线距离为准进行转化时，可以选择第三种转化方式（根据自定义梁宽转化，这种转化方式与转化墙体的步骤相同）。马山花苑选择第一种方式进行转化，若转化过程中没有找到与梁相匹配的名称，则软件会生成以"*L"＋梁宽为名称的临时梁且不会添加到属性表中，转化完成后自动用红色标注出来以方便操作者进行名称更换。比如原 L609（1）梁标注尺寸为 250，图形中梁边线距离为 200，两者不相匹配，因此，也转化成红色的临时梁且不会添加到属性表中以方便操作者进行名称更换。

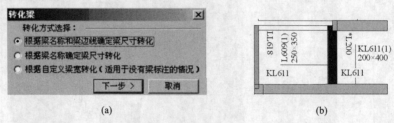

(a)   (b)

图 10-24-7　梁的量算过程

（3）柱。量算过程见图 10-24-8，柱的转化比较简单，转化成功率基本都能保持在 95%以上，直接对转化好的柱子套上相应的定额就可以进行计算，对于吊柱的计算可根据实际情况在定义构件属性时直接给定吊柱底标高。

（4）其他。编辑其他项目应遵守软件规则，对于一些平面图中不方便建模的构件，天工算量软件也考虑得非常周密，为用户提供了"编辑其他项目"进行计算，比如管桩填芯等，左键单击 [图标]，打开"编辑其他项目"，左键单击"计算公式"空白处，单击出现的按钮进入到提取状态，根据所选择的图形可以提取到长度、面积、体积且支持计算式计算。编辑线性构件应遵守软件规则，对栏杆、栏板、砼线条等按延长米计算的构件可以在平面图中直接布置线性构件进行计算，陶瓷栏杆上的花瓶（间距为 260，按个数进行计算）可在计算结果编辑器进行修改直接得到个数（见图 10-24-9）。

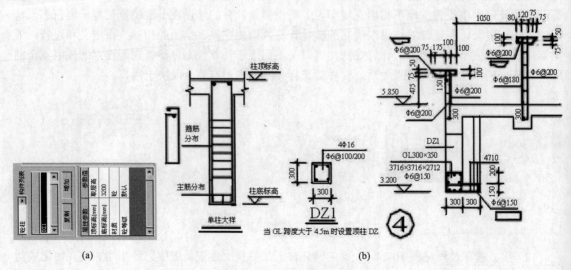

(a)   (b)

图 10-24-8　柱的量算过程

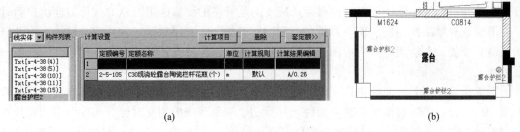

(a)　　　　　　　　　　　　　　(b)

图 10-24-9　陶瓷栏杆上的花瓶编辑

在建模过程中，对每个构件的建模均需认真仔细，应避免错画、漏画，尤其对采用楼层复制方法建模的工程更为重要，图形完成后一旦发现有错画、漏画的地方只能逐层修改，这样就会大大降低效率。因此，对标准层务必应反复检查、确保无误，完成全部工作检查后再进行复制（见图 10-24-10）。

天工算量软件的缺陷在于楼层设置中不支持非数字的楼层名称输入，在处理一些国外设计院出来的图纸（底层为 Ground 层）时稍感不适。

10.24.11　清单模式下的算量软件的选择方法

清单模式下的工程量计算对招投标双方的要求比定额模式有很大的提高。招标方必须自己（或委托咨询部门）在施工之前的有限时间内把所有涉及的工程量全部准确无误地计算完毕，提供工程量清单报表。

图 10-24-10　楼层复制

而投标方更需要算量，目的是审核招标方提供的工程量以研究报价策略和技巧，另外企业要考虑施工方案、工艺需计算满足企业自身水平的组价量。在造价改革的新时期，行业及个体竞争的加剧要求更高的效率，工程量清单模式要求造价人员计算工程量快速、精确，结果易懂、修改灵活以便有充裕的时间运用技巧组价、报价。这一切都对造价人员提出了更高的要求，靠人脑手算已经不能满足工作需要，算量软件可帮助造价人员解决复杂的计算问题，成为造价人员工作的好帮手。

一款好的清单算量软件必须是专业的，这就要求其开发人员不仅要懂计算机编程，更要求有丰富的工程预算经验，这样才能对清单计算规则理解透彻，才能开发出更好的算量产品为用户服务，只有做到专业才能赢得用户的信任。好的算量软件应能满足造价人员的需求，在清单工程量计算时能彻底解决手工计算的诸多不便，能提高工程量计算速度和计算结果的准确度。

软件属性定义应合理，构件定义应方便、灵活、界面简单明了，应在绘图区域即可完成属性定义；软件应能自动查套清单，同时支持用户自行查套；应在支持计算清单工程量的同时计算消耗量定额或企业内部定额的工程量；应可通过多种方式进行不同楼层不同构件间的属性复制。软件人机界面应友好，应容易上手；软件应用应简单、操作方便。软件 CAD 转化功能应强大，应有强大的 CAD 电子文档构件识别能力，应具有很强的图形自动纠错能力，应能极大地提高构件的录入速度从而缩短建模时间。软件应具备一图多算功能，清单版与定额版应支持互存、一图多用。应通过一套模板获得多种工程量计算结果。软件三维图形生成能力应强大、清晰，应支持三维显示，提供楼层、构件选择，应组合自由，方便进行快速检查（见图 10-24-11）。软件计算结果应能采用多

图 10-24-11　三维图形生成能力

种方式汇总并可形成标注图纸以方便对量。应支持足够多的计算结果汇总方式可方便用户随时提取并能形成计算结果标注图，使工程量与工程图完美结合、方便对量。软件应支持单个构件可视化（三维）校验，并能随时对所绘图形工程量计算结果进行核查校对。好的算量软件应具备一流的服务。

　　天工算量软件布置屋面板执行平板的变斜命令后的三维显示见图 10-24-12；布置墙后三维显示见图 10-24-13；墙体套清单，在"附件尺寸"的"与斜现浇板相交时计算部位"中选择计算下部（见图 10-24-14），完成后应进行单个构件可视化校验，此时软件会自动计算墙体板下的部分（见图 10-24-15，柱梁同理）；这样一来在计算坡屋面时又多了一种方法，同时此方法也可用在地下车库坡道挡土墙以及老虎窗墙的计算上，绘制图形三维显示见图 10-24-16。

图 10-24-12　平板变斜三维显示

图 10-24-13　布置墙后三维显示

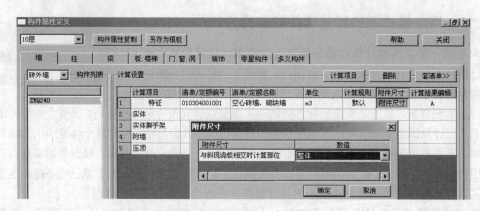

图 10-24-14　墙体套清单

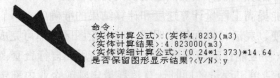

图 10-24-15　自动计算墙体板下的部分

图 10-24-16　坡屋面三维显示

10.24.12　天工算量在综合楼及宿舍工程量计算中的应用

　　无锡梁溪商务联合印刷有限公司工程总面积约为 68000m²，其中建商业书刊印刷厂房、安全印刷厂房和综合楼及宿舍各一座及一些附属设施。该投标工程采用天工算量软件在三天内完成量算工作。下面介绍软件完成"综合楼及宿舍"工程量计算的过程。本工程为框架结构，底层建筑面积为 4334.5m²，共五层，无 CAD 电子文档。采用江苏 2015 定额计算规则，需计算的工程量为图纸上的所有构件，包括砌体、砼柱、构造柱、框架梁、连梁、板、楼梯、装饰、阳台栏板（杆）等，土方单独报价。

（1）轴网。在无 CAD 图的情况下首先必须建立轴网，此工程轴网比较简单，单个矩形轴网的建立耗时 2.5min（轴网主要起定位作用，在建模时导航，计算结果时定位。在计算结果报表中精确地显示构件的位置，方便用户对量），天工算量 2015 支持动态轴网（见图 10-24-17）。

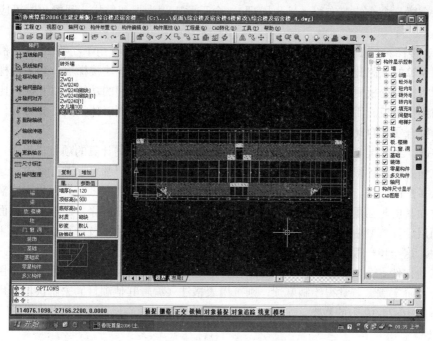

图 10-24-17　建立轴网

（2）墙体。接下来的工作是绘制墙体，墙体是整个工程的灵魂（至少在软件中是这样的），它与柱梁同属骨架构件，在之后形成板及装饰时都被利用到。用软件与手算一样要善于找规律，规律找到了往往能起到事半功倍的效果。找到规律后执行相关操作（镜像、复制）即可。在进行构件镜像前最好事先做好准备工作，确认需镜像的这段构件上所有的东西都已完成且应保证其准确性（见图 10-24-18）。

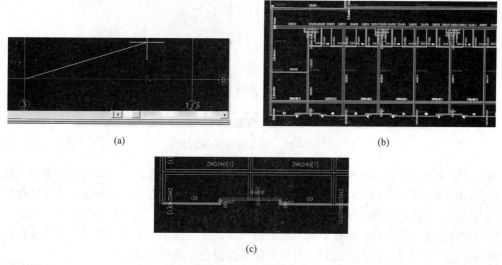

（a）　　　　　　　　　　　　　　　　　　　　　（b）

（c）

图 10-24-18　绘制墙体

（3）柱。柱的建模在软件中是最方便、最快捷的，墙建好后执行布置柱命令，软件提供了多种柱的布置方法以适用于不同的实际工程，用户可根据实际工程选择相应的方法进行快速布置。

（4）梁。梁的建模与墙相似且两者可通过"构件名称更换"进行互换，另外还可利用墙的中线用"线命梁"命令快速布梁（墙也同理）。由于此工程为框架结构，圈梁、过梁应实算，不能漏了。

（5）板、楼梯。在布置楼梯方面，天工算量软件的灵活性很强，由于江苏2015定额楼梯是按实际投影面积算的，因此，完全可用板来进行代替，在板中定义一块楼梯板，套上楼梯定额，自动行成板后将楼梯处板更换为楼梯板即可。天工算量软件各构件间的功能可以互换，比如用板代替楼梯、用梁代替板、用柱代替墙等。工程量计算无非点、线、面、体，天工算量软件能有效地对它们进行整合实现自动扣减。

（6）装饰。2015定额墙体等构件中已经包含了一般抹灰，但需计算的项目仍很多，天工算量软件在这方面的灵活性很强。对于要计算什么量，需怎样算，用户都可以进行修改，这样就能适应更多复杂多变的工程。这方面重点体现在属性定义上，需计算什么量，套上相应定额即可，但有些量（比如基层与面层）的计算方法可能不一样（基层按建筑面积算，面层按实铺面积算，这时只需在面层计算规则中选择扣"主墙"就可以了）。装饰部分的建模及计算是建立在主体结构之上的，因此，这一步一般放在最后执行。

（7）其他构件。一些零星构件可结合工程特点进行相应处理，比如室外台阶可在图形中布置面实体套上台阶定额。若觉得绘制麻烦，则可用表格法（编辑其他项目）来解决，利用表格法可以方便获得图10-24-19中的数据。另外，利用表格法还可以随心所欲地提取构件中图形的长度、面积和体积。

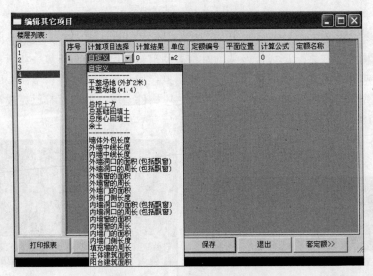

图10-24-19 用表格法获得的数据

（8）计算及报表分析。所有构件建模完成后可执行合法性检查，对一些常识性错误，软件可自动查找，极为方便（图10-24-20）。确认无误后就可以执行计算命令了，新版本的软件对计算速度进行了优化，但计算装饰部分时，速度有待提高。2015定额中，次梁是折至板中计算的，这一步要等到计算完成后再执行，梁板折算完成后的三维效果见图10-24-21，板及次梁的颜色会相应地变成紫红色与其他区分开来。此时对报表中的数据也会自动进行处理。

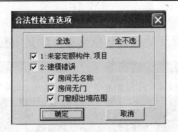

图 10-24-20　合法性检查

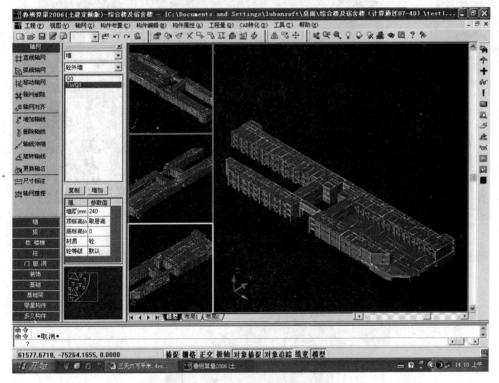

图 10-24-21　完成后的三维效果

10.24.13　天工算量应用中特殊情况的处理

在一套三层厂房的工程量计算中遇到了错层问题，即这个厂房有错层结构，天工算量软件能够很好地解决这个问题（见图 10-24-22）。错层的解决其实很简单，只需完成以下几步操作，即先把需错层的空间的板调整到需要的高度，然后运用墙、柱、梁随板调整高度命令调整相应构件高度即可。使用天工算量软件时应注意以下几方面问题，即在使用软件操作之前最好把所有要操作的内容想清楚，理清楚思路，以便于下一步的操作，比如操作中碰到柱梁粉刷问题时应把需要粉刷的柱梁区分开以提高工作效率。应注意标高的设法，室内标高 0.000 以下为基础层，当然也可以人为地设定其标高，但最好不要改变它，这样在操作时不容易搞混。楼梯部分使用的定额计算规则是按平面投影面积计算的（例如江苏 2015 定额），可用现浇板代替，套楼梯定额。应注意零墙和布置洞口的灵活运用问题，这可对某些操作带来很大便利。同一楼层同一位置存在两个或两个以上的同类构件可通过改变各构件标高使其在不同的标高位置出现，比如布置双层窗，若窗上均有过梁就可采取此方法。应注意构件整理命令和自动修复命令的区别使用问题。装饰生成后，若对骨架构件（如墙、梁等）进行了更改就应注意重生成装饰。梁板折算时，应注意要在梁板等构件计算完成后再执行，完成折算后的构件颜色会相应地变为橙红色。

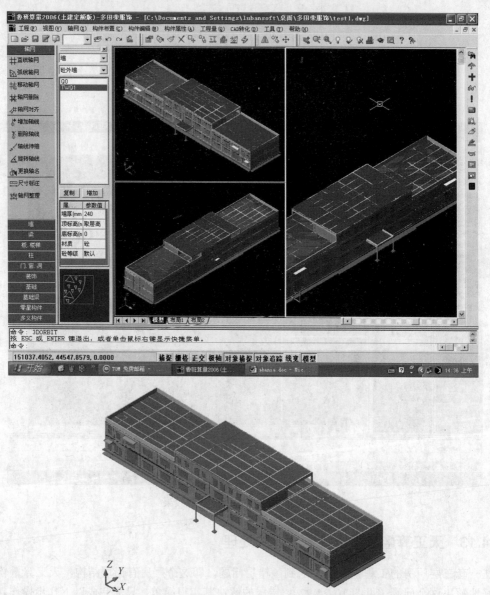

图 10-24-22　错层问题的解决

思考题与习题

1．以天工算量软件为例阐述算量软件的特点。
2．以天工算量软件为例阐述算量软件的工作过程。
3．以天工算量软件为例阐述算量软件使用的注意事项。
4．以天工算量软件为例阐述应该如何掌握算量软件的使用方法。

第11章 建筑工程计量与计价实例

11.1 计量用工程施工图

本章以无锡市梧桐公寓楼为范本，介绍全套建筑工程计量与计价方法及过程。计量用工程施工图见图 11-1-1～图 11-1-15（限于篇幅，请用手机扫描以下二维码阅读）。

11.2 编 制 说 明

1．工程概况

工程名称：梧桐公寓楼新建工程
建筑面积：2265.76m²

2．编制依据

（1）建设单位提供的施工图纸、招标文件及有关技术资料。
（2）依据 2015 年江苏省预算定额编制。
（3）无锡市 2015 年第四季度（期）造价信息。

3．市场价选定

（1）按照招标文件要求的暂估价及暂估价项目计入预算。
（2）无锡市 2015 年第四季度（期）造价信息。

4．不包含的工程内容

招标文件投标说明要求的所有不包含的内容，本预算不包含。

11.3 暂估价和暂估项目清单

暂估价和暂估项目清单见表 11-3-1（限于篇幅，请用手机扫描以下二维码阅读，其他表同）。

11.4　建设工程采暖预算书

建设工程采暖预算书见表 11-4-1～表 11-4-7。

11.5　建设工程电气预算书

建设工程电气预算书见表 11-5-1～表 11-5-7。

11.6　建设工程给排水预算书

建设工程给排水预算书见表 11-6-1～表 11-6-7。

11.7　建设工程弱电预算书

建设工程弱电预算书见表 11-7-1～表 11-7-6。

11.8　建设工程土建预算书

建设工程土建预算书见表 11-8-1～表 11-8-15。

思考题与习题

1. 简述建筑工程计量与计价需要用到的工程施工图。
2. 建筑工程计量与计价编制说明应包括哪些内容？
3. 简述暂估价和暂估项目清单的特点。
4. 建设工程采暖预算书包括哪些内容？
5. 建设工程电气预算书包括哪些内容？
6. 建设工程给排水预算书包括哪些内容？
7. 建设工程弱电预算书包括哪些内容？
8. 建设工程土建预算书包括哪些内容？

第12章 我国现行房地产估价体系的特点

12.1 房地产估价的基本要求

房地产估价应遵守《中华人民共和国城市房地产管理法》、《中华人民共和国土地管理法》、《国有土地上房屋征收与补偿条例》等法律、法规，应规范房地产估价行为，统一估价程序和方法，做到估价结果客观、公正、合理。房地产估价应依法独立、客观、公正地进行。房地产估价应符合国家现行有关强制性标准的规定。

12.1.1 估价原则

评估房地产市场价值应遵循以下五条原则，即"独立、客观、公正原则"；"合法原则"；"最高最佳利用原则"；"替代原则"；"估价时点原则"。遵循"独立、客观、公正原则"要求站在中立的立场上评估出对各方当事人而言均是客观公平的价值。遵循"合法原则"要求评估价值是在依法判定的估价对象状况下的价值。遵循"最高最佳利用原则"要求评估价值是在估价对象最高最佳利用下的价值，当估价对象已做了某种利用估价时应根据最高最佳利用原则对估价前提做出下列之一的判断和选择并应在估价报告中予以说明，即维持现状前提（认为估价对象维持现状、继续利用最为有利时，应以维持现状为前提进行估价）；改变用途前提（认为估价对象改变用途再予以利用最为有利时，应以改变用途为前提进行估价）；更新改造前提（认为估价对象更新改造但不改变用途再予以利用最为有利时，应以更新改造为前提进行估价）；重新开发前提（认为估价对象重新开发再予以利用最为有利时，应以重新开发为前提进行估价）；上述情形的某种组合。遵循"替代原则"要求评估价值不得不合理偏离类似房地产在同等条件下的正常价格。遵循"估价时点原则"要求评估价值是在由估价目的决定的某个特定时间的价值。

12.1.2 估价程序

自接受估价委托至完成估价报告期间，房地产估价应按以下程序进行，即明确估价基本事项；制订估价作业方案；搜集估价所需资料；实地查勘估价对象；选定估价方法计算；确定估价结果；撰写估价报告；估价资料归档。

明确估价基本事项应包括以下4方面内容，即明确估价目的；明确估价时点；明确估价对象；明确价值类型。估价目的应由估价委托人提出；估价时点应根据估价目的确定，采用公历表示，精确到日；明确估价对象应包括明确估价对象的实物状况、权益状况和区位状况；在明确估价基本事项时应与估价委托人共同商议，最后应征得估价委托人认可。

在明确估价基本事项的基础上应对估价项目进行初步分析，制订估价作业方案。估价作业方案应包括以下4方面内容，即拟采用的估价技术路线和估价方法；拟搜集的估价所需资料及其来源渠道；预计需要的时间、人力和经费；估价作业步骤和时间进度安排。

房地产估价机构和注册房地产估价师应经常搜集估价所需资料并进行核实、分析、整理。估价所需资料应包括以下4个方面，即对房地产价格有普遍影响的资料；对估价对象所在地区的房地产价格有影响的资料；相关房地产交易、成本、收益实例资料；反映估价对象状况的资料。

　　注册房地产估价师必须到估价对象现场亲身感受估价对象的位置、周围环境、景观的优劣，查勘估价对象的外观、建筑结构、装修、设备等状况，并对事先搜集的有关估价对象的坐落、四至、面积、产权等资料进行核实，同时搜集补充估价所需的其他资料，以及对估价对象及其周围环境或临路状况进行拍照等。

　　完成并出具估价报告后，应对有关该估价项目的一切必要资料进行整理、归档和妥善保管。估价档案的保存期限自估价报告出具之日起不得少于十年。

12.2　房地产估价的基本方法

12.2.1　估价方法的选用原则

　　注册房地产估价师应熟知、理解并正确运用市场法、收益法、成本法、假设开发法等估价方法并应具备综合运用能力。注册房地产估价师应根据估价对象和当地房地产市场状况，对市场法、收益法、成本法、假设开发法等估价方法进行适用性分析后，选用其中一种或多种方法对估价对象进行估价。估价对象可以同时选用两种以上估价方法进行估价的应同时选用两种以上估价方法进行估价、不得随意取舍，必须取舍时应在估价报告中予以说明并陈述理由。有条件选用市场法进行估价的应以市场法为主要的估价方法。收益性房地产的估价应选用收益法作为其中的一种估价方法。具有开发或再开发潜力且开发完成后的价值可以采用市场法、收益法等方法求取的房地产的估价应选用假设开发法作为其中的一种估价方法。在无市场依据或市场依据不充分而不宜采用市场法、收益法、假设开发法进行估价的情况下可采用成本法作为主要的估价方法。

12.2.2　市场法的特点及应用要求

　　运用市场法估价应按以下步骤进行，即搜集交易实例；选取可比实例；建立比较基准；进行交易情况修正；进行市场状况调整；进行房地产状况调整；求取比准价值。运用市场法估价应搜集大量真实的、内容可满足估价需要的交易实例以掌握正常市场价格行情，搜集交易实例应包括以下 5 方面内容，即交易双方基本情况及交易目的；交易实例房地产基本状况；成交价格；成交日期；付款方式。应根据估价对象状况和估价目的、估价时点从搜集的交易实例中选取三个以上的可比实例，选取的可比实例应符合以下 4 条要求，即必须是估价对象的类似房地产（在同等条件下应选取位置较近的交易实例）；交易类型与估价目的吻合；成交日期接近估价时点（不宜超过一年，在同等条件下应选取时间较近的交易实例）；成交价格为正常价格或可修正为正常价格。选取可比实例后应对可比实例的成交价格进行换算处理以统一其表达方式和内涵、建立比较基准，换算处理应包括以下 5 方面内容，即统一房地产范围；统一付款方式（统一付款方式应统一为在成交日期时一次性付清）；统一价格表示单位；统一币种和货币单位（不同币种之间的换算应按中国人民银行公布的成交日期时的市场汇率中间价计算）；统一面积内涵和面积单位。进行交易情况修正应排除交易行为中的特殊因素所造成的可比实例成交价格偏差，应将可比实例的成交价格调整为正常价格。

　　有以下 9 种情形之一的交易实例不宜选为可比实例，即利害关系人之间的交易；急于出售或急于购买的交易；受债权债务关系影响的交易；交易双方或一方对交易对象或市场行情缺乏了解的交易；交易双方或一方有特别动机或特别偏好的交易；相邻房地产的合并交易；特殊交易方式的交易；交易税费非正常负担的交易；其他非正常的交易。当可供选择的交易实例较少而确需选用上述情形的交易实例时应对其进行交易情况修正；对交易税费非正常负担的修正应将成交价格调整为依照政府有关规定交易双方负担各自应负担的税费下的价格。

　　进行市场状况调整应将可比实例在其成交日期的价格调整为在估价时点的价格，市场状况调整宜采用类似房地产的价格变动率或指数进行调整，在无类似房地产的价格变动率或指数的情况下可根据当地房地产价格的变动情况和趋势做出判断并给予调整。房地产状况调整包括区位状况调整、实物状况调整和权益状况调整。

　　进行区位状况调整应将可比实例在其外部环境状况下的价格调整为估价对象外部环境状况下的价格。区位状况调整的内容应包括繁华程度；交通便捷程度；环境、景观；公共配套设施完备程度；城市规划限制等影响房地产价格的因素。区位状况调整的具体内容应根据估价对象的用途确定。进行区位状况调整时应将可比实例与估价对象的区位状况因素逐项进行比较，找出由于区位状况优劣所造成的价格差异并据以进行调整。

　　进行实物状况和权益状况调整时应将可比实例在其个体状况下的价格调整为估价对象个体状况下的价格。有关土地方面的实物状况和权益状况调整的内容应主要包括面积大小、形状、临路状况、基础设施完备程度、土地平整程度、地势、地质水文状况、规划管制条件、土地使用权年限等。有关建筑物方面的实物状况和权益状况调整的内容应主要包括新旧程度、装修、设施设备、平面布置、工程质量、建筑结构、楼层、朝向等。实物状况和权益状况调整的具体内容应根据估价对象的用途确定。进行实物状况和权益状况调整时应将可比实例与估价对象的实物状况和权益状况因素逐项进行比较，找出由于实物状况和权益状况优劣所造成的价格差异并据以进行调整。

　　交易情况修正、市场状况调整、房地产状况调整视具体情况不同可采用百分率法、差额法或回归分析法。每项修正对可比实例成交价格的调整不得超过20%，综合调整不得超过30%。选取的多个可比实例的价格经过上述各种修正和调整之后应根据具体情况计算求出一个综合结果作为比准价值。市场法的原理和技术也可用于其他估价方法中有关参数的求取。

12.2.3　收益法的特点及应用要求

　　运用收益法估价应按以下步骤进行，即搜集有关收入和费用资料；确定未来收益期限；求取未来净收益；选取适当报酬率或资本化率；选用适宜收益法公式求出收益价值。

　　未来净收益应根据估价对象的具体情况按以下4条规定求取，即出租型房地产应根据租赁资料计算净收益，净收益为租赁收入扣除维修费、管理费、保险费和税金，租赁收入包括有效毛租金收入和租赁保证金、押金等的利息收入，维修费、管理费、保险费和税金应根据租赁契约规定的租金含义决定取舍（若保证合法、安全、正常使用所需的费用都由出租方承担，则应将四项费用全部扣除；若维修、管理等费用全部或部分由承租方负担，则应对四项费用中的部分项目做相应调整）；商业经营型房地产应根据经营资料计算净收益，净收益为商品销售收入扣除商品销售成本、经营费用、商品销售税金及附加、管理费用、财务费用和商业利润；生产型房地产应根据产品市场价格以及原材料、人工费用等资料计算净收益，净收益为产品销售收入扣除生产成本、产品销售费用、产品销售税金及附加、管理费用、财务费用和厂商利润；尚未使用或自用的房地产可比照有收益的类似房地产的有关资料按上述相应的方式计算净收益，或直接比较得出净收益。

　　估价中采用的租金等收入和运营费用或净收益，除有租约限制的外都应采用正常客观的数据。有租约限制的租约期内的租金宜采用租约所确定的租金，租约期外的租金应采用正常客观的租金。利用估价对象本身的资料直接推算出的租金等收入和运营费用或净收益应与类似房地产的正常情况下的租金等收入和运营费用或净收益进行比较，若与正常客观的情况不符则应进行适当的修正或调整使其成为正常客观的数据。

　　在求取未来净收益时应根据净收益过去、现在、未来的变动情况及可获收益的年限确定未来净收益流量并判断该未来净收益流量属于以下4种类型中的哪种类型，这4种类型分别为每年基本上固定不变；每年基本上按某个固定的数额递增或递减；每年基本上按某个固定的比率递增或递减；其他有规则的变动情形。

报酬率或资本化率的分析确定可采用市场提取法、安全利率加风险调整值法、复合投资收益率法、投资收益率排序插入法等。采用市场提取法时应搜集市场上三宗以上类似房地产的价格、净收益等资料，选用相应的收益法计算公式，求出报酬率或资本化率。采用安全利率加风险调整值法时应以安全利率加上风险调整值作为报酬率或资本化率，安全利率可选用同一时期的一年期国债年利率或中国人民银行公布的一年定期存款年利率，风险调整值应根据估价对象所在地区的经济现状及未来预测、估价对象的用途及新旧程度等确定。采用复合投资收益率法时应将购买房地产的抵押贷款收益率与自有资本收益率的加权平均数作为报酬率或资本化率，应按公式 $R=M \cdot R_M+(1-M)R_E$ 计算，其中，R 为资本化率（%）；M 为贷款价值比率（%，即抵押贷款额占房地产价值的比率）；R_M 为抵押贷款资本化率（%，即第一年还本息额与抵押贷款额的比率）；R_E 为自有资本要求的正常收益率（%）。采用投资收益率排序插入法时应找出相关投资类型及其收益率、风险程度，按风险大小排序将估价对象与这些投资的风险程度进行比较，判断、确定报酬率或资本化率。

资本化率分综合资本化率、土地资本化率、建筑物资本化率等，它们之间的关系应按公式 $R_O=L \cdot R_L+B \cdot R_B$ 确定，其中，R_O 为综合资本化率（%，适用于土地与建筑物合一的估价）；R_L 为土地资本化率（%，适用于土地估价）；R_B 为建筑物资本化率（%，适用于建筑物估价）；L 为土地价值占房地价值的比率（%）；B 为建筑物价值占房地价值的比率（%），$L+B=100\%$。

计算收益价格时应根据未来净收益流量的类型选用对应的收益法公式。收益法的基本公式为 $V=\sum_{i=1}^{n}[A_i/(1+R)_i]$，其中，$V$ 为收益价值（元或元/m²）；A_i 为未来第 i 年的净收益（元或元/m²）；R 为报酬率（%）；n 为未来收益期限（年）。

对单独土地和单独建筑物的估价应分别根据土地使用权年限和建筑物耐用年限确定未来收益期限并选用对应的有限年的收益法公式，净收益中不应扣除建筑物折旧和土地取得费用的摊销。对于土地与建筑物合一的估价对象，当建筑物耐用年限长于或等于土地使用权年限时应根据土地使用权年限确定未来收益期限并选用对应的有限年的收益法公式，净收益中不应扣除建筑物折旧和土地取得费用的摊销。对于土地与建筑物合一的估价对象，当建筑物耐用年限短于土地使用权年限时可采用以下两种方法之一进行处理。第一种方法是先根据建筑物耐用年限确定未来收益期限并选用对应的有限年的收益法公式，净收益中不应扣除建筑物折旧和土地取得费用的摊销；然后再加上土地使用权年限超出建筑物耐用年限的土地剩余使用年限价值的折现值。第二种方法是将未来可获收益的年限设想为无限年并选用无限年的收益法公式，净收益中应扣除建筑物折旧和土地取得费用的摊销。

当利用土地与地上建筑物共同产生的收益单独求取土地价值时，在净收益每年不变、可获收益无限期的情况下应采用公式 $V_L=(A_O-V_B \cdot R_B)/R_L$ 进行计算。当利用土地与地上建筑物共同产生的收益单独求取建筑物价值时，在净收益每年不变、可获收益无限期的情况下应采用公式 $V_B=(A_O-V_L \cdot R_L)/R_B$ 进行计算。其中，A_O 为土地与地上建筑物共同产生的净收益（元或元/m²）；V_L 为土地价值（元或元/m²）；V_B 为建筑物价值（元或元/m²）。

12.2.4　成本法的特点及应用要求

运用成本法估价应按以下步骤进行，即搜集有关成本、税费、开发利润等资料；估算重置价格或重建价格；估算折旧；求出积算价值。重置价格或重建价格应是重新取得或重新开发、重新建造全新状态的估价对象所需的各项必要成本费用和应纳税金、正常开发利润之和，其构成应包括土地取得成本、建设成本、管理费用、销售费用、投资利息、销售税费、开发利润，开发利润应明确计算基数并应根据开发、建造类似房地产相应的平均利润率水平来求取。具体估价中估价对象的重置价格或重建价格构成内容应根据估价对象的实际情况在前述价格构成内容的基础上酌予增减并应在估价报告中予以说明。

同一宗房地产的重置价格或重建价格在采取土地与建筑物分别估算然后加总时必须注意成本构成划分和相互衔接，应防止漏项或重复计算。求取土地的重置价格应直接求取它在估价时点状况的重置价格。

建筑物的重置价格或重建价格可采用成本法、市场法求取，或通过政府确定公布的房屋重置价格扣除土地价格后的比较调整来求取，也可按工程造价估算的方法具体计算。建筑物的重置价格宜用于一般建筑物和因年代久远、已缺少与旧有建筑物相同的建筑材料，或因建筑技术变迁，使得旧有建筑物复原建造有困难的建筑物的估价。建筑物的重建价格宜用于有特殊保护价值的建筑物的估价。

成本法估价中的建筑物折旧应是各种原因造成的建筑物价值的损失，包括物质折旧、功能折旧和外部折旧。建筑物损耗分可修复和不可修复两部分，修复所需的费用小于或等于修复后房地产价值的增加额的为可修复部分（反之为不可修复部分），对可修复部分可直接估算其修复所需的费用作为折旧额。

扣除折旧后的建筑物现值可采用直线法、双倍余额递减法、成新折扣法等确定，采用直线法时的建筑物现值计算式为 $V=C-(C-S)t/N$，采用双倍余额递减法时的建筑物现值计算式为 $V=C(1-2/N)t$，采用成新折扣法时的建筑物现值计算式为 $V=qC$。其中，V 为建筑物现值（元或元/m²）；C 为建筑物重置价格或重建价格（元或元/m²）；S 为建筑物预计净残值（元或元/m²）；t 为建筑物已使用年限（年）；N 为建筑物耐用年限（年）；q 为建筑物成新率（%）。需要强调的是，无论采用上述哪种折旧方法求取建筑物现值，注册房地产估价师都应亲临估价对象现场观察、鉴定建筑物的实际新旧程度，应根据建筑物的建成时间，维护、保养、使用情况以及地基的稳定性等最后确定应扣除的折旧额或成新率。

建筑物耐用年限分自然耐用年限和经济耐用年限，估价采用的耐用年限应为经济耐用年限。经济耐用年限应根据建筑物的建筑结构、用途和维修保养情况，结合市场状况、周围环境、经营收益状况等综合判断。估价中确定建筑物耐用年限与折旧时应遵守相关原则，即建筑物的建设期不计入耐用年限（亦即建筑物的耐用年限应从建筑物竣工验收合格之日起计）；建筑物耐用年限短于土地使用权年限时应按建筑物耐用年限计算折旧；建筑物耐用年限长于土地使用权年限时应按土地使用权年限计算折旧；建筑物出现于补办土地使用权出让手续之前且其耐用年限早于土地使用权年限而结束的应按建筑物耐用年限计算折旧；建筑物出现于补办土地使用权出让手续之前且其耐用年限晚于土地使用权年限而结束的应按建筑物已使用年限加土地使用权剩余年限计算折旧。

计算价值应为重置价格或重建价格扣除建筑物折旧，或为土地的重置价格加上建筑物的现值，必要时还应扣除由于旧有建筑物的存在而导致的土地价值损失。新开发土地和新建房地产可采用成本法估价且一般不应扣除折旧，但应考虑其工程质量和周围环境等因素给予适当修正。

12.2.5 假设开发法的特点及应用要求

运用假设开发法估价应按以下步骤进行，即调查、分析待开发房地产状况和当地房地产市场状况；选取最佳的开发利用方式，确定未来开发完成后的房地产状况；估计后续开发经营期；预测开发完成后的价值；估算后续必要支出及应得利润；计算待开发房地产价值。假设开发法适用于具有开发或再开发潜力并且开发完成后的价值可以采用成本法以外的方法求取的房地产的估价。运用假设开发法估价应把握估价对象（待开发房地产）状况、未来开发完成后的房地产状况以及未来开发完成后的房地产的经营方式。估价对象状况包括可供开发的土地、在建工程、可重新改造或改变用途的旧房等，未来开发完成后的房地产状况包括熟地和新房（含土地）等，未来开发完成后的房地产的经营方式包括出售（含预售）、出租（含预租）和自营等。运用假设开发法估算的待开发房地产价值应为开发完成后的价值减去后续开发的必要支出及应得利润。预测开发完成后的价值宜采用市场法并应考虑类似房地产价格的未来变动趋势。开发利润应明确计算基数并应根据类似房地产开发项目相应的平均利润率水平来求取。运用假设开发法估价必须考虑资金的时间价值，在实际操作中宜采用折现的方法，难以采用折现方法时可采用计算利息的方法。

12.2.6　基准地价修正法的特点及应用要求

运用基准地价修正法估价应按以下步骤进行，即搜集有关基准地价的资料；查找估价对象宗地所在位置的基准地价；进行土地市场状况调整；进行土地状况调整；求出估价对象宗地价格。进行土地市场状况调整时应将基准地价在其基准日期的值调整为在估价时点的值。土地市场状况调整的方法与市场法中市场状况调整方法的相同。土地状况调整的内容和方法与市场法中房地产状况调整的内容和方法相同。运用基准地价修正法评估宗地价格时宜按当地对基准地价的有关规定执行。

12.3　不同估价目的下的估价要求

房地产估价按估价目的进行分类，主要有以下 14 种类别，即建设用地使用权出让价格评估；房地产转让价格评估；房地产租赁价格评估；房地产抵押估价；房地产保险估价；房地产税收估价；房地产征收估价；房地产分割、合并估价；房地产纠纷估价；房地产拍卖估价；房地产损害赔偿估价；房地产投资信托基金物业评估；企业各种经济活动中涉及的房地产估价；其他目的的房地产估价。

（1）建设用地使用权出让价格评估的特点及要求

建设用地使用权出让价格评估应依据《中华人民共和国物权法》、《中华人民共和国城市房地产管理法》、《中华人民共和国土地管理法》、《中华人民共和国城镇国有土地使用权出让和转让暂行条例》以及当地制定的实施办法和其他有关规定进行。建设用地使用权出让价格评估应分清不同出让方式下的价格评估，并根据出让人的需要明确是评估市场价值还是出让底价、出让金等。建设用地使用权出让价格评估可采用市场法、假设开发法、成本法、基准地价修正法。

（2）房地产转让价格评估的特点及要求

房地产转让价格评估应依据《中华人民共和国物权法》、《中华人民共和国城市房地产管理法》、《中华人民共和国土地管理法》、《城市房地产转让管理规定》以及当地制定的实施细则和其他有关规定进行。房地产转让价格评估应评估市场价值。房地产转让价格评估宜采用市场法和收益法，可采用成本法，其中待开发房地产应采用假设开发法。以划拨方式取得建设用地使用权的，转让房地产时应符合国家法律、法规的规定，其转让价格评估应另外给出转让价格中所含的土地收益值，并应注意国家对土地收益的处理规定，同时在估价报告中予以说明。

（3）房地产租赁价格评估的特点及要求

房地产租赁价格评估应依据《中华人民共和国城市房地产管理法》、《中华人民共和国土地管理法》、《商品房屋租赁管理办法》以及当地制定的实施细则和其他有关规定进行。从事生产、经营活动的房地产租赁价格评估应评估市场租金，住宅的租赁价格评估应执行国家和该类住宅所在地城市人民政府规定的租赁政策。房地产租赁价格评估可采用市场法、收益法和成本法。以营利为目的出租划拨建设用地使用权上的房屋时其租赁价格评估应另外给出租金中所含的土地收益值，并应注意国家对土地收益的处理规定，同时在估价报告中予以说明。

（4）房地产抵押估价的特点及要求

房地产抵押估价应依据《中华人民共和国物权法》、《中华人民共和国担保法》、《中华人民共和国城市房地产管理法》、《城市房地产抵押管理办法》以及当地和其他有关规定进行。房地产抵押估价应评估房地产的市场价值和抵押价值，并应在估价报告中说明未来市场变化风险和短期强制处分等因素对抵押价值的影响。房地产抵押价值为假定未设立法定优先受偿权下的价值扣除法定优先受偿款后的余额。法定优先受偿款是假定在估价时点实现抵押权时，法律法规规定优先于本次抵押贷款受偿的款额，包括已抵押担保的债权数额、拖欠的建设工程价款和其他法定优先受偿款，但不包括为实现抵押权而发生的诉讼费用、估价费用、拍卖费用以及营业税及附加等费用和税金。依法不得抵押的房地产没有抵押价值。

以划拨方式取得的建设用地使用权连同地上建筑物抵押的，评估其抵押价值时应扣除预计处分所得价款中相当于应缴纳的土地使用权出让金的款额，可采用以下两种方式之一处理。第一种方式是首先求取设想为出让土地使用权下的房地产的价值，然后预计由划拨土地使用权转变为出让土地使用权应缴纳的土地使用权出让金等款额，两者相减为抵押价值，此时，土地使用权年限设定为相应用途的法定最高年限并从估价时点起计。第二种方式是采用成本法估价，价格构成中不应包括土地使用权出让金等由划拨土地使用权转变为出让土地使用权应缴纳的款额。

以具有土地使用年限的房地产抵押的，评估其抵押价值时应考虑设定抵押权以及抵押期限届满时土地使用权的剩余年限对抵押价值的影响。以享受国家优惠政策购买的房地产抵押的，其抵押价值为房地产权利人可处分和收益的份额部分的价值。以按份额共有的房地产抵押的，其抵押价值为抵押人所享有的份额部分的价值。以共同共有的房地产抵押的，其抵押价值为该房地产的价值。

（5）房地产保险估价的特点及要求

房地产保险估价应依据《中华人民共和国保险法》、《中华人民共和国城市房地产管理法》和其他有关规定进行。房地产保险估价分房地产投保时的保险价值评估和保险事故发生后的损失价值或损失程度评估。保险价值应是投保人与保险人订立保险合同时作为确定保险金额基础的保险标的的价值。保险金额应是保险人承担赔偿或给付保险金责任的最高限额，也应是投保人对保险标的的实际投保金额。房地产投保时的保险价值评估，应评估有可能因自然灾害或意外事故而遭受损失的建筑物的价值，估价方法宜采用成本法、市场法。房地产投保时的保险价值，根据采用的保险形式的不同可按该房地产投保时的实际价值确定，也可按保险事故发生时该房地产的实际价值确定。保险事故发生后的损失价值或损失程度评估应把握保险标的房地产在保险事故发生前后的状态，对于其中可修复部分宜估算其修复所需的费用作为损失价值或损失程度。

（6）房地产税收估价的特点及要求

房地产税收估价应按相应税种为核定其计税依据提供服务。有关房地产税收的估价应按相关税法具体执行。房地产税收估价宜采用公开市场价值标准并应符合相关税法的有关规定。

（7）房地产征收估价的特点及要求

房地产征收估价分为国有土地上房屋征收评估（简称房屋征收评估）和集体所有的土地征收评估（简称土地征收评估）。房屋征收评估应依据《国有土地上房屋征收与补偿条例》、《国有土地上房屋征收评估办法》以及当地制定的实施细则和其他有关规定进行。房屋征收评估分为被征收房屋价值评估、用于产权调换房屋价值评估、因征收房屋造成的搬迁费用评估、因征收房屋造成的停产停业损失评估。被征收房屋和用于产权调换房屋的价值包括房屋及其占用范围内的土地使用权和其他不动产的价值。被征收房屋室内装饰装修价值由征收当事人协商确定或另行评估确定的，被征收房屋价值不应包括室内装饰装修价值。土地征收评估应依据《中华人民共和国土地管理法》、相关法规以及当地制定的实施办法和其他有关规定进行。

（8）房地产分割、合并估价的特点及要求

房地产分割、合并估价应注意分割、合并对房地产价值的影响。分割、合并前后的房地产整体价值不能简单等于各部分房地产价值之和。房地产分割估价应对分割后的各部分房地产分别估价。房地产合并估价应对合并后的整体房地产进行估价。

（9）房地产纠纷估价的特点及要求

房地产纠纷估价应对纠纷案件中涉及的争议房地产的价值、交易价格、造价、成本、租金、补偿金额、赔偿金额、估价结果等进行科学的鉴定，提出客观、公正、合理的意见，为协议、调解、仲裁、诉讼等方式解决纠纷提供参考依据。房地产纠纷估价应按相应类型的房地产估价进行。房地产纠纷估价应注意纠纷的性质和协议、调解、仲裁、诉讼等解决纠纷的不同方式并将其作为估价依据协调当事人各方的利益。

（10）房地产拍卖估价的特点及要求

房地产拍卖估价为确定拍卖保留价提供服务，应依据《中华人民共和国拍卖法》、《中华人民共和国城市房地产管理法》和其他有关规定进行。房地产拍卖估价应区分司法拍卖估价和普通拍卖估价。房地产司法拍卖估价应评估市场价值，但估价前提采用被迫转让前提。房地产普通拍卖估价可评估快速变现价值，首先应以市场价值为基础，然后考虑短期强制处分（快速变现）等因素的影响确定快速变现价值。

（11）房地产损害赔偿估价的特点及要求

房地产损害赔偿估价分为房地产价值减损评估、因损害造成的搬迁费用评估、因损害造成的停产停业损失评估等。房地产价值减损评估应把握被损害房地产在损害发生前后的状况。房地产价值减损评估选用价差法、收益损失资本化法、修复成本法、比较法进行评估，对于其中可修复部分宜采用修复成本法估算其修复的必要支出及应得利润为价值减损额。

（12）房地产投资信托基金物业评估的特点及要求

房地产投资信托基金物业评估分为信托物业状况评价、信托物业市场调研和信托物业价值评估。信托物业状况评价应对信托物业的实物状况和权益状况进行调查、描述、分析和评定并提供相关专业意见。信托物业市场调研应对信托物业所在地区的经济社会发展状况、房地产市场状况以及信托物业自身有关市场状况进行调查、描述、分析和预测并提供相关专业意见。信托物业价值评估（简称信托物业估价）应对信托物业的价值进行分析、测算和判断并提供相关专业意见。

（13）企业各种经济活动中涉及的房地产估价的特点及要求

企业各种经济活动中涉及的房地产估价包括企业合资、合作、联营、股份制改组、上市、合并、兼并、分立、出售、破产清算、抵债中的房地产估价。这种估价首先应了解房地产权属是否发生转移，若发生转移则应按相应的房地产转让行为进行估价；其次应了解是否改变原用途以及这种改变是否合法，并应根据原用途是否合法改变，按"维持现状前提"或"改变用途前提"进行估价。

企业合资、合作、股份制改组、合并、兼并、分立、出售、破产清算等发生房地产权属转移的应按房地产转让行为进行估价。但应注意破产清算与抵押物处置类似，属于强制处分、要求在短时间内变现的特殊情况；在购买者方面在一定程度上与企业兼并类似，若不允许改变用途，则购买者的范围受到一定限制，其估价宜低于公开市场价值。

企业联营一般不涉及房地产权属的转移。企业联营中的房地产估价，主要为确定以房地产作为出资的出资方的分配比例服务，宜根据具体情况采用收益法、市场法、假设开发法，也可采用成本法。

（14）其他目的的房地产估价的特点及要求

其他目的的房地产估价包括办理出国移民提供财产证明需要的估价等。具体应遵守专门的规则和要求。

12.4　房地产估价结果的处理原则

应在对不同估价方法的测算结果进行校核和比较分析的基础上合理确定估价结果。当不同估价方法的测算结果之间差异较大时应寻找导致差异的原因并消除不合理的差异。对不同估价方法的测算结果应做以下 8 个方面的检查工作，即计算过程是否有误；基础数据是否正确；参数选取是否合理；公式选用是否恰当；不同估价方法的估价对象范围是否一致；选用的估价方法是否适用于估价对象和估价目的；是否遵循了应遵循的估价原则；房地产市场是否为特殊状况。在确认所选用的估价方法的测算结果无误之后，应根据具体情况计算求出一个综合结果。在计算求出一个综合结果的基础上应考虑一些不可量化的价格影响因素并据以对该结果进行适当的调整（或取整，或认定该结果）作为最终的估价结果，有调整时应在估价报告中明确阐述理由。

12.5　房地产估价报告编制的基本要求

房地产估价报告应具备全面性、公正性、客观性、准确性、概括性特征。所谓"全面性"是指报告应完整地反映估价所涉及的事实、推理过程和结论，正文内容和附件资料应齐全、配套。所谓"公正性和客观性"是指应站在中立的立场上对影响估价对象价格或价值的因素进行客观的介绍、分析和评论，做出的结论应有充分的依据。所谓"准确性"是指用语应力求准确，避免使用模棱两可或易生误解的文字，对未经查实的事项不得轻率写入，对难以确定的事项应予以说明，并描述其对估价结果可能产生的影响。所谓"概括性"是指应用简洁的文字对估价中所涉及的内容进行高度概括，对获得的大量资料应在科学鉴别与分析的基础上进行筛选，选择典型、有代表性、能反映事情本质特征的资料来说明情况和表达观点。

房地产估价报告应包括以下 8 个部分，即封面、目录、致估价委托人函、注册房地产估价师声明、估价假设和限制条件、估价结果报告、估价技术报告、附件。

对于成片多宗房地产同时估价且单宗房地产的价值较低时，其估价结果报告可采用表格的形式，除此之外的其他估价结果报告应采用文字说明的形式。

估价报告应记载以下 17 类事项，即估价项目名称；估价委托人名称或姓名；房地产估价机构名称和住所；估价目的；估价对象；估价时点；价值类型；估价原则；估价依据；估价技术路线、方法和测算过程；估价结果及其确定的理由；估价作业日期；估价报告使用期限；估价人员；注册房地产估价师的声明和签名；估价假设和限制条件；附件。附件应包括估价委托书，反映估价对象位置、外观和内部状况、周围环境和景观的图片，估价对象的权属证明，估价中引用的其他专用文件资料，房地产估价机构的资质证明和注册房地产估价师的资格证明。

估价报告中应充分描述说明估价对象状况，包括估价对象的实物状况、权益状况和区位状况。其中对土地的描述说明应包括名称，坐落，面积，形状，四至、周围环境、景观，基础设施完备程度，土地平整程度，地势，地质、水文状况，规划限制条件，利用现状，权属状况。对建筑物的描述说明应包括名称，坐落，面积，层数，建筑结构，装修，设施设备，平面布置，工程质量，建成年月，维护、保养、使用情况，地基的稳定性，公共配套设施完备程度，利用现状，权属状况。

　　估价报告中注册房地产估价师声明应包括以下 7 方面内容并应经所有参加估价项目的注册房地产估价师签名，非注册房地产估价师和未参加估价项目的注册房地产估价师不得在其上签名。7 方面声明内容包括注册房地产估价师在估价报告中陈述的事实是真实的和准确的，没有虚假记载、误导性陈述和重大遗漏；估价报告中的分析、意见和结论是注册房地产估价师自己公正的专业分析、意见和结论，但受到估价报告中已说明的估价假设和限制条件的限制；注册房地产估价师与估价对象没有（或有已载明的）利益关系，也与估价委托人等有关当事人没有（或有已载明的）个人利害关系或偏见；注册房地产估价师是依照中华人民共和国国家标准《房地产估价规范》和《房地产估价基本术语标准》进行分析，形成意见和结论，撰写估价报告的；注册房地产估价师已（或没有）对估价对象进行了实地查勘，并应列出对估价对象进行了实地查勘和没有进行实地查勘的注册房地产估价师的姓名；没有人对估价报告提供了重要专业帮助（若有例外应说明提供重要专业帮助者的姓名或名称和帮助的内容）；其他需要声明的事项。

　　估价报告应由注册房地产估价师签名并加盖估价机构公章才正式生效。在估价报告上签名的注册房地产估价师和加盖公章的估价机构对估价报告的内容和结论依法承担责任。

12.6　房地产估价中的职业道德问题

　　房地产估价人员和估价机构应诚实正直，依法独立、客观、公正估价，不得做任何虚假的估价。估价人员和估价机构必须回避与估价委托人、其他相关当事人有利害关系或与估价对象有利益关系的估价业务。估价人员和估价机构不得承接超出自己专业胜任能力的估价业务，对于部分超出自己专业胜任能力的工作应聘请具有相应专业胜任能力的专业人员或专业机构提供帮助。估价人员和估价机构应勤勉尽责地做好每项估价工作，包括对估价委托人提供的估价所依据的资料进行审慎检查，努力搜集估价所需资料，对估价对象进行认真的实地查勘。估价人员和估价机构应妥善保管估价委托人的文件资料，未经估价委托人书面同意，不得将估价委托人的文件资料擅自公开或泄露给他人。估价人员和估价机构应维护估价行业的声誉，按政府有关规定向估价委托人收取费用，不得以迎合估价委托人不当要求、对自身能力虚假宣传、贬低同行、恶性低收费、支付回扣等不正当手段承揽估价业务。估价人员和估价机构不得将资格证书、资质证书借给他人使用或允许他人以自己名义或冒用他人名义执业，不得以估价者身份在非自己估价的估价报告上签名、盖章。估价人员和估价机构应具有自豪感、责任感，应不断努力学习专业知识，积累估价经验，提高专业胜任能力。

12.7　房地产估价文件的格式要求

　　房地产估价报告应做到图文并茂，所用纸张、封面、装订应有较好的质量。纸张大小应采用 A4 纸规格。房地产估价报告的规范格式见图 12-7-1～图 12-7-8。

（标题：）房地产估价报告
估价项目名称：（说明本估价项目的全称）
估价委托人：（说明本估价项目的委托单位的全称，个人委托的为个人的姓名）
房地产估价机构：（说明本估价项目的估价机构的全称）
注册房地产估价师：（说明参加本估价项目的注册房地产估价师的姓名）
估价作业日期：（说明本次估价工作的起止年月日，即受理估价委托的年月日至出具估价报告的年月日）
估价报告编号：（说明本估价报告在本估价机构内的编号）

图 12-7-1　封面

（标题：）目录

一、致估价委托人函

二、注册房地产估价师声明

三、估价假设和限制条件

四、估价结果报告

（一）

（二）

...

五、估价技术报告（可不提供给估价委托人，供估价机构存档和有关管理部门和行业组织查阅等）

（一）

（二）

...

六、附件

（一）

（二）

...

图 12-7-2　目录

（标题：）致估价委托人函

致函对象（为估价委托人的全称）

致函正文（说明估价机构接受估价委托人委托，根据什么估价目的，遵循公认的估价原则，按照严谨的估价程序，依据有关法规、政策和标准，在合理的假设下，采用何种科学的估价方法，对什么估价对象的何种价值进行了专业分析、测算和判断，估价结果为多少等）

致函落款（为估价机构的全称，并加盖估价机构公章，法定代表人或执行合伙人签名或盖章）

致函日期（为致函的年月日）

图 12-7-3　致估价委托人函

（标题：）注册房地产估价师声明

我们郑重声明：

1. 我们在本估价报告中陈述的事实是真实的和准确的，没有虚假记载、误导性陈述和重大遗漏

2. 本估价报告中的分析、意见和结论是我们自己公正的专业分析、意见和结论，但受到本估价报告中已说明的估价假设和限制条件的限制

3. 我们与本估价报告中的估价对象没有（或有已载明的）利益关系，也与估价委托人等有关当事人没有（或有已载明的）个人利害关系或偏见

4. 我们依照中华人民共和国国家标准《房地产估价规范》和《房地产估价基本术语标准》进行分析，形成意见和结论，撰写本估价报告

5. 我们已（或没有）对本估价报告中的估价对象进行了实地查勘（在本声明中应清楚地说明哪些注册房地产估价师对估价对象进行了实地查勘，哪些注册房地产估价师没有对估价对象进行实地查勘）

6. 没有人对本估价报告提供了重要专业帮助（若有例外，应说明提供重要专业帮助者的姓名或名称和帮助的内容）

7.（其他需要声明的事项）

参加本次估价的所有注册房地产估价师（至少有两名）的姓名、注册号并签名，不得以印章代替签名

图 12-7-4　注册房地产估价师声明

（标题：）估价假设和限制条件

（说明本次估价的假设前提，未经调查确认或无法调查确认的资料数据，估价中未考虑的因素和一些特殊处理及其可能的影响，本估价报告使用的限制条件）

图 12-7-5　估价假设和限制条件

（标题：）房地产估价结果报告

（一）估价委托人（说明本估价项目的委托单位的全称、法定代表人和住所，个人委托的为个人的姓名和住所）

（二）房地产估价机构（说明本估价项目的房地产估价机构的全称、法定代表人或执行合伙人、住所、估价资质等级和资质证书编号）

（三）估价目的（说明本次估价的目的和应用方向）

（四）估价对象（概要说明估价对象的状况，包括物质实体状况和权益状况。其中，对土地的说明应包括：名称，坐落，面积，形状，四至、周围环境、景观，基础设施完备程度，土地平整程度，地势，地质、水文状况，规划限制条件，利用现状，权属状况；对建筑物的说明应包括：名称，坐落，面积，层数，建筑结构，装修，设施设备，平面布置，工程质量，建成年月，维护、保养、使用情况，公共配套设施完备程度，利用现状，权属状况）

（五）估价时点（说明所评估的价值对应的年月日及确定的简要理由）

（六）价值类型（说明所评估的价值的名称、定义或内涵）

（七）估价原则（说明本次估价遵循的房地产估价原则）

（八）估价依据（说明本次估价依据的本房地产估价规范，国家和地方的法律、法规，估价委托人提供的有关资料，房地产估价机构和注册房地产估价师掌握和搜集的有关资料）

（九）估价方法（说明本次估价的思路和采用的方法以及这些估价方法的名称和简要定义）

（十）估价结果（说明本次估价的最终结果，应分别说明总价和单价，并附大写金额。若用外币表示，应说明估价时点中国人民银行公布的人民币市场汇率中间价，并注明所折合的人民币价格）

（十一）估价人员（列出所有参加本次估价的人员的姓名、估价资格或职称，并由本人签名）

（十二）估价作业日期（说明本次估价的起止年月日）

（十三）估价报告使用期限（说明使用本估价报告不得超过的时间，其长短应根据估价目的和预计估价对象的市场价格变化程度来确定，可表达为至某个年月日止，也可表达为自估价报告出具之日起计算多长时间。估价报告使用期限不宜超过一年）

图 12-7-6　房地产估价结果报告

（标题：）房地产估价技术报告

（一）估价对象描述与分析（详细说明、分析估价对象的实物状况、权益状况和区位状况）

（二）市场背景描述与分析（详细说明、分析类似房地产的市场状况，包括过去、现在和可预见的未来）

（三）估价对象最高最佳利用分析（详细分析、说明估价对象的最高最佳利用）

（四）估价方法适用性分析和选用（逐一分析市场法、收益法、成本法、假设开发法等估价方法是否适用于估价对象。对于理论上不适用的，简述理由；对于理论上适用但客观条件不具备而不能选用的，充分说明理由。对于选用的估价方法，说明其名称、简要定义和估价思路）

（五）估价测算过程（详细说明测算过程，参数确定等）

（六）估价结果确定（详细说明估价结果及其确定的理由）

图 12-7-7　房地产估价技术报告

（标题：）附件

估价委托书复印件，估价对象位置示意图，估价对象外观和内部状况照片，估价对象周围环境和景观照片，估价对象权属证明复印件，估价中引用的其他专用文件资料，估价机构营业执照复印件，估价机构资质证书复印件，注册房地产估价师注册证书复印件等

图 12-7-8　附件

思考题与习题

1．简述房地产估价的基本要求。

2．房地产估价的基本方法有哪些？各有什么特点？

3．简述不同估价目的下的估价要求。

4．房地产估价结果的处理原则是什么？

5．简述房地产估价报告编制的基本要求。

6．房地产估价中应注意哪些职业道德问题？

7．简述房地产估价文件的格式要求。

参 考 文 献

[1] 房屋建筑制图统一标准[S]. GB 50001—2012.

[2] 建筑地基基础设计规范[S]. GB 50007—2010.

[3] 建筑结构荷载规范[S]. GB 50009—2010.

[4] 混凝土结构设计规范[S]. GB 50010—2010.

[5] 建筑制图标准[S]. GB 50104—2011.

[6] 建设工程工程量清单计价规范[S]. GB 50500—2013.

[7] Dubois D, Parade H. Possibility theory: An approach to computerized processing of uncertainty [M]. New York: Plenum, 2008.

[8] Guasch J. Granting and renegotiating infrastructure concessions: doing it right[R]. Washington: The World Bank, 2004.

[9] Irwin TC. Government guarantees: allocating and valuing risk in privately financed infrastructure projects[R]. Washington DC: The World Bank, 2007.

[10] KANAMORI H. Shaking without quaking and random signal principles[M]. 4th ed. New York: McGraw Hill, 2001.

[11] 李学明，巫山，陈燕萍，徐丽，张含霞. 建筑工程计量与计价[M]. 北京：中国水利水电出版社，2015.

[12] 倪万芳，董春霞. 建筑工程计量与计价[M]. 北京：中国铁道出版社，2015.

[13] 李佐华. 建筑工程计量与计价[M]. 北京：高等教育出版社，2016.

[14] 何俊. 房屋建筑与装饰工程计量与计价[M]. 北京：中国电力出版社，2016.

[15] 赵勤贤，徐秀维. 建筑工程计量与计价[M]. 北京：中国建筑工业出版社，2016.

[16] 张洪军. 建筑与装饰工程计量与计价[M]. 北京：机械工业出版社，2016.

[17] 胡光宇. 建筑工程计量与计价[M]. 北京：科学出版社，2016.

[18] 张欣. 建筑工程计量与计价[M]. 北京：中国电力出版社，2016.

[19] 苏丹娜. 建筑工程计量与计价[M]. 北京：人民邮电出版社，2015.

[20] 吴静茹. 建筑工程计量与计价[M]. 北京：科学出版社，2015.

[21] 王武齐. 建筑工程计量与计价[M]. 北京：中国建筑工业出版社，2015.

[22] 饶武. 建筑装饰工程计量与计价[M]. 北京：机械工业出版社，2015.

[23] 邵永沙. 建筑工程计量与计价[M]. 北京：科学出版社，2015.

[24] 张晓东. 安装工程计量与计价[M]. 北京：机械工业出版社，2015.

[25] 江鸿. 重庆市市政工程计价定额（CQSZDE—2008）[M]. 北京：中国建材工业出版社，2008.

[26] 江苏省住房和城乡建设厅. 江苏省 2014 年建筑工程计价定额[R]. 2014.

[27] 祁巧艳，韩永光. 工程量清单计价[M]. 北京：北京理工大学出版社，2010.

[28] 王海宏，谢洪学. 工程量清单计价[M]. 北京：中国建材工业出版社，2013.

[29] 张建平. 建筑工程计量与计价实务[M]. 重庆：重庆大学出版社，2014.

[30] 周明科，李艳海. 建设工程工程量清单计价规范[M]. 北京：中国建筑工业出版社，2011.

反侵权盗版声明

电子工业出版社依法对本作品享有专有出版权。任何未经权利人书面许可，复制、销售或通过信息网络传播本作品的行为；歪曲、篡改、剽窃本作品的行为，均违反《中华人民共和国著作权法》，其行为人应承担相应的民事责任和行政责任，构成犯罪的，将被依法追究刑事责任。

为了维护市场秩序，保护权利人的合法权益，我社将依法查处和打击侵权盗版的单位和个人。欢迎社会各界人士积极举报侵权盗版行为，本社将奖励举报有功人员，并保证举报人的信息不被泄露。

举报电话：（010）88254396；（010）88258888

传　　真：（010）88254397

E-mail：　dbqq@phei.com.cn

通信地址：北京市海淀区万寿路 173 信箱
　　　　　电子工业出版社总编办公室

邮　　编：100036